高校工科专业核心课程精品教材系列

机 械 原 理

（第3版）

王洪欣　冯雪君　主编

东南大学出版社
·南京·

内 容 提 要

机械原理是机械类专业的专业基础核心课程，适用于机械工程及自动化，热能与动力工程，测试技术与仪器，机械电子等专业，建议学时为64学时。本书是作者在长期的教学与学术研究的基础上，考虑到市场经济的发展对机械设计人才提出更高的要求而写成的。

本书共分13章，它们是绪论，平面机构的组成分析，平面机构的运动分析，平面机构的力分析，平面连杆机构及其设计，凸轮机构及其设计，间歇运动机构，齿轮机构及其设计，齿轮系及其设计，机械的运转及其速度波动的调节，机械的平衡，机械无级变速机构以及工业机器人机构学。除第1章、第7章、第12章之外，其余每章后附有一定数量的习题与参考答案。在《机械原理计算机多媒体课件》光盘中，提供了部分机构的参考源程序，并提供了《机械原理》教材中习题的解答过程与答案。

本书可作为高等院校工科机械类专业本专科生学习“机械原理”课程的教材，也可供其他有关专业的教师与工程技术人员参考。

图书在版编目(CIP)数据

机械原理/王洪欣，冯雪君主编.—3版.—南京：东南大学出版社，2011.6 (2019.2 重印)
ISBN 978-7-5641-2740-4

Ⅰ.机… Ⅱ.①王…②冯… Ⅲ.①机构学
Ⅳ.①TH111

中国版本图书馆CIP数据核字(2011)第075276号

机械原理(第3版)

主　　编：王洪欣　冯雪君
责任编辑：张　煦
装帧设计：王　玥
出版发行：东南大学出版社
出 版 人：江建中
社　　址：江苏省南京市四牌楼2号(210096)
经　　销：江苏省新华书店
制　　版：江苏凤凰制版有限公司
印　　刷：虎彩印艺股份有限公司
版　　次：2011年6月第3版　2019年2月第5次印刷
开　　本：787 mm×1 092 mm　1/16
印　　张：15.75
字　　数：393千
印　　数：8 501～9 500册
定　　价：32.00元

前　　言

随着时代的进步、科技的发展，机械产品的构成与质量已经发生了显著的变化。现代的机械大多数集机构、电子、电器和液压等元件于一体，可以按照人们的要求实施过程控制，工作质量大大提高。现代机械的工作原理、结构组成和设计理念也大大不同于传统的机器。为此，机械原理课程的教学内容也发生了广泛、深刻和质的变化，以适应市场经济发展对机械设计人才的需求。

进入21世纪，机械产品的国际竞争更加剧烈，这就要求机械产品不断创新，质量不断提高，功能不断改进。每一个设计人员必须具有深厚的机械设计理论、了解市场需求，才能设计出满足市场要求的机械产品，而学习和掌握机械原理的重要目的就是培养机械设计人员的机械设计能力。为此，“机械原理”课程不仅介绍机械设计中的各种机构的特点与设计方法，而且应讲述它们的综合应用。基于这种思想，编者负责建设的“机械原理”课程荣获省级精品课程，配合教学使用的多媒体教学课件也获得省级课件竞赛一等奖。

为了培养学生的机械设计能力和机械创新能力，本教材作者经过长期的教学实践和学术研究的积累，在以下几个方面对教材内容进行了改革和提高。

1）既传授知识，又培养设计能力

本教材在阐述课程的基本内容时，不但讲清基本概念、基本理论和基本方法，而且还作了适当的扩展，以提高学生的机构设计能力，并通过机构参数的变化，展示机构的几何特征、运动特征与动力学特征。

2）既培养逻辑思维能力，又促进形象思维能力的提高

本教材的许多基本理论都经过理论分析，以期培养学生的逻辑思维能力，同时提供了大量的机构创新设计实例，以启发学生的形象思维能力。

3）既注重机构分析，又讲述机构创新设计

本教材在讲述基本机构的常用分析与设计方法的同时，介绍了机构创新设计的基本原则与实例，以培养学生机构创新设计的能力。

4）介绍工业机器人的应用，以普及工业机器人的机构学理论

本教材对工业机器人的类型与应用、工业机器人的机构学理论予以简介，以期学生了解机电一体化产品，增强对交叉学科知识的应用能力。

5）介绍机械无级变速机构，以扩大对机械传动的了解

本教材介绍了机械无级变速器的机构类型与传动比的分析方法，以期学生了解机械无级变速的概念与基本理论。

本教材的习题答案主要由编者同事、中国矿业大学冯雪君完成。

由于水平有限，书中尚存错误与不足之处在所难免，敬请同仁和广大读者不吝指正。

编　者

2011年2月

目　录

1　绪论……………………………………………………………………（1）
1.1　机械、机器与机构 ……………………………………………………（1）
1.2　设计机器的基本要求与流程……………………………………………（1）
1.3　机械原理的基本内容……………………………………………………（1）
1.3.1　平面机构的组成分析 ……………………………………………（2）
1.3.2　平面机构的运动分析 ……………………………………………（2）
1.3.3　平面机构的受力分析 ……………………………………………（2）
1.3.4　平面机构的摩擦力分析 …………………………………………（2）
1.3.5　机器的动力分析 …………………………………………………（2）
1.3.6　常用机构的设计 …………………………………………………（2）
1.3.7　机械无级变速机构的传动分析……………………………………（2）
1.3.8　工业机器人机构学基础 …………………………………………（2）
1.4　学习本课程的目的………………………………………………………（3）
1.5　学习本课程的方法………………………………………………………（3）
2　平面机构的组成分析……………………………………………………（4）
2.1　概述………………………………………………………………………（4）
2.2　平面机构的组成分析……………………………………………………（4）
2.2.1　构件 ………………………………………………………………（4）
2.2.2　运动副 ……………………………………………………………（4）
2.2.3　运动链 ……………………………………………………………（5）
2.2.4　机构 ………………………………………………………………（5）
2.3　平面机构的运动简图……………………………………………………（6）
2.4　平面机构的自由度………………………………………………………（9）
2.5　计算平面机构自由度的注意事项………………………………………（10）
2.5.1　局部自由度………………………………………………………（11）
2.5.2　虚约束 ……………………………………………………………（11）
2.5.3　复合铰链…………………………………………………………（11）
2.6　平面机构的组成原理与结构分析………………………………………（12）
2.6.1　平面机构的组成原理 ……………………………………………（12）
2.6.2　平面机构的结构分析 ……………………………………………（13）
2.7　平面机构的高副低代……………………………………………………（14）
习题 ………………………………………………………………………（16）
3　平面机构的运动分析……………………………………………………（19）
3.1　概述………………………………………………………………………（19）

3.2　平面机构运动分析的图解法……………………………………………………（19）
3.2.1　速度瞬心法……………………………………………………………（19）
3.2.2　矢量方程图解法………………………………………………………（21）
3.3　平面机构运动分析的解析法……………………………………………………（26）
习题…………………………………………………………………………………（31）
4　平面机构的力分析……………………………………………………………………（33）
4.1　概述…………………………………………………………………………………（33）
4.2　平面机构静力分析的图解法……………………………………………………（33）
4.3　计入运动副中摩擦的机构受力分析……………………………………………（37）
4.4　平面机构的动态静力分析………………………………………………………（43）
4.4.1　平面机构动态静力分析的图解法…………………………………………（43）
4.4.2　平面机构动态静力分析的解析法…………………………………………（45）
习题…………………………………………………………………………………（49）
5　平面连杆机构及其设计……………………………………………………………（53）
5.1　概述…………………………………………………………………………………（53）
5.2　平面四杆机构的基本型式及其演化……………………………………………（53）
5.2.1　平面四杆机构的基本型式…………………………………………………（53）
5.2.2　平面四杆机构的演化………………………………………………………（53）
5.3　平面四杆机构的基本概念与传动特征…………………………………………（56）
5.3.1　平面四杆机构曲柄存在的条件……………………………………………（56）
5.3.2　平面四杆机构的极限位置与急回特性……………………………………（57）
5.3.3　压力角、传动角与死点位置…………………………………………………（58）
5.4　按行程速比系数设计平面四杆机构……………………………………………（59）
5.4.1　曲柄摇杆机构的作图法设计………………………………………………（59）
5.4.2　曲柄滑块机构的作图法设计………………………………………………（60）
5.5　平面四杆机构的解析法设计……………………………………………………（61）
5.5.1　按许用传动角设计曲柄摇杆机构…………………………………………（61）
5.5.2　刚体导引四杆机构的解析法设计…………………………………………（63）
5.5.3　函数生成四杆机构的解析法设计…………………………………………（65）
5.5.4　轨迹生成四杆机构的解析法设计…………………………………………（68）
5.6　近似等速比机构的设计与传动特征……………………………………………（70）
5.6.1　曲柄与移动从动件型近似等速比平面六杆机构…………………………（70）
5.6.2　曲柄与摆动导杆型近似等速比平面六杆机构……………………………（72）
5.7　高阶停歇机构的设计与传动特征………………………………………………（74）
5.7.1　Ⅰ型串联导杆的摆杆双极位作直到三阶停歇的平面六杆机构……………（75）
5.7.2　基于曲柄摇杆机构的移动件单极位直到三阶停歇的平面六杆机构………（78）
5.8　机构创新设计概述………………………………………………………………（80）
5.8.1　辊式破碎机传动机构的创新设计…………………………………………（80）
5.8.2　二分之奇数转主轴快速缓冲定位装置的设计……………………………（82）

5.9 平面连杆机构的应用……………………………………………………………………（83）
习题 ……………………………………………………………………………………（87）
6 凸轮机构及其设计……………………………………………………………………（89）
6.1 概述…………………………………………………………………………………（89）
6.2 凸轮机构的分类及封闭形式……………………………………………………（89）
6.3 从动件常用的运动规律…………………………………………………………（90）
6.3.1 一次多项式运动规律 ………………………………………………………（90）
6.3.2 二次多项式运动规律 ………………………………………………………（91）
6.3.3 五次多项式运动规律 ………………………………………………………（92）
6.3.4 余弦加速度运动规律 ………………………………………………………（93）
6.3.5 正弦加速度运动规律 ………………………………………………………（93）
6.4 盘形凸轮轮廓曲线的作图法设计………………………………………………（94）
6.4.1 对心直动尖底从动件盘形凸轮轮廓曲线的设计 …………………………（94）
6.4.2 对心直动滚子从动件盘形凸轮轮廓曲线的设计 …………………………（95）
6.4.3 偏置直动尖底从动件盘形凸轮轮廓曲线的设计 …………………………（95）
6.4.4 偏置直动滚子从动件盘形凸轮轮廓曲线的设计 …………………………（96）
6.4.5 平底直动从动件盘形凸轮轮廓曲线的设计…………………………………（96）
6.5 盘形凸轮轮廓曲线的解析法设计………………………………………………（96）
6.5.1 直动平底从动件盘形凸轮轮廓曲线的解析法设计 ………………………（96）
6.5.2 直动滚子从动件盘形凸轮轮廓曲线的解析法设计 ………………………（97）
6.6 凸轮机构基本尺寸的确定………………………………………………………（98）
6.6.1 凸轮机构中的作用力与许用压力角 ………………………………………（98）
6.6.2 凸轮基圆半径的确定 ………………………………………………………（99）
6.6.3 滚子半径的确定 ……………………………………………………………（100）
6.7 凸轮机构的应用……………………………………………………………………（100）
习题 ……………………………………………………………………………………（101）
7 间歇运动机构……………………………………………………………………（105）
7.1 概述…………………………………………………………………………………（105）
7.2 棘轮机构……………………………………………………………………………（105）
7.3 槽轮机构……………………………………………………………………………（106）
7.3.1 槽轮机构的组成与运动特征…………………………………………………（106）
7.3.2 槽轮机构的运动系数 ………………………………………………………（107）
7.4 不完全齿轮机构……………………………………………………………………（108）
7.5 滚子分度凸轮机构…………………………………………………………………（108）
7.6 平行分度凸轮机构…………………………………………………………………（109）
7.7 瞬时停歇的间歇运动机构…………………………………………………………（109）
8 齿轮机构及其设计……………………………………………………………………（110）
8.1 概述…………………………………………………………………………………（110）
8.2 齿轮机构的类型……………………………………………………………………（110）

8.3 齿轮的齿廓曲线…………………………………………………………………………………（111）
8.3.1 齿廓啮合的基本定律 ……………………………………………………………（111）
8.3.2 渐开线的形成与特点 ……………………………………………………………（112）
8.4 渐开线齿廓的啮合特征……………………………………………………………………（113）
8.4.1 渐开线齿廓具有定传动比的特征 ………………………………………………（113）
8.4.2 渐开线齿廓间的作用力在一条固定的直线上……………………………………（113）
8.4.3 渐开线齿廓传动具有中心距的可分性 …………………………………………（113）
8.5 渐开线标准齿轮的基本参数和几何尺寸…………………………………………………（114）
8.5.1 渐开线标准齿轮各部分的名称 …………………………………………………（114）
8.5.2 渐开线标准齿轮的基本参数……………………………………………………（114）
8.5.3 渐开线标准齿轮的几何尺寸关系 ………………………………………………（115）
8.6 渐开线标准圆柱齿轮的啮合传动…………………………………………………………（116）
8.6.1 一对渐开线齿轮正确啮合的条件 ………………………………………………（117）
8.6.2 齿轮传动的中心距与啮合角……………………………………………………（117）
8.6.3 一对轮齿的啮合过程与连续传动条件 …………………………………………（118）
8.7 渐开线圆柱齿轮的加工……………………………………………………………………（119）
8.7.1 仿形法 ……………………………………………………………………………（119）
8.7.2 范成法 ……………………………………………………………………………（120）
8.8 渐开线齿轮的变位加工与传动……………………………………………………………（121）
8.8.1 齿条型刀具加工齿轮的最少齿数 ………………………………………………（121）
8.8.2 齿轮型刀具加工齿轮的最少齿数 ………………………………………………（122）
8.8.3 齿条型刀具加工齿轮的最小变位系数 …………………………………………（122）
8.8.4 变位齿轮的几何尺寸 ……………………………………………………………（123）
8.8.5 变位齿轮传动……………………………………………………………………（124）
8.9 斜齿圆柱齿轮传动…………………………………………………………………………（125）
8.9.1 斜齿圆柱齿轮齿面的形成原理…………………………………………………（125）
8.9.2 斜齿圆柱齿轮的几何参数………………………………………………………（126）
8.9.3 斜齿圆柱齿轮的当量齿轮………………………………………………………（127）
8.9.4 斜齿圆柱齿轮传动的重合度……………………………………………………（128）
8.9.5 斜齿圆柱齿轮传动的特点………………………………………………………（129）
8.10 圆柱蜗杆传动 ……………………………………………………………………………（129）
8.11 直齿圆锥齿轮传动 ………………………………………………………………………（130）
8.11.1 直齿圆锥齿轮的形成原理 ……………………………………………………（130）
8.11.2 直齿圆锥齿轮的背锥与当量齿数………………………………………………（130）
8.11.3 直齿圆锥齿轮的几何参数计算 ………………………………………………（131）
习题 ……………………………………………………………………………………………（132）
9 齿轮系及其设计……………………………………………………………………………（134）
9.1 概述…………………………………………………………………………………………（134）
9.1.1 定轴轮系…………………………………………………………………………（134）

9.1.2 周转轮系…………………………………………………………………………………… (135)
9.1.3 复合轮系…………………………………………………………………………………… (135)
9.2 定轴轮系的传动比…………………………………………………………………………… (136)
9.3 周转轮系的传动比…………………………………………………………………………… (137)
9.4 复合轮系的传动比…………………………………………………………………………… (139)
9.5 轮系的功用…………………………………………………………………………………… (143)
9.5.1 实现大的传动比 ………………………………………………………………………… (144)
9.5.2 实现变速与换向 ………………………………………………………………………… (144)
9.5.3 实现大功率传动 ………………………………………………………………………… (144)
9.5.4 实现分路传动 …………………………………………………………………………… (145)
9.5.5 实现运动的合成与分解 ………………………………………………………………… (145)
9.5.6 生成复杂的轨迹 ………………………………………………………………………… (145)
9.6 周转轮系的设计……………………………………………………………………………… (147)
9.6.1 行星轮系中的齿数条件 ………………………………………………………………… (147)
9.6.2 行星轮系中的均载设计 ………………………………………………………………… (148)
9.7 其他类型的行星传动简介…………………………………………………………………… (149)
9.7.1 渐开线少齿差行星传动 ………………………………………………………………… (149)
9.7.2 摆线针轮行星传动 ……………………………………………………………………… (149)
9.7.3 谐波齿轮传动 …………………………………………………………………………… (150)
9.7.4 活齿传动…………………………………………………………………………………… (151)
9.7.5 牵引传动…………………………………………………………………………………… (152)
习题 ……………………………………………………………………………………………… (153)
10 机械的运转及其速度波动的调节 ………………………………………………………… (154)
10.1 概述 …………………………………………………………………………………………… (154)
10.2 机械运动的微分方程及其解 ………………………………………………………………… (154)
10.3 稳定运转状态下机械的周期性速度波动及其调节 ………………………………………… (162)
习题 ……………………………………………………………………………………………… (178)
11 机械的平衡 ………………………………………………………………………………… (181)
11.1 概述 …………………………………………………………………………………………… (181)
11.2 平面连杆机构的平衡 ………………………………………………………………………… (181)
11.2.1 铰链四杆机构惯性力的平衡 ………………………………………………………… (181)
11.2.2 曲柄滑块机构惯性力的平衡 ………………………………………………………… (183)
11.3 圆盘类零件的静平衡 ………………………………………………………………………… (188)
11.3.1 圆盘类零件的静平衡原理与计算……………………………………………………… (188)
11.3.2 圆盘类零件的静平衡实验 …………………………………………………………… (189)
11.4 刚性转子的动平衡 …………………………………………………………………………… (189)
11.4.1 刚性转子的动平衡原理与计算 ……………………………………………………… (190)
11.4.2 刚性转子的动平衡实验 ……………………………………………………………… (191)
习题 ……………………………………………………………………………………………… (191)

12 机械无级变速机构 …………………………………………………………………… (194)
12.1 概述 ………………………………………………………………………………… (194)
12.2 定轴无中间滚动体式机械无级变速传动 ………………………………………… (194)
12.2.1 正交轴无级传动 ……………………………………………………………… (194)
12.2.2 相交轴锥盘环锥式无级传动 ………………………………………………… (195)
12.2.3 光轴斜盘式无级传动 ………………………………………………………… (195)
12.3 定轴有中间滚动体式无级变速传动 …………………………………………… (196)
12.3.1 滚锥平盘式无级传动 ………………………………………………………… (196)
12.3.2 钢球平盘式无级传动 ………………………………………………………… (196)
12.3.3 钢环分离锥盘式无级传动 …………………………………………………… (197)
12.3.4 弧锥环盘式无级传动 ………………………………………………………… (198)
12.3.5 菱锥式无级传动 ……………………………………………………………… (199)
12.3.6 钢球外锥轮式无级传动 ……………………………………………………… (199)
12.4 行星式无级变速传动 …………………………………………………………… (200)
12.4.1 转臂输出式无级传动 ………………………………………………………… (200)
12.4.2 转臂输出式封闭行星锥轮无级传动 ………………………………………… (202)
12.4.3 内锥轮输出式行星无级传动 ………………………………………………… (203)
12.4.4 环锥行星式无级传动 ………………………………………………………… (205)
12.4.5 钢球行星式无级传动 ………………………………………………………… (206)
12.5 脉动无级变速传动 ……………………………………………………………… (208)
12.5.1 曲柄摇杆式脉动无级传动 …………………………………………………… (208)
12.5.2 曲柄摇块摇杆式脉动无级传动 ……………………………………………… (208)
13 工业机器人机构学 ……………………………………………………………… (210)
13.1 概述 ………………………………………………………………………………… (210)
13.2 工业机器人的组成 ……………………………………………………………… (210)
13.3 工业机器人的分类与性能 ……………………………………………………… (212)
13.4 工业机器人的运动学基础 ……………………………………………………… (213)
13.4.1 目标物体的空间转动矩阵 …………………………………………………… (213)
13.4.2 坐标系之间的空间变换矩阵 ………………………………………………… (216)
13.4.3 目标物体的齐次坐标表示 …………………………………………………… (217)
13.4.4 刚体的空间位移矩阵 ………………………………………………………… (218)
13.4.5 欧拉角表示的变换矩阵 ……………………………………………………… (219)
13.4.6 转动关节之间的位移矩阵 …………………………………………………… (220)
13.5 工业机器人的正向运动学 ……………………………………………………… (221)
13.5.1 平面关节型机器人的正向运动方程 ………………………………………… (221)
13.5.2 斯坦福机器人的正向运动方程 ……………………………………………… (224)
13.6 工业机器人的逆向运动学 ……………………………………………………… (228)
习题 …………………………………………………………………………………… (232)
参考文献 …………………………………………………………………………… (235)

1 绪　论

1.1 机械、机器与机构

机器是人类设计与制造的产物，其用途在于代替人类做有用功或进行能量转换。飞机、坦克、电动机、内燃机、数控机床与机器人都是机器。机器的类型很多，结构多种多样，用途各不相同，但是，它们拥有三个共同的特征，第一，它们都是人为的实物组合体；第二，各实物组合体之间具有确定的相对运动；第三，它们或者做机械功或者进行能量转换。

机构也是人类设计与制造的产物，在对机器进行研制的过程中，为了对某一类问题作全面深入的研究，引入了机构的概念。机构也是人为的实物组合体，各实物组合体之间具有确定的相对运动。

人们将机器与机构统称为机械。

机构中每一个具有独立运动规律的单元体称为构件，机器中每一个单独制造的单元体称为零件。零件具有制造所需要的全部信息，即确定的几何尺寸与公差，形状公差，位置公差，材料与力学性能指标。为了制造、维修、装配与提高耐磨性的需要，一个构件往往由若干个零件以互不作相对运动的方式组合而成。

机器有简单与复杂之分，手工操作与自动工作之别，对于相对简单与手工操作的机器，它由原动机、传动机构与执行机构组成；对于相对复杂与自动工作的机器，它由原动机、传动机构、执行机构与测控系统组成。

机器中普遍使用的机构有连杆机构、齿轮机构、齿轮系与凸轮机构等。

1.2 设计机器的基本要求与流程

机械设计是一项创造性的实践活动，机械设计在向市场提供需要的产品的同时，设计与创造者从中获得一定的利润。机械设计的起点是市场需求，接着是将市场需求细化为期望设计机器的功能要求，经过方案设计与比较之后，最终确定机器的方案设计。一旦有了机器的设计方案，就可以对每一个组成部分进行尺寸设计，首先确定影响机器运动规律的尺寸，其次确定影响动力传递的尺寸，最后研究与优化机器的运动学与动力学特征，以便使所设计的机器不但具有良好的使用性能，而且具有良好的制造工艺过程，良好的安全性，良好的环保性与良好的维护性。

1.3 机械原理的基本内容

机械原理研究机器、机构的分析与设计的基本理论与方法，具体内容如下。

1.3.1 平面机构的组成分析

平面机构的组成分析研究机构组成的一般规律。机构是一个运动变换与动力传递的实物组合体，机构的组成原理通过构件、运动副、机架与自由度的概念，研究平面机构是如何组成的与可动性，从而为平面机构的设计确定机构的类型，是进行平面机构几何尺寸设计的基础。

1.3.2 平面机构的运动分析

当机构的类型已经选定、机构的几何尺寸也被确定下来，假设机构中的一个构件作匀速运动时，平面机构的运动分析研究其余构件的位移、速度与加速度的分析方法，既研究基于作图的图解方法，也研究基于数学分析的解析方法。通过对机构作运动分析，可以了解机构的运动规律是否满足设计要求。

1.3.3 平面机构的受力分析

当机构中的一个构件在外力作用下作匀速运动时，平面机构的受力分析研究力是如何传递的，以便为构件的三维尺寸设计提供力参数。

1.3.4 平面机构的摩擦力分析

当机构中的一个构件在外力作用下作匀速运动时，平面机构的摩擦力分析研究运动副中存在摩擦时，如何作机构的受力分析，以便确定机器的机械效率。

1.3.5 机器的动力分析

当机器在外力作用下运动时，机器的动力分析研究某个构件的真实运动规律，当它的运动规律不满足设计要求时，通过对“飞轮”的设计，达到对机器运动规律的调节。

1.3.6 常用机构的设计

在机器中应用最多的机构是连杆机构、齿轮机构、齿轮系与凸轮机构。常用机构的设计的任务是研究这些机构的类型、传动特点、设计与分析方法以及相关标准。

1.3.7 机械无级变速机构的传动分析

无级变速传动在机器设计中的应用越来越多，介绍机械无级变速机构的类型、工作原理、传动比计算、传动特性与应用。

1.3.8 工业机器人机构学基础

工业机器人在现代生产中发挥着越来越大的作用，其中的一类工业机器人是由若干个关节所联系起来的一种可控开链。介绍工业机器人中的转动关节之间的位移矩阵、刚体的空间位移矩阵、目标物体的齐次坐标表示、工业机器人的正向运动学与逆向运动学基础。

1.4 学习本课程的目的

机械原理属于技术基础课，它比物理、工程力学更加接近工程实际，但它又不是关于机械的专业课。机械原理研究机械中的共性问题，它为各种专业机械课程提的学习供基础知识。为此，学习机械原理，首先是为进一步学习专业机械课程提供条件；其次，是为机械产品的创新设计提供基本的机构设计理论与分析方法；最后，为认识已有的机械，了解机械的工作原理，改进机械的工作性能提供基础。

1.5 学习本课程的方法

机械原理研究机构的组成原理、可动性分析、运动与受力分析以及动力学分析，研究常用机构的传动特性与设计方法。为此，在学习本课程时应注重知识之间的相关性，注重通过知识的积累，提高分析与解决实际问题的能力。由于本门课是通过机构运动简图对机械进行研究的，较为抽象，因此，应充分发挥形象思维的作用，以深刻认识关于机械的相关设计理论。机械产品在日常生活中随处可见，应注意从现实生活中认识机械的组成，发现其中的设计特点，做到理论联系实际。

2　平面机构的组成分析

2.1　概述

在设计平面机构时，首先应该确定选择什么类型的机构，由多少个构件、多少个运动副组成，然后才能进行机构的尺寸设计。为此，通过机构的运动简图表达机构，借助于一定的规则判断平面机构的可动性是平面机构组成分析所研究的内容。

2.2　平面机构的组成分析

2.2.1　构件

在机器中，每一个具有相同运动规律的单元体称为构件；每一个单独制造的单元体称为零件。构件是机器中的运动单元体，是本课程中的一个重要概念，零件是机器中的制造单元体，是机械设计课程中的一个重要概念。在机械设计中，一个构件往往由若干个零件组合而成。

2.2.2　运动副

两个构件直接接触且仍具有一定形式的相对运动的连接称为运动副。当两个构件以面接触且仍具有一定形式的相对运动时，称为低副，如图 2.1(a)、(b)所示。图 2.1(a)中的两个构件可以作相对转动，称为转动副(用符号 R 表示)，图 2.1(b)中的两个构件可以作相对移动，称为移动副(用符号 P 表示)。当两个构件以点或线接触且仍具有一定形式的相对运动时，称为高副，如图 2.1(c)、(d)所示。图 2.1(c)中的两个构件作共轭相对运动，图 2.1(d)中的两个构件作非共轭相对运动。

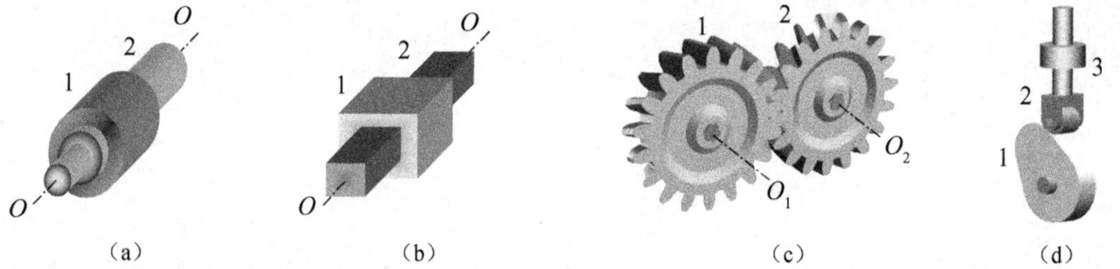

图 2.1　运动副的三维图

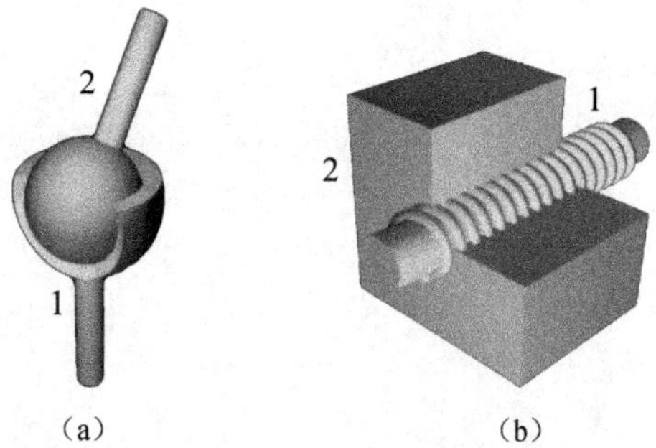

图 2.2　球面副与螺旋副

两个构件通过运动副的约束作相对运动时，若相对运动为平面运动，则称为平面运动副，如图 2.1 所示。当两个构件通过运动副的约束作相对运动时，若相对运动为空间运动，则称为空间运动副，如图 2.2 所示，图 2.2(a)为球面副，图 2.2(b)为螺旋副。

为了研究机构的设计与分析，便于在工程上交流设计思想，国家标准制定了绘制机构运动简图的运动副符号规范。表 2.1 列出了常用的运动副符号。

表 2.1　常用的运动副符号(GB4460—1984)

运动副名称		运动副符号	
		两个运动构件组成运动副	两个构件之一固定组成运动副
平面运动副	转动副	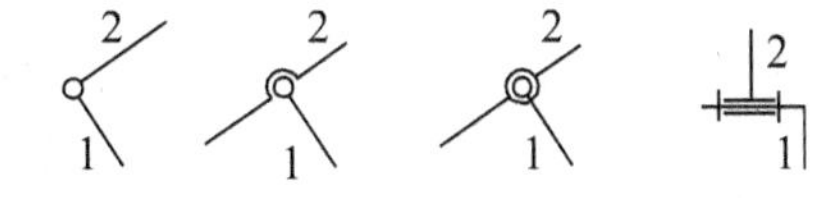	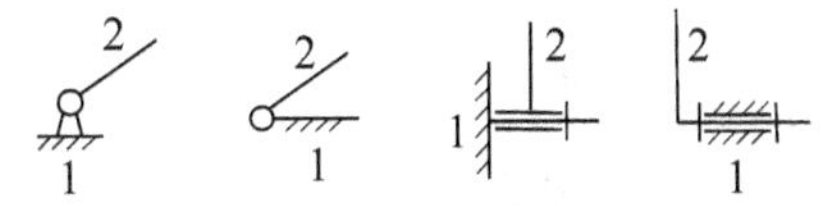
	移动副	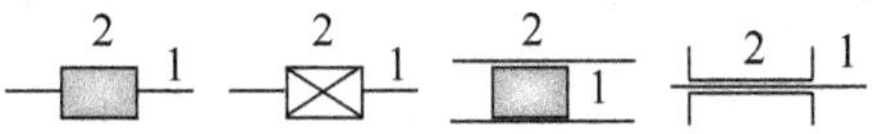	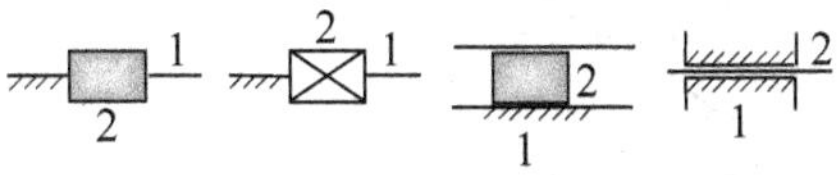
	平面高副	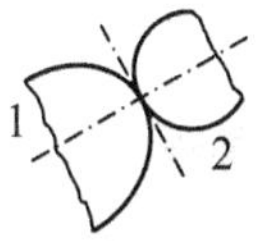	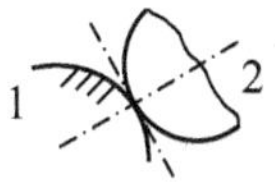
空间运动副	圆柱副	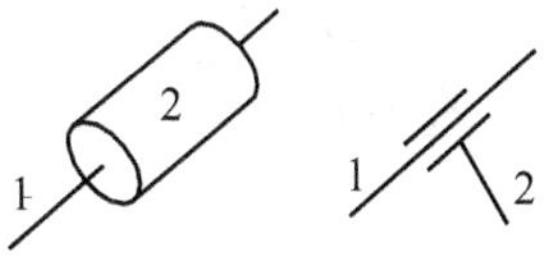	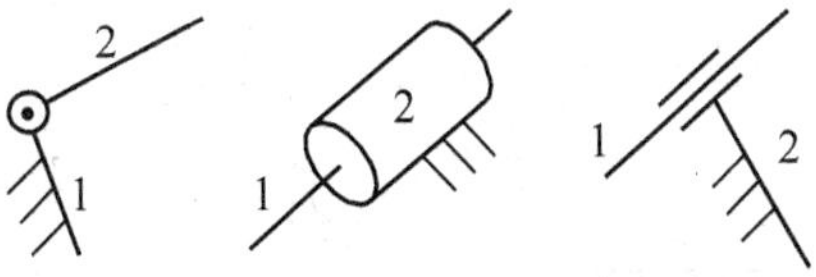
	球面副 球销副	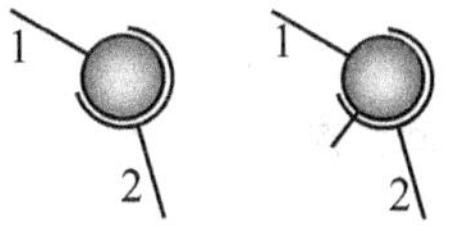	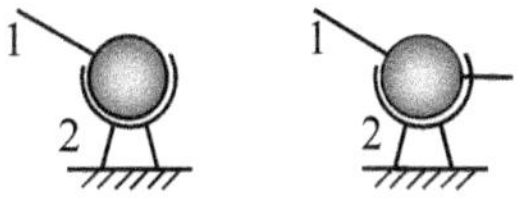
	螺旋副	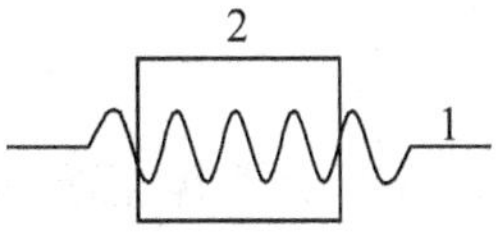	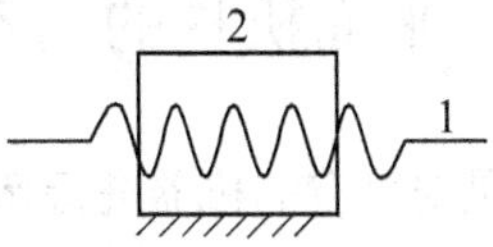

2.2.3　运动链

若干个构件通过运动副的连接所形成的可动构件组称为运动链。若运动链为封闭结构的，则称之为闭式运动链，如图 2.3(a)、(b)所示；若运动链为开放结构的，则称之为开式运动链，如图2.3(c)、(d)所示。若形成运动链的各个构件的运动平面不相互平行，则称之为空间运动链，如图 2.3(e)、(f)所示。

2.2.4　机构

当在一个运动链中选择一个构件作为机架时，则该运动链便成为了机构。在机构中，运动规律已知的构件称为原动件或主动件，原动件与机架之外的构件称为从动件。从动件的运动规律取决于原动件的运动规律、可动构件的质量、外力与机构的尺寸。若机构中各个构件的运动平面相互平行，则称为平面机构，如图 2.4(a)、(b)所示；若机构中各个构件的运动平面不相互平行，则称为空间机构，如图 2.4(c)、(d)所示。

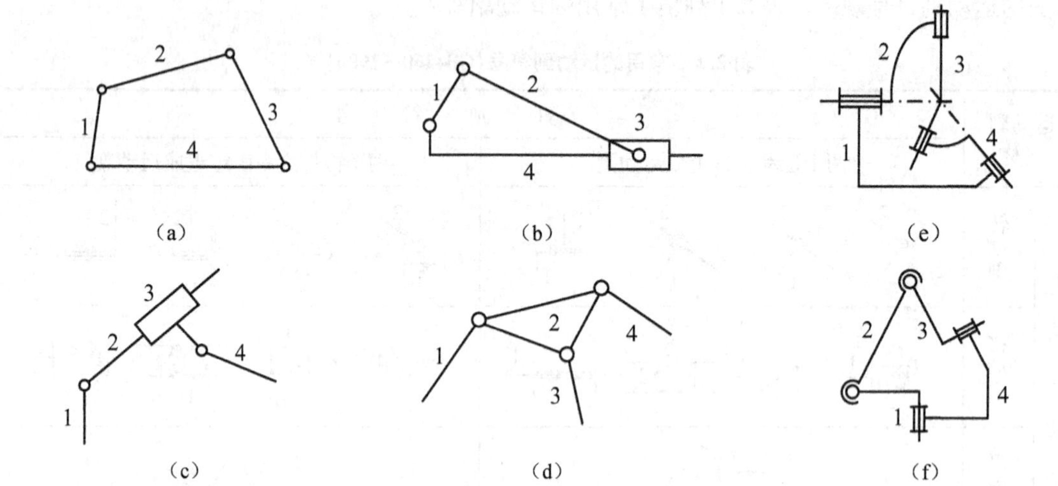

图 2.3　平面运动链与空间运动链

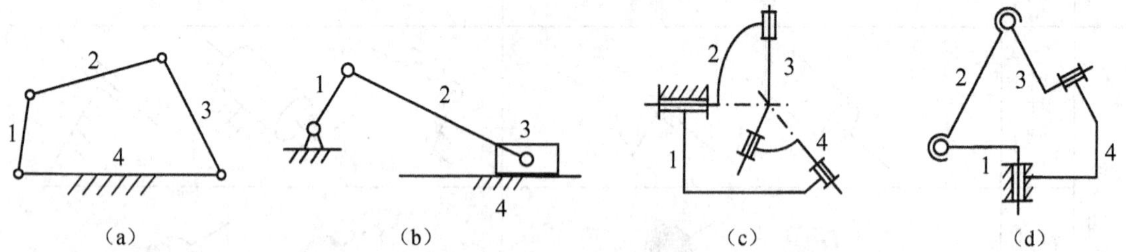

图 2.4　平面机构与空间机构

2.3　平面机构的运动简图

无论是对已有的机器进行运动与动力分析，还是设计新的机器，都需要画出机构的运动简图。所谓机构的运动简图，是指用规定的符号所绘出的简单图形，它与机器的运动副之间的尺寸成比例关系。有了机构的运动简图，就可以对机器的运动与动力进行分析，通过机构的运动简图就可以开展新机器的设计。有时，为了表明机器的结构情况，所绘出的图形与机器的运动副之间的尺寸不成严格的比例关系，通常称这样的简图为机构的示意图。为了正确绘制机构的运动简图，国家标准制定了绘制机构运动简图的符号规范。图 2.5(a)给出了摩擦轮传动、图 2.5(b)给出了外啮合圆柱齿轮传动、图 2.5(c)给出了内啮合圆柱齿轮传动的机构运动简图，其他类型的机构运动简图参见 GB4460—1984 所示。表 2.2 列出了一般构件的表示方法。

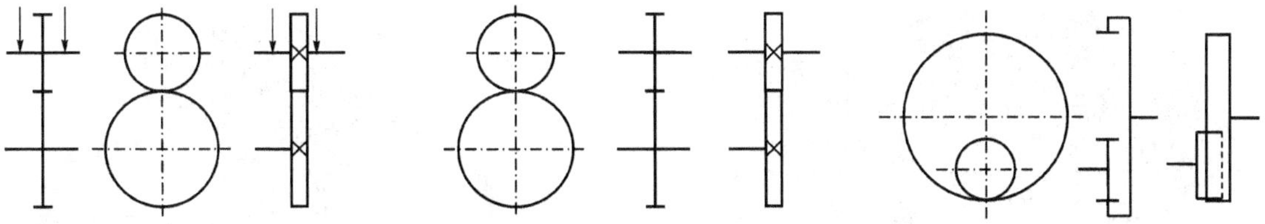

（a）　　　　　　　　（b）　　　　　　　　（c）

图 2.5　机构运动简图

表 2.2　一般构件的表示方法(GB4460—1984)

杆、轴类构件	构件的表示方法
固定构件	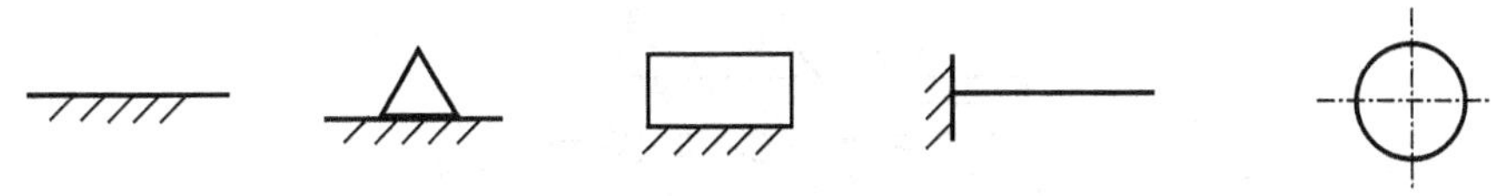
同一构件	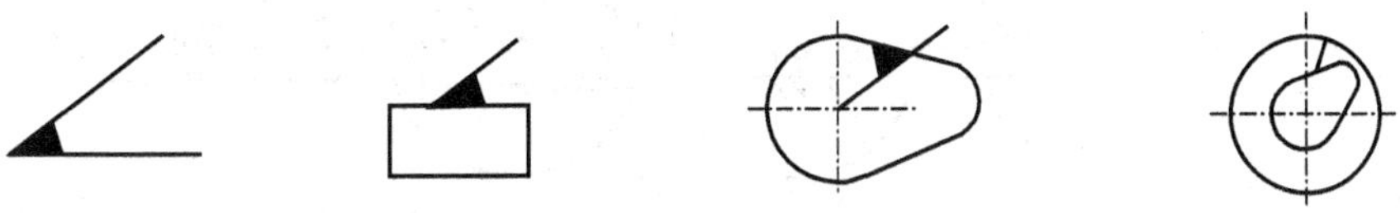
两副构件	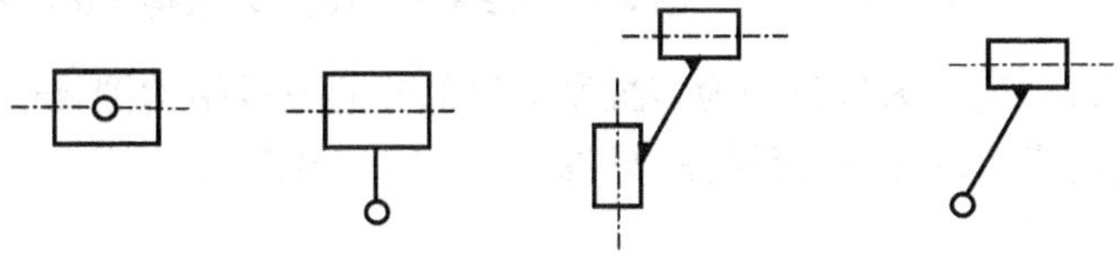
三副构件	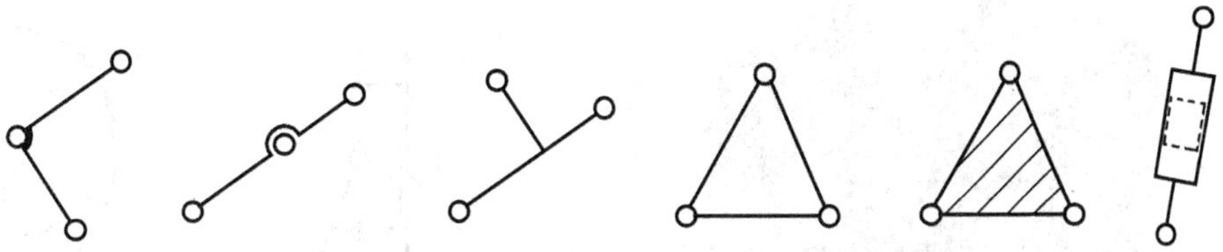

在绘制机构的运动简图时，首先应该把机器的构造分析清楚，理清运动是如何传递的，区分出主动件与执行构件，从主动件到执行构件经历了哪些传动环节。

为了具体说明机构运动简图的画法，下面举三个例子予以说明。

[例 2-1]　图 2.6(a)为辊式破碎机机械传动部分的三维结构图，图 2.6(b)为辊式破碎机的两个辊子破碎物料的示意图。当被破碎的物料中夹带了过硬的物体而破碎不了时，支撑可让位辊子两端的两个滑块的两个液压油缸的推力超过预设的数值，溢流阀自动泄油，于是，两个辊子之间的距离加大，从而放过这些硬物。

[解]　由图 2.6(a)得知，齿轮 1 为主动件，通过一套连杆机构，使齿轮 4 在时变轴距下获得与齿轮 1 转速相同、转向相反的运动。油缸的设置用于抵抗物料在挤压时产生的推力，实现可动辊子的让位与复位。图 2.6(a)所对应的机构运动简图如图 2.6(c)所示。由图 2.6(a)、2.6(c)可以看出，共有 12 个构件，12 个转动副，2 个移动副与 3 个高副。

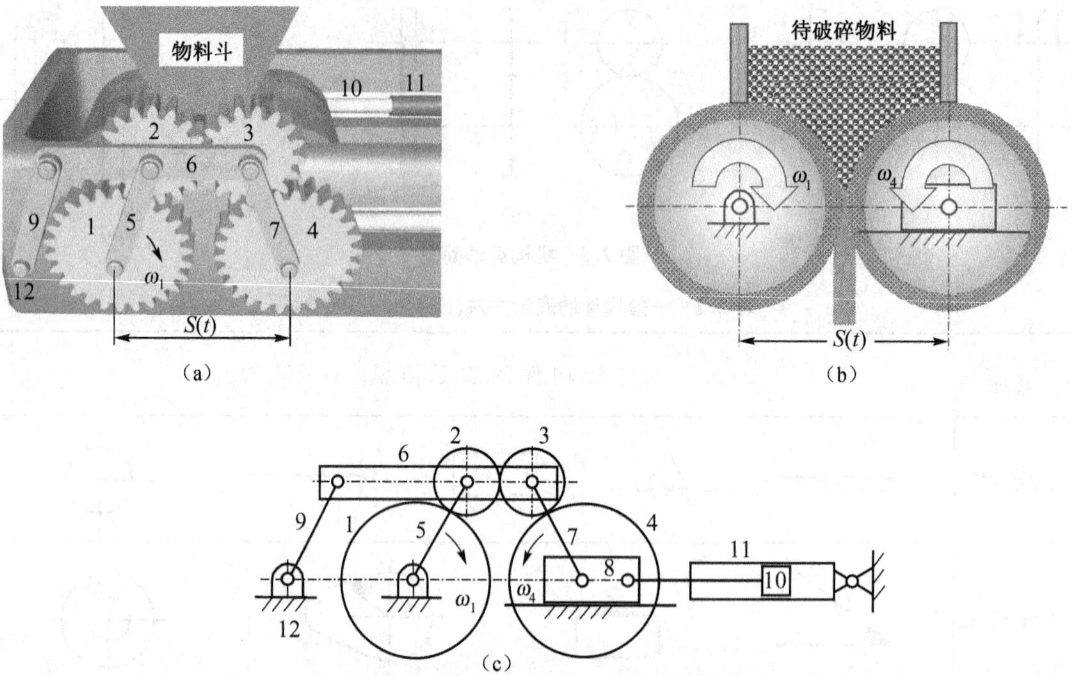

图 2.6 辊式破碎机的传动机构与运动简图

［**例 2－2**］ 图 2.7(a)为多缸发动机部分的三维结构图,试绘制动力转换部分的曲柄滑块机构的运动简图,动作控制部分的凸轮机构的运动简图。

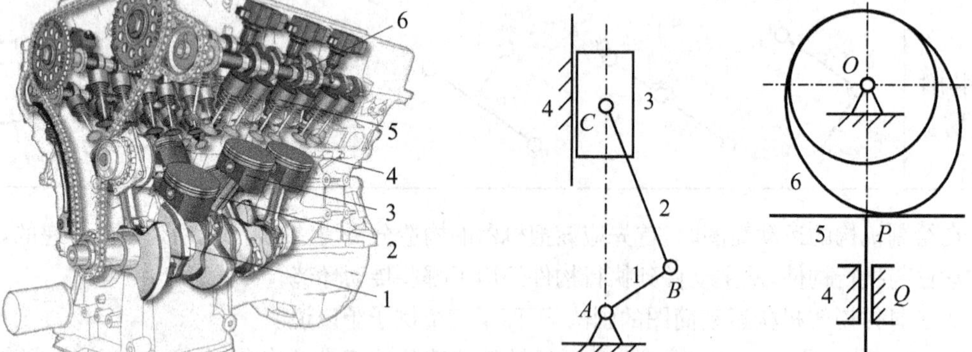

图 2.7 多缸发动机与机构的运动简图

［**解**］ 将燃料燃烧的热能转化为机械能的是曲柄滑块机构,动力曲轴用构件 1 表达,连杆用构件 2 表达,活塞用滑块 3 表达,机架用构件 4 表达,该机构的运动简图如图 2.7(b)所示。由图 2.7(a)、(b)可以看出,共有 4 个构件,3 个转动副与 1 个移动副。

实现汽缸气门开闭的是凸轮机构,控制气门开闭的曲轴用凸轮 6 表达,顶杆用构件 5 表达,机架用构件 4 表达,该机构的运动简图如图 2.7(c)所示。由图 2.7(a)、(c)可以看出,共有 3 个构件,1 个转动副,1 个移动副与 1 个高副。

[**例 2-3**] 图 2.8(a)为颚式破碎机的部分三维结构图,试绘制其机构的运动简图。

[**解**] 由图 2.8(a)可以看出,共有 6 个构件,曲轴 1 与机架 6、连杆 2 分别组成转动副,连杆 2 与摇杆 3、连杆 4 分别组成转动副,摇杆 3 与机架 6 组成转动副,摇杆 5 与连杆 4、机架 6 分别组成转动副。该颚式破碎机的机构运动简图 2.8(b)所示。

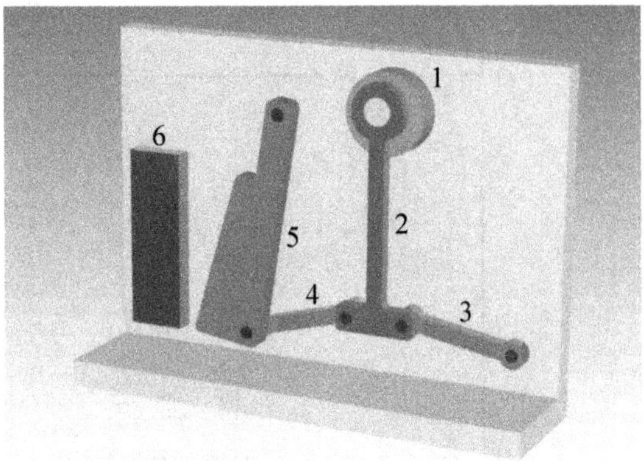

(a)

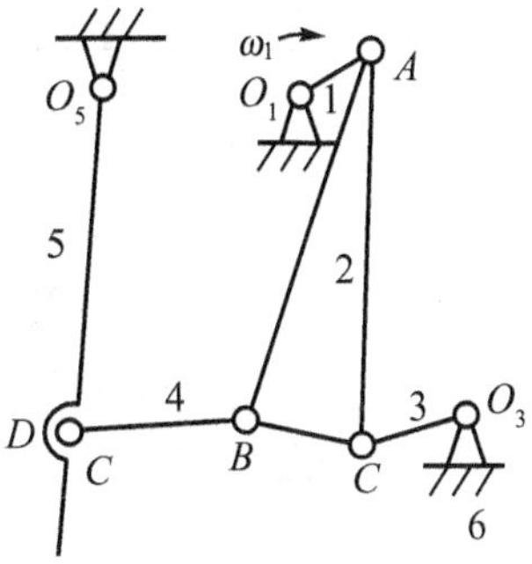

(b)

图 2.8 颚式破碎机与机构的运动简图

2.4 平面机构的自由度

机构的自由度是机构具有独立运动参数的数目。

对于平面机构,每个活动构件在形成运动副之前可以作自由运动,共有 3 个自由度,如图 2.9(a)所示,即分别沿 x、y 轴的平移,绕垂直于运动平面轴线的转动,可以用构件上 A 点的坐标 x_A、y_A 与 A、B 连线的方位角 φ 予以表示。当两个构件通过转动副连接之后,如图 2.9(b)所示,这两个构件所具有的独立运动参数的数目为 4,即 x_A、y_A、φ_1 和 φ_{21}。当两个构件通过移动副连接之后,如图 2.9(c)所示,这两个构件所具有的独立运动参数的数目也为 4,即 x_A、y_A、φ_1 和 S_{21}。当两个构件通过高副连接之后,如图 2.9(d)所示,这两个构件所具有的独立运动参数的数目为 5,即 x_{A1}、y_{A1}、α_{A1}、S_1 和 S_2。显然,一个转动副引入 2 个约束($2\times3-4=2$),一个移动副也产生 2 个约束,一个高副产生沿公法线方向的 1 个相对移动约束。若用 P_L 表示机构中低副的个数,P_H 表示机构中高副的个数,n 表示机构中活动构件的个数,F 表示机构的自由度,则平面机构的自由度 F 为

$$F = 3n - (2P_L + P_H) \tag{2.1}$$

若 $F \geqslant 1$,表明机构可以运动,当主动件的数目等于机构的自由度时,机构具有完全确定的运动;当主动件的数目少于机构的自由度时,机构的运动不确定;当主动件的数目大于机构的自由度时,机构会在薄弱的环节上被内力破坏。当 $F=0$ 时,已不是机构,称为一个结构体。当 $F<0$ 时,称为网架或桁架。

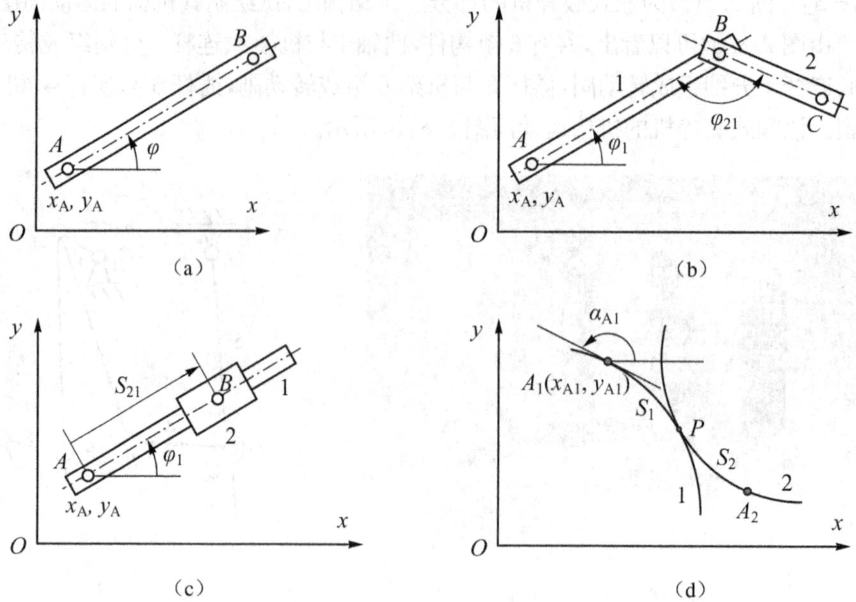

图 2.9　平面运动副产生的约束

［**例 2-4**］　试计算图 2.6(c)所示辊式破碎机机械传动部分的机构自由度。

［**解**］　由图 2.6(c)得知，活动构件的个数 $n=11$，低副的个数 $P_L=14$，齿轮 1～4 形成 3 个高副，$P_H=3$，该机构的自由度 F 为

$$F=3n-(2P_L+P_H)=3\times 11-(2\times 14+3)=2$$

其中一个自由度用于实现 $\omega_1/\omega_4=-1$ 的传动，另一个自由度用于实现活动辊子的让位与复位。

［**例 2-5**］　试计算图 2.7(b)、(c)所示机构的自由度。

［**解**］　图 2.7(b)为曲柄滑块机构，活动构件的个数 $n=3$，低副的个数 $P_L=4$，该机构的自由度 F_b 为

$$F_b=3n-(2P_L+P_H)=3\times 3-(2\times 4+0)=1$$

图 2.7(c)为凸轮机构，活动构件的个数 $n=2$，低副的个数 $P_L=2$，高副的个数 $P_H=1$，该机构的自由度 F_c 为

$$F_c=3n-(2P_L+P_H)=3\times 2-(2\times 3+1)=1$$

［**例 2-6**］　试计算图 2.8(b)所示颚式破碎机机构的自由度。

［**解**］　由图 2.8(b)得知，活动构件的个数 $n=5$，低副的个数 $P_L=7$，高副的个数 $P_H=0$，该机构的自由度 F 为

$$F=3n-(2P_L+P_H)=3\times 5-(2\times 7+0)=1$$

2.5　计算平面机构自由度的注意事项

在应用式(2.1)计算机构的自由度时，要注意局部自由度、虚约束与复合铰链的问题。

2.5.1 局部自由度

局部自由度是机构中某些构件所产生的局部运动但不影响整个机构运动的自由度。以图 2.10 所示的凸轮机构为例，滚子 2 的引入是为了减少移动从动件 3 与凸轮 1 之间的摩擦与磨损，滚子 2 关于转动副 C 的局部转动不影响整个机构的运动，因此，滚子 2 关于转动副 C 的局部转动自由度应该不予考虑，此时，该机构的自由度为

$$F = 3n - (2P_L + P_H) = 3 \times 2 - (2 \times 2 + 1) = 1$$

在计算机构的自由度时，一旦遇到局部自由度，只要不予考虑即可(等价于滚子 2 与从动件 3 固结成一个构件)。

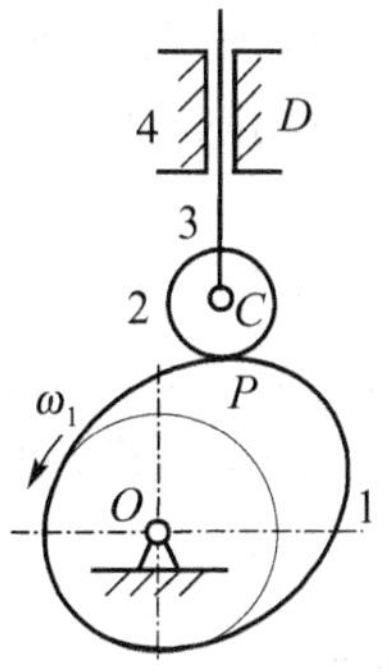

图 2.10 含局部自由度的机构

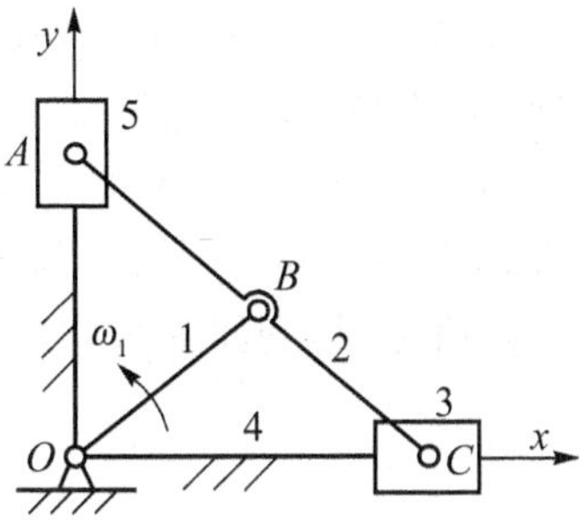

图 2.11 含虚约束的机构

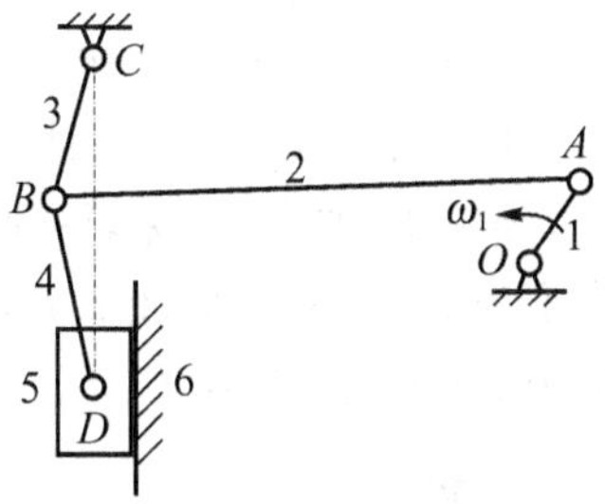

图 2.12 含复合铰链的机构

2.5.2 虚约束

虚约束是对整个机构的运动不起运动约束的一种约束，但对力的重新分布产生显著的影响。以图 2.11 所示的机构为例，$AB = BC$，$OA \perp OC$，当主动件 1 作匀速转动时，由杆 1—4 组成的曲柄滑块机构的滑块 3 在 x 轴上作往复移动，此时，连杆 2 上 A 点的轨迹落在 y 轴上，A、B、C 三点之外的轨迹为椭圆。显然，滑块 5 与机架 4 组成的移动副没起运动约束的作用。在计算机构的自由度时，去掉滑块 5 以及 5 与 4、5 与 2 组成的运动副，此时，该机构的自由度为

$$F = 3n - (2P_L + P_H) = 3 \times 3 - (2 \times 4 + 0) = 1$$

当然，也可以认为杆 2—5 组成一个双滑块机构，连杆 2 上 B 点的轨迹为圆，此时，曲柄 1 的存在不起运动约束，可以去掉。这样处理后，该机构的自由度仍然为 1。在计算机构的自由度时，一旦发现虚约束，只要将虚约束去掉即可。

2.5.3 复合铰链

两个以上的构件同在一个轴心处以转动副相铰联，则构成复合铰链。以图 2.12 所示的机械压力机机构为例，在 B 点，构件 2、3、4 组成 2 个转动副，即复合铰链处的运动副数目等于此处构件数减 1。为此，该机构的自由度为

$$F = 3n - (2P_L + P_H) = 3 \times 5 - (2 \times 7 + 0) = 1$$

2.6 平面机构的组成原理与结构分析

2.6.1 平面机构的组成原理

由于机构具有确定运动的条件是原动件的个数等于机构自由度的数目，因此，如果将机构中的机架及原动件与其余构件拆分开来，则其余构件所构成的构件组必然是一个自由度为 0 的构件组。而这个自由度为 0 的构件组有时还可以继续拆分下去，直到构件数最少的自由度为 0 的构件组。这种构件数最少的自由度为 0 的构件组称为基本杆组。由此可知，机构是由若干个基本杆组依次连接于机架和原动件上而形成的，该原理称为机构的组成原理。

在对一个机构拆分基本杆组时，各个运动副的符号只能出现一次，在原动件上与基本杆组相连接的那一端不能带有运动副；在连接时，同一基本杆组上的多个外接运动副不能与另一基本杆组上的同一构件相连。否则，就不符合机构的组成原理。

以图 2.13(a)所示的肘杆机械压力机机构为例，当曲柄 1 为主动件时，将主动件 1 及机架 6 与其余的构件拆分开来，得到如图 2.13(b)所示的主动件 1 与机架 6，杆 2、3、4、5 所组成的自由度为 0 的杆组。将图 2.13(b)进一步拆分，得到如图 2.13(c)所示的主动件 1 与机架 6，基本杆组 2—3，基本杆组 4—5。

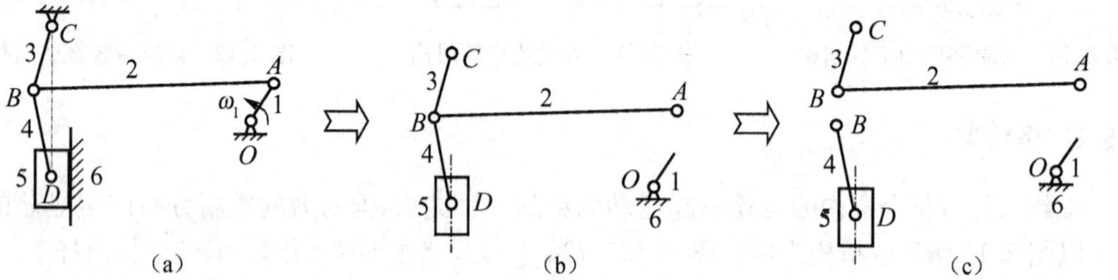

图 2.13 肘杆压力机的机构拆分

再对图 2.14(a)所示的曲柄摇块型平面六杆机作基本杆组的拆分，当曲柄 1 为主动件时，将主动件 1 及机架 6 与其余的构件拆分开来，得到如图 2.14(b)、(c)、(d)所示的拆分。图 2.14(b)为主动件 1 与机架 6 的拆分，图 2.14(c)为构件 2、3 组成的基本杆组，图 2.14(d)为构件 5、6 组成的基本杆组。

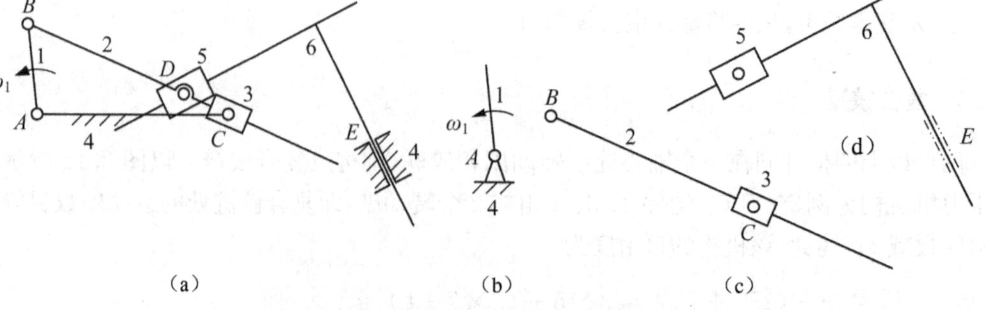

图 2.14 曲柄摇块型平面六杆机构的机构拆分

2.6.2　平面机构的结构分析

1）平面机构的结构分类

由于平面机构是由若干个基本杆组依次连接于机架和原动件上所组成，所以，当 $P_H=0$ 时，平面低副机构的基本杆组应满足的条件为 $3n-2P_L=0$，又由于构件数和运动副数都必须为整数，所以，n 应是 2 的倍数，而 P_L 应是 3 的倍数。由此可见，在平面低副机构中，最少构件数的基本杆组是由 2 个构件 3 个低副所构成的，这种基本杆组称为Ⅱ级组。绝大多数平面低副机构都是由Ⅱ级组构成的。

Ⅱ级组有如图 2.15 所示的六种结构形式，其中图 2.15(f)主要应用在伸缩式油缸中。图 2.15 中的外部转动副用双圆表示，以表示它们目前不是真正的转动副，但是它们一旦参与构成机构，就是真正的转动副了；外部移动副用中心线表示，它们一旦参与构成机构，就是真正的移动副了。在少数结构比较复杂的平面低副机构中，除了Ⅱ级组外，还有其他高级别的基本杆组，当 $n=4, P_L=6$ 时，图 2.16 为比较常见的五种型式。其中，图 2.16(a)、(b)、(c)、(d)为Ⅲ级组(杆组的级别由杆组中封闭形的边数决定)，图 2.16(e)为Ⅳ级组(杆 1、2、3 与 4 组成四边形)。鉴于工程实际中很少应用高级别的基本杆组，所以在此不再介绍它们。

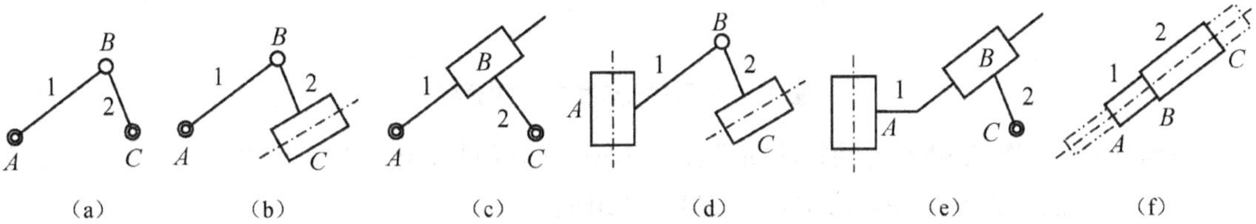

图 2.15　Ⅱ级组的六种型式

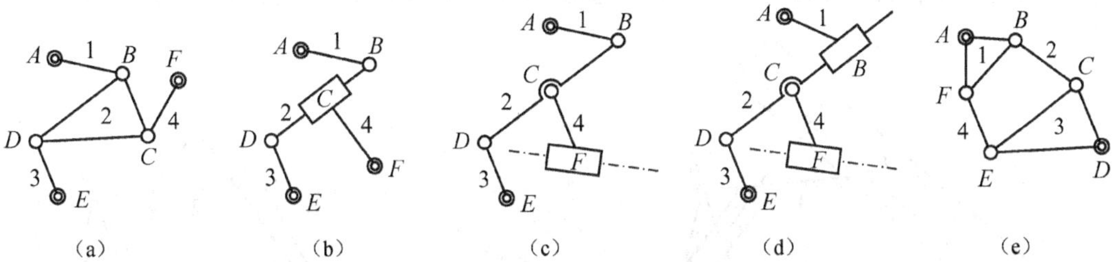

图 2.16　$n=4$，$P_L=6$ 时的四种Ⅲ级组与一个Ⅳ级组

2）平面机构的结构分析

对于一个平面低副机构，首先计算它的自由度，确定原动件，然后从远离原动件的构件开始拆分基本杆组，直至最后剩下原动件和机架为止。先试拆分为Ⅱ级组，若不成，再拆分为Ⅲ级组或Ⅳ级组。

［例 2－7］　以图 2.8(b)所示的颚式破碎机为例，当构件 1、5 分别为原动件时，试拆分该机构的杆组成分。

［解］　当以构件 1 为原动件时，如图 2.17(a)所示，首先拆分出基本杆组 4—5，然后拆分出基本杆组 2—3，最后剩下原动件 1 与机架 6。其拆分如图 2.17(b)所示，为Ⅱ级机构。

当以构件 5 为原动件时，如图 2.17(c)所示，可以拆分出基本杆组 1—2—3—4，主动件 5 与机架 6。其拆分如图 2.17(d)所示，为Ⅲ级机构。

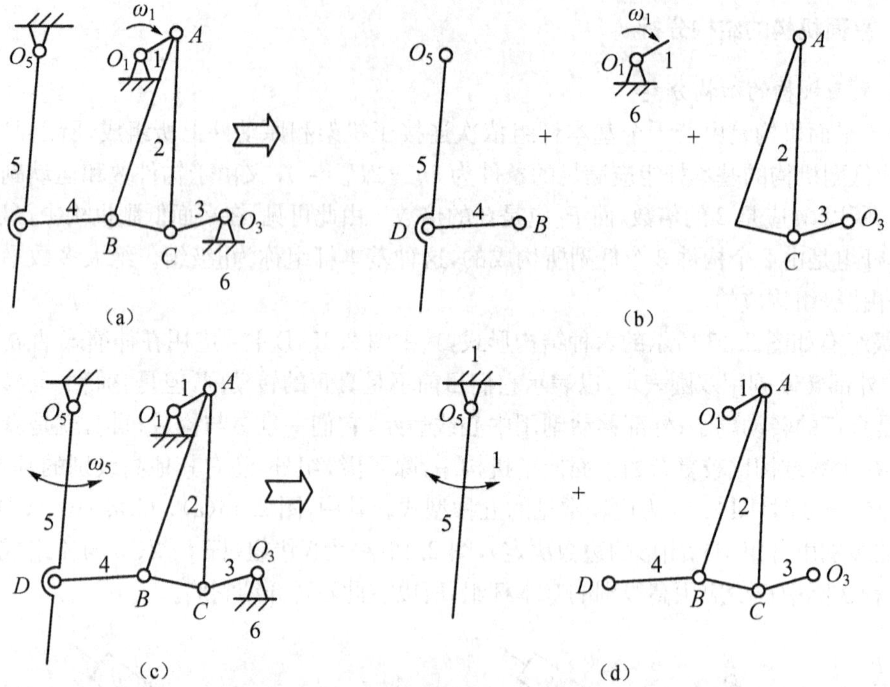

图 2.17　颚式破碎机的结构分析

［**例 2－8**］　图 2.18(a)为油缸浮动式自卸汽车的工作机构，当活塞杆 2 相对于缸体 1 的长度发生变化时，油缸为原动件，试拆分该机构的杆组成分。

［**解**］　在图 2.18(a)中，当活塞杆 2 相对于缸体 1 运动时，两者组成一个原动件，在此位置可以视为一个构件，*ABDC* 组成一个四边形，为此，为Ⅳ级机构，如图 2.18(b)所示。

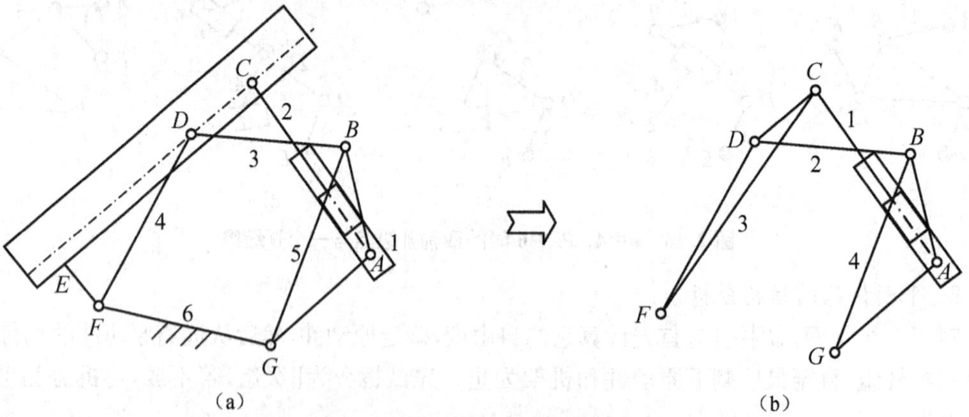

图 2.18　汽车自卸机构的结构分析

2.7　平面机构的高副低代

对于一个平面机构，若含有高副，可以将高副用低副代替，从而使含有高副的机构瞬时转化为低副机构。高副低代的原则是，代替前后机构的自由度不变；代替前后机构的瞬时速度与加速度不变。从约束的角度来说，一个高副产生一个约束，一个带有两个低副的构件也产生一个约束，为此，可以用一个带有两个低副的构件来代替一个高副。两个低副之间的距离就是形成高副的两条曲线在接触点的曲率半径之和。

图 2.19(a)所示为两个圆组成的高副机构，不论接触点 P 在哪里，两个圆的圆心 O_1、O_2 之间的长度都等于半径 r_1 与 r_2 之和。为此，引入连杆 4，连杆 4 的长度等于 r_1 与 r_2 之和，将 O_1、O_2 分别视为转动副，连杆 4 与构件 1 在 O_1 点组成转动副，与构件 2 在 O_2 点组成转动副，于是，得到高副低代的平面四杆机构，如图 2.19(b)所示。这两个机构具有相同的运动规律。

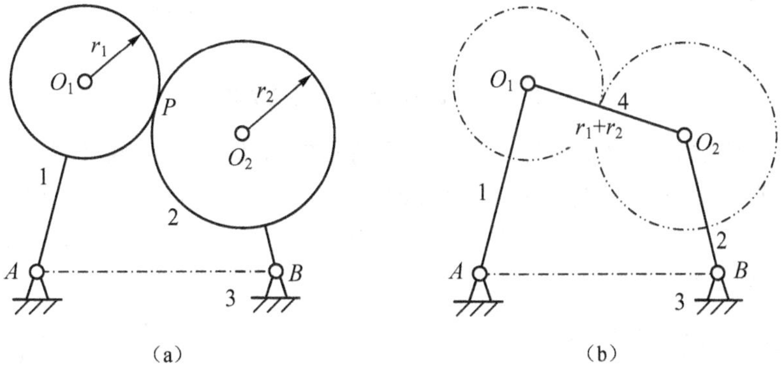

图 2.19　两圆高副机构与低代

图 2.20(a)所示为两个一般曲线组成的高副机构，取接触点 P 的曲率中心 O_1、O_2 作为连杆 4 与构件 1 组成的转动副、与构件 2 组成的转动副，于是，得到高副瞬时低代的平面四杆机构，如图 2.20(b)所示。这两个机构在该瞬时具有相同的运动规律。

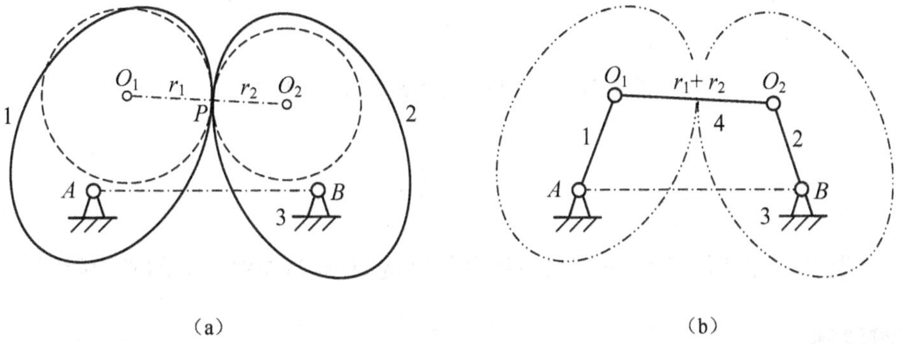

图 2.20　一般高副机构与低代

图 2.21(a)所示为一般曲线与直线组成的高副机构，曲线 1 在接触点 P 处的曲率中心在 O_1 点、直线 2 在接触点 P 处的曲率中心 O_2 位于无限远，由于 O_1、O_2 之间的距离为无限远，PO_2 段为无限长，而 PO_2 段不论有多长，它相对于构件 2 都是作移动，为此，可以仅仅取接近于 P 点的一段实体作为连杆 4 的一端，这样，连杆 4 与构件 1 在 O_1 点组成转动副、与构件 2 在 P 点组成移动副，于是，得到高副瞬时低代的平面四杆机构，如图 2.21(b)所示。这两个机构在该瞬时具有相同的运动规律。

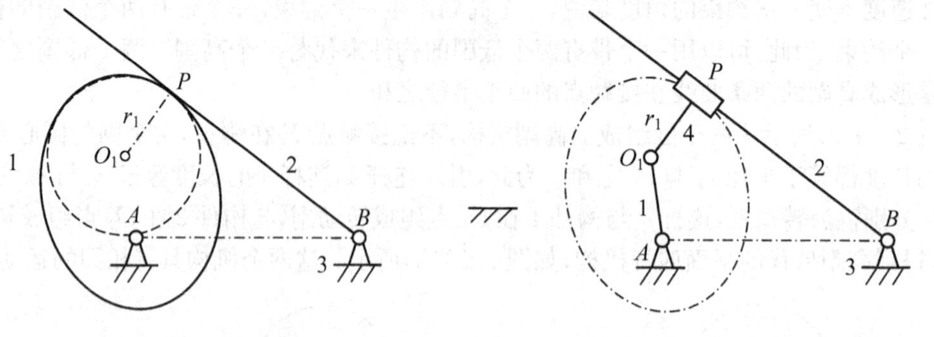

（a）　　　　　　　　　　　　（b）

图 2.21　一般曲线与直线高副机构与低代

图 2.22(a)所示为一般曲线与点组成的高副机构，曲线 1 在接触点 P 处的曲率中心在 O_1 点、P 点的曲率中心 O_2 就在 P 点，为此，连杆 4 与构件 1 在 O_1 点组成转动副、与构件 2 在 P 点组成转动副，于是，得到高副瞬时低代的平面四杆机构，如图 2.22(b)所示。这两个机构在该瞬时具有相同的运动规律。

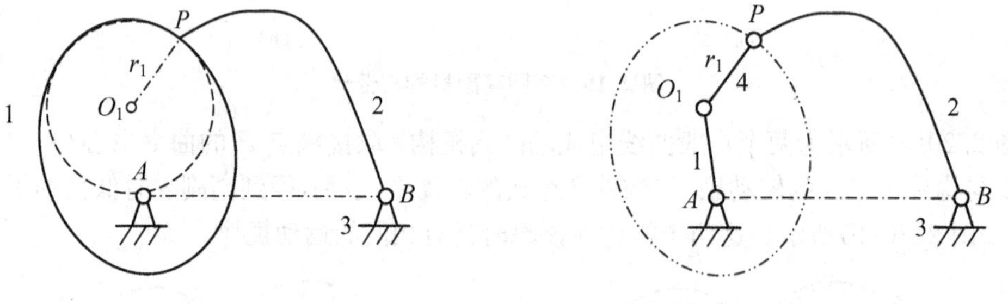

（a）　　　　　　　　　　　　（b）

图 2.22　一般曲线与点高副机构与低代

习　题

2－1　题 2－1 图所示为三种型式液压泵的结构简图，试绘制它们的机构简图。

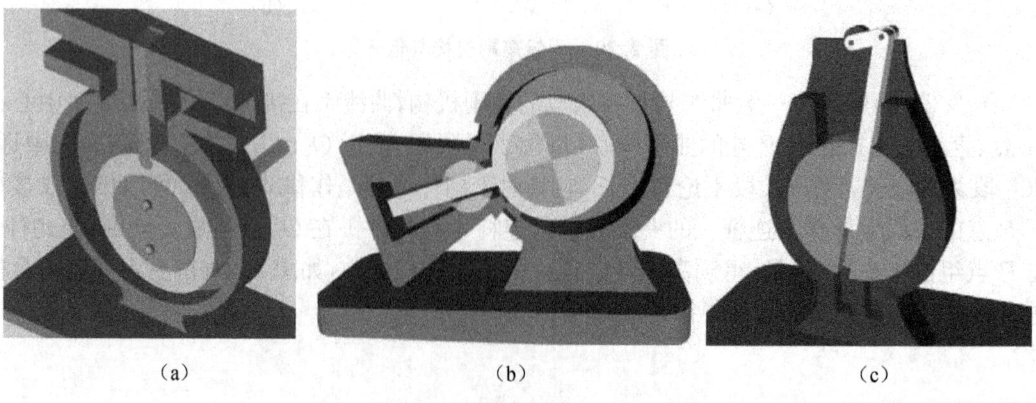

（a）　　　　　　（b）　　　　　　（c）

题 2－1 图

2-2　题 2-2 图所示为高速机械压力机的机构简图，除去曲柄 1、连杆 2 之外，机构尺寸关于 y 轴对称，试求它的自由度。

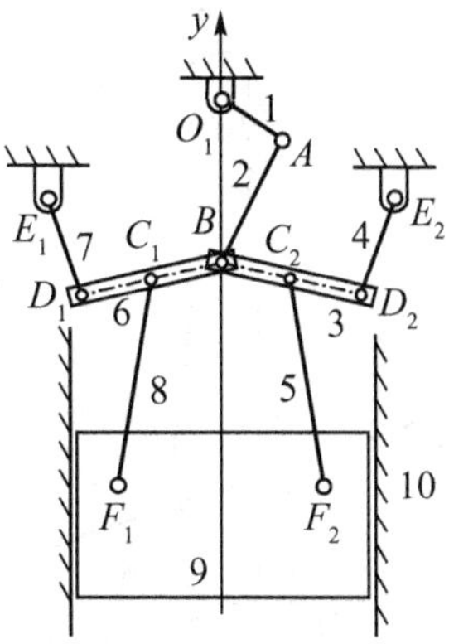

题 2-2 图

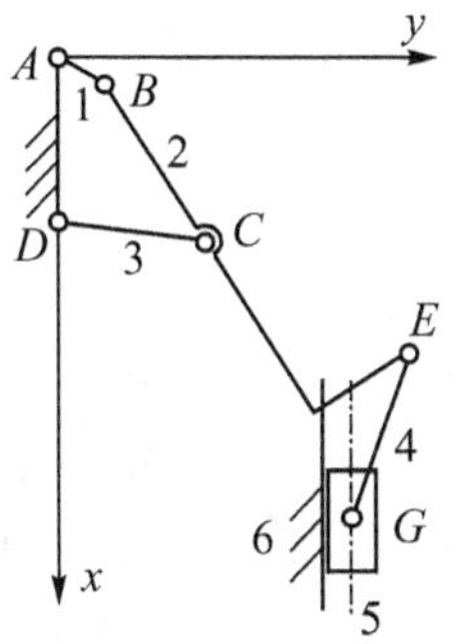

题 2-3 图

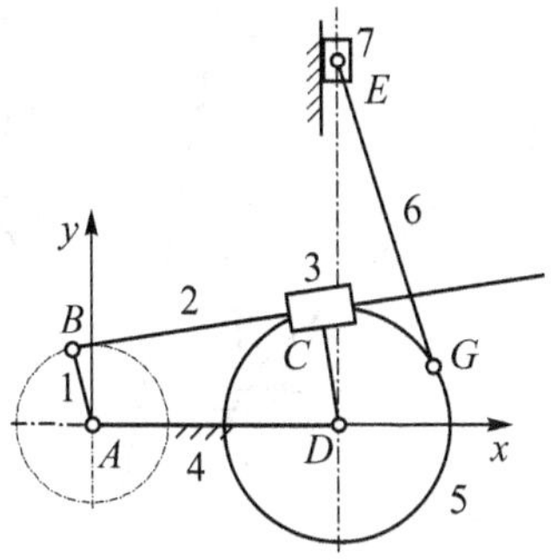

题 2-4 图

2-3　题 2-3 图所示为连杆机械压力机的机构简图，试求它的自由度。

2-4　题 2-4 图所示为齿轮连杆组合机构的机构简图，其中构件 2、5 组成齿轮齿条副，构件 2、3 组成移动副，试求它的自由度。

2-5　题 2-5 图所示为齿轮连杆组合机构的机构简图，试求它的自由度。

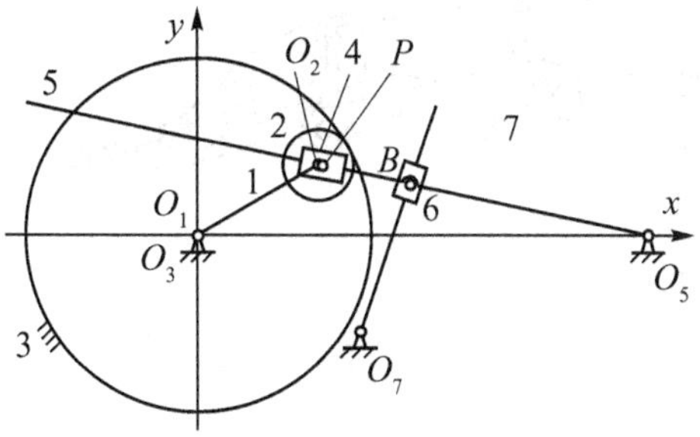

题 2-5 图

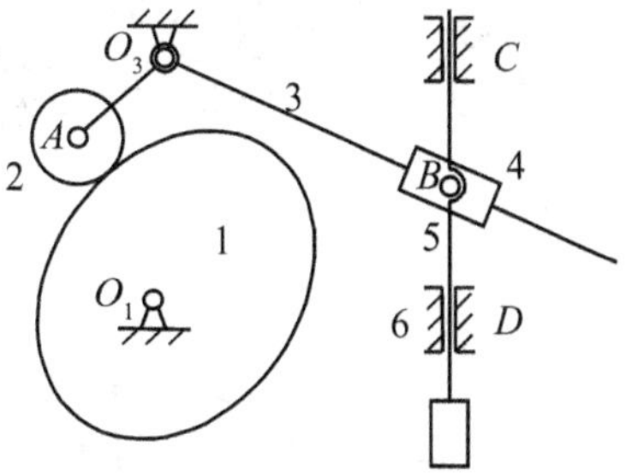

题 2-6 图

2-6　题 2-6 图所示为凸轮连杆压力机的机构简图，试求它的自由度，将该机构中的高副用低副代替，画出低代后的机构简图。

2-7　题 2-7 图所示为一种织机开口机构的机构简图，试求它的自由度。

2-8　题 2-8 图所示为另一种织机开口机构的机构简图，试求它的自由度。

2-9　题 2-9 图所示为一种鸟的机构简图，试求它的自由度。

2-10　题 2-10 图所示为一种人工膝关节机构的机构简图，试求它的自由度。

2-11　题 2-11 图所示为一种织机的机构简图，试求它的自由度。

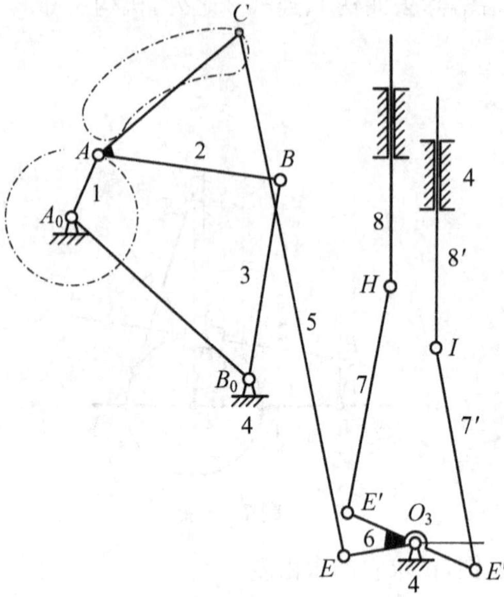

题 2-7 图

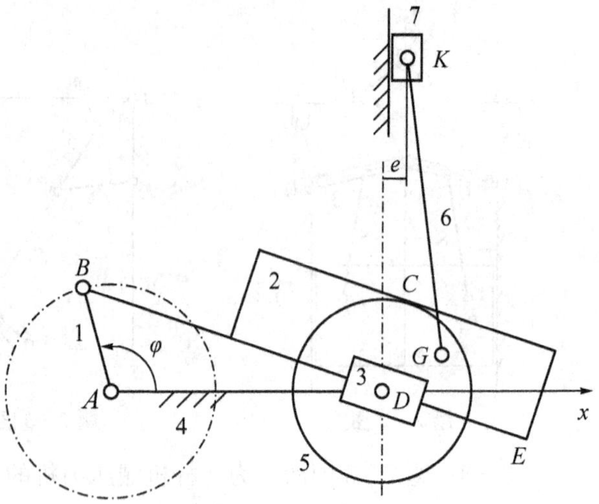

题 2-8 图

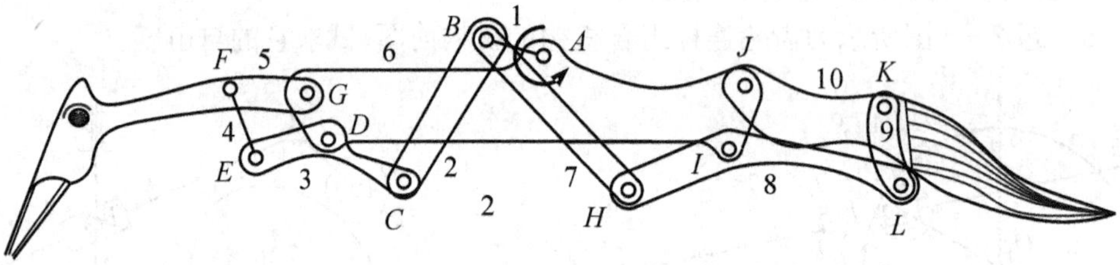

题 2-9 图

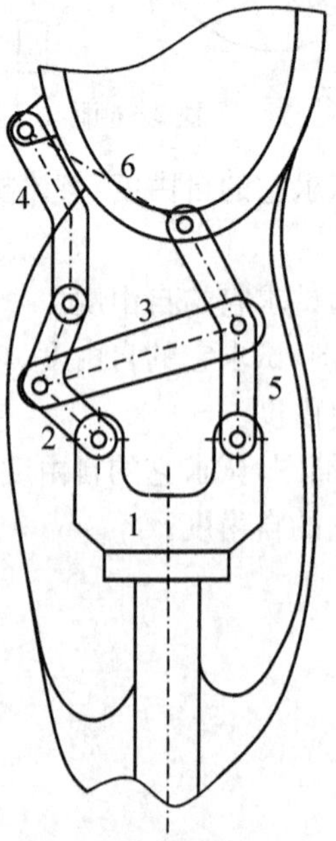

题 2-10 图

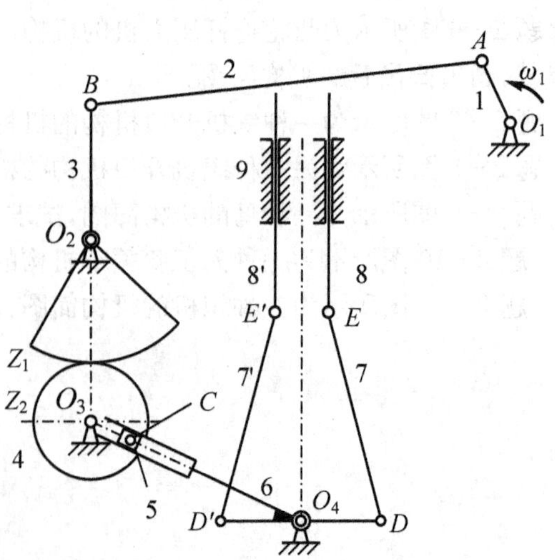

题 2-11 图

3 平面机构的运动分析

3.1 概述

机构的运动分析，是指原动件的运动规律已知时，求解其余构件的运动规律，确定指定构件上点的位移、轨迹、速度与加速度。

对机构作运动分析的方法很多，此处只介绍基于矢量多边形的图解方法以及基于机构几何尺寸的代数方法。

对机构作运动分析的目的是确定机构的运动空间、检验相关构件的运动规律是否符合设计要求以及为构件的强度设计、运动副的尺寸设计提供计算惯性力与惯性力矩的参数。

3.2 平面机构运动分析的图解法

对平面机构作运动分析的方法有速度瞬心法与矢量方程图解法，其中速度瞬心法只能对平面机构作速度分析。

3.2.1 速度瞬心法

1）速度瞬心与位置

速度瞬心是两个作平面相对运动的构件上具有相同位置坐标、相同速度的重合点，当该重合点的速度等于零时，称为绝对瞬心；当该重合点的速度不等于零时，称为相对瞬心。由于每两个构件都形成一个瞬心，对于由 N 个构件所形成的机构，其瞬心的数目 S 为

$$S = N(N-1)/2 \tag{3.1}$$

运动副与速度瞬心的关系如图 3.1 所示，转动副的几何中心是速度瞬心；移动副的速度瞬心在垂直于运动方向的无限远处；高副的速度瞬心在过接触点所作的公法线上；纯滚动高副的速度瞬心在接触点上。三个构件形成三个速度瞬心，这三个速度瞬心位于一条直线上，如图 3.2 所示，该规律称为三心定理。

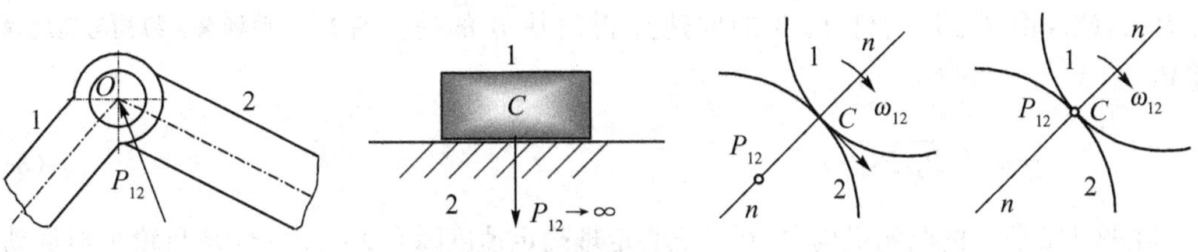

图 3.1 运动副与速度瞬心

2）用速度瞬心作机构的速度分析

在图 3.3 所示的铰链四杆机构中，主动件 1 以 ω_1 作匀速转动，求图示位置连杆 2、摇杆 3 的角速度 ω_2、ω_3。

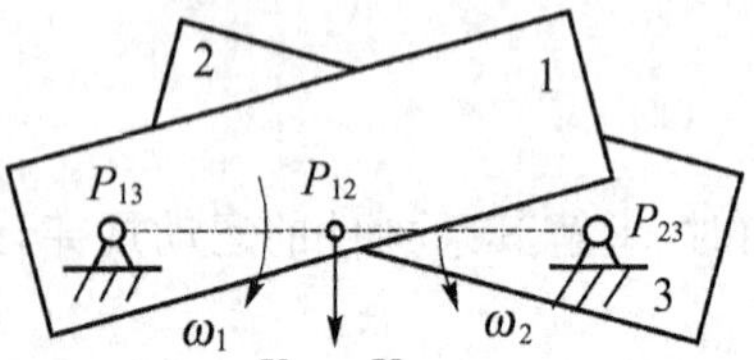

图 3.2　三心共线

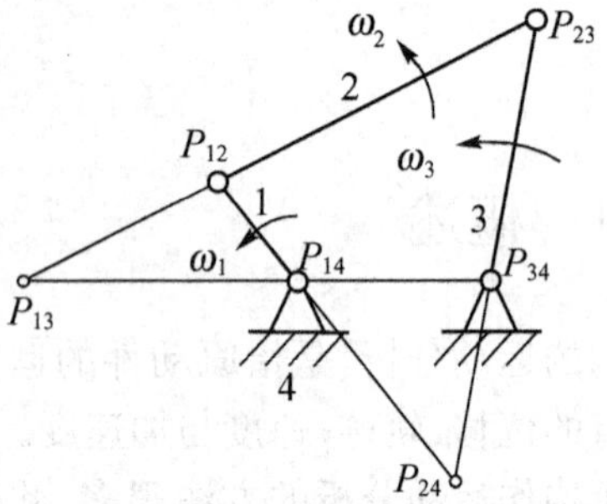

图 3.3　铰链四杆机构与速度瞬心

利用三心定理确定速度瞬心 P_{13}、P_{24}，由 P_{13}是构件 1、3 的同速点得

$$\omega_1 \cdot \overline{P_{13}P_{14}} \cdot \mu_L = \omega_3 \cdot \overline{P_{13}P_{34}} \cdot \mu_L$$

式中 μ_L是长度比例尺（μ_L = 实际尺寸 / 图上尺寸），由此得构件 3 的角速度 ω_3为

$$\omega_3 = \omega_1 \cdot \overline{P_{13}P_{14}} / \overline{P_{13}P_{34}} \tag{3.2}$$

由于 P_{24}是绝对瞬心，连杆 2 在此时绕 P_{24}点作瞬时转动，由 P_{12}是构件 1、2 的同速点得速度方程与 ω_2分别为

$$\begin{aligned} &\omega_1 \cdot \overline{P_{12}P_{14}} \cdot \mu_L = \omega_2 \cdot \overline{P_{12}P_{24}} \cdot \mu_L \\ &\omega_2 = \omega_1 \cdot \overline{P_{12}P_{14}} / \overline{P_{12}P_{24}} \end{aligned} \tag{3.3}$$

ω_2、ω_3的方向如图所示。

在图 3.4 所示的曲柄滑块机构中，利用三心定理确定速度瞬心 P_{13}、P_{24}，由 P_{13}是构件 1、3 的同速点得滑块 3 的速度 V_3

$$V_3 = \omega_1 \cdot \overline{P_{14}P_{13}} \cdot \mu_L \tag{3.4}$$

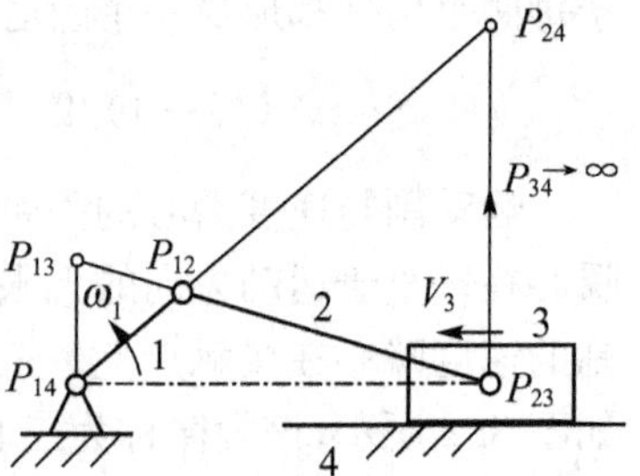

图 3.4　曲柄滑块机构与速度瞬心

在图 3.5 所示的正弦机构中，利用三心定理确定速度瞬心 P_{13}、P_{24}，由 P_{13} 是构件 1、3 的同速点得滑块 3 的速度 V_3

$$V_3 = \omega_1 \cdot \overline{P_{14}P_{13}} \cdot \mu_L \tag{3.5}$$

在图 3.6 所示的凸轮机构中，利用三心定理确定速度瞬心 P_{12}，由 P_{12}是凸轮 1 与从动件 2 的同速点得从动件 2 的速度 V_2

$$V_2 = \omega_1 \cdot \overline{P_{13}P_{12}} \cdot \mu_L \tag{3.6}$$

以上分析表明，利用速度瞬心作机构的速度分析较简单，但有时速度瞬心位于图纸之外，另外，用速度瞬心不能作机构的加速度分析。

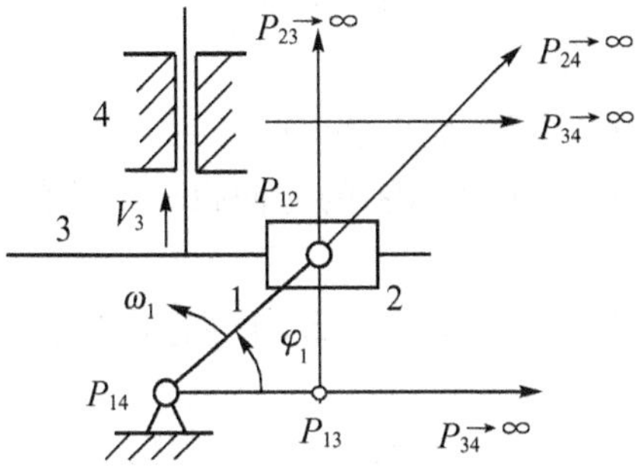

图 3.5　正弦机构与速度瞬心

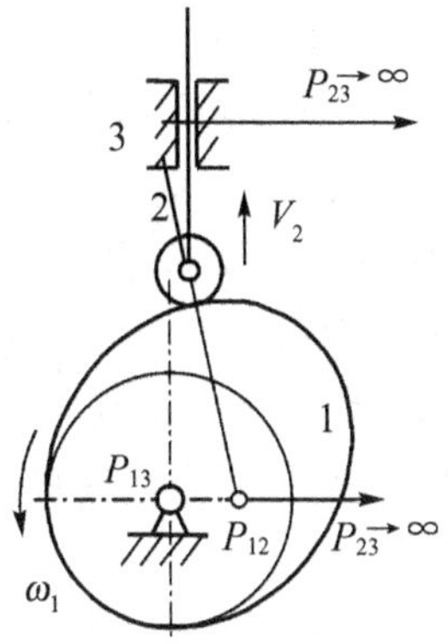

图 3.6　凸轮机构与速度瞬心

3.2.2　矢量方程图解法

矢量方程图解法，也称相对运动图解法，其依据的原理是将动点的运动划分为伴随参考构件的运动以及相对于参考构件的运动。

1）同一构件上两点间的速度与加速度关系

同一构件上两个非重合点之间的速度与加速度关系可以通过对图 3.7(a)所示的铰链四杆机构的速度分析予以说明，该图的长度比例尺为 μ_L。已知曲柄 1 的角速度为 ω_1，角加速度 $\alpha_1=0$，求图示位置时连杆 2 的角速度 ω_2，连杆 2 上 E_2点的速度 V_{E2}，以及构件 3 的角速度 ω_3；求连杆 2 的角加速度 α_2，连杆 2 上 E_2点的加速度 a_{E2}，以及构件 3 的角加速度 α_3。

根据同一构件上两点之间的速度合成原理，得连杆 2 上 B、C 两点之间的速度方程为

$$\mathbf{V}_C = \mathbf{V}_B + \mathbf{V}_{CB} \tag{3.7}$$

方向	$\perp CD$	$\perp AB$	$\perp CB$
大小	?	$\omega_1 \cdot BA \cdot \mu_L$	?

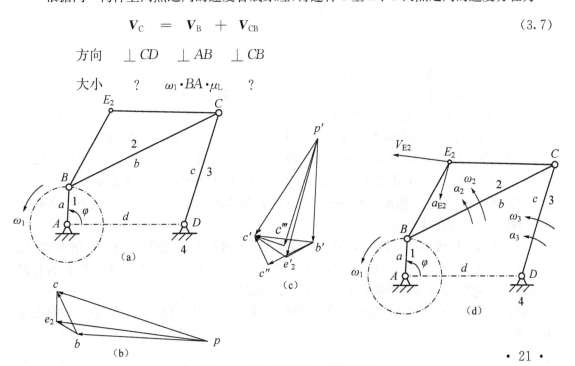

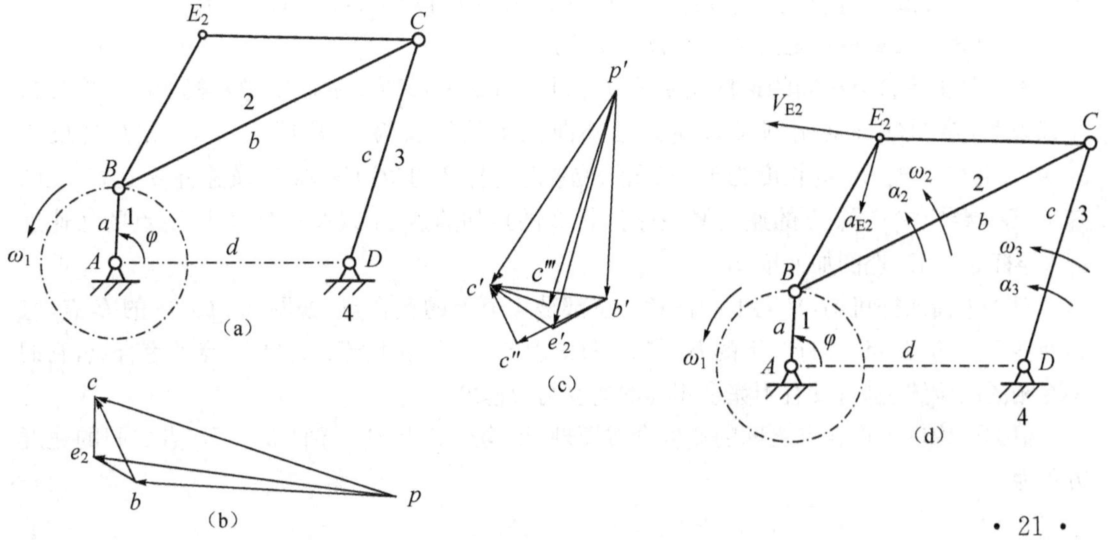

图 3.7　铰链四杆机构与运动分析

速度矢量方程式(3.7)中有两个未知量,可解。在机构简图附近的合适位置作速度图,取速度比例尺 μ_V(μ_V=实际速度/图上尺寸),取任意一点 p 作为作图的起点。作 $pb \perp AB$,由 $pb \cdot \mu_V = V_B = AB \cdot \mu_L \cdot \omega_1$ 得 pb 的大小,作 $pc \perp CD$,$bc \perp CB$,得交点 c,如图 3.7(b)所示。

由 $pc \cdot \mu_V = V_C$ 得 V_C 的大小,由 $bc \cdot \mu_V = V_{CB}$ 得 V_{CB} 的大小。由 $V_C = CD \cdot \mu_L \cdot \omega_3$ 得 ω_3 的大小,由 $V_{CB} = BC \cdot \mu_L \cdot \omega_2$ 得 ω_2 的大小。

自 c 点作 $ce_2 \perp CE_2$,自 b 点作 $be_2 \perp BE_2$ 得交点 e_2。由 $pe_2 \cdot \mu_V = V_{E2}$ 得 V_{E2} 的大小。

由 V_C 的方向得构件 3 的角速度 ω_3 为逆时针方向;由 V_{CB} 的方向得构件 2 的角速度 ω_2 为逆时针方向,如图 3.7(d)所示。

根据同一构件上两点之间的加速度合成原理,得连杆 2 上 B、C 两点之间的加速度方程为

$$
\begin{array}{lccccc}
a_C = & a_{CD}^n + & a_{CD}^t = & a_B + & a_{CB}^n + & a_{CB}^t \\
\text{方向} & C \to D & \perp CD & B \to A & C \to B & \perp BC \\
\text{大小} & \omega_3^2 CD \cdot \mu_L & ? & \omega_1^2 AB \cdot \mu_L & \omega_2^2 BC \cdot \mu_L & ?
\end{array}
\tag{3.8}
$$

加速度矢量方程式(3.8)中有两个未知量 a_{CD}^t、a_{CB}^t,可解。取加速度比例尺 μ_a(μ_a=实际加速度/图上尺寸),作图过程如下。

(1) 取任意一点 p' 作为作图的起点,作 $p'b' \parallel AB$ 得 b' 点,$p'b'$ 表示 a_B,如图 3.7(c)所示。

(2) 作 $c''b' \parallel BC$ 得 c'' 点,$c''b'$ 表示 a_{CB}^n。

(3) 过 c'' 点作 $c''b'$ 的垂线,a_{CB}^t 在该直线上。

(4) 作 $p'c''' \parallel CD$ 得 c''' 点,$p'c'''$ 表示 a_{CD}^n。

(5) 作 $p'c'''$ 的垂线,与 $c''b'$ 的垂线相交得交点 c',于是,$c''c'$ 表示 a_{CB}^t,$c'''c'$ 表示 a_{CD}^t。

由 $c''c' \cdot \mu_a = a_{CB}^t = \alpha_2 \cdot BC \cdot \mu_L$ 得 α_2 的大小,由 $c''c'$ 得连杆 2 角加速度 α_2 的方向为逆时针方向;由 $c'''c' \cdot \mu_a = a_{CD}^t = \alpha_3 \cdot CD \cdot \mu_L$ 得 α_3 的大小,由 $c'''c'$ 得构件 3 角加速度 α_3 的方向为逆时针方向,如图 3.7(d)所示。

在图 3.7(c)中,作△$b'c'e'_2$ 相似于构件△BCE_2,字母绕行顺序一致,得 e'_2 点,于是,得连杆 2 上 E_2 点的加速度的大小 $a_{E2} = p'e'_2 \cdot \mu_a$,方向如图 3.7(c)、(d)所示。

2) 两构件上重合点之间速度与加速度关系

两构件上重合点之间的速度关系可以通过对图 3.8(a)所示的曲柄导杆机构的速度分析予以说明,该图的长度比例尺为 μ_L。已知曲柄 1 的杆长为 a,角速度为 ω_1,角加速度为 $\alpha_1 = 0$,连杆 2 上 BC 的长度为 b。求图示位置时连杆 2 的角速度 ω_2 以及连杆 2 上 E_2 点的速度 V_{E2},导杆 3 上 E_3 点的速度 V_{E3};求连杆 2 的角加速度 α_2 以及连杆 2 上 E_2 点的加速度 a_{E2},导杆 3 上 E_3 点的加速度 a_{E3}。

对于平面四杆机构,平面上的任意一点都是 4 个点的重合点,如图 3.8(a)中的 B 点,它是曲柄 1 上的 B_1 点、连杆 2 上的 B_2 点、导杆 3 上的 B_3 点与机架 4 上的 B_4 点的重合点,它们具有相同的位置坐标,具有不完全相同的速度与加速度。

根据两构件上重合点之间的速度合成原理,得构件 2 上 B_2、导杆 3 上 B_3 点之间的速度方程为

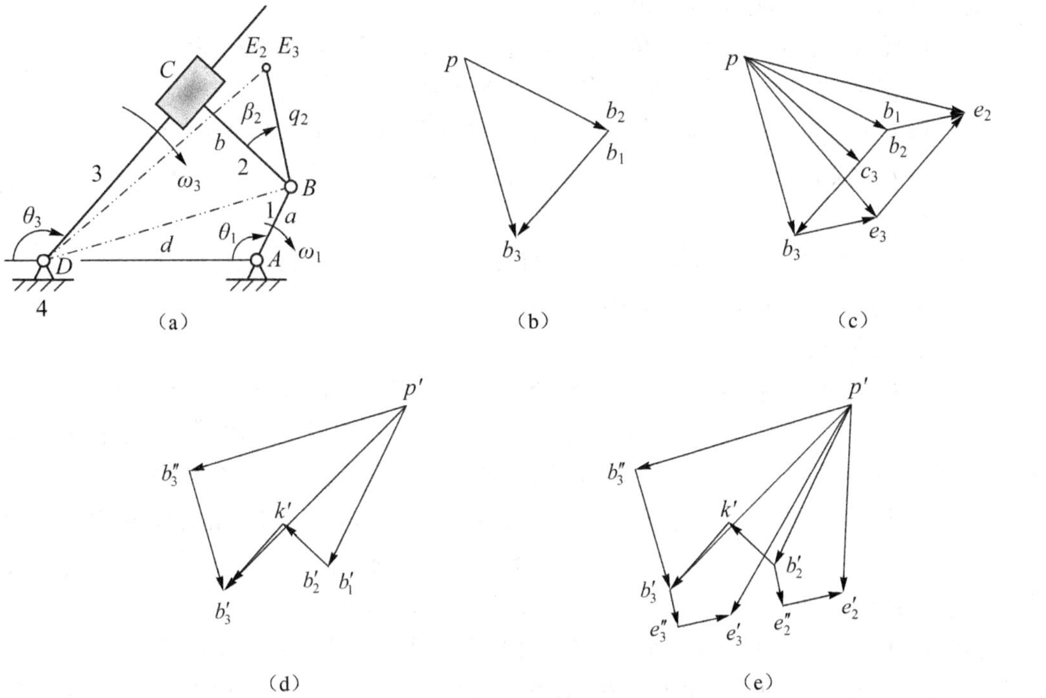

图 3.8　曲柄导杆机构与运动分析

$$\begin{array}{lcccccc} & V_{B3} & = & V_{B2} & + & V_{B3B2} & \\ \text{方向} & \perp BD & & \perp BA & & /\!/ CD & \\ \text{大小} & ? & & \omega_1 \cdot BA \cdot \mu_L & & ? & \end{array} \tag{3.9}$$

矢量方程式(3.9)中有两个未知量,可解。在机构图附近的合适位置作速度图,取速度比例尺 μ_V(μ_V =实际速度/图上尺寸),取任意一点 p 作为作图的起点。作 $pb_1 \perp AB$,由 $pb_1 \cdot \mu_V = \omega_1 \cdot BA \cdot \mu_L$ 得 pb_1 的大小,作 $pb_3 \perp BD$,作 $b_2b_3 /\!/ CD$,得交点 b_3,如图 3.8(b)所示。由 $pb_3 \cdot \mu_V = \omega_3 \cdot BD \cdot \mu_L$ 得 ω_3 的大小,方向为顺时针,由 $b_3b_1 \cdot \mu_V = V_{B3B1}$ 得相对速度 V_{B3B1} 的大小。由于构件 2、3 之间无相对转动,所以,$\omega_2 = \omega_3$。

在图 3.8(b)的基础上,由 $V_{C3} = V_{B3} + V_{C3B3}$ 得 C_3 点的速度矢量 pc_3,由 $pc_3 \cdot \mu_V$ 得 C_3 点的速度 V_{C3},如图 3.8(c)所示。

由 $V_{E3} = V_{B3} + V_{E3B3}$ 得 E_3 点的速度矢量 pe_3,由 $pe_3 \cdot \mu_V$ 得 E_3 点的速度 V_{E3},如图 3.8(c)所示。

由 $V_{E2} = V_{E3} + V_{E2E3} = V_{B2} + V_{E2B2}$ 得 E_2 点的速度矢量 pe_2,由 $pe_2 \cdot \mu_V$ 得 E_2 点的速度 V_{E2},如图 3.8(c)所示。

根据两构件重合点之间的加速度合成原理,得重合点 B_2、B_3 之间的加速度方程为

$$\begin{array}{lccccccccc} & a_{B3} = & a^n_{B3} & + & a^t_{B3} & = & a_{B2} & + & a^k_{B3B2} & + & a^r_{B3B2} \\ \text{方向} & & B \to D & & \perp BD & & B \to A & & C \to B & & /\!/ CD \\ \text{大小} & & \omega_3^2 BD\mu_L & & ? & & \omega_1^2 AB\mu_L & & 2\omega_2 V_{B3B2} & & ? \end{array} \tag{3.10}$$

加速度矢量方程式(3.10) 中有两个未知量 a^t_{B3}、a^r_{B3B2},可解。取加速度比例尺 μ_a(μ_a = 实

际加速度 / 图上尺寸)，作图过程如下。

(1) 取任意一点 p' 作为作图的起点，作 $p'b''_3$ // BD 得 b''_3 点，$p'b''_3$ 表示 a^n_{B3}。

(2) 过 p' 点作 $p'b'_2$ // BA 得 b'_2 点，$p'b'_2$ 表示 a^n_{B2}。

(3) 作 $b'_2k' \perp CD$，方向为 V_{B3B2} 沿 ω_2 方向转 90°，得 k' 点，b'_2k' 表示 a^k_{B3B2}。

(4) 过 k' 作 $k'b'_3$ // CD；过 b''_3 作 $b''_3b'_3 \perp BD$ 得交点 b'_3，$k'b'_3$ 表示 a^r_{B3B2}，$b''_3b'_3$ 表示 a^t_{B3}，如图 3.8(d) 所示。

由 $b''_3b'_3 \cdot \mu_a = a^t_{B3} = \alpha_3 \cdot BD \cdot \mu_L$ 得 α_3 的大小，$\alpha_2 = \alpha_3$，方向为顺时针。

由 $k'b'_3 \cdot \mu_a = a^r_{B3B2}$ 得 a^r_{B3B2} 的大小。

由 $a_{B3} = p'b'_3 \cdot \mu_a$ 得 a_{B3} 的大小。

在图 3.8(d) 的基础上，由连杆 2 上 E_2 点、B_2 点之间的加速度方程 $a_{E2} = a_{B2} + a^n_{E2B2} + a^t_{E2B2}$ 继续作图，作 $b'_2e''_2$ 表示 a^n_{E2B2}，a^n_{E2B2} 的大小为 $a^n_{E2B2} = \omega_2^2 \cdot E_2B_2 \cdot \mu_a$；作 $e''_2e'_2$ 表示 a^t_{E2B2}，a^t_{E2B2} 的大小为 $a^t_{E2B2} = \alpha_2 \cdot E_2B_2 \cdot \mu_a$，连 $p'e'_2$，于是，得 $a_{E2} = p'e'_2 \cdot \mu_a$，如图 3.8(e) 所示。

由导杆 3 上 E_3 点、B_3 点之间的加速度方程 $a_{E3} = a_{B3} + a^n_{E3B3} + a^t_{E3B3}$ 继续作图，作 $b'_3e''_3$ 表示 a^n_{E3B3}，a^n_{E3B3} 的大小为 $a^n_{E3B3} = \omega_3^2 \cdot E_3B_3 \cdot \mu_a$；作 $e''_3e'_3$ 表示 a^t_{E3B3}，a^t_{E3B3} 的大小为 $a^t_{E3B3} = \alpha_3 \cdot E_3B_3 \cdot \mu_a$，连 $p'e'_3$，于是，得 $a_{E3} = p'e'_3 \cdot \mu_a$，如图 3.8(e) 所示。

[例 3-1] 图 3.9(a) 为一平面六杆机构，主动件 1 的杆长 $r_1 = AB = 0.122$ m，$\varphi = 55°$，角速度 $\omega_1 = 10$ rad/s，机架 6 上的 $h_1 = AC = 0.280$ m，$h_2 = 0.164$ m，比例尺 μ_L = 实际尺寸 / 图上尺寸 = 10。试用相对运动图解法求移动从动件 5 的速度 V_5 与加速度 a_5。

[解] 由图 3.9(a) 得导杆 3 上 B、C 两点之间的实际长度 $L_{BC} = 0.362$ m，C、D 两点之间的实际长度 $L_{CD} = 0.170$ m；B、C 两点之间的图上长度 $BC = 0.036\,2$ m，C、D 两点之间的图上长度 $CD = 0.017\,0$ m。

根据两构件上重合点之间的速度合成原理，得导杆 3 上的 B_3 点与滑块 2 上的 B_2 点之间的速度方程为 $V_{B3} = V_{B2} + V_{B3B2}$。其中 $V_{B2} = \omega_1 r_1 = 10 \times 0.122 = 1.22$ m/s $= 1\,220$ mm/s，取速度比例尺 μ_V = 实际速度(m/s)/图上尺寸(m) = 50。在机构图附近的合适位置作速度图，取任意一点 p 作为作图的起点，作 $pb_2 \perp AB$，由 $pb_2 \cdot \mu_V = \omega_1 r_1$ 得 $pb_2 = \omega_1 r_1/\mu_V = 10 \times 0.122/50 = 0.024\,4$ m $= 24.4$ mm，作 $pb_3 \perp BC$，作 $b_2b_3 // CD$，得交点 b_3，如图 3.9(b) 所示。

从图 3.9(b) 中量取 $pb_3 = 19$ mm $= 0.019$ m，$b_2b_3 = 15.2$ mm $= 0.015\,2$ m。由 $pb_3 \cdot \mu_V = \omega_3 \cdot L_{BC}$ 得 $\omega_3 = pb_3 \cdot \mu_V / L_{BC} = 0.019 \times 50/0.362 = 2.624$ rad/s，方向为顺时针；由 $b_3b_2 \cdot \mu_V = V_{B3B2}$ 得相对速度 $V_{B3B2} = b_3b_2 \cdot \mu_V = 0.015\,2 \times 50 = 0.76$ m/s。由于构件 2、3 之间无相对转动，所以，$\omega_2 = \omega_3$。导杆 3 上 D_3 点的速度 $V_{D3} = \omega_3 L_{CD} = 2.624 \times 0.170 = 0.446$ m/s $=$ 446 mm/s。

从动件 5 上的 D_5 点与导杆 3 上的 D_3 点之间的速度方程为 $V_{D5} = V_{D3} + V_{D5D3}$。由 $V_{D3} = pd_3\mu_V$ 得 $pd_3 = V_{D3}/\mu_V = 446/50 = 8.92$ mm，D_3 点的速度矢量为 pd_3，过 d_3 点作 $d_3d_5 // CD$，过 p 点 pd_5 平行于从动件 5 的运动方向，得交点 d_5。于是，得从动件 5 的速度 $V_5 = pd_5\mu_V = 9.3 \times 50 = 465$ mm/s $= 0.465$ m/s，$V_{D5D3} = d_5d_3\mu_V = 2.59 \times 50 = 129.5$ mm/s $= 0.130$ m/s。

根据两构件重合点之间的加速度合成原理，得重合点 B_2、B_3 之间的加速度方程为 $a_{B3} = a^n_{B3} + a^t_{B3} = a^n_{B2} + a^k_{B3B2} + a^r_{B3B2}$。其中 a^n_{B2}、a^n_{B3} 与 a^k_{B3B2} 分别为

$$a^n_{B2} = \omega_1^2 r_1 = 10^2 \times 0.122 = 12.2\ \text{m/s}^2 = 12\,200\ \text{mm/s}^2,$$

$a_{B3}^{n}=\omega_3^2 L_{BC}=2.624^2\times 0.362=2.493\ \text{m/s}^2=2\,493\ \text{mm/s}^2$,

$a_{B3B2}^{k}=2\omega_2 V_{B3B2}=2\times 2.624\times 0.76=3.988\ \text{m/s}^2=3\,988\ \text{mm/s}^2$，方向为 V_{B3B2} 沿 ω_2 转 90°。

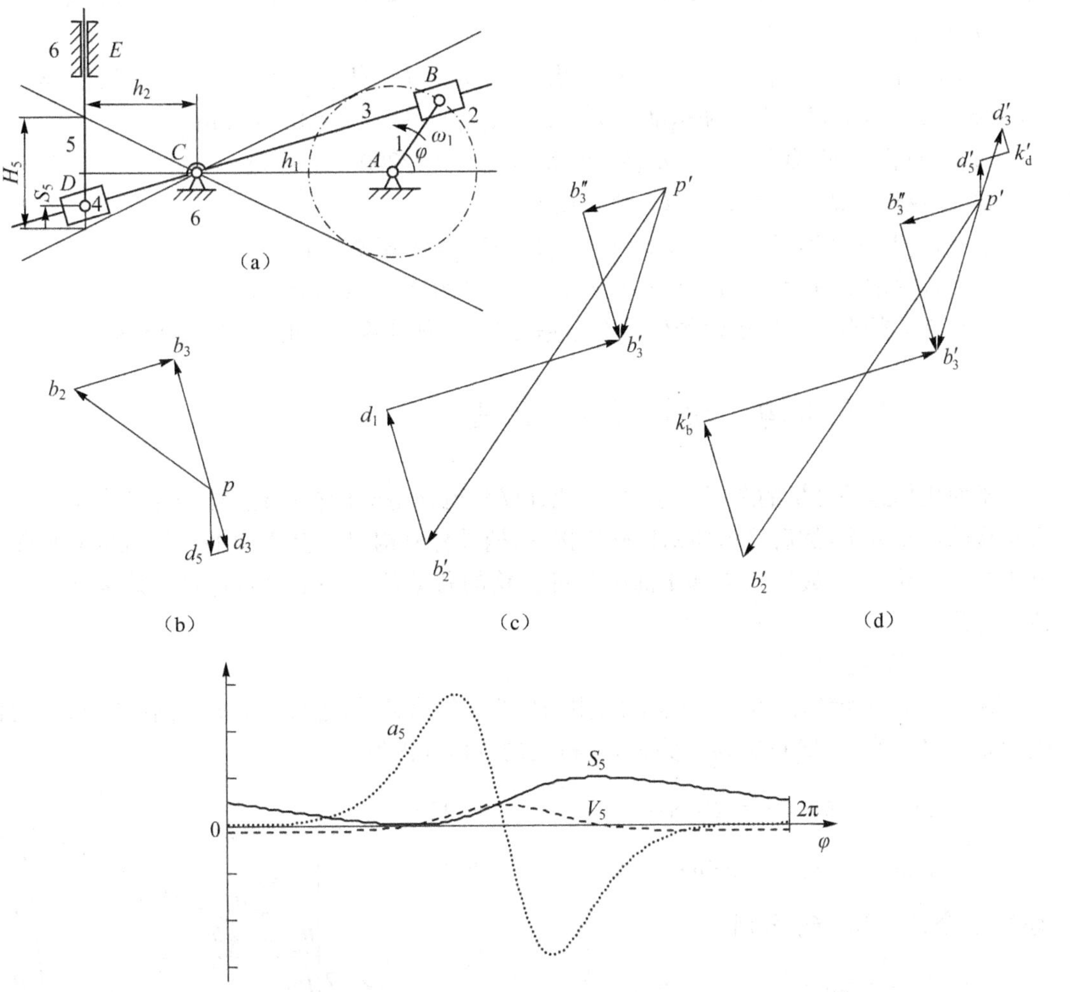

(e) 平面六杆机构的传动特征图

图 3.9 平面六杆机构的运动分析

取加速度比例尺 μ_a=实际加速度(m/s²)/图上尺寸(m)=200，取任意一点 p' 作为作图的起点，如图 3.9(c)所示。

作 $p'b_2' \parallel AB$，$p'b_2'=a_{B2}^{n}/\mu_a=12\,200/200=61\ \text{mm}$；

作 $b_2'k_b' \perp BC$，$b_2'k_b'=a_{B3B2}^{k}/\mu_a=3\,988/200=19.9\ \text{mm}$；

过 k_b' 作 $k_b'b_3' \parallel BC$；

过 p' 点作 $p'b_3'' \parallel BC$，$p'b_3''=a_{B3}^{n}/\mu_a=2\,493/200=12.5\ \text{mm}$；

过 b_3'' 作 $b_3''b_3' \perp p'b_3''$，与 $k_b'b_3'$ 的交点为 b_3'。连 $p'b_3'$，$p'b_3'$ 表示 a_{B3}。

为此，相对加速度 $a_{B3B2}^{r}=k'b_3'\cdot\mu_a=35.26\times 200=7\,052\ \text{mm/s}^2$，

导杆 3 上 B_3 点的切向加速度 $a_{B3}^{t}=b_3''b_3'\cdot\mu_a=18.83\times 200=3\,766\ \text{mm/s}^2$；

导杆 3 上 B_3 点的加速度 $a_{B3} = p'b'_3 \cdot \mu_a = 22.45 \times 200 = 4\,490\ mm/s^2$；

导杆 3 上 D_3 点的加速度 $a_{D3} = p'd'_3 \cdot \mu_a = 10.5 \times 200 = 2\,100\ mm/s^2 = 2.1\ m/s^2$。

重合点 D_5、D_3 之间的加速度方程为 $a_{D5} = a_{D3} + a^k_{D5D3} + a^r_{D5D3}$，其中 a^k_{D5D3} 与 a_{D3} 分别为 $a^k_{D5D3} = 2\omega_3 V_{D5D3} = 2\times 2.624 \times 0.130 = 0.682\ m/s^2 = 682\ mm/s^2$，方向为 V_{D5D3} 沿 ω_3 转 90°，如图 3.9(d) 所示。

由 $a_{B3}/a_{D3} = p'b'_3/p'd'_3 = L_{BC}/L_{CD}$ 得 $a_{D3} = a_{B3}(L_{CD}/L_{BC}) = 4\,490 \times 0.17/0.362 = 2\,108\ mm/s^2$，为此，$D_3$ 点的加速度 $p'd'_3 = a_{D3}/\mu_a = 2\,108/200 = 10.5\ mm$；

过 d'_3 点作 $d'_3k'_d$ 表示 a^k_{D5D3}，$d'_3k'_d = a^k_{D5D3}/\mu_a = 682/200 = 3.4\ mm$；

过 k'_d 点作 $k'_dd'_5$，过 p' 作 $p'd'_5$，得交点 d'_5。

于是，得相对加速度 $a^r_{D5D3} = k'_dd'_5 \cdot \mu_a = 4.36 \times 200 = 872\ mm/s^2$；

从动件 5 的加速度 $a_5 = a_{D5} = p'd'_5 \cdot \mu_a = 5.7 \times 200 = 1\,140\ mm/s^2$。

从动件 5 的在一个周期内的位移 S_5、速度 V_5 与加速度 a_5 如图 3.9(e) 所示。

3.3 平面机构运动分析的解析法

平面机构运动分析的解析方法很多，此处仅介绍直角坐标投影法。首先详细介绍曲柄摇杆机构的运动分析，然后给出曲柄摇杆机构、曲柄导杆机构以及基于曲柄摇杆机构的平面六杆机构的传动特征，最后介绍基于曲柄导杆机构的移动从动件平面六杆机构的运动分析与传动特征。

1）机构的位置分析

在图 3.10 所示的曲柄摇杆机构中，主动件 2 作匀速转动，连杆 3 上的有向线段 BE_3 的长度为 q_3，BE_3 关于 BC 的方位角为 β_3。该机构的位移方程为

$$a\cos\theta_2 + b\cos\theta_3 = d + c\cos\theta_4 \tag{3.11}$$

$$a\sin\theta_2 + b\sin\theta_3 = c\sin\theta_4 \tag{3.12}$$

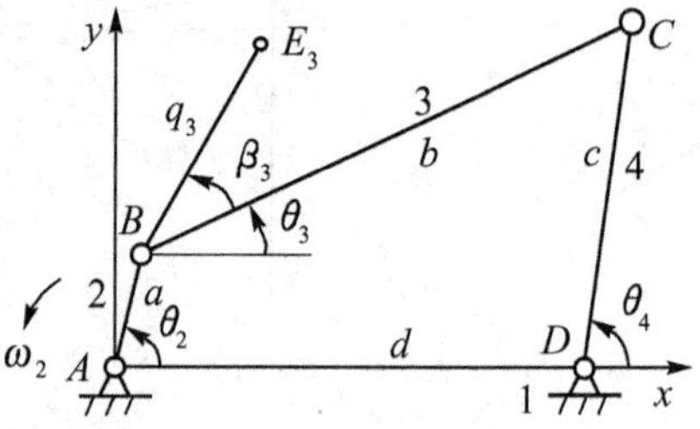

图 3.10 曲柄摇杆机构

消去 θ_3，令 A_1、B_1、C_1 分别为

$$A_1 = -\sin\theta_2$$

$$B_1 = d/a - \cos\theta_2$$

$$C_1 = (d^2 + c^2 + a^2 - b^2)/(2a \cdot c) - (d/c)\cos\theta_2$$

得关于 θ_4 的位移方程为

$$A_1\sin\theta_4 + B_1\cos\theta_4 + C_1 = 0 \tag{3.13}$$

由式(3.13) 得 θ_4 为

$$\theta_4 = 2\arctan2[(A_1 + \sqrt{A_1^2 + B_1^2 - C_1^2})/(B_1 - C_1)] \tag{3.14}$$

由 B 点、C 点的坐标得 θ_3 为

$$\theta_3=\arctan[(c\sin\theta_4-a\sin\theta_2)/(d+c\cos\theta_4-a\cos\theta_2)] \tag{3.15}$$

2) 机构的速度分析

对机构的位移方程(3.11)、(3.12)求关于时间 t 的 1 阶导数,得速度方程及其解分别为

$$a\omega_2\sin\theta_2+b\omega_3\sin\theta_3=c\omega_4\sin\theta_4 \tag{3.16}$$

$$a\omega_2\cos\theta_2+b\omega_3\cos\theta_3=c\omega_4\cos\theta_4 \tag{3.17}$$

$$\omega_4=a\omega_2\sin(\theta_2-\theta_3)/[c\sin(\theta_4-\theta_3)] \tag{3.18}$$

$$\omega_3=a\omega_2\sin(\theta_2-\theta_4)/[b\sin(\theta_4-\theta_3)] \tag{3.19}$$

3) 机构的加速度分析

对机构的速度方程(3.16)、(3.17)求关于时间 t 的 1 阶导数,得加速度方程及其解分别为

$$a\omega_2^2\cos\theta_2+b\alpha_3\sin\theta_3+b\omega_3^2\cos\theta_3=c\alpha_4\sin\theta_4+c\omega_4^2\cos\theta_4 \tag{3.20}$$

$$-a\omega_2^2\sin\theta_2+b\alpha_3\cos\theta_3-b\omega_3^2\sin\theta_2=c\alpha_4\cos\theta_4-c\omega_4^2\sin\theta_4 \tag{3.21}$$

$$\alpha_4=[a\omega_2^2\cos(\theta_2-\theta_3)+b\omega_3^2-c\omega_4^2\cos(\theta_4-\theta_3)]/[c\sin(\theta_4-\theta_3)] \tag{3.22}$$

$$\alpha_3=[a\omega_2^2\cos(\theta_2-\theta_4)+b\omega_3^2\cos(\theta_3-\theta_4)-c\omega_4^2]/[b\sin(\theta_4-\theta_3)] \tag{3.23}$$

连杆 3 上 E_3 点的位置坐标 x_{E3}、y_{E3} 为

$$x_{E3}=a\cos\theta_2+q_3\cos(\theta_3+\beta_3) \tag{3.24}$$

$$y_{E3}=a\sin\theta_2+q_3\sin(\theta_3+\beta_3) \tag{3.25}$$

在图 3.10 中,当 $a=0.100$ m,$b=0.250$ m,$c=0.225$ m,$d=0.200$ m,$q_3=0.200$ m,$\beta_3=60°$,$\omega_2=1$ 时,摇杆 4 的角位移 θ_4,角速度 ω_4,角加速度 $\alpha_4=d\omega_4/dt$,角加速度的一次变化率 $j_4=d^2\omega_4/dt^2$,如图 3.11 所示。

在图 3.8(a) 所示的曲柄导杆机构中,设曲柄 1 的杆长 $a=0.160$ m,$b=0$,$d=0.240$ m,曲柄 1 的角速度 $\omega_1=1$,导杆 3 的角位移 θ_3,角速度 ω_3,角加速度 $\alpha_3=d\omega_3/dt$,角加速度的一次变化率 $j_3=d^2\omega_3/dt^2$ 如图 3.12 所示。

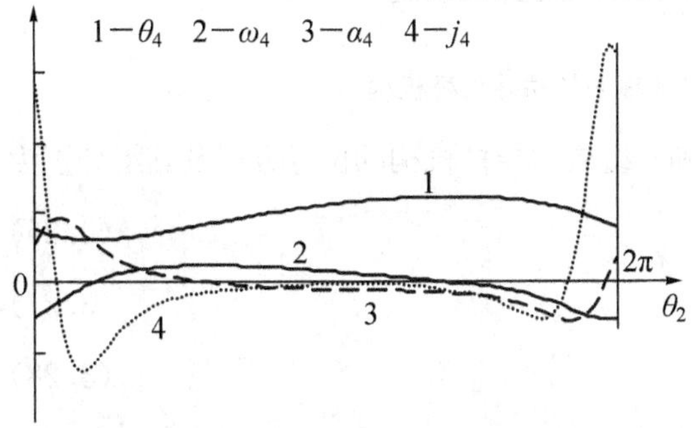

图 3.11 曲柄摇杆机构的运动规律

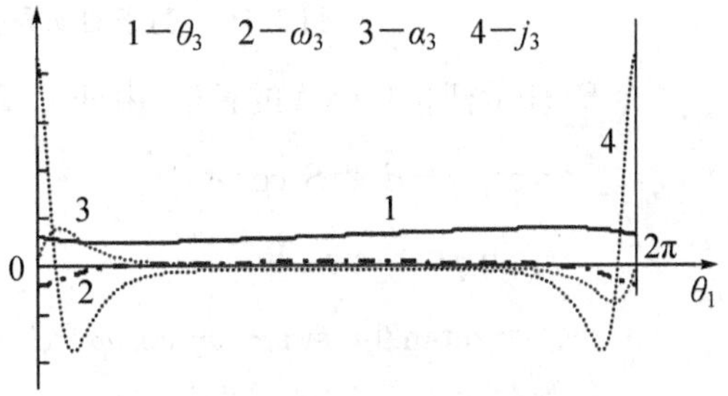

图 3.12 曲柄导杆机构的运动规律

在图 3.10 所示的曲柄摇杆机构的基础上,在摇杆 3 的延长线上增加 CE 一段,再增加一

个 RPR 型 Ⅱ 级组 5—6，于是得到一种基于曲柄摇杆机构的平面六杆机构，如图 3.13 所示。经进一步的运动分析，当 a=0.020 m，b=0.058 744 m，c=0.044 767 m，d=0.050 m，CE=0.020 m，ψ_B=115°，x_{O6}=0.036 801 mm，y_{O6}=0.075 392 m，ω_2=1 时，摆杆 6 的角位移为 ψ，角速度为 ω_6，角加速度 $\alpha_6=\mathrm{d}\omega_6/\mathrm{d}t$，角加速度的一次变化率 $j_6=\mathrm{d}^2\omega_6/\mathrm{d}t^2$，如图 3.14 所示。

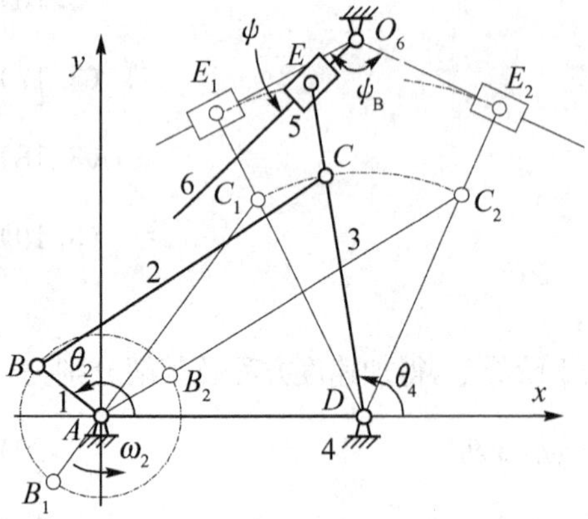

图 3.13　基于曲柄摇杆机构的平面六杆机构

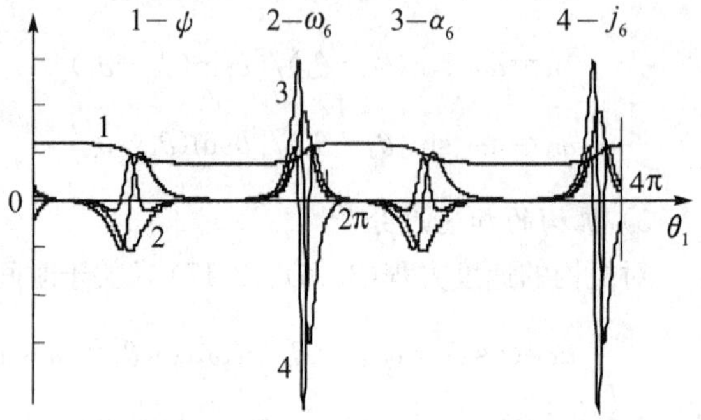

图 3.14　基于曲柄摇杆机构的平面六杆机构的运动规律

在图 3.8(a) 所示的曲柄导杆机构的基础上，再增加一个 RPP 型 Ⅱ 级组 5－6，得到一种基于曲柄导杆机构的移动从动件平面六杆机构，如图 3.15 所示。设曲柄 1 为主动件，角速度为 ω_1，角位移为 φ，构件 5 为从动件，杆 3 的摆角 $\beta=2\arctan(r_1/\sqrt{d_1^2-r_1^2})$，杆 3 上 O_3A 与 O_3B 的结构角 α 满足 $\alpha+0.5\beta=\pi/2$ 条件。杆 5 的位移为 S_5，行程 H_5 为 $H_5=r_3(1-\cos\beta)$。杆 3 达到一个极限位置时，曲柄 1 的角位移 $\varphi_S=0.5\pi-0.5\beta$。该机构的运动分析如下。

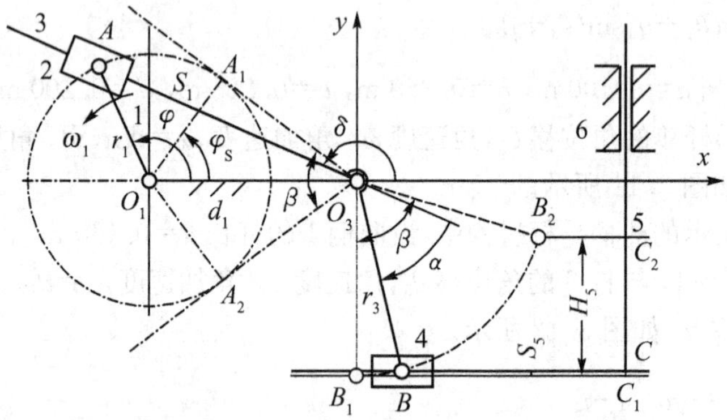

图 3.15　基于曲柄导杆机构的移动从动件六杆机构

令 S_1 表示杆 3 上 O_3A 的长度，由杆 1、2、3 和 6 组成的导杆机构的位置方程及其解分别为

$$r_1\cos\varphi-d_1=S_1\cos\delta \tag{3.26}$$

$$r_1\sin\varphi=S_1\sin\delta \tag{3.27}$$

$$\delta=\arctan2[r_1\sin\varphi/(r_1\cos\varphi-d_1)] \tag{3.28}$$

$$S_1=\sqrt{(r_1\sin\varphi)^2+(r_1\cos\varphi-d_1)^2} \tag{3.29}$$

对式(3.26)、(3.27) 求关于 φ 的 1 阶导数，得类速度方程以及类速度 V_{L23}、ω_{L3} 分别为

$$-r_1\sin\varphi=(\mathrm{d}S_1/\mathrm{d}\varphi)\cos\delta-(\mathrm{d}\delta/\mathrm{d}\varphi)S_1\sin\delta \tag{3.30}$$

$$r_1\cos\varphi=(\mathrm{d}S_1/\mathrm{d}\varphi)\sin\delta+(\mathrm{d}\delta/\mathrm{d}\varphi)S_1\cos\delta \tag{3.31}$$

$$V_{L23}=\mathrm{d}S_1/\mathrm{d}\varphi=r_1\sin(\delta-\varphi) \tag{3.32}$$

$$\omega_{L3}=\mathrm{d}\delta/\mathrm{d}\varphi=r_1\cos(\delta-\varphi)/S_1 \tag{3.33}$$

对式(3.30)、式(3.31)求关于φ的1阶导数，得类加速度方程以及类加速度a_{L23}、类角加速度α_{L3}分别为

$$-r_1\cos\varphi=\frac{\mathrm{d}^2S_1}{\mathrm{d}\varphi^2}\cos\delta-2\frac{\mathrm{d}S_1}{\mathrm{d}\varphi}\frac{\mathrm{d}\delta}{\mathrm{d}\varphi}\sin\delta-\frac{\mathrm{d}^2\delta}{\mathrm{d}\varphi^2}S_1\sin\delta-\left(\frac{\mathrm{d}\delta}{\mathrm{d}\varphi}\right)^2S_1\cos\delta \tag{3.34}$$

$$-r_1\sin\varphi=\frac{\mathrm{d}^2S_1}{\mathrm{d}\varphi^2}\sin\delta+2\frac{\mathrm{d}S_1}{\mathrm{d}\varphi}\frac{\mathrm{d}\delta}{\mathrm{d}\varphi}\cos\delta+\frac{\mathrm{d}^2\delta}{\mathrm{d}\varphi^2}S_1\cos\delta-\left(\frac{\mathrm{d}\delta}{\mathrm{d}\varphi}\right)^2S_1\sin\delta \tag{3.35}$$

$$a_{L23}=\frac{\mathrm{d}^2S_1}{\mathrm{d}\varphi^2}=\left(\frac{\mathrm{d}\delta}{\mathrm{d}\varphi}\right)^2S_1-r_1\cos(\varphi-\delta) \tag{3.36}$$

$$\alpha_{L3}=\frac{\mathrm{d}^2\delta}{\mathrm{d}\varphi^2}=\left[r_1\sin(\delta-\varphi)-2\frac{\mathrm{d}S_1}{\mathrm{d}\varphi}\frac{\mathrm{d}\delta}{\mathrm{d}\varphi}\right]/S_1 \tag{3.37}$$

对式(3.36)、式(3.37)求关于φ的1阶导数，得类加速度的一次变化率q_{L23}、类角加速度一次变化率j_{L3}分别为

$$q_{L23}=\frac{\mathrm{d}^3S_1}{\mathrm{d}\varphi^3}=2\frac{\mathrm{d}\delta}{\mathrm{d}\varphi}\frac{\mathrm{d}^2\delta}{\mathrm{d}\varphi^2}S_1+\left(\frac{\mathrm{d}\delta}{\mathrm{d}\varphi}\right)^2\frac{\mathrm{d}S_1}{\mathrm{d}\varphi}+r_1\sin(\varphi-\delta)\left(1-\frac{\mathrm{d}\delta}{\mathrm{d}\varphi}\right) \tag{3.38}$$

$$j_{L3}=\frac{\mathrm{d}^3\delta}{\mathrm{d}\varphi^3}=\left[r_1\cos(\delta-\varphi)\left(\frac{\mathrm{d}\delta}{\mathrm{d}\varphi}-1\right)-2\frac{\mathrm{d}^2S_1}{\mathrm{d}\varphi^2}\frac{\mathrm{d}\delta}{\mathrm{d}\varphi}-3\frac{\mathrm{d}S_1}{\mathrm{d}\varphi}\frac{\mathrm{d}^2\delta}{\mathrm{d}\varphi^2}\right]/S_1 \tag{3.39}$$

对式(3.38)、(3.39)求关于φ的1阶导数，得类加速度的二次变化率q'_{L23}、类角加速度二次变化率j'_{L3}分别为

$$\begin{aligned}q'_{L23}=\frac{\mathrm{d}^4S_1}{\mathrm{d}\varphi^4}=&2\left(\frac{\mathrm{d}^2\delta}{\mathrm{d}\varphi^2}\right)^2S_1+2\frac{\mathrm{d}\delta}{\mathrm{d}\varphi}\frac{\mathrm{d}^3\delta}{\mathrm{d}\varphi^3}S_1+4\frac{\mathrm{d}\delta}{\mathrm{d}\varphi}\frac{\mathrm{d}^2\delta}{\mathrm{d}\varphi^2}\frac{\mathrm{d}S_1}{\mathrm{d}\varphi}+\left(\frac{\mathrm{d}\delta}{\mathrm{d}\varphi}\right)^2\frac{\mathrm{d}^2S_1}{\mathrm{d}\varphi^2}+\\&r_1\cos(\varphi-\delta)\left(1-\frac{\mathrm{d}\delta}{\mathrm{d}\varphi}\right)^2-r_1\sin(\varphi-\delta)\frac{\mathrm{d}^2\delta}{\mathrm{d}\varphi^2}\end{aligned} \tag{3.40}$$

$$\begin{aligned}j'_{L3}=\frac{\mathrm{d}^4\delta}{\mathrm{d}\varphi^4}=&\left[-r_1\sin(\delta-\varphi)\left(\frac{\mathrm{d}\delta}{\mathrm{d}\varphi}-1\right)+r_1\cos(\delta-\varphi)\frac{\mathrm{d}^2\delta}{\mathrm{d}\varphi^2}-\right.\\&\left.2\frac{\mathrm{d}^3S_1}{\mathrm{d}\varphi^3}\frac{\mathrm{d}\delta}{\mathrm{d}\varphi}-5\frac{\mathrm{d}^2S_1}{\mathrm{d}\varphi^2}\frac{\mathrm{d}^2\delta}{\mathrm{d}\varphi^2}-4\frac{\mathrm{d}S_1}{\mathrm{d}\varphi}\frac{\mathrm{d}^3\delta}{\mathrm{d}\varphi^3}\right]/S_1\end{aligned} \tag{3.41}$$

在杆3、4、5和6组成的机构中，从动件5的位移S_5以及滑块4相对于杆5的位移S_{45}分别为

$$S_5=r_3+r_3\sin(\pi+\delta-\alpha) \tag{3.42}$$

$$S_{45}=r_3\cos(\pi+\delta-\alpha) \tag{3.43}$$

从动件5的类速度$V_{L5}=\mathrm{d}S_5/\mathrm{d}\delta$、滑块4相对于杆5的类速度$V_{L45}=\mathrm{d}S_{45}/\mathrm{d}\delta$分别为

$$V_{L5}=dS_5/d\delta=r_3\cos(\pi+\delta-\alpha) \tag{3.44}$$

$$V_{L45}=dS_{45}/d\delta=-r_3\sin(\pi+\delta-\alpha) \tag{3.45}$$

从动件 5 的类加速度 $a_{L5}=d^2S_5/d\delta^2$、滑块 4 相对于杆 5 的类加速度 $a_{L45}=d^2S_{45}/d\delta^2$，分别为

$$a_{L5}=d^2S_5/d\delta^2=-r_3\sin(\pi+\delta-\alpha) \tag{3.46}$$

$$a_{L45}=d^2S_{45}/d\delta^2=-r_3\cos(\pi+\delta-\alpha) \tag{3.47}$$

从动件 5 的类加速度的一次变化率 $q_{L5}=d^3S_5/d\delta^3$、滑块 4 相对于杆 5 的类加速度的一次变化率 $q_{L45}=d^3S_{45}/d\delta^3$ 分别为

$$q_{L5}=d^3S_5/d\delta^3=-r_3\cos(\pi+\delta-\alpha) \tag{3.48}$$

$$q_{L45}=d^3S_{45}/d\delta^3=r_3\sin(\pi+\delta-\alpha) \tag{3.49}$$

从动件 5 的类加速度的二次变化率 $q'_{L5}=d^4S_5/d\delta^4$、滑块 4 相对于杆 5 的类加速度的二次变化率 $j'_{L45}=d^4S_{45}/d\delta^4$ 分别为

$$q'_{L5}=d^4S_5/d\delta^4=r_3\sin(\pi+\delta-\alpha) \tag{3.50}$$

$$j'_{L45}=d^4S_{45}/d\delta^4=r_3\cos(\pi+\delta-\alpha) \tag{3.51}$$

从动件 5 的速度 V_5、加速度 a_5、加速度的一次变化率 q_5 与加速度的二次变化率 q'_5 分别为

$$V_5\ \frac{dS_5}{dt}=\frac{dS_5}{d\delta}\cdot\frac{d\delta}{d\varphi}\cdot\frac{d\varphi}{dt} \tag{3.52}$$

$$a_5=\frac{d^2S_5}{dt^2}=\left[\frac{d^2S_5}{d\delta^2}\left(\frac{d\delta}{d\varphi}\right)^2+\frac{dS_5}{d\delta}\cdot\frac{d^2\delta}{d\varphi^2}\right]\left(\frac{d\varphi}{dt}\right)^2 \tag{3.53}$$

$$q_5=\frac{d^3S_5}{dt^3}=\left[\frac{d^3S_5}{d\delta^3}\left(\frac{d\delta}{d\varphi}\right)^3+3\frac{d^2S_5}{d\delta^2}\cdot\frac{d^2\delta}{d\varphi^2}\cdot\frac{d\delta}{d\varphi}+\frac{dS_5}{d\delta}\cdot\frac{d^3\delta}{d\varphi^3}\right]\left(\frac{d\varphi}{dt}\right)^3 \tag{3.54}$$

$$\begin{aligned}q'_5=\frac{d^4S_5}{dt^4}=&\left[\frac{d^4S_5}{d\delta^4}\left(\frac{d\delta}{d\varphi}\right)^4+6\frac{d^3S_5}{d\delta^3}\cdot\frac{d^2\delta}{d\varphi^2}\left(\frac{d\delta}{d\varphi}\right)^2+4\frac{d^2S_5}{d\delta^2}\cdot\frac{d^3\delta}{d\varphi^3}\cdot\frac{d\delta}{d\varphi}+\right.\\&\left.3\frac{d^2S_5}{d\delta^2}\left(\frac{d^2\delta}{d\varphi^2}\right)^2+\frac{dS_5}{d\delta}\cdot\frac{d^4\delta}{d\varphi^4}\right]\left(\frac{d\varphi}{dt}\right)^4\end{aligned} \tag{3.55}$$

当 $H_5=0.040$ m, $r_3=0.160$ m, $\beta=41.409\ 60°$, $d_1=0.100$ m, $r_1=0.035\ 355$ m, $\omega_1=1$时，该机构的运动规律如图 3.16 所示。当 $\varphi=\varphi_S$时，该机构的从动件作直到三阶的停歇。

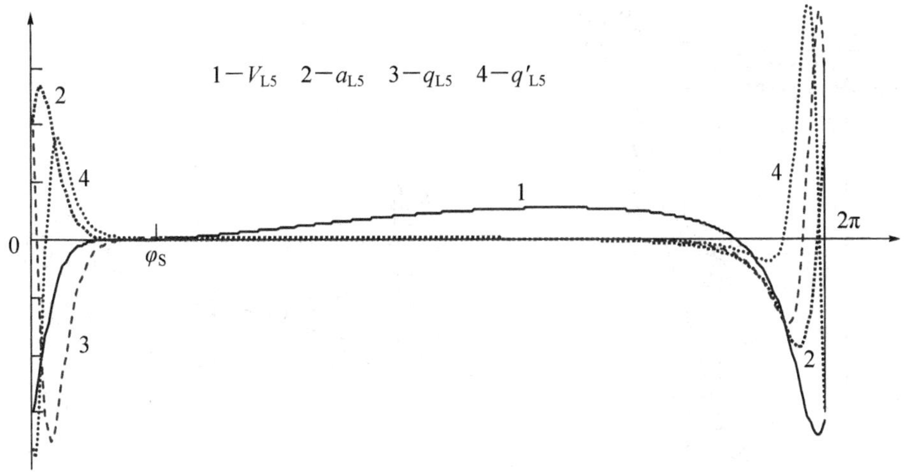

图 3.16 基于曲柄导杆机构的移动从动件平面六杆机构的传动特征

习 题

3-1 题 3-1 图所示为曲柄滑块机构，设曲柄 1 的杆长 $a=0.045$ m，连杆 2 的杆长 $b=0.225$ m，连杆上 BD 的杆长 $c=0.180$ m，BD 的方位角 $\delta=30°$，曲柄 1 的角速度 $\omega_1=10$ rad/s。试用图解法求 $\varphi=25°$ 时滑块 3 的速度 V_3 与加速度 a_3，连杆 2 上 D 点的速度 V_D 与加速度 a_D。

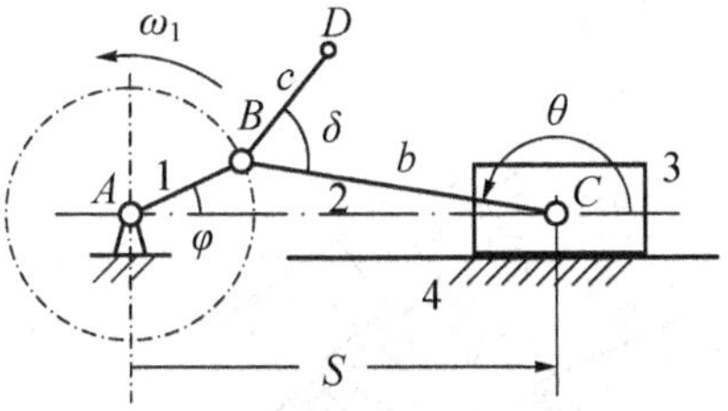

题 3-1 图

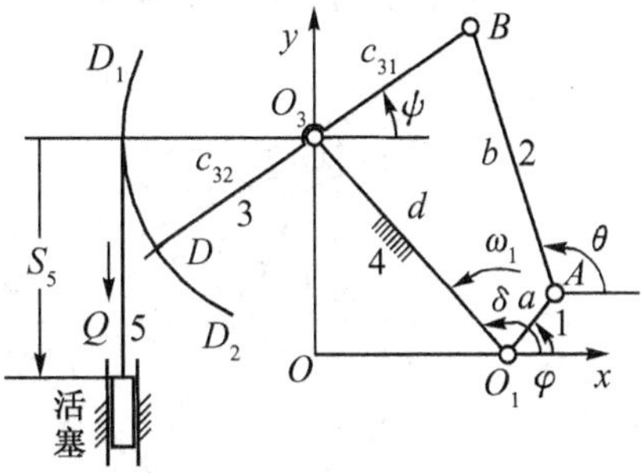

题 3-2 图

3-2 题 3-2 图所示为油田抽油机机构，D_1D_2 为中心在 O_3 点、半径为 c_{32} 的圆弧，5 为钢丝绳与抽油活塞组合体，长度比例尺 μ_L=实际尺寸/图上尺寸=50，$\omega_1=3.14$ rad/s。试用图解法求活塞 5 在图示位置的速度 V_5。

3-3 题 3-3 图所示为牛头刨床的工作机构，已知 $d=0.420$ m，$a=0.125$ m，$b=0.820$ m，$c=0.656$ m，$H_0=0.800$ m，$\omega_1=0.2$ rad/s。试用解析法求刨头 5 的位移 S_5、速度 V_5 与加速度 a_5。

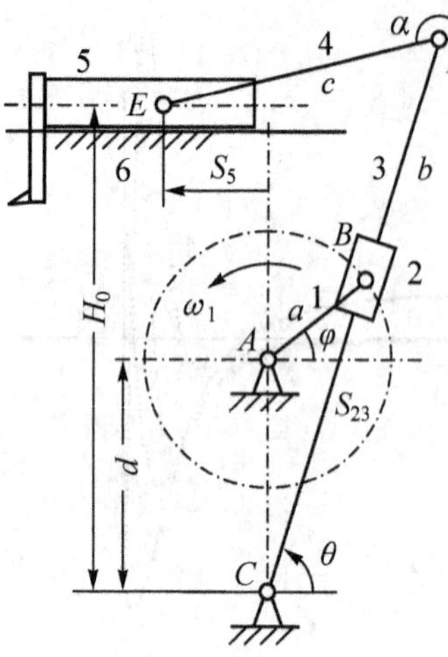

题 3-3 图

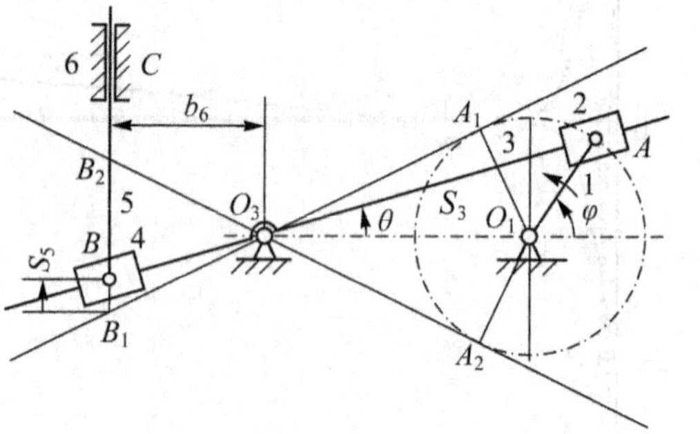

题 3-4 图

3-4　题 3-4 图所示为近似等速比传动的工作机构，$O_1A/O_1O_3=a/d=0.5$，$a=0.100\ \text{m}$，$b_6=0.160\ \text{m}$，$d=0.200\ \text{m}$，试用解析法求移动从动件 5 的位移 S_5、速度 V_5 与加速度 a_5。

3-5　题 3-5 图所示为曲柄导杆移动从动件平面六杆机构，设曲柄 1 为主动件，$\omega_1=10\ \text{rad/s}$，移动件 5 为从动件，当移动从动件 5 达到下极限位置时，移动从动件 5 的平底与杆 3 垂直。设 $d_1=0.100\ \text{m}$，$\delta_b=60°$，$r_1=d_1\sin(0.5\delta_b)$，$r_3=0.180\ \text{m}$，$d_2=0.95r_3=0.152\ \text{m}$，$b=0.040\ \text{m}$，$H_6=0.35r_3=0.063\ \text{m}$，$S_3$ 表示摆杆 3 上 O_3A 的长度，S_5 表示移动从动件 5 的位移。试用解析法求移动从动件 5 的位移 S_5、速度 V_5 与加速度 a_5。

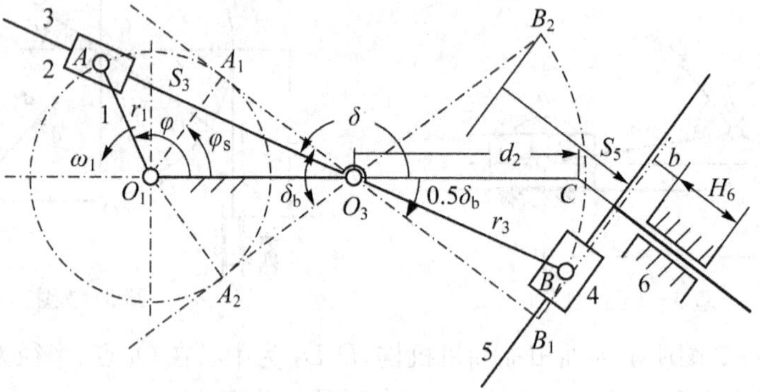

题 3-5 图

4　平面机构的力分析

4.1　概述

机械的运动是作用在机械上的各种外力共同作用的结果，这些外力包括驱动力、工作阻力、运动副中的摩擦力、构件的重力、构件的惯性力与惯性力矩。为了确定生产阻力所要求的驱动力，确定运动副中的支反力，都需要作机械的受力分析。对机械作受力分析有两个内容，一是确定运动副中的支反力；二是确定当主动件作匀速运转时，生产阻力与驱动力之间的关系。

运动副中的支反力是指运动副两元素接触处的相互作用力，只有确定出这些力的大小、方向与变化性质，才能合理地设计出运动副的几何结构；合理地选择出运动副的材料与润滑油；研究运动副中的摩擦、磨损以及估算机械的机械效率。

研究生产阻力与驱动力在主动件作匀速运转条件下的关系，一方面可以在已知生产阻力时，求解出驱动力或驱动力矩的大小；另一方面也可以在已知原动机功率时，确定出机械所能克服的生产阻力的大小。

在对机械进行受力分析时，若机械的运转速度相对较低，构件的惯性力与惯性力矩相对较小，可以略去不计，此时对机械所作的受力分析称为机械的静力分析。若机械的运转速度相对较高，构件的惯性力与惯性力矩相对较大，受力分析时要考虑构件的惯性力与惯性力矩，此时对机械所作的受力分析称为机械的动态静力分析。

4.2　平面机构静力分析的图解法

若主动件作匀速转动，其余各个构件的运动分析已经完成，则机构的受力分析过程如下。从作用力已知的构件开始，将机构分解为一个个的杆或杆组，将已知的重力与外力标注在构件上，根据运动副的类型标注运动副上的支反力，列出各个构件的力与力矩的平衡方程，若未知的作用力为三个，则先用力矩方程求解出一个未知的作用力，再用力多边形求解剩余的未知作用力。转动副、移动副与平面高副的支反力如图 4.1 所示。转动副的支反力 $\boldsymbol{R}_{21}$ 通过转动副的几何中心，其大小与方向为未知；移动副的支反力 $\boldsymbol{R}_{21}$ 垂直于移动副两元素的接触面，其大小与位置为未知；平面高副的支反力 $\boldsymbol{R}_{21}$ 在高副接触点的公法线上，仅大小为未知。

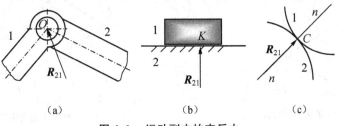

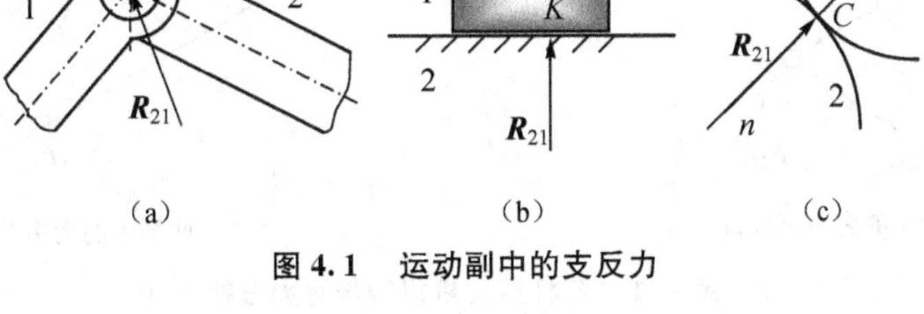

图 4.1　运动副中的支反力

下面以连杆压力机为例，说明平面机构静力分析的方法与步骤。

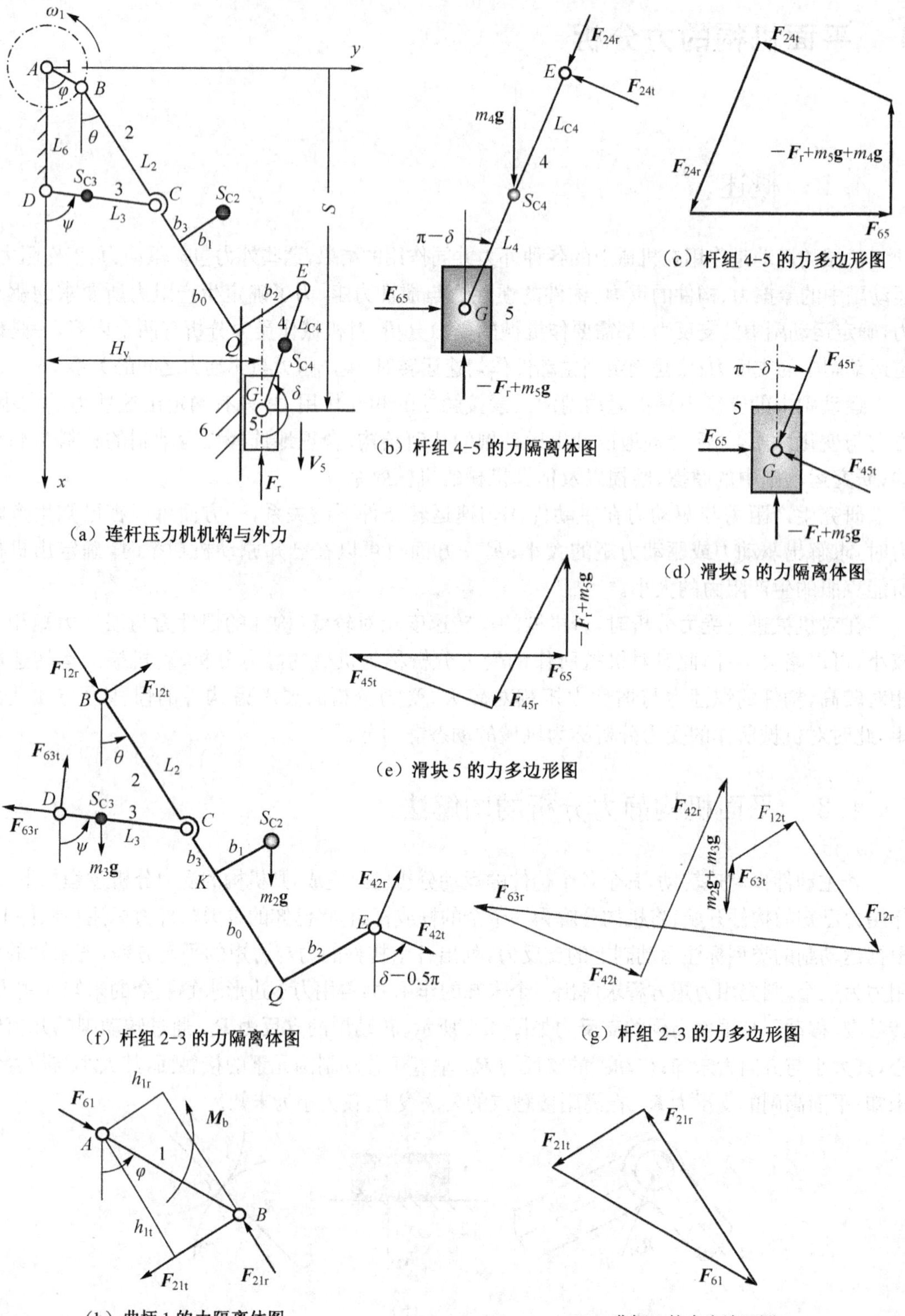

（a）连杆压力机机构与外力

（b）杆组 4-5 的力隔离体图

（c）杆组 4-5 的力多边形图

（d）滑块 5 的力隔离体图

（e）滑块 5 的力多边形图

（f）杆组 2-3 的力隔离体图

（g）杆组 2-3 的力多边形图

（h）曲柄 1 的力隔离体图

（h）曲柄 1 的力多边形图

图 4.2　连杆压力机机构与受力分析

在图 4.2(a) 所示的连杆压力机机构中，杆 1、2、3 和 6 组成曲柄摇杆机构，在连杆 2 上连接一个 Ⅱ 级组 4—5，主动件 1 以匀角速度 ω_1 转动，滑块 5 上作用有工作阻力 $\boldsymbol{F}_r$，维持曲柄 1 作匀速转动所施加的平衡力矩为 $\boldsymbol{M}_b$，构件 2、3、4 和 5 的质量分别为 m_2、m_3、m_4 和 m_5。

首先，取杆组 4—5 为力分析的对象，受力标注如图 4.2(b) 所示，图中 $\boldsymbol{F}_{24t}$、$\boldsymbol{F}_{24r}$ 和 $\boldsymbol{F}_{65}$ 为未知支反力。由于力多边形只能求解两个未知数，所以，先以 E 点为力矩中心，对杆组 4—5 取关于 E 点的力矩平衡方程为

$$m_4\mathbf{g}L_{C4}\sin(\pi-\delta)+(-\boldsymbol{F}_r+m_5\mathbf{g})L\sin(\pi-\delta)+\boldsymbol{F}_{65}L\cos(\pi-\delta)=0 \tag{4.1}$$

由式(4.1) 解出机架 6 对滑块 5 的作用力 $\boldsymbol{F}_{65}$ 的大小。再列出杆组 4—5 的力平衡方程为

$$-\boldsymbol{F}_r+m_5\mathbf{g}+m_4\mathbf{g}+\boldsymbol{F}_{24t}+\boldsymbol{F}_{24r}+\boldsymbol{F}_{65}=0 \tag{4.2}$$

选比例尺 μ_F(N/mm)，作杆组 4—5 的力多边形，如图 4.2(c) 所示，由此求出连杆 2 对连杆 4 的作用力 $\boldsymbol{F}_{24t}$、$\boldsymbol{F}_{24r}$ 的大小。

当 $\boldsymbol{F}_{65}$ 求出以后，取滑块 5 为力分析的对象，受力标注如图 4.2(d) 所示，其中 $\boldsymbol{F}_{45t}$、$\boldsymbol{F}_{45r}$ 为未知支反力，为此，列出滑块 5 的力平衡方程为

$$-\boldsymbol{F}_r+m_5\mathbf{g}+\boldsymbol{F}_{45r}+\boldsymbol{F}_{45t}+\boldsymbol{F}_{65}=0 \tag{4.3}$$

作滑块 5 的力多边形，如图 4.2(e) 所示，由此求得连杆 4 对滑块 5 的作用力 $\boldsymbol{F}_{45t}$、$\boldsymbol{F}_{45r}$ 的大小。

其次，取杆组 2—3 为力分析的对象，受力标注如图 4.2(f) 所示，图中 $\boldsymbol{F}_{12t}$、$\boldsymbol{F}_{12r}$ 和 $\boldsymbol{F}_{63t}$、$\boldsymbol{F}_{63r}$ 为未知支反力。设 $\boldsymbol{F}_{ij}$ 与 $\boldsymbol{F}_{ji}$ 表示作用与反作用的一对力，它们大小相等，方向相反，作用在对方。杆组 2—3 上未知反力的数目有 4 个。先以 C 点为力矩中心，取杆 2 关于 C 点的力矩平衡方程为

$$\begin{aligned}&-(L_2-b_3-b_0)\boldsymbol{F}_{12t}-[b_3\sin\theta+b_1\sin(\theta+0.5\pi)]m_2\mathbf{g}-b_2\boldsymbol{F}_{42t}\cos(\delta-\theta-0.5\pi)+\\&(b_3+b_0)\boldsymbol{F}_{42t}\sin(\delta-\theta-0.5\pi)-b_2\boldsymbol{F}_{42r}\cos(\delta-\theta)+(b_3+b_0)\boldsymbol{F}_{42r}\sin(\delta-\theta)=0\end{aligned} \tag{4.4}$$

由式(4.4) 求出 $\boldsymbol{F}_{12t}$ 的大小。再取杆 3 关于 C 点的力矩平衡方程为

$$m_3\mathbf{g}(L_3-c)-\boldsymbol{F}_{63t}L_3=0 \tag{4.5}$$

由式(4.5) 求出 F_{63t} 的大小。最后，列出杆组 2—3 的力平衡方程为

$$\boldsymbol{F}_{24t}+\boldsymbol{F}_{24r}+m_2\mathbf{g}+m_3\mathbf{g}+\boldsymbol{F}_{12t}+\boldsymbol{F}_{12r}+\boldsymbol{F}_{63t}+\boldsymbol{F}_{63r}=0 \tag{4.6}$$

作杆组 2—3 的力多边形，如图 4.2(g) 所示，由此求得 $\boldsymbol{F}_{12r}$、$\boldsymbol{F}_{63r}$ 的大小。

最后，取曲柄 1 为力分析的对象，受力标注如图 4.2(h) 所示，机架 6 对曲柄 1 的支反力 $\boldsymbol{F}_{61}$ 以及平衡力矩 $\boldsymbol{M}_b$ 为未知，列出曲柄 1 的力平衡方程为

$$\boldsymbol{F}_{12t}+\boldsymbol{F}_{12r}+\boldsymbol{F}_{61}=0 \tag{4.7}$$

作曲柄 1 的力多边形，如图 4.2(i) 所示，由此求得 $\boldsymbol{F}_{61}$ 的大小；对曲柄 1 取关于 A 点的力矩平衡方程为

$$\boldsymbol{M}_b+\boldsymbol{F}_{12r}\cdot h_{1r}-\boldsymbol{F}_{12t}\cdot h_{1t}=0 \tag{4.8}$$

由式(4.8) 得平衡力矩 $\boldsymbol{M}_b=\boldsymbol{F}_{12t}\cdot h_{1t}-\boldsymbol{F}_{12r}\cdot h_{1r}$。

在作机构的受力分析时，若单个构件上的未知反力的数目超过 3 个，则取杆组分析即可，

如图 4.2(b)、图 4.2(f) 所示。

若只求解输入与输出力之间的关系，不求解内部运动副中的作用力，则求解更加简单。以图 4.3 所示的曲柄滑块机构为例，假设从动件 3 上的工作阻力 $\boldsymbol{F}_r$ 为已知，此时，驱动力矩 $\boldsymbol{M}_d$ 与工作阻力 $\boldsymbol{F}_r$ 之间的功率平衡方程为 $\boldsymbol{M}_d \cdot \omega_1 = \boldsymbol{F}_r \cdot \boldsymbol{V}_3$，由于构件 2 上 B 点的速度 $\boldsymbol{V}_B \perp AB$，$C$ 点的速度 $\boldsymbol{V}_C$ 为水平方向，所以，构件 2 在该时刻的瞬时转动中心为 AB 的延长线与过 C 点垂直于 $\boldsymbol{V}_3$ 的直线的交点 P_{24}。为此得曲柄 1 上 B 点的速度 $\boldsymbol{V}_{B1}$、$\boldsymbol{V}_{B2}$ 以及滑块 3 的速度 $\boldsymbol{V}_3$ 的大小分别为

$$V_{B1} = \mu_L \cdot AB \cdot \omega_1 = V_{B2} = \mu_L \cdot BP_{24} \cdot \omega_2$$

$$\omega_2 = AB \cdot \omega_1 / BP_{24}$$

$$V_3 = V_{C3} = V_{C2} = \mu_L \cdot CP_{24} \cdot \omega_2$$

为此得 $V_3 = \mu_L \cdot CP_{24} \cdot AB \cdot \omega_1 / BP_{24}$，由此得 $\boldsymbol{M}_d$ 的大小为

$$\boldsymbol{M}_d = \boldsymbol{F}_r \cdot \mu_L \cdot CP_{24} \cdot AB / BP_{24}$$

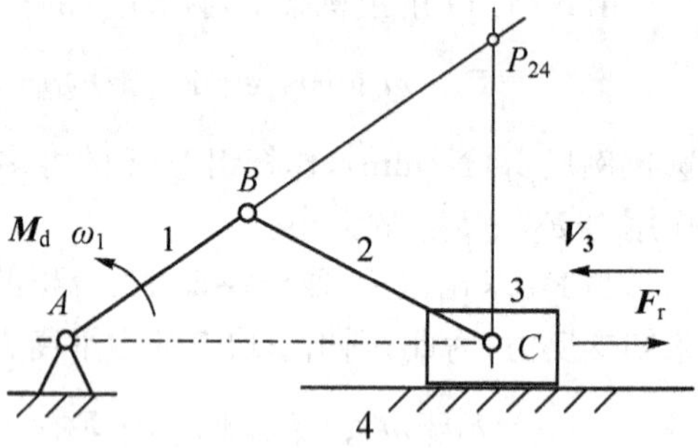

图 4.3　曲柄滑块机构与受力分析

若机构中含有一个弹簧元件，只求解输入与输出力之间的关系，如图 4.4、图 4.5 所示的铰链四杆机构，则依据功率平衡方程，可以求得机构中未知力的大小。在图 4.4 中，已知主动力矩 $\boldsymbol{M}_d$，未知阻力矩 $\boldsymbol{M}_r$ 的求解过程为

(1) 由 $V_B = \omega_1 L_{AB} = \omega_2 L_{BP24}$，解得 ω_2。

(2) 由 $V_C = \omega_2 L_{CP24} = \omega_3 L_{CD}$，解得 ω_3。

(3) 由 $V_{C1} = \omega_1 L_{AC1}$，$V_{C2} = \omega_2 L_{C2P24}$，解得 C_1、C_2 点的速度 V_{C1}、V_{C2}。

(4) 从图 4.4 上量取弹簧的长度，与初始长度比较得伸长量 Δl_5，计算弹簧的拉力 $\boldsymbol{F}_{52} = k \cdot \Delta l_5$。

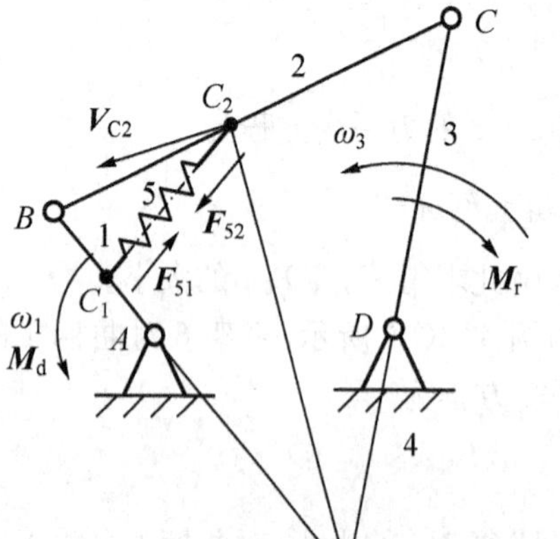

图 4.4　铰链四杆机构与受力分析

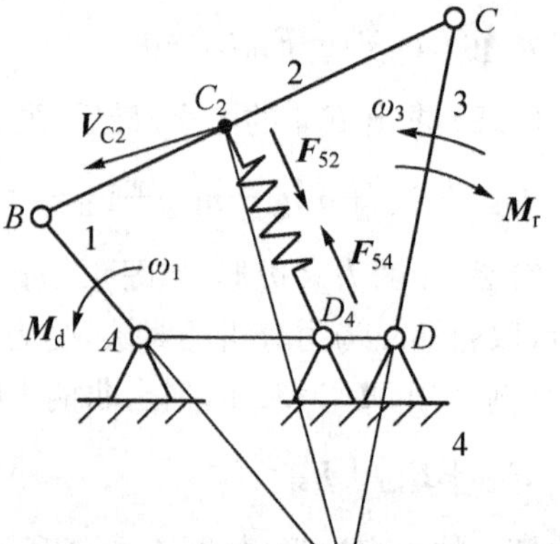

图 4.5　铰链四杆机构与受力分析

(5) 由功率平衡方程 $\boldsymbol{M}_d\omega_1 + \boldsymbol{F}_{51}\boldsymbol{V}_{C1}\cos\alpha_{15} + \boldsymbol{F}_{52}\boldsymbol{V}_{C2}\cos\alpha_{25} - \boldsymbol{M}_r\omega_3 = 0$，解得 $\boldsymbol{M}_r$ 的大小。其中 α_{15} 为 $\boldsymbol{F}_{51}$ 与 $\boldsymbol{V}_{C1}$ 之间的夹角、α_{25} 为 $\boldsymbol{F}_{52}$ 与 $\boldsymbol{V}_{C2}$ 之间的夹角。

同理，可以列出图 4.5 所示的铰链四杆机构的功率平衡方程，即 $\boldsymbol{M}_d\omega_1 + \boldsymbol{F}_{52}\boldsymbol{V}_{C2}\cos\alpha_{25} -$

$M_r\omega_3=0$，由此解得连架杆 3 上的阻力矩 M_r 的大小。

4.3 计入运动副中摩擦的机构受力分析

当机械运转时，运动副中因存在摩擦而产生摩擦阻力。在低副中，运动副两元素之间的相对运动为滑动，将产生滑动摩擦阻力；在高副中，运动副两元素之间的相对运动以滚动为主、兼有一定的相对滑动，将产生滚动摩擦阻力与滑动摩擦阻力。

若两个构件以单一的平面接触形成移动副，如图 4.6(a) 所示，其平面摩擦系数为 f，摩擦角为 φ，则 f 与 φ 存在以下关系

$$\varphi=\arctan f \tag{4.9}$$

若两个构件以 V 形平面接触形成移动副，如图 4.6(b) 所示，则其当量摩擦系数 $f_V=f/\sin\theta$，当量摩擦角 φ_V 为

$$\varphi_V=\arctan f_V \tag{4.10}$$

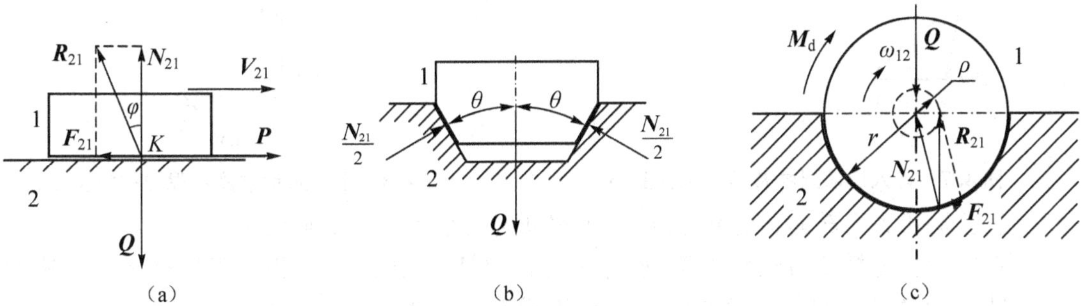

图 4.6 运动副中摩擦

由图 4.6(b) 得垂直方向的力平衡方程为

$$Q=2\times(0.5N_{21})\sin\theta=N_{21}\sin\theta$$

为此，水平向外的驱动力 P 为

$$P=2\times(0.5N_{21})\times f=(Q/\sin\theta)\times f=Q\times(f/\sin\theta)=Q\times f_V$$

若两个构件形成转动副，转轴 1 作匀速转动，半径为 r，其上作用有径向外力 Q、驱动力矩 M_d，其余标注如图 4.6(c) 所示。孔 2 对转轴 1 的摩擦阻力的合力为 F_{21}，支反力的合力为 N_{21}，F_{21} 与 N_{21} 的合力 $R_{21}=-Q$。由图 4.6(c) 得出孔 2 对转轴 1 的摩擦阻力矩 M_f 为

$$M_f=r\times F_{21}=\rho\times R_{21} \tag{4.11}$$

式(4.11) 中 ρ 称为转动副中摩擦圆的摩擦半径，M_f 的方向与相对转动 ω_{12} 的方向相反。将摩擦阻力 F_{21} 表达为

$$F_{21}=Qf_V \tag{4.12}$$

f_V 称为转动副中的当量摩擦系数，f_V 与这两个构件组成平面摩擦的摩擦系数 f 之关系约为 $f_V=(1\sim\pi/2)f$，定义 $\rho=f_V.r$，则摩擦阻力矩 M_f 为

$$M_f = r \times (Qf_V) = (f_V \cdot r) \times Q = \rho \times Q \tag{4.13}$$

合力 $\boldsymbol{R}_{21}$ 切于摩擦圆，$\rho \times \boldsymbol{R}_{21}$ 的方向与转轴 1 相对于孔 2 的角速度 ω_{12} 的方向相反。

下面以曲柄滑块机构与斜楔机构为例，说明计入运动副中摩擦时机构受力分析的方法。

在图 4.7(a)所示的曲柄滑块机构中，已知滑块 3 与机架 4 的摩擦角 φ_{34}，转动副 A、B、C 中的摩擦圆的半径 ρ，滑块 3 上的工作阻力 $\boldsymbol{F}_r$ 为已知，假定曲柄 1 的角速度 ω_1 较小，略去各个构件的惯性力。求各个运动副中的相互作用力。

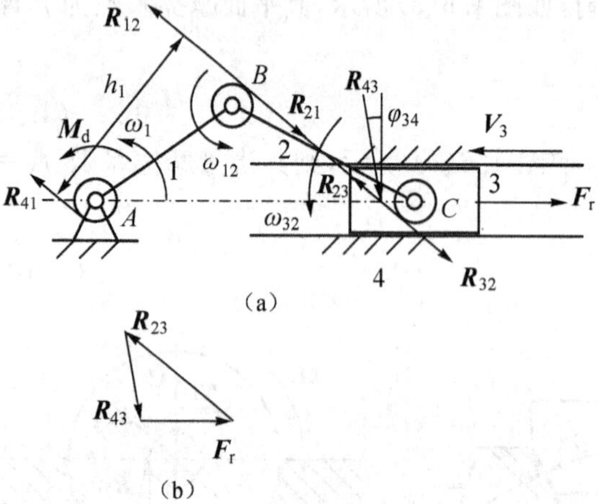

图 4.7　计入运动副中摩擦的机构受力

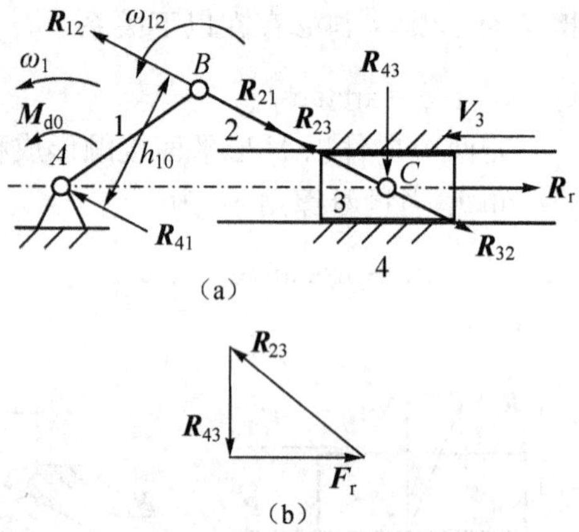

图 4.8　不计入运动副中摩擦的机构受力

首先，画出各个转动副的摩擦圆，画出移动副的摩擦角 $\varphi = \arctan f$。

其次，取二力杆 2 为研究对象，连杆 2 为拉力杆，标出曲柄 1 相对于连杆 2 的角速度 ω_{12}、滑块 3 相对于连杆 2 的角速度 ω_{32}，由 $\boldsymbol{R}_{21}$ 产生的摩擦力矩 $\boldsymbol{M}_{f21}$ 为

$$\boldsymbol{M}_{f21} = \rho \times \boldsymbol{R}_{21} \tag{4.14}$$

$\boldsymbol{M}_{f21}$ 阻碍相对转动 ω_{12}，以及 $\boldsymbol{R}_{23}$ 产生的摩擦力矩 $\boldsymbol{M}_{f23}$ 为

$$\boldsymbol{M}_{f23} = \rho \times \boldsymbol{R}_{23} \tag{4.15}$$

$\boldsymbol{M}_{f23}$ 阻碍相对转动 ω_{32}，由此确定连杆 2 上拉力作用线的位置。

对于滑块 3，由三力汇交原理得 $\boldsymbol{R}_r$ 与 $\boldsymbol{R}_{23}$ 的交点即为 $\boldsymbol{R}_{43}$ 应通过的点，由此确定 $\boldsymbol{R}_{43}$ 的位置。选比例尺 μ_F(N/mm)，为此，滑块 3 的力多边形如图 4.7(b)所示。由此解得未知反力 $\boldsymbol{R}_{23}$ 与 $\boldsymbol{R}_{43}$ 的大小。机架 4 对曲柄 1 的作用力 $\boldsymbol{R}_{41}$ 与 $\boldsymbol{R}_{21}$ 大小相等、方向相反，在数值上，$R_{41} = R_{21} = R_{12} = R_{32} = R_{23}$。$\boldsymbol{R}_{41}$ 形成的摩擦力矩 $\boldsymbol{M}_{f41}$ 为

$$\boldsymbol{M}_{f41} = \rho \times \boldsymbol{R}_{41} \tag{4.16}$$

$\boldsymbol{M}_{f41}$ 阻碍相对运动 $\omega_{14} = \omega_1$。

曲柄 1 上的驱动力矩 $\boldsymbol{M}_d$ 为

$$\boldsymbol{M}_d = h_1 \times \boldsymbol{R}_{12} \tag{4.17}$$

若不计运动副中的摩擦力，该机构的受力分析如图 4.8(a)所示，力多边形如图 4.8(b)所示。此时，曲柄 1 上的驱动力矩 $\boldsymbol{M}_{d0}$ 为

$$\boldsymbol{M}_{d0} = h_{10} \times \boldsymbol{R}_{12} \tag{4.18}$$

$\boldsymbol{M}_{d0}$与 $\boldsymbol{M}_d$ 的比值等于该机构存在摩擦时的机械效率 η,即机械效率 η 可以定义为

$$\eta = \boldsymbol{M}_{d0}/\boldsymbol{M}_d \tag{4.19}$$

一个机构的机械效率总等于无摩擦时机构的输入力(矩)与存在摩擦时机构的输入力(矩)之比;或者等于有摩擦时机构的输出力(矩)与无摩擦时机构的输出力(矩)之比。

在图 4.9(a) 所示的斜楔机构中,设斜楔 1 为主动件,斜角为 α,推杆 2 为从动件,斜楔 1 在主动力 $\boldsymbol{P}$ 的驱动下以速度 $\boldsymbol{V}_1$ 运动,推杆 2 以速度 $\boldsymbol{V}_2$ 匀速上升,$\boldsymbol{V}_2=\boldsymbol{V}_1\tan\alpha$,推杆 2 上的工作阻力为 $\boldsymbol{Q}$。假定斜楔 1 与机架 3 的摩擦角为 φ_1,斜楔 1 与推杆 2 的摩擦角为 φ_2,推杆 2 与机架 3 的摩擦角为 φ_3,各构件之间的作用力如图 4.9(a) 所示。求各个运动副中的相互作用力与机械效率 η_1。

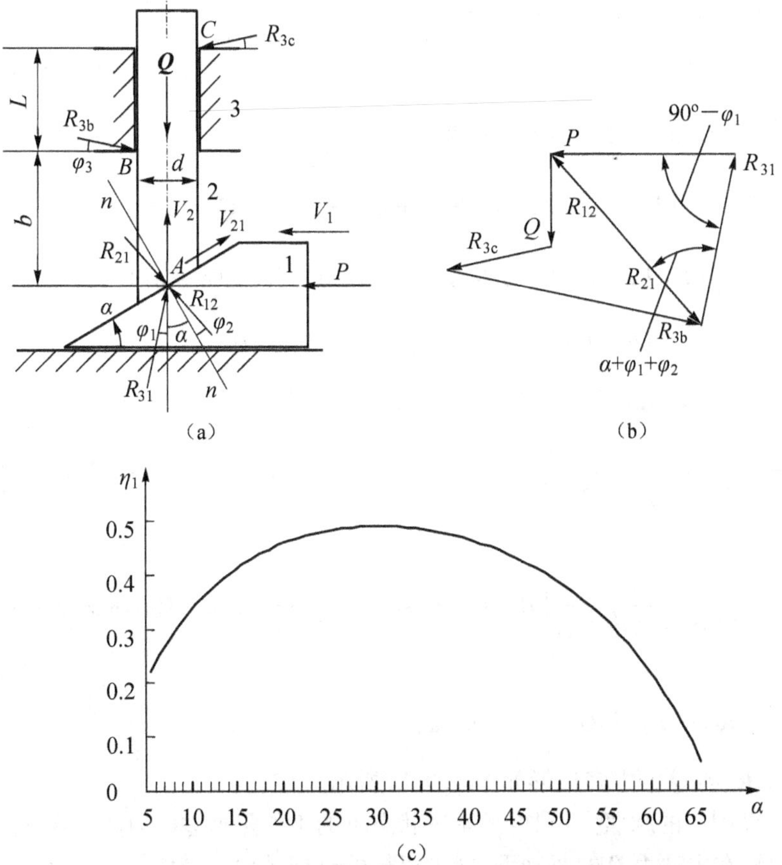

图 4.9 斜楔主动时的机构受力分析与机械效率

斜楔 1 上的未知力为 $\boldsymbol{R}_{31}$ 与 $\boldsymbol{R}_{21}$,力平衡方程为

$$\boldsymbol{R}_{31} + \boldsymbol{R}_{21} + \boldsymbol{P} = 0 \tag{4.20}$$

$\boldsymbol{R}_{31}$与 $\boldsymbol{R}_{21}$ 可以通过力多边形求出,选比例尺 μ_F(N/mm),如图 4.9(b)所示。

推杆 2 上的未知力为 $\boldsymbol{R}_{3b}$、$\boldsymbol{R}_{3c}$、$\boldsymbol{Q}$,推杆 2 的力平衡方程为

$$\boldsymbol{R}_{3b}+\boldsymbol{R}_{3c}+\boldsymbol{R}_{12}+\boldsymbol{Q}=0 \tag{4.21}$$

由于未知力的数目为 3，所以，不能直接作图求解，又由于 $\boldsymbol{R}_{3b}$、$\boldsymbol{R}_{3c}$、$\boldsymbol{Q}$ 与 $\boldsymbol{R}_{12}$ 关于任意一点的力矩方程中都至少含有 2 个未知数，所以需要力平衡方程与力矩平衡方程的联立，才能求得未知力 $\boldsymbol{R}_{3b}$、$\boldsymbol{R}_{3c}$与 $\boldsymbol{Q}$ 的大小。

为了获得 R_{31} 与 R_{21} 的大小，对斜楔 1 取力平衡方程为[40]

$$-\boldsymbol{P}+\boldsymbol{R}_{31}\sin\varphi_1+\boldsymbol{R}_{21}\sin(\alpha+\varphi_2)=0 \tag{4.22}$$

$$\boldsymbol{R}_{31}\cos\varphi_1-\boldsymbol{R}_{21}\cos(\alpha+\varphi_2)=0 \tag{4.23}$$

由式(4.22)与式(4.23)得 $\boldsymbol{R}_{31}$、$\boldsymbol{R}_{21}$ 的大小分别为

$$\boldsymbol{R}_{31}=\boldsymbol{P}\cos(\alpha+\varphi_2)/\sin(\alpha+\varphi_1+\varphi_2) \tag{4.24}$$

$$\boldsymbol{R}_{21}=\boldsymbol{P}\cos\varphi_1/\sin(\alpha+\varphi_1+\varphi_2) \tag{4.25}$$

为了获得 $\boldsymbol{R}_{3b}$、$\boldsymbol{R}_{3c}$与 $\boldsymbol{Q}$ 的大小，对推杆 2 取力平衡方程与力矩平衡方程分别为

$$\sum\boldsymbol{F}_x=(\boldsymbol{R}_{3b}-\boldsymbol{R}_{3c})\cos\varphi_3-\boldsymbol{R}_{12}\sin(\alpha+\varphi_2)=0 \tag{4.26}$$

$$\sum\boldsymbol{F}_y=-(\boldsymbol{R}_{3b}+\boldsymbol{R}_{3c})\sin\varphi_3+\boldsymbol{R}_{12}\cos(\alpha+\varphi_2)-\boldsymbol{Q}=0 \tag{4.27}$$

$$\begin{aligned}\sum\boldsymbol{M}_C=&\boldsymbol{R}_{3b}L\cos\varphi_3+\boldsymbol{R}_{3b}d\sin\varphi_3-\boldsymbol{R}_{12}(0.5\mathrm{d})\cos(\alpha+\varphi_2)-\\&\boldsymbol{R}_{12}(b+L)\sin(\alpha+\varphi_2)+\boldsymbol{Q}(0.5d)=0\end{aligned} \tag{4.28}$$

由式(4.26)～式(4.28)得工作阻力 $\boldsymbol{Q}$、机架 3 对推杆 2 的反作用力 $\boldsymbol{R}_{3b}$、$\boldsymbol{R}_{3c}$分别为

$$\boldsymbol{Q}=\frac{\boldsymbol{P}\cos\varphi_1}{\sin(\alpha+\varphi_1+\varphi_2)}\left[\cos(\alpha+\varphi_2)-\sin(\alpha+\varphi_2)\left(1+\frac{2b}{L}-\frac{d}{L}\tan\varphi_3\right)\tan\varphi_3\right] \tag{4.29}$$

$$\boldsymbol{R}_{3b}=\frac{1}{L\cos\varphi_3+d\sin\varphi_3}[\boldsymbol{R}_{21}(b+L)\sin(\alpha+\varphi_2)+0.5d\cdot\boldsymbol{R}_{21}\cos(\alpha+\varphi_2)-0.5d\cdot\boldsymbol{Q}] \tag{4.30}$$

$$\boldsymbol{R}_{3c}=\boldsymbol{R}_{3b}-\boldsymbol{R}_{21}\sin(\alpha+\varphi_2)/\cos\varphi_3 \tag{4.31}$$

$\boldsymbol{R}_{21}$、$\boldsymbol{R}_{3b}$、$\boldsymbol{R}_{3c}$与 $\boldsymbol{Q}$ 的力多边形如图 4.9(b)所示。

若不计运动副中的摩擦力，则得无摩擦状态下的工作阻力 $\boldsymbol{Q}_0=\boldsymbol{Q}(\varphi_1=\varphi_2=\varphi_3=0)=\boldsymbol{P}/\tan\alpha$。于是，在主动力 $\boldsymbol{P}$ 的驱动下，斜楔机构的机械效率 η_1 为

$$\begin{aligned}\eta_1=\frac{\boldsymbol{Q}}{\boldsymbol{Q}_0}=&\frac{\tan\alpha\cos\varphi_1}{\sin(\alpha+\varphi_1+\varphi_2)}\Big[\cos(\alpha+\varphi_2)-\\&\sin(\alpha+\varphi_2)\left(1+\frac{2b}{L}-\frac{d}{L}\tan\varphi_3\right)\tan\varphi_3\Big]\end{aligned} \tag{4.32}$$

设 $\varphi_1=\varphi_2=\varphi_3=8^\circ$，$b/L=0.5$，$d/L=0.1$，$\alpha=20^\circ$，此时，斜楔机构的机械效率$\eta_1$ 为

$$\eta_1 = \frac{\boldsymbol{Q}}{\boldsymbol{Q}_0} = \frac{\tan 20^\circ \cos 8^\circ}{\sin(20^\circ + 8^\circ + 8^\circ)}[\cos(20^\circ + 8^\circ) -$$

$$\sin(20^\circ + 8^\circ)(1 + 2 \times 0.5 - 0.1 \times \tan 8^\circ)\tan 8^\circ]$$

$$= 0.461\,1$$

在以上参数下，若 $5^\circ \leqslant \alpha \leqslant 65^\circ$，则斜楔机构的机械效率 η_1 关于 α 的曲线如图 4.9(c)所示。由图 4.9(c)可见，在以上参数下，斜楔机构的机械效率 $\eta_1 \leqslant 0.489\,74$，当 $\alpha = 30^\circ$ 时，$\eta_1 = 0.489\,74$ 。

当机械效率 η_1 等于零时，斜楔机构处于自锁状态，主动力 $\boldsymbol{P}$ 无法驱动工作阻力 $\boldsymbol{Q}$，此时，令 $\alpha = \alpha_{C1}$ 对应 $\eta_1 = 0$，α_{C1} 为

$$\alpha_{C1} = \arctan\left\{1/\left[\left(1 + \frac{2b}{L} - \frac{d}{L}\tan\varphi_3\right)\tan\varphi_3\right]\right\} - \varphi_2 \tag{4.33}$$

在以上参数下，斜楔机构处于自锁状态的 α_{C1} 为

$$\alpha_{C1} = \arctan\{1/[(1 + 2 \times 0.5 - 0.1 \times \tan 8^\circ)\tan 8^\circ]\} - 8^\circ = 66.405^\circ$$

在图 4.9(a)所示的斜楔机构中，若设推杆 2 为主动件，斜楔 1 为从动件，推杆 2 在主动力 $\boldsymbol{Q}$ 的驱动下以速度 $\boldsymbol{V}_2$ 向下运动，斜楔 1 以速度 $\boldsymbol{V}_1$ 向右运动，$\boldsymbol{V}_1 = \boldsymbol{V}_2/\tan\alpha$，斜楔 1 上的工作阻力为 $\boldsymbol{P}$，则各构件之间的作用力如图 4.10(a)所示。求各个运动副中的相互作用力与机械效率 η_2。

首先对推杆 2 列力与力矩的平衡方程得

$$\sum \boldsymbol{F}_x = (\boldsymbol{R}_{3b} - \boldsymbol{R}_{3c})\cos\varphi_3 - \boldsymbol{R}_{12}\sin(\alpha - \varphi_2) = 0 \tag{4.34}$$

$$\sum \boldsymbol{F}_y = (\boldsymbol{R}_{3b} + \boldsymbol{R}_{3c})\sin\varphi_3 + \boldsymbol{R}_{12}\cos(\alpha - \varphi_2) - \boldsymbol{Q} = 0 \tag{4.35}$$

$$\sum \boldsymbol{M}_C = \boldsymbol{R}_{3b}L\cos\varphi_3 - \boldsymbol{R}_{3b}d\sin\varphi_3 - \boldsymbol{R}_{12}(0.5\mathrm{d})\cos(\alpha - \varphi_2) -$$

$$\boldsymbol{R}_{12}(b + L)\sin(\alpha - \varphi_2) + \boldsymbol{Q}(0.5d) = 0 \tag{4.36}$$

联立式(4.34)～式(4.36)，得斜楔 1 对推杆 2 的作用力 $\boldsymbol{R}_{12}$、机架 3 对推杆 2 的反作用力 $\boldsymbol{R}_{3b}$、$\boldsymbol{R}_{3c}$分别为

$$\boldsymbol{R}_{12} = \frac{\boldsymbol{Q}\cos\varphi_3}{\left(1 - \frac{d}{L}\tan\varphi_3\right)\cos(\alpha - \varphi_2 + \varphi_3) + \frac{d}{L}\sin\varphi_3\cos(\alpha - \varphi_2) + 2\left(1 + \frac{b}{L}\right)\sin(\alpha - \varphi_2)\sin\varphi_3} \tag{4.37}$$

$$\boldsymbol{R}_{3b} = [\boldsymbol{Q}\cos\varphi_3 - \boldsymbol{R}_{12}\cos(\alpha - \varphi_2 + \varphi_3)]/\sin(2\varphi_3) \tag{4.38}$$

$$\boldsymbol{R}_{3c} = [\boldsymbol{Q}\cos\varphi_3 - \boldsymbol{R}_{12}\cos(\alpha - \varphi_2 - \varphi_3)]/\sin(2\varphi_3) \tag{4.39}$$

其次，对斜楔 1 列力的平衡方程得

$$-\boldsymbol{P} - \boldsymbol{R}_{31}\sin\varphi_1 + \boldsymbol{R}_{21}\sin(\alpha - \varphi_2) = 0 \tag{4.40}$$

$$\boldsymbol{R}_{31}\cos\varphi_1 - \boldsymbol{R}_{21}\cos(\alpha - \varphi_2) = 0 \tag{4.41}$$

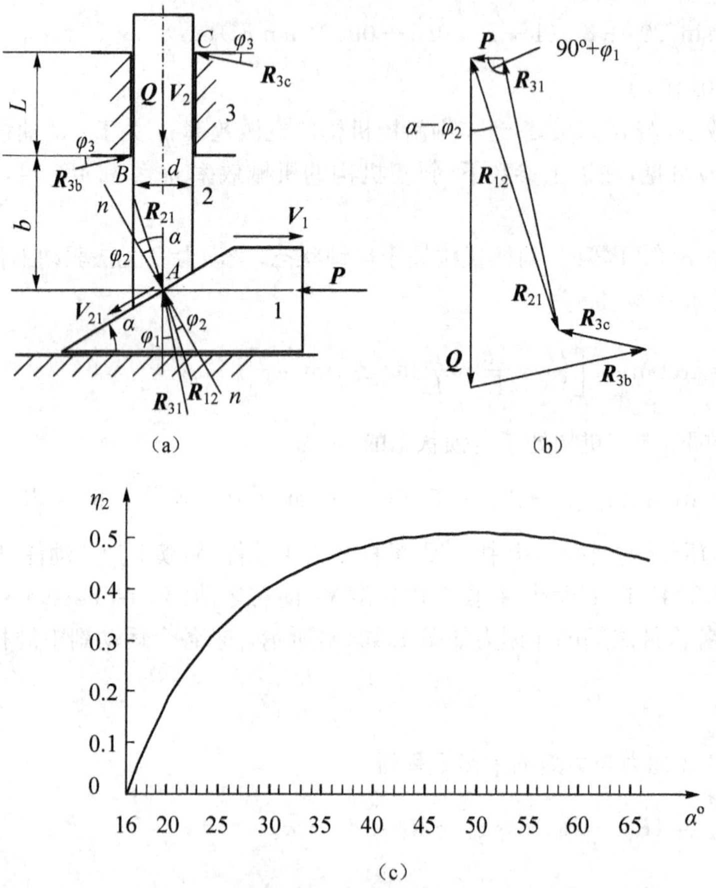

图 4.10　斜楔被动时的机构受力分析与机械效率

由式(4.40)与式(4.41)得机架 3 对斜楔 1 的作用力 $\boldsymbol{R}_{31}$、斜楔 1 上的工作阻力 $\boldsymbol{P}$ 分别为

$$\boldsymbol{R}_{31}=\boldsymbol{R}_{21}\cos(\alpha-\varphi_2)/\cos\varphi_1 \tag{4.42}$$

$$\boldsymbol{P}=\boldsymbol{R}_{21}\sin(\alpha-\varphi_1-\varphi_2)/\cos\varphi_1 \tag{4.43}$$

为此,$\boldsymbol{R}_{12}$、$\boldsymbol{R}_{3b}$、$\boldsymbol{R}_{3c}$、$\boldsymbol{R}_{31}$ 与 R_{21} 所组成的力多边形如图 4.10(b)所示。

若不计运动副中的摩擦力,则得无摩擦状态下的工作阻力 $\boldsymbol{P}_0=\boldsymbol{P}(\varphi_1=\varphi_2=\varphi_3=0)=\boldsymbol{Q}\tan\alpha$。于是,在主动力 $\boldsymbol{Q}$ 的驱动下,该斜楔机构的机械效率 η_2 为

$$\eta_2=\frac{\boldsymbol{P}}{\boldsymbol{P}_0}=\frac{\sin(\alpha-\varphi_1-\varphi_2)}{\tan\alpha\cos\varphi_1}\cdot$$

$$\frac{\cos\varphi_3}{\left(1-\dfrac{d}{L}\tan\varphi_3\right)\cos(\alpha-\varphi_2+\varphi_3)+\dfrac{d}{L}\sin\varphi_3\cos(\alpha-\varphi_2)+2\left(1+\dfrac{b}{L}\right)\sin(\alpha-\varphi_2)\sin\varphi_3} \tag{4.44}$$

在以上参数下，机械效率 η_2 如图 4.10(c)所示。由图 4.10(c)可见，在以上参数下，斜楔机构的机械效率 $\eta_2 \leqslant 0.50839$，当 $\alpha = 49°$ 时，$\eta_2 = 0.50839$ 。

4.4 平面机构的动态静力分析

平面机构的动态静力分析是指计入构件的重力、惯性力以及惯性力矩时，假定机械的主动件作匀速运动，分析作用在机构上的外力之间的关系以及运动副之间的相互作用力。对平面机构作动态静力分析可以采用图解方法，也可以采用解析方法。

4.4.1 平面机构动态静力分析的图解法

当采用图解方法对平面机构作动态静力分析时，首先从外力作用的构件开始分析，然后依次往后分析。若一个构件上的未知力的数目少于等于 3 个，则可以采用力矩方程与力多边形求出该构件上未知力的大小。若一个构件上的未知力的数目超过 3 个，则无法直接进行求解，此时，只要将与该构件直接相连的构件合在一起分析即可。下面以图4.11(a)所示的曲柄摇杆机构为例，介绍机构动态静力分析的图解方法。

在图 4.11(a)所示的曲柄摇杆机构中，假设曲柄 1 以角速度 ω_1 作匀速转动，已知作用在摇杆 3 上的工作阻力矩为 $\boldsymbol{M}_{r3}$，摇杆 3 关于 D 点的转动惯量为 J_D，假设质心在 D 点，连杆 2 的质量 m_2 在 E 点，关于 E 点的转动惯量为 J_E，EC 的长度为 b_2，曲柄 1 的质心在 A 点，各个运动副中的摩擦力忽略不计，求各个运动副中的相互作用力与曲柄上的平衡力矩 $\boldsymbol{M}_{b1}$。

首先，作曲柄摇杆机构的速度与加速度分析，速度图如图 4.11(b)所示、加速度图如图 4.11(c)所示。由此得连杆 2 的角加速度 α_2、连杆 2 上 E_2 点的加速度 a_{E2} 以及摇杆 3 的角加速度 α_3。

其次，确定连杆 2 上 E 点的惯性力 $\boldsymbol{F}_{I2} = m_2 a_E$ 与方位角 β_2、连杆 2 的惯性力矩 $\boldsymbol{M}_{I2} = J_E a_2$ 与方向，画出连杆 2 的重力 $\boldsymbol{G}_2 = m_2\mathbf{g}$，确定摇杆 3 的惯性力矩 $\boldsymbol{M}_{I3} = J_D\alpha_3$ 与方向。

由于摇杆 3 上作用有已知的外力矩 $\boldsymbol{M}_{r3}$，所以，先进行摇杆 3 的受力分析，如图 4.11(d)所示。在图 4.11(d)中，标出摇杆 3 的外力矩 $\boldsymbol{M}_{r3}$、惯性力矩 $\boldsymbol{M}_{I3} = J_D\alpha_3$，机架 4 对摇杆 3 的作用力 $\boldsymbol{F}_{43r}$、$\boldsymbol{F}_{43t}$，连杆 2 对摇杆 3 的作用力 $\boldsymbol{F}_{23r}$、$\boldsymbol{F}_{23t}$，未知力的数目共有 4 个，无法直接求解 4 个未知力。为此，将摇杆 3 与连杆 2 在图示位置视作为一个整体对象，画出杆组 2—3 的受力分析图如图 4.11(e)所示。在杆组 2—3 上，已知连杆 2 的重力 $\boldsymbol{G}_2 = m_2\mathbf{g}$、惯性力 $\boldsymbol{F}_{I2} = m_2 a_E$ 与惯性力矩 $\boldsymbol{M}_{I2} = J_E a_2$，摇杆 3 的外力矩 $\boldsymbol{M}_{r3}$、惯性力矩 $\boldsymbol{M}_{I3} = J_D\alpha_3$，未知力为 $\boldsymbol{F}_{12r}$、$\boldsymbol{F}_{12t}$、$\boldsymbol{F}_{43r}$、$\boldsymbol{F}_{43t}$，在形式上，未知力的数目也为 4 个，但是，$\boldsymbol{F}_{12t}$ 与 $\boldsymbol{F}_{43t}$ 可以通过力矩方程求得，即对连杆 2 关于 C 点取力矩平衡方程得

$$J_E\alpha_2 + m_2\mathbf{g}b_2\cos\theta + (m_2\boldsymbol{a}_E\cos\beta_2)(b_2\sin\theta) - (m_2\boldsymbol{a}_E\sin\beta_2)(b_2\cos\theta) - \boldsymbol{F}_{12t}b = 0 \tag{4.45}$$

由式(4.45)得 $\boldsymbol{F}_{12t}$。对摇杆 3 取关于 C 点的力矩平衡方程得

$$\boldsymbol{F}_{43t}c - \boldsymbol{M}_{r3} - J_D\alpha_3 = 0 \tag{4.46}$$

由式(4.46)得 $\boldsymbol{F}_{43t}$。一旦 $\boldsymbol{F}_{12t}$、$\boldsymbol{F}_{43t}$ 被求出，对杆组 2—3 列力平衡方程为

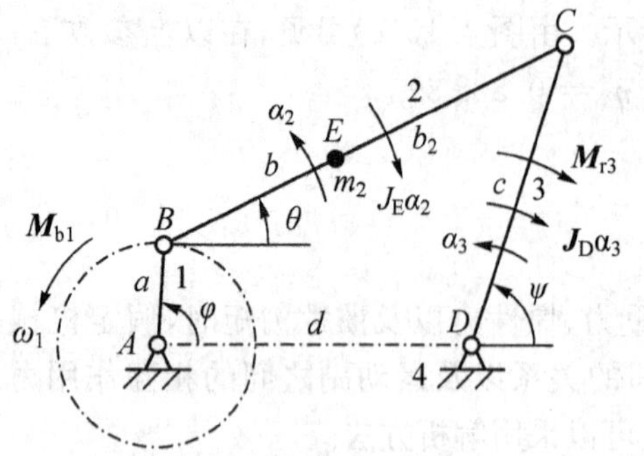

（a）曲柄摇杆机构与受力

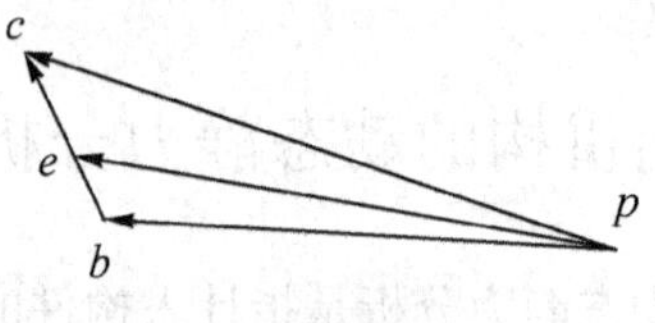

（b）速度多边形图

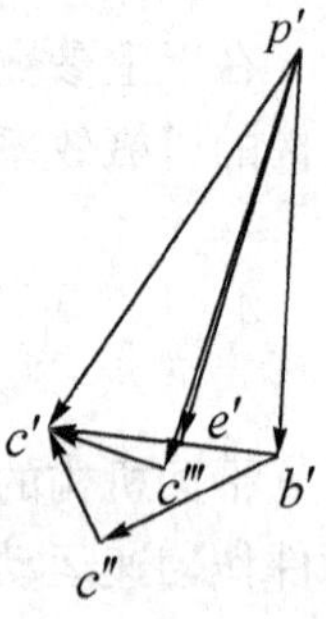

（c）加速度多边形图

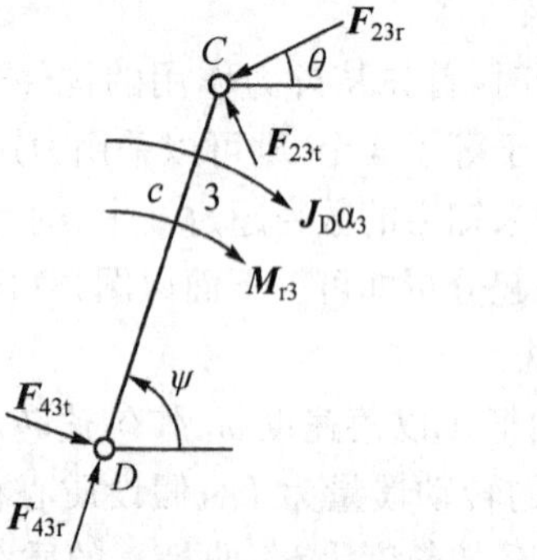

（d）摇杆 3 的力隔离体图

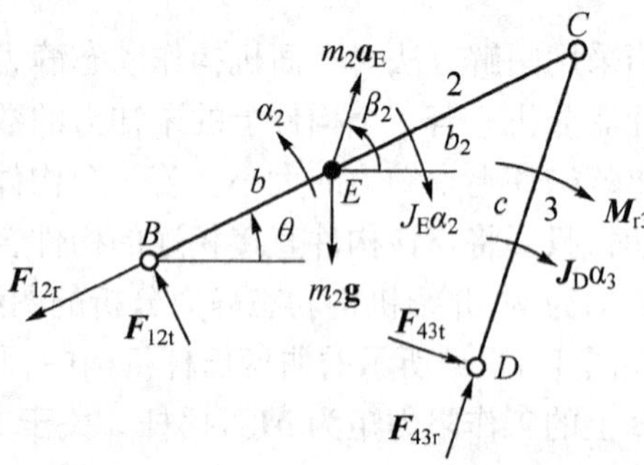

（e）杆组 2-3 的力隔离体图

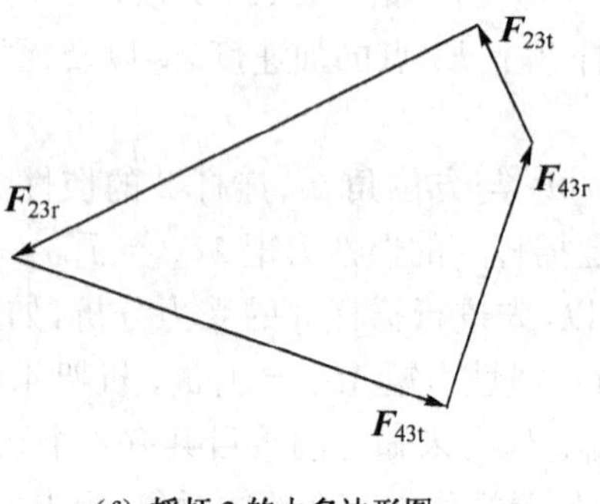

（f）摇杆 3 的力多边形图

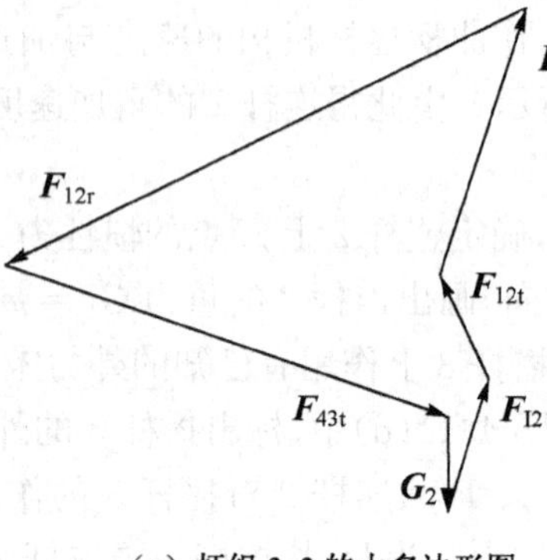

（g）杆组 2-3 的力多边形图

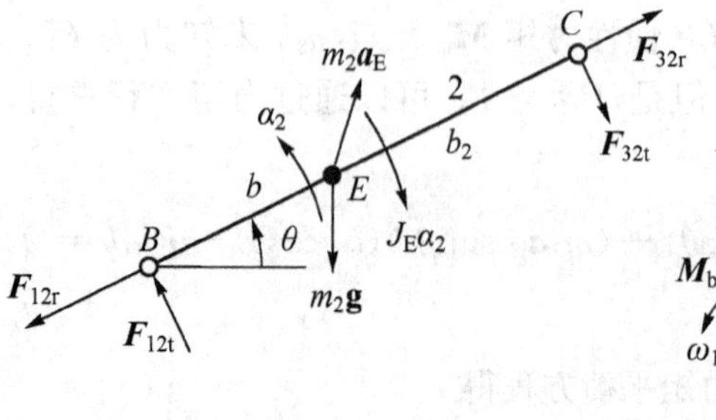

（h）连杆 2 的力隔离体图

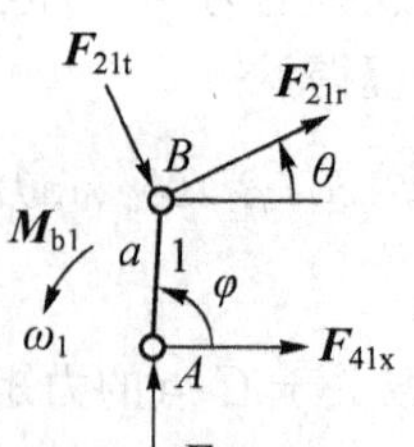

（i）曲柄 1 的力隔离体图

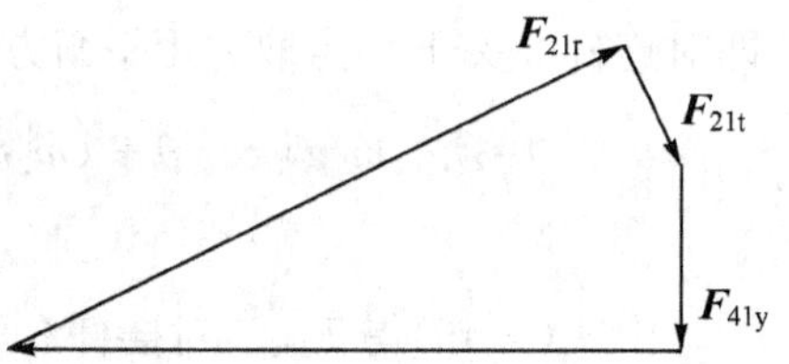

（j）曲柄 1 的力多边形图

图 4.11　曲柄摇杆机构的图解法动态静力分析

$$\boldsymbol{F}_{43r} + \boldsymbol{F}_{43t} + \boldsymbol{F}_{12r} + \boldsymbol{F}_{12t} + m_2\mathbf{g} + m_2 a_E = 0 \tag{4.47}$$

式(4.47)所对应的力多边形如图 4.11(g)所示，于是 $\boldsymbol{F}_{12r}$、$\boldsymbol{F}_{43r}$ 可以被求出。

当 $\boldsymbol{F}_{43t}$、$\boldsymbol{F}_{43r}$ 被求出之后，摇杆 3 上的未知反力为 $\boldsymbol{F}_{23t}$ 与 $\boldsymbol{F}_{23r}$，如图 4.11(d)所示，对摇杆 3 列力平衡方程为

$$\boldsymbol{F}_{43r} + \boldsymbol{F}_{43t} + \boldsymbol{F}_{23r} + \boldsymbol{F}_{23t} = 0 \tag{4.48}$$

式(4.48)所对应的力多边形如图 4.11(f)所示，于是 $\boldsymbol{F}_{23t}$ 与 $\boldsymbol{F}_{23r}$ 可以被求出。

当 $\boldsymbol{F}_{23t}$ 与 $\boldsymbol{F}_{23r}$ 被求出之后，连杆 2 的受力分析如图 4.11(h)所示，运动副中的反力 $\boldsymbol{F}_{12t}$、$\boldsymbol{F}_{12r}$、$\boldsymbol{F}_{32t}$ 与 $\boldsymbol{F}_{32r}$ 已经被全部求出。

当 $\boldsymbol{F}_{12t}$ 与 $\boldsymbol{F}_{12r}$ 被求出之后，曲柄 1 的受力分析如图 4.11(i)所示，未知反力 $\boldsymbol{F}_{41x}$ 与 $\boldsymbol{F}_{41y}$，曲柄 1 的力平衡方程为

$$\boldsymbol{F}_{41x} + \boldsymbol{F}_{41y} + \boldsymbol{F}_{21t} + \boldsymbol{F}_{21r} = 0 \tag{4.49}$$

式(4.49)所对应的力多边形如图 4.11(j)所示，曲柄 1 上的平衡力矩 $\boldsymbol{M}_{b1}$ 由曲柄 1 关于 A 点的力矩平衡方程求出。

$$\begin{aligned} &\boldsymbol{M}_{b1} - \boldsymbol{F}_{21r}\cos\theta\, a\sin\varphi + \boldsymbol{F}_{21r}\sin\theta\, a\cos\varphi - \boldsymbol{F}_{21t}\cos(\theta + 3\pi/2) a\sin\varphi - \\ &\boldsymbol{F}_{21tr}\sin(\theta + 3\pi/2)\, a\cos\varphi = 0 \end{aligned} \tag{4.50}$$

至此，曲柄摇杆机构在以上条件下的受力分析得到解决。

4.4.2 平面机构动态静力分析的解析法

当采用解析方法对平面机构作动态静力分析时，首先作机构的位移分析，然后作机构的速度与加速度分析，由此获得计算惯性力与惯性力矩的加速度与角加速度。最后对每一个构件标注已知力与未知力，建立构件的力与力矩平衡方程，由此求得未知的支撑反力或力矩。下面以图 4.12(a)所示的曲柄摇杆机构为例，介绍机构动态静力分析的解析方法。

1) 机构的运动分析

在图 4.12(a)所示的曲柄摇杆机构中，曲柄 1 的长度为 a，质心在 A 点，连杆 2 的长度为 b，质量为 m_2，质心在 E 点，$EC = b_2$，关于 E 点的转动惯量为 J_E，摇杆 3 的长度为 c，质量为 m_3，质心在 H 点，$DH = c_3$，关于 H 点的转动惯量为 J_H，机架 4 的长度为 d。当摇杆 3 的角速度 $\omega_3 \geqslant 0$ 时，工作阻力矩 $\boldsymbol{M}_{r3}$ 为常数，曲柄 1 上的平衡力矩为 $\boldsymbol{M}_{b1}$。在图示的标注下，该机构的位移方程为

$$a\cos\varphi + b\cos\theta = d + c\cos\psi \tag{4.51}$$

$$a\sin\varphi + b\sin\theta = c\sin\psi \tag{4.52}$$

消去 θ，引入系数 K_A、K_B 和 K_C，得摇杆 3 的角位移方程及其解 ψ 分别为

$$K_A = -\sin\varphi$$

$$K_B = d/a - \cos\varphi$$

$$K_C = (d^2 + c^2 + a^2 - b^2)/(2ac) - (d/c)\cos\varphi$$

$$K_A\sin\psi + K_B\cos\psi + K_C = 0 \quad (4.53)$$

$$\psi = 2\arctan2[(K_A + \sqrt{K_A^2 + K_B^2 - K_C^2})/(K_B - K_C)] \quad (4.54)$$

由式(4.51)、式(4.52)得连杆 2 的角位移 θ 为

$$\theta = \arctan2[(c\sin\psi - a\sin\varphi)/(d + c\cos\psi - a\cos\varphi)] \quad (4.55)$$

对式(4.51)、式(4.52)求关于 t 的 1～2 阶导数，得速度方程及其 $\omega_2 = d\lambda/dt$、$\omega_3 = d\psi/dt$，加速度方程及其 $\alpha_2 = d^2\theta/dt^2$、$\alpha_3 = d^2\psi/dt^2$ 分别为

$$-a\omega_1\sin\varphi - b\omega_2\sin\theta = -c\omega_3\sin\psi \quad (4.56)$$

$$a\omega_1\cos\varphi + b\omega_2\cos\theta = c\omega_3\cos\psi \quad (4.57)$$

$$\omega_3 = a\omega_1\sin(\varphi - \theta)/[c\sin(\psi - \theta)] \quad (4.58)$$

$$\omega_2 = a\omega_1\sin(\varphi - \psi)/[b\sin(\psi - \theta)] \quad (4.59)$$

$$-a\omega_1^2\cos\varphi - b\omega_2^2\cos\theta - b\alpha_2\sin\theta = -c\omega_3^2\cos\psi - c\alpha_3\sin\psi \quad (4.60)$$

$$-a\omega_1^2\sin\varphi - b\omega_2^2\sin\theta + b\alpha_2\cos\theta = -c\omega_3^2\sin\psi + c\alpha_3\cos\psi \quad (4.61)$$

$$\alpha_3 = [a\omega_1^2\cos(\varphi - \theta) + b\omega_2^2 - c\omega_3^2\cos(\psi - \theta)]/[c\sin(\psi - \theta)] \quad (4.62)$$

$$\alpha_2 = [a\omega_1^2\cos(\varphi - \psi) + b\omega_2^2\cos(\psi - \theta) - c\omega_3^2]/[b\sin(\psi - \theta)] \quad (4.63)$$

连杆 2 上质量 m_2 处的位置坐标 x_E、y_E，速度 V_{Ex}、V_{Ey} 与加速度 a_{Ex}、a_{Ey} 分别为

$$x_E = a\cos\varphi + (b - b_2)\cos\theta \quad (4.64)$$

$$y_E = a\sin\varphi + (b - b_2)\sin\theta \quad (4.65)$$

$$V_{Ex} = -a\omega_1\sin\varphi - (b - b_2)\omega_2\sin\theta \quad (4.66)$$

$$V_{Ey} = a\omega_1\cos\varphi + (b - b_2)\omega_2\cos\theta \quad (4.67)$$

$$a_{Ex} = -a\omega_1^2\cos\varphi - (b - b_2)\alpha_2\sin\theta - (b - b_2)\omega_2^2\cos\theta \quad (4.68)$$

$$a_{Ey} = -a\omega_1^2\sin\varphi + (b - b_2)\alpha_2\cos\theta - (b - b_2)\omega_2^2\sin\theta \quad (4.69)$$

2) 机构的受力分析

在图 4.12(a)中，首先计算连杆 2 与摇杆 3 的惯性力与惯性力矩，再对构件列力与力矩的平衡方程，从而获得机构的受力分析。

连杆 2 上质量 m_2 产生的水平惯性力 $\boldsymbol{F}_{Ex}$、垂直惯性力 $\boldsymbol{F}_{Ey}$；转动惯量 J_E 产生的惯性力矩 $\boldsymbol{M}_E$ 分别为

$$F_{Ex} = -m_2 a_{Ex} \quad (4.70)$$

$$F_{Ey} = -m_2 a_{Ey} \quad (4.71)$$

$$M_E = -J_E\alpha_2 \quad (4.72)$$

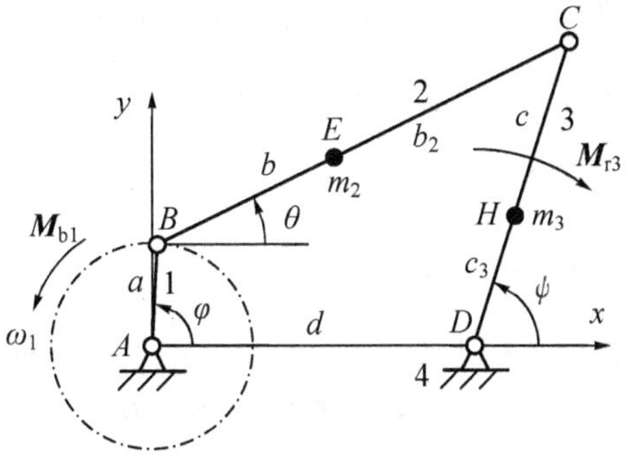

(a) 曲柄摇杆机构与外力

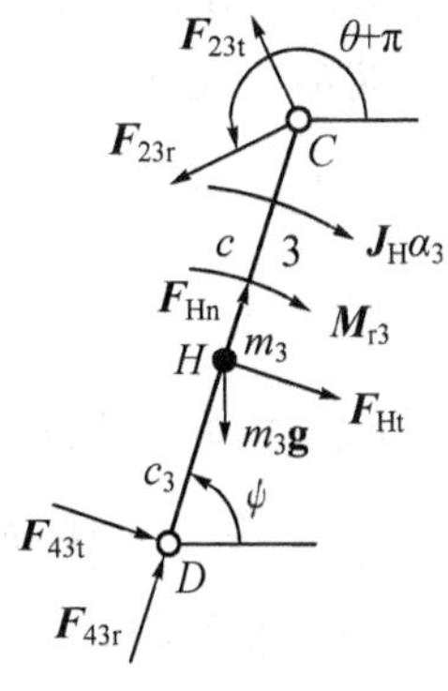

(b) 摇杆 3 的力隔离体图

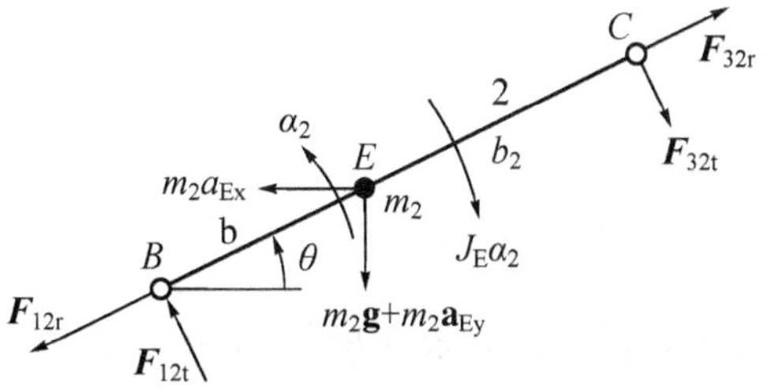

(c) 连杆 2 的力隔离体图

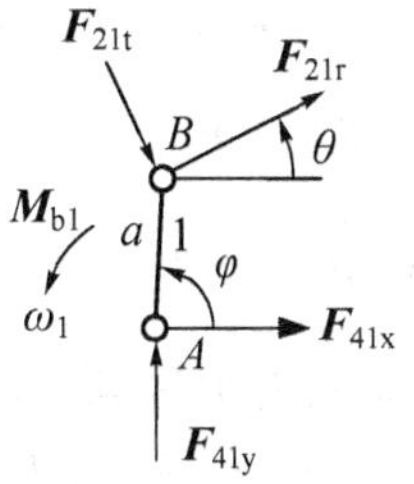

(d) 曲柄 1 的力隔离体图

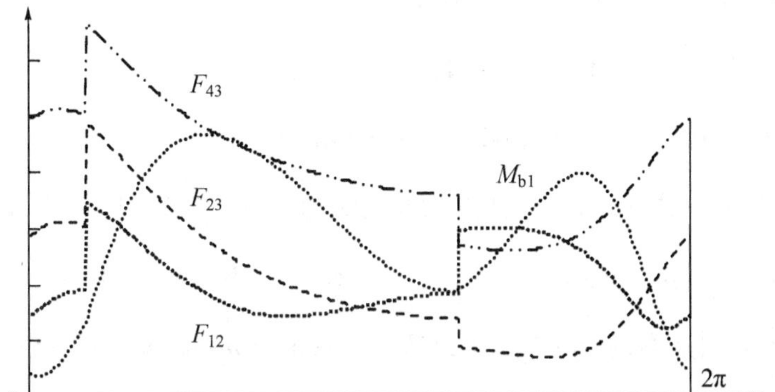

(e) 曲柄摇杆机构在一个周期内的受力曲线

图 4.12　曲柄摇杆机构的解析法动态静力分析

摇杆 3 上质量 m_3 产生的切向惯性力 $\boldsymbol{F}_{Ht}$、法向惯性力 $\boldsymbol{F}_{Hn}$(从 H 点指向 D 点);转动惯量 J_H 产生的惯性力矩 $\boldsymbol{M}_H$ 分别为

$$F_{Ht}=-m_3c_3\alpha_3 \tag{4.73}$$

$$F_{Hn}=m_3c_3\omega_3^2 \tag{4.74}$$

$$M_H=-J_H\alpha_3 \tag{4.75}$$

取摇杆 3 为力隔离体,如图 4.12(b)所示,摇杆 3 上已知的力分别为 $\boldsymbol{F}_{Ht}$、$\boldsymbol{F}_{Hn}$ 与 $m_3\mathbf{g}$,已

知的力矩分别为 $\boldsymbol{M}_{H}$ 与 $\boldsymbol{M}_{r3}$，未知的反力为 $\boldsymbol{F}_{23t}$、$\boldsymbol{F}_{23r}$、$\boldsymbol{F}_{43t}$ 与 $\boldsymbol{F}_{43r}$。取沿着 DC 方向的力平衡方程、DC 逆时针转 90°方向的力平衡方程以及关于 C 点的力矩平衡方程分别为

$$-\boldsymbol{F}_{23t}\sin(\theta-\psi)-\boldsymbol{F}_{23r}\cos(\theta-\psi)+\boldsymbol{F}_{43r}=-\boldsymbol{F}_{Hn}+m_{3}\boldsymbol{g}\sin\psi \tag{4.76}$$

$$\boldsymbol{F}_{23t}\cos(\theta-\psi)-\boldsymbol{F}_{23r}\sin(\theta-\psi)-\boldsymbol{F}_{43t}=\boldsymbol{F}_{Ht}+m_{3}\boldsymbol{g}\cos\psi \tag{4.77}$$

$$\boldsymbol{F}_{43t}c=\boldsymbol{M}_{r3}+J_{H}\alpha_{3}-m_{3}\boldsymbol{g}(c-c_{3})\cos\psi-\boldsymbol{F}_{Ht}(c-c_{3}) \tag{4.78}$$

取连杆 2 为力隔离体，如图 4.12(c) 所示，连杆 2 上已知的力分别为 $\boldsymbol{F}_{Ex}$、$\boldsymbol{F}_{Ey}$ 与 $m_{3}\boldsymbol{g}$；已知的力矩为 $\boldsymbol{M}_{E}$，未知的反力为 $\boldsymbol{F}_{32t}=\boldsymbol{F}_{23t}$、$\boldsymbol{F}_{32r}=\boldsymbol{F}_{23r}$、$\boldsymbol{F}_{12t}$ 与 $\boldsymbol{F}_{12r}$。取沿着 BC 方向的力平衡方程、垂直于 BC 方向的力平衡方程以及关于 B 点的力矩平衡方程分别为

$$\boldsymbol{F}_{32r}-\boldsymbol{F}_{12r}=m_{2}(a_{Ey}+\boldsymbol{g})\sin\theta+m_{2}a_{Ex}\cos\theta \tag{4.79}$$

$$-\boldsymbol{F}_{32t}+\boldsymbol{F}_{12t}=m_{2}(a_{Ey}+\boldsymbol{g})\cos\theta-m_{2}a_{Ex}\sin\theta \tag{4.80}$$

$$\boldsymbol{F}_{32t}b=-J_{E}\alpha_{2}-m_{2}(a_{Ey}+\boldsymbol{g})(b-b_{2})\cos\theta+m_{2}a_{Ex}(b-b_{2})\sin\theta \tag{4.81}$$

取曲柄 1 为力隔离体，如图 4.12(d) 所示，曲柄 1 上未知的力分别为 $\boldsymbol{F}_{21t}=\boldsymbol{F}_{12t}$、$\boldsymbol{F}_{21r}=\boldsymbol{F}_{12r}$、$\boldsymbol{F}_{41x}$ 与 $\boldsymbol{F}_{41yt}$；未知的力矩为 $\boldsymbol{M}_{b1}$。为此，曲柄 1 的力平衡方程与力矩平衡方程分别为

$$\boldsymbol{F}_{21t}\sin\theta+\boldsymbol{F}_{21r}\cos\theta+\boldsymbol{F}_{41x}=0 \tag{4.82}$$

$$-\boldsymbol{F}_{21t}\cos\theta+\boldsymbol{F}_{21r}\sin\theta+\boldsymbol{F}_{41y}=0 \tag{4.83}$$

$$\boldsymbol{F}_{21t}a\cos(\varphi+\theta)-\boldsymbol{F}_{21r}a\sin(\varphi-\theta)+\boldsymbol{M}_{b1}=0 \tag{4.84}$$

式(4.76)～式(4.84)中，未知力与力矩的总数有 9 个($\boldsymbol{F}_{ij}=\boldsymbol{F}_{ji}$)，其解分别为

$$\boldsymbol{F}_{43t}=[\boldsymbol{M}_{r3}+J_{H}\alpha_{3}-m_{3}\boldsymbol{g}(c-c_{3})\cos\psi-\boldsymbol{F}_{Ht}(c-c_{3})]/c \tag{4.85}$$

$$\boldsymbol{F}_{32t}=[-J_{E}\alpha_{2}-m_{2}(a_{Ey}+\boldsymbol{g})(b-b_{2})\cos\theta+m_{2}a_{Ex}(b-b_{2})\sin\theta]/b \tag{4.86}$$

$$\boldsymbol{F}_{23r}=[\boldsymbol{F}_{23t}\cos(\theta-\psi)-\boldsymbol{F}_{43t}-\boldsymbol{F}_{Ht}-m_{3}\boldsymbol{g}\cos\psi]/\sin(\theta-\psi) \tag{4.87}$$

$$\boldsymbol{F}_{43r}=-\boldsymbol{F}_{Hn}+m_{3}\boldsymbol{g}\sin\psi+\boldsymbol{F}_{23t}\sin(\theta-\psi)+\boldsymbol{F}_{23r}\cos(\theta-\psi) \tag{4.88}$$

$$\boldsymbol{F}_{12r}=-m_{2}(a_{Ey}+\boldsymbol{g})\sin\theta-m_{2}a_{Ex}\cos\theta+\boldsymbol{F}_{32r} \tag{4.89}$$

$$\boldsymbol{F}_{12t}=m_{2}(a_{Ey}+\boldsymbol{g})\cos\theta-m_{2}a_{Ex}\sin\theta+\boldsymbol{F}_{32t} \tag{4.90}$$

$$\boldsymbol{F}_{41x}=-\boldsymbol{F}_{21t}\sin\theta-\boldsymbol{F}_{21r}\cos\theta \tag{4.91}$$

$$\boldsymbol{F}_{41y}=\boldsymbol{F}_{21t}\cos\theta-\boldsymbol{F}_{21r}\sin\theta \tag{4.92}$$

$$\boldsymbol{M}_{b1}=-\boldsymbol{F}_{21t}a\cos(\varphi+\theta)+\boldsymbol{F}_{21r}a\sin(\varphi-\theta) \tag{4.93}$$

式(4.76)～式(4.84)也可以采用线性方程组求解，其对应的线性方程组为

$$
\begin{bmatrix}
-\sin(\theta-\psi) & -\cos(\theta-\psi) & 0 & 1 & 0 & 0 & 0 & 0 & 0 \\
\cos(\theta-\psi) & -\sin(\theta-\psi) & -1 & 0 & 0 & 0 & 0 & 0 & 0 \\
0 & 0 & c & 0 & 0 & 0 & 0 & 0 & 0 \\
0 & 1 & 0 & 0 & 0 & -1 & 0 & 0 & 0 \\
-1 & 0 & 0 & 0 & 1 & 0 & 0 & 0 & 0 \\
b & 0 & 0 & 0 & 0 & 0 & 0 & 0 & 0 \\
0 & 0 & 0 & 0 & \sin\theta & \cos\theta & 1 & 0 & 0 \\
0 & 0 & 0 & 0 & -\cos\theta & \sin\theta & 0 & 1 & 0 \\
 & & & & a\cos(\varphi+\theta) & -a\sin(\varphi+\theta) & 0 & 0 & 1
\end{bmatrix}
\begin{bmatrix} F_{23t} \\ F_{23r} \\ F_{43t} \\ F_{43r} \\ F_{12t} \\ F_{12r} \\ F_{41x} \\ F_{41y} \\ M_{b1} \end{bmatrix}
=
\begin{bmatrix} k_1 \\ k_2 \\ k_3 \\ k_4 \\ k_5 \\ k_6 \\ k_7 \\ k_8 \\ k_9 \end{bmatrix}
\tag{4.94}
$$

式(4.94)中的 $k_1 \sim k_9$ 分别为式(4.76)～式(4.84)所对应的右项。当 $0 \leqslant \varphi \leqslant 2\pi$ 时,可以求得运动副在一个周期中的反力 $\boldsymbol{F}_{12} = \sqrt{\boldsymbol{F}_{12t}^2 + \boldsymbol{F}_{12r}^2}$、$\boldsymbol{F}_{23} = \sqrt{\boldsymbol{F}_{23t}^2 + \boldsymbol{F}_{23r}^2}$、$\boldsymbol{F}_{43} = \sqrt{\boldsymbol{F}_{43t}^2 + \boldsymbol{F}_{43r}^2}$、$\boldsymbol{F}_{41} = \sqrt{\boldsymbol{F}_{41t}^2 + \boldsymbol{F}_{41r}^2}$ 与平衡力矩为 $\boldsymbol{M}_{b1}$。

在图 4.12(a)中,设曲柄 1 的长度 $a = 0.150$ m,连杆 2 的长度 $b = 0.650$ m,质量 $m_2 = 65$ kg,$b_2 = 0.350$ m,$J_E = 2.35\ \mathrm{kgm^2}$,摇杆 3 的长度 $c = 0.450$ m,质量 $m_3 = 45$ kg,$c_3 = 0.250$ m,$J_H = 0.78\ \mathrm{kgm^2}$,机架 4 的长度为 $d = 0.500$ m 。当摇杆 3 的角速度 $\omega_3 \geqslant 0$ 时,工作阻力矩 $\boldsymbol{M}_{r3} = 100$ Nm ;当 $\omega_3 < 0$ 时,$\boldsymbol{M}_{r3} = 0$ 。于是,由式(4.85)～式(4.93)得 $\boldsymbol{F}_{12}$、$\boldsymbol{F}_{23}$、$\boldsymbol{F}_{43}$、$\boldsymbol{F}_{41}$ 与 $\boldsymbol{M}_{b1}$ 在 $0 \leqslant \varphi \leqslant 2\pi$ 范围内的曲线关系如 4.12(e)所示。

习　题

4-1　题 4-1 图为一平面六杆压力机机构,曲柄 1 作匀速转动,$\omega_1 = 6.28$ rad/s ,设滑块 5 的质量 $m_5 = 185$ kg,质心在 E 点;连杆 4 的质量 $m_4 = 95$ kg,质心在 S_4 点,关于 S_4 的转动惯量 $J_{S4} = 0.600\ \mathrm{kgm^2}$;连杆 2 的质量 $m_2 = 80$ kg,质心在 S_2 点,关于 S_2 的转动惯量 $J_{S2} = 0.400\ \mathrm{kgm^2}$,其余构件的质量与转动惯量忽略不计。机构的尺寸为 $L_{AB} = 0.150$ m,$L_{BC} = 0.800$ m,$L_{BS2} = 0.450$ m,$L_{CD} = 0.650$ m,$L_{CE} = 0.700$ m,$L_{CS4} = 0.300$ m,$H_x = 0.650$ m,$H_y = 0.650$ m 。机构的受力状态为,当滑块 5 向上运动时,工作阻力 $\boldsymbol{F}_r = 10\,000$ N ;当滑块 5 向下运动时,摩擦阻力 $\boldsymbol{F}_r = 1\,000$ N 。不计惯性力与惯性力矩,试用图解法作 $\varphi = 60°$ 位置的受力分析。

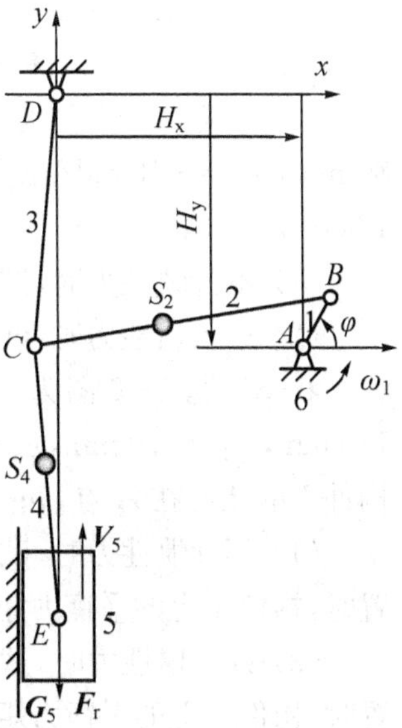

题 4-1 图

4-2　题 4-2 图为一斜面运动变换机构,主动力 $\boldsymbol{F} = 10\,000$ N,各个摩擦面的摩擦系数 $f = 0.1$,$\alpha = 35.5°$ 。

(1) 求阻力 $\boldsymbol{Q}$ 的大小;

(2) 若不计摩擦力的影响,求阻力 $\boldsymbol{Q}_0$ 的大小;

(3) 试求 f=0.1 时,该斜面机构的机械效率。

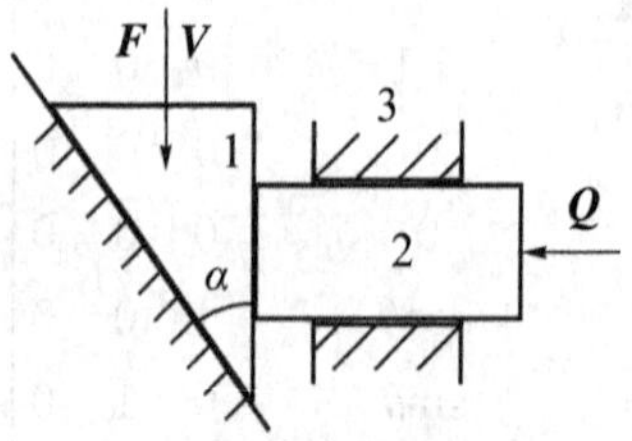

题 4-2 图

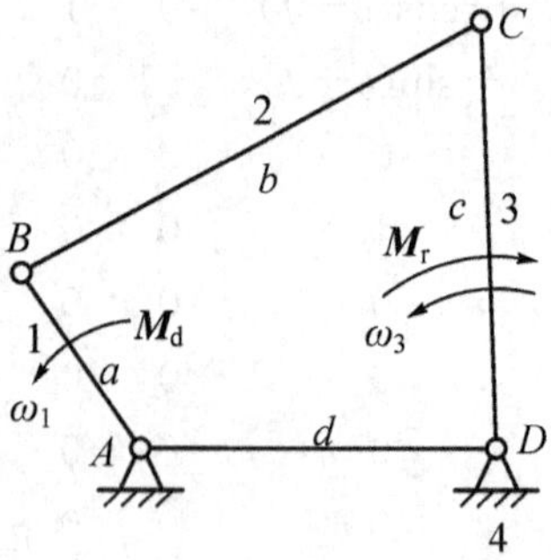

题 4-3 图

4-3 题 4-3 图为一曲柄摇杆机构，用作转动到摆动的变换，各个转动副的摩擦圆半径均为 $\rho = 6\ \text{mm}$，工作阻力矩 $\boldsymbol{M}_{\text{r}} = 100\ \text{Nm}$，曲柄 1 的杆长 $a = 50\ \text{mm}$，连杆 2 的杆长 $b = 125\ \text{mm}$，摇杆 3 的杆长 $c = 100\ \text{mm}$，机架 4 的杆长 $d = 85\ \text{mm}$，试求图示位置主动力矩 $\boldsymbol{M}_{\text{d}}$ 的大小。

4-4 题 4-4 图为偏心圆杠杆夹紧机构在钳工作业中的应用，试分析当 $\boldsymbol{F}_{31}$ 在 O_{12} 左侧时，工件处于自锁状态。

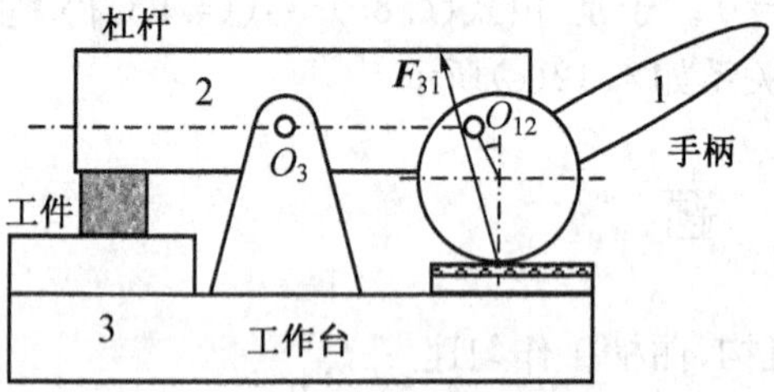

题 4-4 图

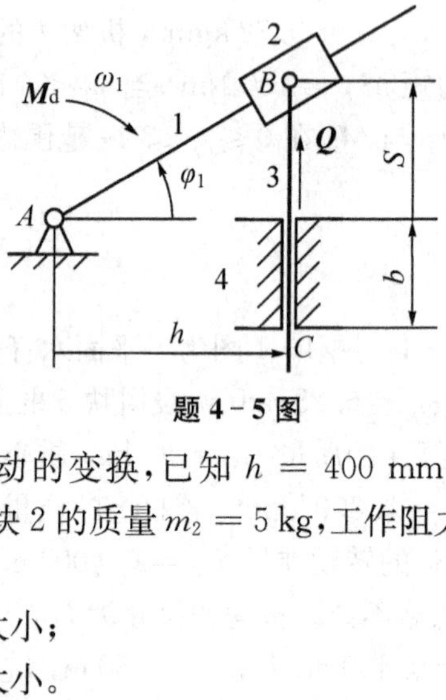

题 4-5 图

4-5 题 4-5 图为一正切机构，用作摆动到移动的变换，已知 $h = 400\ \text{mm}$，$b = 80\ \text{mm}$，$\omega_1 = -10\ \text{rad/s}$，构件 3 的质量 $m_3 = 20\ \text{kg}$，滑块 2 的质量 $m_2 = 5\ \text{kg}$，工作阻力 $\boldsymbol{Q} = 1\,000\ \text{N}$。

(1) 不计惯性力时，试求图示位置驱动力矩 $\boldsymbol{M}_{\text{d}}$ 的大小；

(2) 计入惯性力时，试求图示位置驱动力矩 $\boldsymbol{M}_{\text{d}}$ 的大小。

4-6 题 4-6 图为一正弦机构，用作转动到摆动的变换，已知 $L_{\text{AB}} = 110\ \text{mm}$，$h_1 = 150\ \text{mm}$，$h_2 = 70\ \text{mm}$，$\omega_1 = 10\ \text{rad/s}$，构件 3 的质量 $m_3 = 30\ \text{kg}$，滑块 2 的质量 $m_2 = 8\ \text{kg}$，构件 1 的质心在 A 点，$m_1 = 20\ \text{kg}$，工作阻力 $\boldsymbol{F}_{\text{r}} = 2\,000\ \text{N}$。

(1) 不计惯性力时，试用解析法求机构在 $\varphi_1 = 30°$、$\varphi_1 = 60°$、$\varphi_1 = 120°$ 和 $\varphi_1 = 220°$ 位置时，构件 1 上的平衡力矩 $\boldsymbol{M}_{\text{b}}$；

(2) 计入惯性力时，试用解析法求机构在 $\varphi_1 = 30°$、$\varphi_1 = 60°$、$\varphi_1 = 120°$ 和 $\varphi_1 = 220°$ 位置时，构件 1 上的平衡力矩 $\boldsymbol{M}_{\text{b}}$。

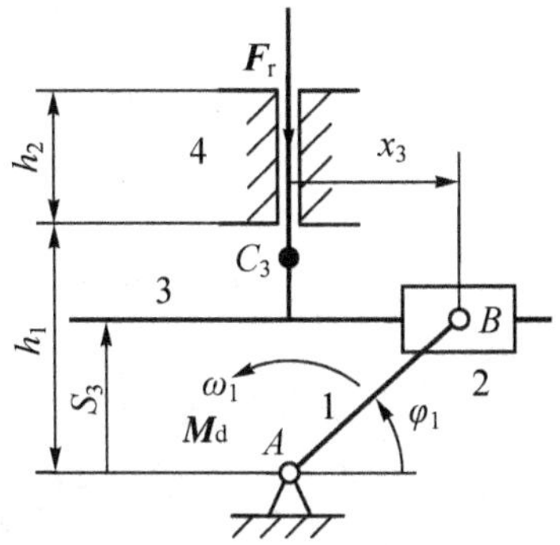

题 4-6 图

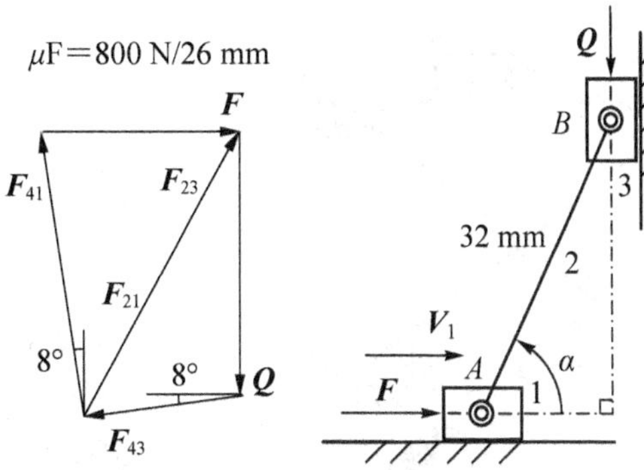

题 4-7 图

4-7 题 4-7 图为一双滑块机构，用作移动到移动的变换，已知 $L_{AB}=160$ mm，转动副 A、B 处的摩擦圆半径均为 $\rho=6$ mm，移动副中的摩擦角 $\varphi=8°$，$\boldsymbol{F}$ 为主动力，工作阻力 $\boldsymbol{Q}=800$ N 。

(1) 求机构在 $\alpha=65°$ 位置时，各运动副中的支反力；

(2) 该机构在 $\rho=6$ mm，$\varphi=8°$ 时的自锁条件。

4-8 题 4-8 图为一偏心夹具机构，已知 $R=100$ mm，A 处为固定支撑，OA 与垂线之间的夹角 $\alpha=30°$，转动副 A 处的摩擦圆半径均 $\rho=8$ mm，构件 1 与 2、2 与 3 之间的摩擦系数 $f=0.1$ 。试分析当夹紧到图示位置后，在工件反力的作用下，夹具不会自动松开时，OA 之间的长度为多大。

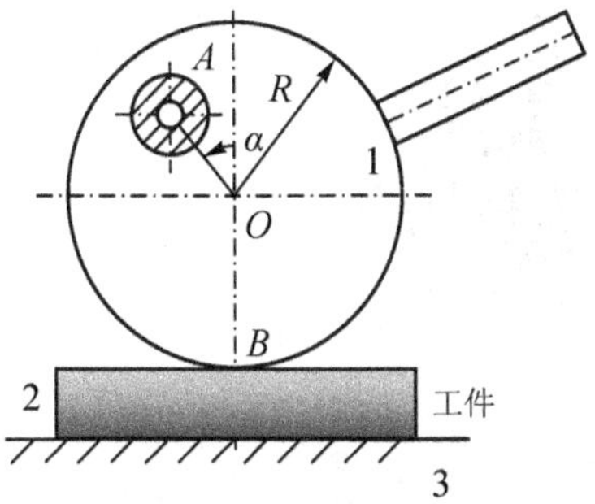

题 4-8 图

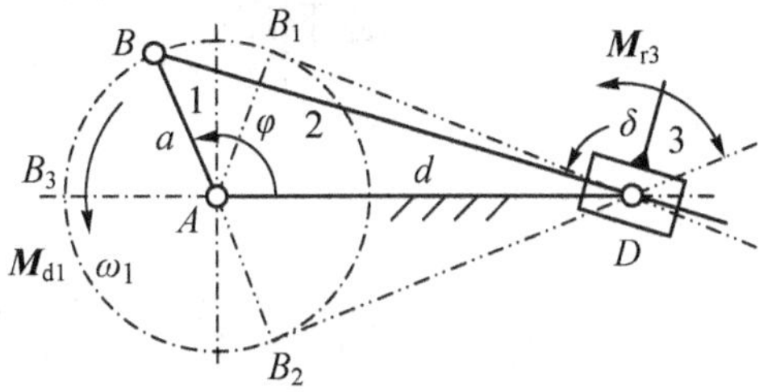

题 4-9 图

4-9 题 4-9 图为一曲柄摇块机构，已知曲柄 1 的转速 $\omega_1=10$ r/min，曲柄 1 的杆长 $a=0.150$ m，机架 4 的杆长 $d=0.450$ m 。当曲柄 1 转 $B_1B_3B_2$ 区间时，工作阻力矩 $\boldsymbol{M}_{r3}=50$ Nm，不计惯性力，求驱动力矩 $\boldsymbol{M}_{d1}$ 的大小。

4-10 题 4-10 图为一工作台升降机构，当油缸下腔通入高压油时，工作台作上升运动。已知比例尺 $\mu_L=$ 实际尺寸 / 图上尺寸 $=30$，工件的重量 $\boldsymbol{G}_W=10\,000$ N，求驱动力 $\boldsymbol{F}_{12}$ 的大小。

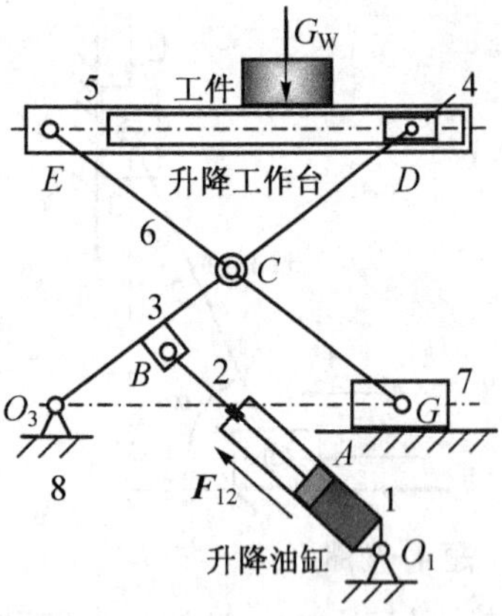

题 4－10 图

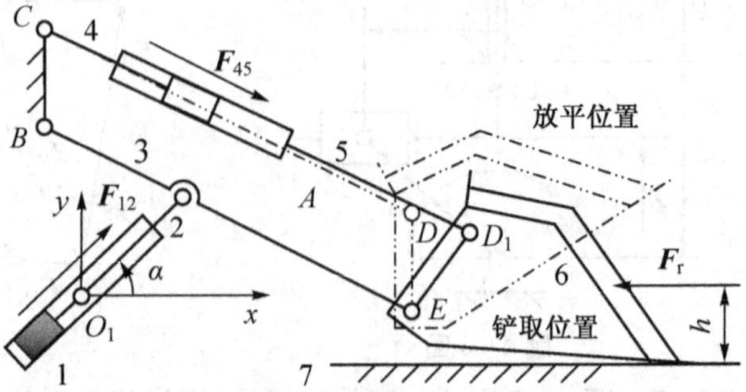

题 4－11 图

4－11 题 4－11 图为一种型式的基于平行四边形机构的装载机机构。在举升阶段，$BCDE$ 为平行四边形，从而使铲斗作平动，B、C 和 O_1 是装载机机体上的三个转动副。已知比例尺 μ_L = 实际尺寸 / 图上尺寸 = 30，在铲装作业时，作用在铲斗上的工件阻力 $\boldsymbol{F}_r$ = 80 000 N，求两个油缸中的力 $\boldsymbol{F}_{12}$、$\boldsymbol{F}_{45}$ 的大小。

4－12 题 4－12 图为用作增力钳子的曲柄摇杆机构，已知 AB = 19.68 mm，BC = 44 mm，CD = 57.2 mm，AD = 86 mm，L_1 = 40 mm，L_0 = 92 mm，求 F_2/F_4。

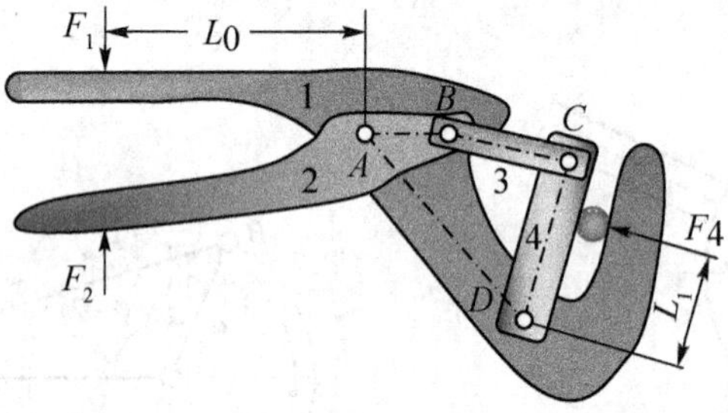

题 4－12 图

5 平面连杆机构及其设计

5.1 概述

平面连杆机构是由若干个构件通过低副连接且各构件都在相互平行的平面内运动的一类机构，又称为平面低副机构。由于平面连杆机构能够生成众多的运动轨迹、再现大量的运动规律、具有较高的承载能力、磨损寿命长及制造方便等特点，所以，它在物流自动化、工程机械等诸多领域都得到了广泛的应用。由于连杆机构的设计工作十分复杂，很多情况下只能近似地实现给定的运动要求，所以本章主要介绍连杆机构中最基本的平面四杆机构的类型、传动特性与简单条件下的机构设计方法，同时介绍近似等速比机构、高阶停歇机构的设计以及机构创新设计的一般方法。

5.2 平面四杆机构的基本型式及其演化

5.2.1 平面四杆机构的基本型式

全部由转动副组成的平面四杆机构是平面四杆机构的基本型式，又称铰链四杆机构，如图 5.1 所示。其他型式的平面四杆机构可以看作是在它的基础上通过机架变换、运动副扩大和尺寸变化而演化形成的。

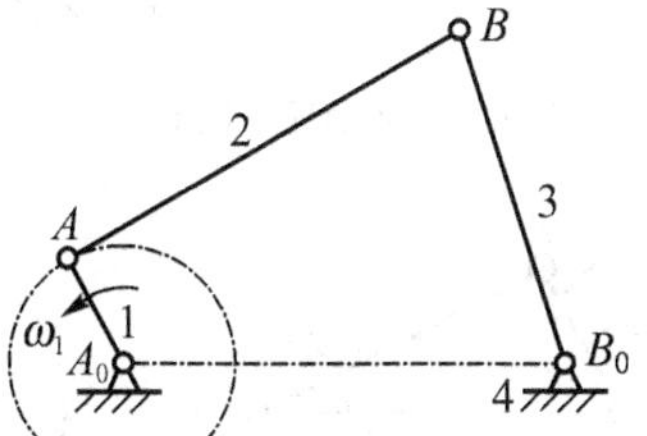

图 5.1 曲柄摇杆机构

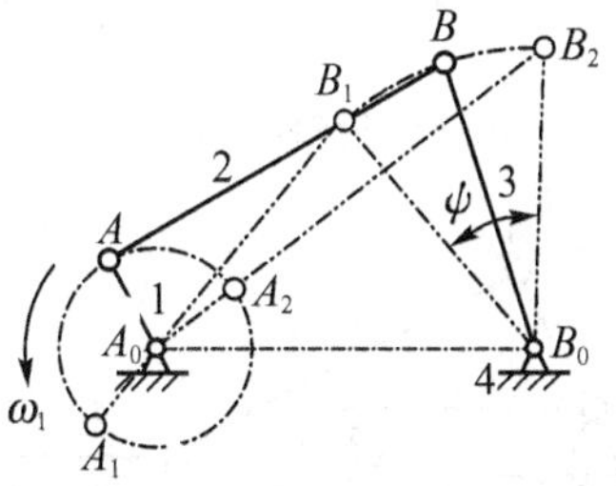

图 5.2 曲柄摇杆机构

在图 5.1 中，A_0B_0 为机架，A_0A、B_0B 与机架组成转动副，称为连架杆，AB 不与机架直接相连且作平面一般运动，称为连杆。在连架杆中，若相对于机架作整周转动，则该构件称为曲柄；若只在一定范围内摆动，则该构件称为摇杆；若相对于机架作移动，则该构件称为滑块。通过改变铰链四杆机构的各杆长度，铰链四杆机构可以区分为曲柄摇杆机构(图 5.2)、双曲柄机构(图 5.3)、平行四边形机构(图 5.4)、反平行四边形机构(图 5.5)和双摇杆机构(图 5.6)。

5.2.2 平面四杆机构的演化

图 5.2 至图 5.6 所定义的平面四杆机构，可以认为是通过改变铰链四杆机构中构件的相对

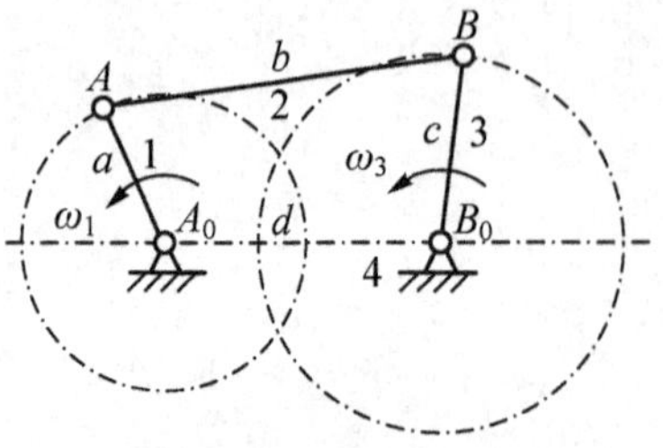

图 5.3　双曲柄机构

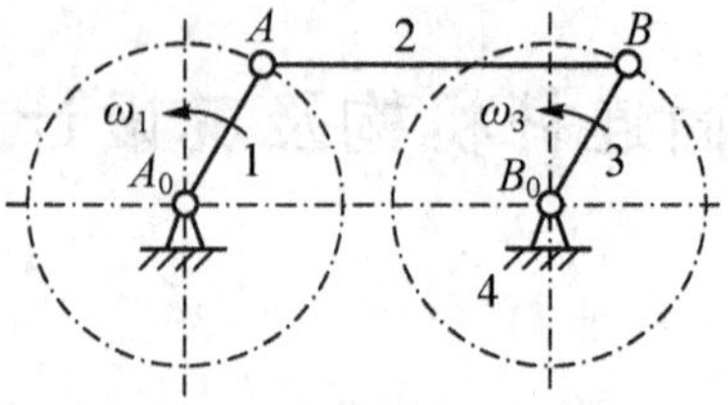

图 5.4　平行四边形机构

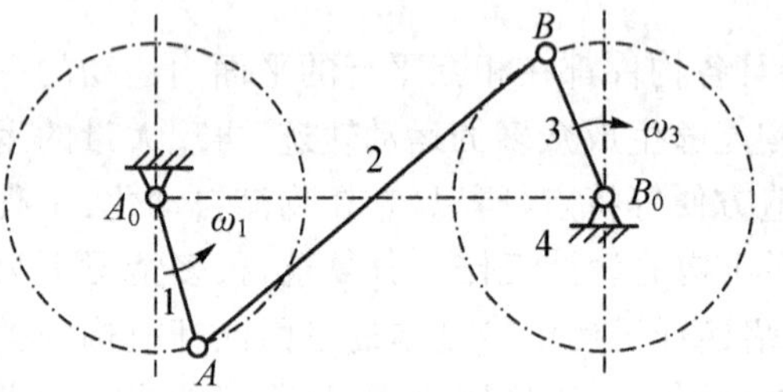

图 5.5　反平行四边形机构

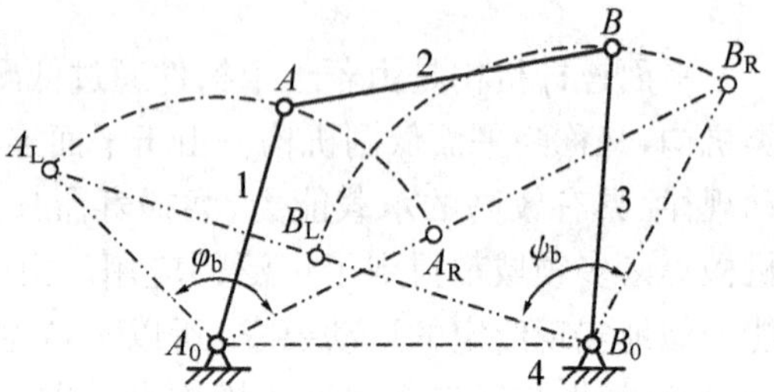

图 5.6　双摇杆机构

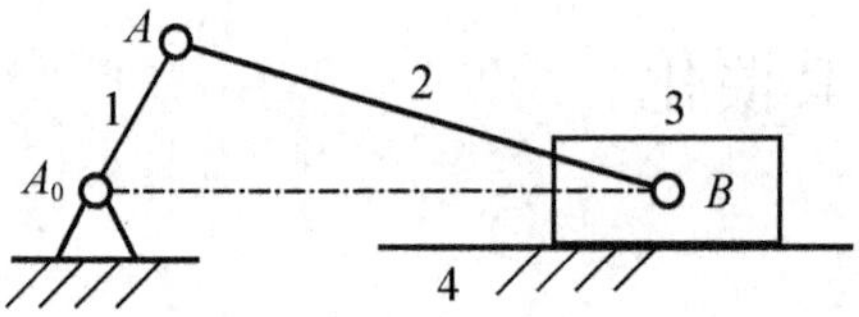

（a）对心曲柄滑块机构

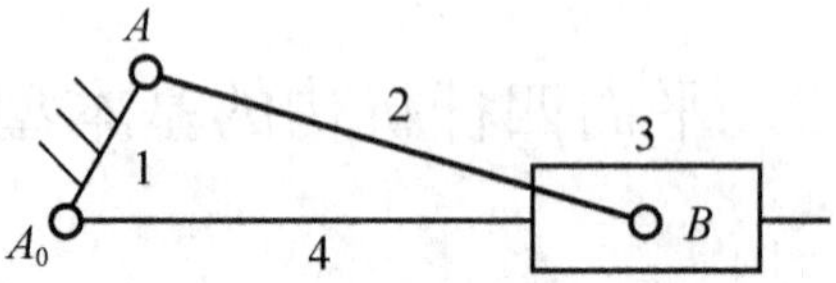

（b）曲柄转动导杆机构

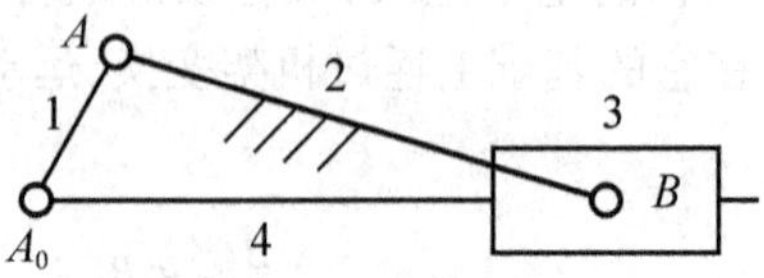

（c）Ⅰ型曲柄摇块机构

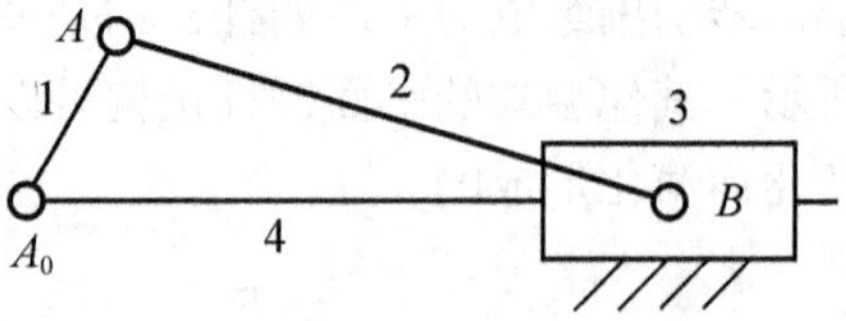

（d）Ⅰ型移动导杆机构

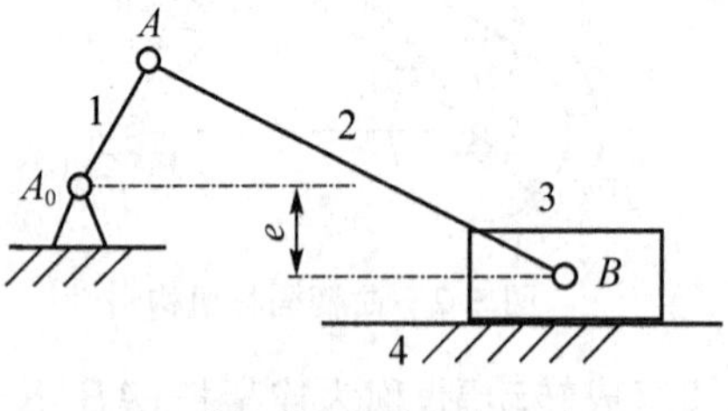

（e）偏置曲柄滑块机构

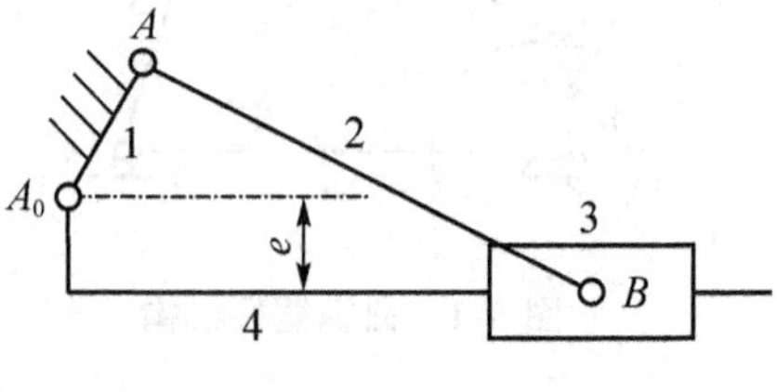

（f）偏置转动导杆机构

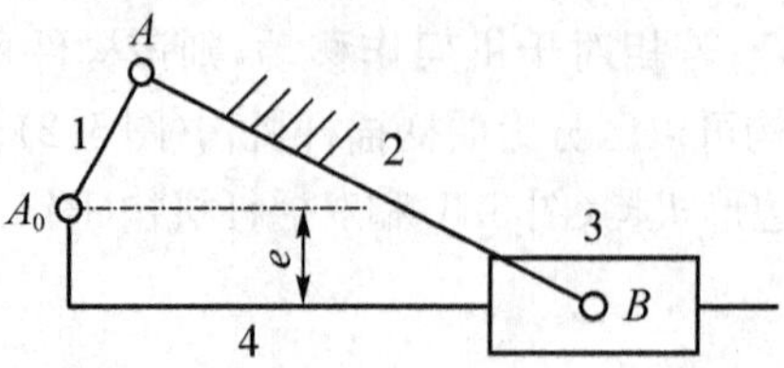

（g）偏置曲柄摇块机构

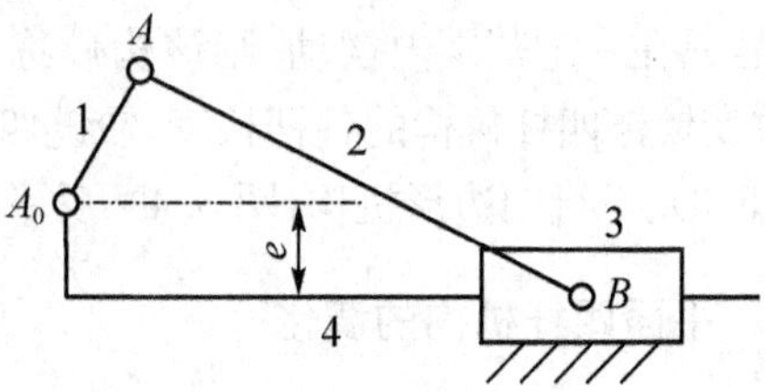

（h）Ⅱ型移动导杆机构

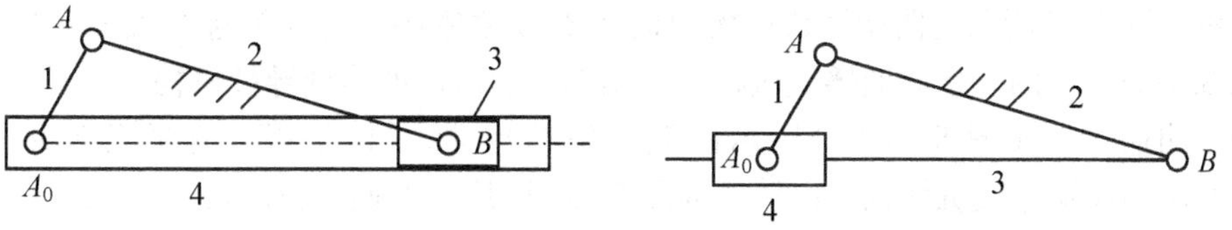

（i）Ⅱ型曲柄摇块机构　　（j）曲柄导杆机构

图 5.7　RRRP 平面四杆机构

尺寸所得到的。为了得到更多的平面四杆机构，还可以通过改变构件的几何形状与尺寸、改变运动副的尺寸、互换运动副元素和选择不同的构件作为机架而形成。

若将图 5.2 所示曲柄摇杆机构的摇杆 3 的长度扩为无穷大，B_0 位于无穷远，B 的运动无限接近于直线运动，取摇杆 3 上 B 点附近的一块实体，则摇杆 3 就转化为滑块 3，于是得到曲柄滑块机构，如图 5.7(a)所示。通过改变机架，可以得到图 5.7(b)、(c)、(d)所示的三种机构。

若图 5.7(a)所示的滑块 3 上转动副 B 的运动方向线不通过转动副 A 的中心，则得到偏置曲柄滑块机构，如图 5.7(e)所示。通过改变机架，可以得到图 5.7(f)、(g)、(h)所示的三种机构。

若将图 5.7(a)所示机构的连杆 2 的长度以 B 为参考点延长至无穷大，转动副 B 的半径扩大为无穷大，则连杆 2 与滑块 3 作相对移动、它们形成移动副，连杆 2 又转化为一个滑块，于是得到图 5.8(a)所示的正切机构，通过改变机架，可以得到图 5.8(b)、(c)、(d)所示的三种机构。

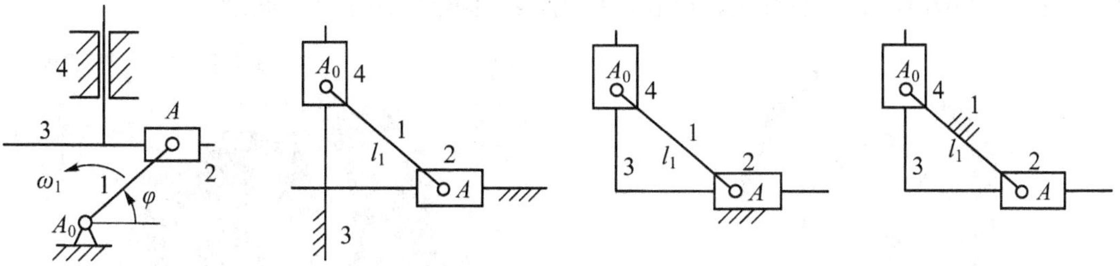

（a）正弦机构　　（b）双滑块机构　　（c）Ⅲ型移动导杆机构　　（d）双转块机构

图 5.8　RRPP 平面四杆机构

若将图 5.7(a)所示机构的转动副 A 的半径扩大为无穷大，则杆 1 与杆 2 作相对移动，它们形成移动副，杆 2 也转化为一个滑块，于是得到图 5.9(a)所示的正切机构，通过改变机架，可以得到图 5.9(b)、(c)、(d)所示的三种机构。

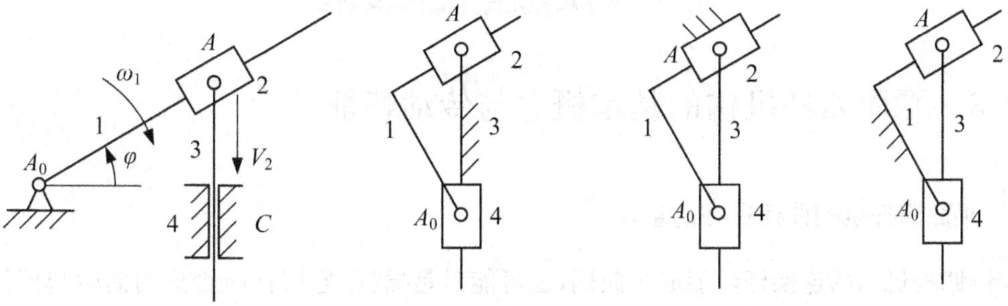

（a）正切机构　　（b）转块滑块机构　　（c）摆动导杆机构　　（d）滑块摆块机构

图 5.9　RPRP 平面四杆机构

若将图 5.7(c)所示的曲柄摇块机构的构件 3、4 之间的包容与被包容关系互换，则可以得到图 5.7(i)所示的Ⅱ型曲柄摇块机构以及图 5.7(j)所示的曲柄导杆机构。

当把曲柄设计成图 5.10(a)所示的偏心轮结构、赋予机架以一定的几何结构时，图 5.7(a)所示的曲柄滑块机构就可以转化为图 5.10(b)所示的偏心轮滑块泵，图 5.7(c)所示的曲柄摇块机构就可以转化为图 5.10(c)所示的偏心轮摇块泵，它们都可以被用作为液体或气体的压缩机械中。

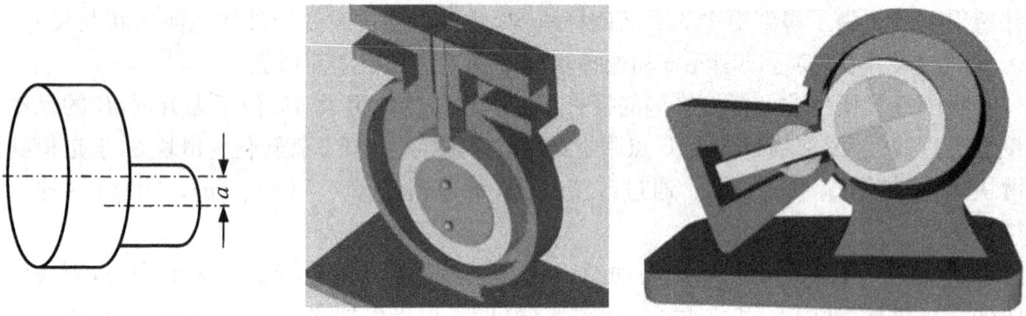

(a) 偏心轮　　(b) 偏心轮滑块泵　　(c) 偏心轮摇块泵

图 5.10　偏心轮对应的平面四杆机构

当把图 5.7(b)所示的曲柄转动导杆机构赋予一定的几何结构时，则可以得到图 5.11(a)所示的曲柄转动导杆泵。当把图 5.8(d)所示的双转块机构赋予一定的几何结构时，则可以得到图 5.11(b)所示的十字滑块联轴节，用于轴线不同轴的两个轴的联接。

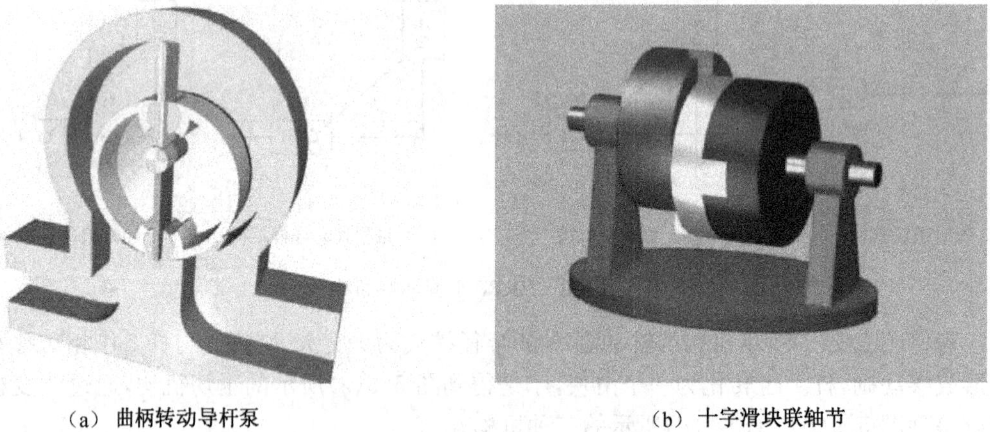

(a) 曲柄转动导杆泵　　(b) 十字滑块联轴节

图 5.11　赋予构件几何结构的四杆机构

5.3　平面四杆机构的基本概念与传动特征

5.3.1　平面四杆机构曲柄存在的条件

铰链四杆机构的连架杆可能成为曲柄，也可能只是摇杆，连架杆能否成为曲柄与该机构中各杆的相对长度有关。

在图 5.12 所示的铰链四杆机构中，设以 a、b、c 和 d 分别表示各杆的长度，且设 $a<d$，则当杆 AB 绕轴心 A 相对于机架 AD 作整周转动时，杆 AB 应能达到与连杆 BC 共线的两个位置 AB_1、AB_2。

由图 5.12 可见，当杆 AB 转至 AB_1 时，各杆的长度应满足以下条件：

$$c<(b-a)+d \tag{5.1}$$

$$d<(b-a)+c \tag{5.2}$$

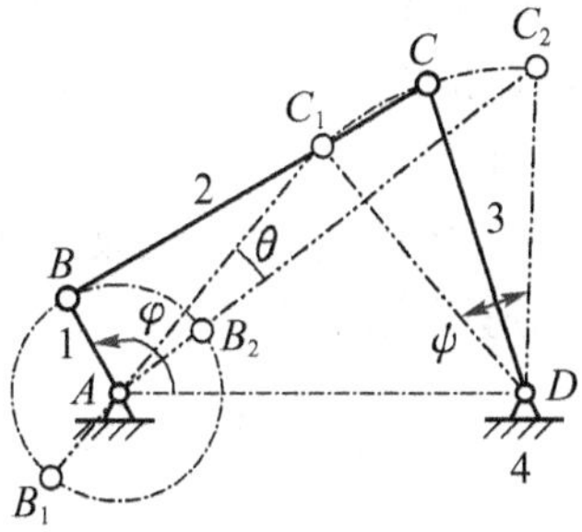

图 5.12　曲柄摇杆机构

当杆 AB 转至 AB_2 时，各杆的长度应满足以下条件

$$a+b<c+d \tag{5.3}$$

将上面三个式子两两相加，并考虑到杆 AB、连杆 BC 及摇杆 CD 出现重合的极限情况，则得

$$a\leqslant b;\quad a\leqslant c;\quad a\leqslant d \tag{5.4}$$

这就导出了杆 AB 相对于杆 AD 互作整周转动的条件，也就是铰链四杆机构中曲柄存在的条件为：

（1）连架杆与机架中必有一个为最短杆。

（2）最短杆与最长杆的长度之和必小于或等于其余两杆的长度之和。

为此，铰链四杆机构的名称被进一步区分为：

（1）当铰链四杆机构的最短杆与最长杆的长度之和小于或等于其余两杆长之和时，定义三种机构的名称为：

① 最短杆的相邻杆作机架时，称为曲柄摇杆机构；

② 最短杆作为机架时，称为双曲柄机构；

③ 最短杆的对边杆作机架时，称为双摇杆机构。

（2）当铰链四杆机构中最短杆与最长杆的长度之和大于其余两杆长之和时，不论以何杆作机架，均为双摇杆机构。

5.3.2　平面四杆机构的极限位置与急回特性

1）极限位置

在平面连杆机构中，从动件速度为零且速度反向的位置称为机构的极限位置。如图 5.12 所示，若杆 AB 为主动件，杆 CD 为从动件，则当杆 AB 与 BC 共线时，由速度瞬心的性质知 C_1、C_2 点的速度为零，即 $V_{C1}=V_{C2}=0$，于是，C_1D 和 C_2D 为曲柄摇杆机构的两个极限位置。C_1D 和 C_2D 之间的运动角 ψ 称为从动件的摆角或角行程，AC_1 与 AC_2 之间的夹角 θ 称为极位夹角。

2）急回特性

在图 5.12 中，当曲柄 AB 顺时针以等角速度 ω_1 转动 $\varphi_1=180°+\theta$ 时，摇杆自 C_1D 摆至 C_2D 称为工作行程，所需时间为 t_1，C 点的平均速度为 V_1；当曲柄 AB 继续转过 $\varphi_2=180°-$

θ时，摇杆自 C_2D 摆回 C_1D 称为空回行程，所需时间为 t_2，C 点的平均速度为 V_2。由于 $\varphi_1 > \varphi_2$，所以 $t_1 > t_2$，$V_1 < V_2$。$V_2 > V_1$ 表明，空载行程快于工作行程，这种特性称为机构的急回特性。

为了表明急回运动的相对程度，引入行程速比系数 K，它等于空载行程与工作行程的平均速度之比，即

$$K = \frac{V_2}{V_1} = \frac{t_1}{t_2} = \frac{\varphi_1}{\varphi_2} = \frac{180^\circ + \theta}{180^\circ - \theta} \qquad \theta = \frac{K-1}{K+1}180^\circ \tag{5.5}$$

式(5.5)表明，当曲柄的极位夹角 $\theta > 0^\circ$时，机构具有急回特性。θ 角愈大则 K 值愈大，机构的急回运动性质愈显著。当 $\theta = 0^\circ$ 时，机构无急回特性。急回运动可提高机器的生产率。

5.3.3 压力角、传动角与死点位置

1) 压力角与传动角

在不计摩擦力、惯性力和重力的条件下，机构中从动件的受力方向与受力点速度方向所夹的锐角，称为机构的压力角，用 α 表示。而压力角 α 的余角 γ 称为传动角，即 $\gamma = 90^\circ - \alpha$。

在图 5.13(a)所示的曲柄摇杆机构中，在以上条件下连杆 2 为二力杆，主动件 AB 经连杆 BC 传递给从动件 CD 的力 $\boldsymbol{F}_C$ 沿 BC 方向。设 $\boldsymbol{F}_C$ 作用点 C 的速度为 $\mathbf{V}_C$，力 $\boldsymbol{F}_C$ 在 $\mathbf{V}_C$ 方向的有效分量为 $\boldsymbol{F}_t = \boldsymbol{F}_C\cos\alpha$，显然，压力角 α 愈小，有效分力 $\boldsymbol{F}_t$ 就愈大，理想情况是 $\alpha = 0^\circ$。因此，压力角是衡量机构传力效率优劣的一个重要参数。在设计机构时应控制最大压力角 α_{max} 不超过许用值[α]。

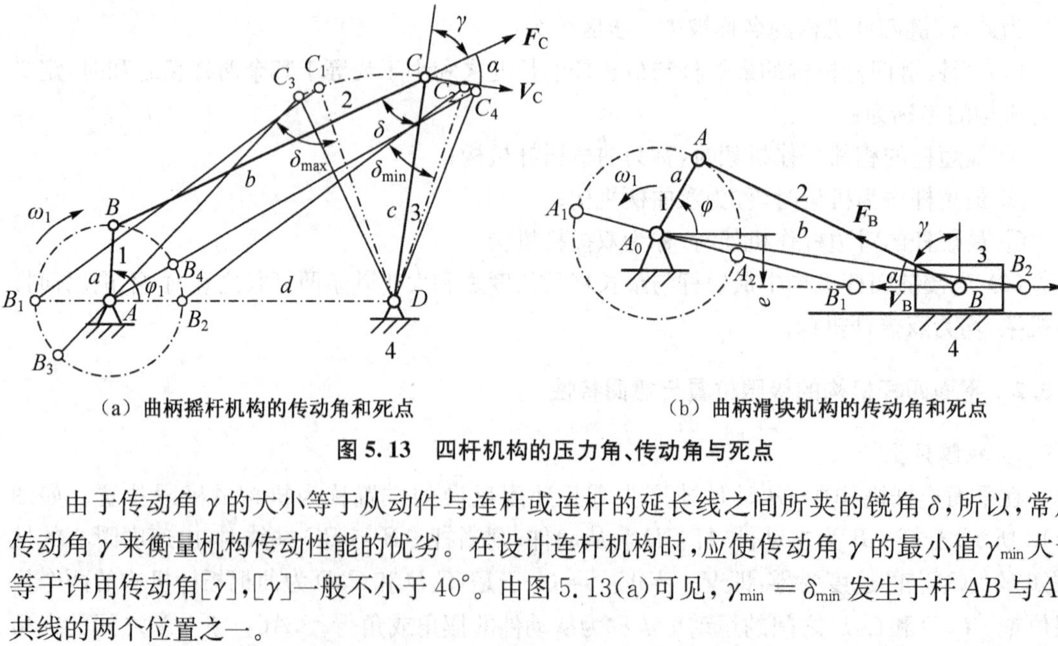

（a）曲柄摇杆机构的传动角和死点　　（b）曲柄滑块机构的传动角和死点

图 5.13　四杆机构的压力角、传动角与死点

由于传动角 γ 的大小等于从动件与连杆或连杆的延长线之间所夹的锐角 δ，所以，常用传动角 γ 来衡量机构传动性能的优劣。在设计连杆机构时，应使传动角 γ 的最小值 γ_{min} 大于等于许用传动角[γ]，[γ]一般不小于 40°。由图 5.13(a)可见，$\gamma_{min} = \delta_{min}$ 发生于杆 AB 与 AD 共线的两个位置之一。

在图 5.13(b)所示的曲柄滑块机构，当曲柄 1 为主动件、滑块 3 为从动件时，压力角 α 与传动角 γ 如图所示。

2) 机构的死点位置

在连杆机构中，压力角 $\alpha = 90^\circ$ 或传动角 $\gamma = 0^\circ$ 的位置称为机构的死点位置。在图 5.13

(a)中，若摇杆 CD 为主动件，AB 为从动件，则当 AB 处于 AB_3、AB_4 位置时，$\gamma=0°$，所以 AB_3、AB_4 为从动件 AB 的两个死点位置。在图 5.13(a) 所示的曲柄摇杆机构，在机构的死点位置，从动件的受力方向与运动方向垂直，从动件在此位置不能被驱动。

在图 5.13(b)中，当滑块 3 为主动件，曲柄 1 为从动件时，在 A_0A_1、A_0A_2 位置，会出现死点。

死点位置使机构的从动件无法运动或出现运动方向不确定现象。为了克服这种现象，可在机构的从动件上安装飞轮(也可采用其他方法)，利用飞轮的惯性(或机构错位排列方式)顺利通过死点位置，保证机构不致发生停转或反转现象，在曲柄摇杆机构中，当曲柄为主动件时，机构没有死点位置。

在机械工程上有时利用死点位置的自锁性来满足一些工作的特殊需要。如钻床夹具利用死点位置夹紧工件；在飞机起落架收放机构中，利用机构的死点位置来保证机轮在着陆时承受地面的撞击力而不会自动收起；在电气设备上，开关的分合闸机构也利用了死点特性。

5.4 按行程速比系数设计平面四杆机构

平面四杆机构可以实现多种运动变换，满足或近似满足多种工作要求。其中一种工作要求是实现某一构件的位移并具有规定的行程速比系数。下面介绍曲柄摇杆机构、曲柄滑块机构的作图设计法。

5.4.1 曲柄摇杆机构的作图法设计

设已知从动摇杆的杆长 c、摆角 ψ 及行程速比系数 K，用作图法确定曲柄的杆长 a、连杆的杆长 b、机架的杆长 d 以及校验 $\gamma_{\min}$。

首先按给定的行程速比系数 K 求出极位夹角 θ，即 $\theta=180°(K-1)/(K+1)$。

然后，选取适当的长度比例尺 μ_L，u_L 等于实际尺寸(m)除以图上尺寸(mm)，按已知的摇杆长度 c 和摆角 ψ，画出摇杆在左、右的极限位 C_1D 和置 C_2D，如图 5.14 所示。连接 C_1 和 C_2，作 $C_1M\perp C_1C_2$，再画出 $\angle C_1C_2N=90°-\theta$，使 C_2N 和 C_1M 相交于 P 点。由图 5.14 可知：$\angle C_1PC_2=\theta$。再作$\triangle PC_1C_2$ 的外接圆 C_f，则圆弧 C_1PC_2 上任一点 A 至 C_1 和 C_2 连线的夹角$\angle C_1AC_2$ 均等于极位夹角 θ，因此，曲柄轴心 A 可在此圆弧上选取。

因摇杆在两极限位置处曲柄与连杆共线，故 $AC_1=BC+AB$，$AC_2=BC-AB$，考虑 μ_L 后得

$$a=l_{AB}=\mu_L(AC_1-AC_2)/2 \tag{5.6}$$

$$b=l_{BC}=\mu_L(AC_1+AC_2)/2 \tag{5.7}$$

或者以 A 为圆心，以 AC_2 为半径作圆弧交 AC_1 于 E，则同样可求出 a、b 分别为

$$a=l_{AB}=\mu_L EC_1/2 \tag{5.8}$$

$$b=l_{BC}=\mu_L(AC_1-EC_1/2) \tag{5.9}$$

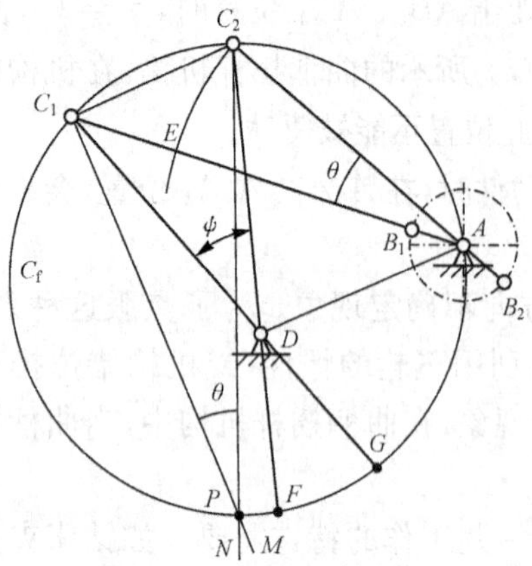

图 5.14　按 K、c、ψ 设计曲柄摇杆机构

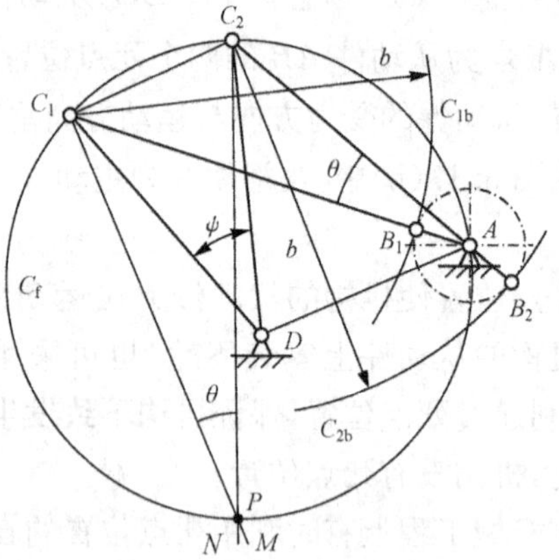

图 5.15　按 K、c、ψ 和 b 设计曲柄摇杆机构

因 A 点在$\triangle C_1PC_2$ 的外接圆周的非 C_1C_2 与 FG 弧段上任意选取，均能满足行程速比系数 K 的要求，故有无穷多解。若没有给出其他条件，则可按照传动角条件来确定 A 点的位置。

若已知 K、c、ψ 和 b，则设计过程如图 5.15 所示，分别以 C_1、C_2 为圆心，以 b 为半径作圆弧 C_{1b}、C_{2b}，在辅助圆 C_f 上试找 A 点，试取一半径作圆，当该圆与圆弧 C_{1b}、C_{2b} 同时相切时，A 点即为曲柄的转动中心。由此设计出其他尺寸。

若已知 K、c、ψ 和 a，则设计过程如图 5.16 所示，以 C_1 为圆心、以 $2a$ 为半径作圆弧 C_{1a}，在辅助圆 C_f 上试找一 A 点，试取一半径$(b-a)$作圆，当该圆弧通过 C_2 点且与圆弧 C_{1a} 相切时，A 点即为曲柄的转动中心。由此设计出其他尺寸。

由于所设计的机构应满足传动角条件，即最小传动角 $\gamma_{min} \geqslant [\gamma]$，所以应检验 $\gamma_{min} \geqslant [\gamma]$ 是否成立。如图 5.17 所示，根据 γ_{min} 可能出现在曲柄与机架共线的两个位置之一，确定曲柄 AB 与机架 AD 重叠共线时的 $\angle DCB = \gamma_{min}$。然后，量取 γ_{min} 值，看是否满足 $\gamma_{min} \geqslant [\gamma]$。若 γ_{min} 偏小，则将 A 点向 C 点移动，直至满足 $\gamma_{min} \geqslant [\gamma]$ 为止，至此，曲柄轴心位置 A 和机架杆长 d 随之确定。

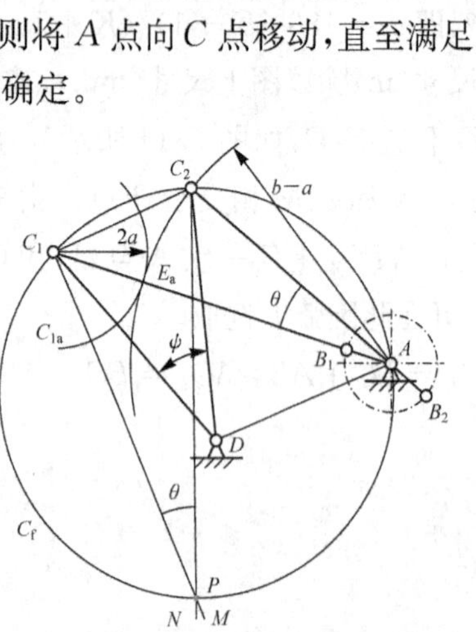

图 5.16　按 K、c、ψ 和 a 设计曲柄摇杆机构

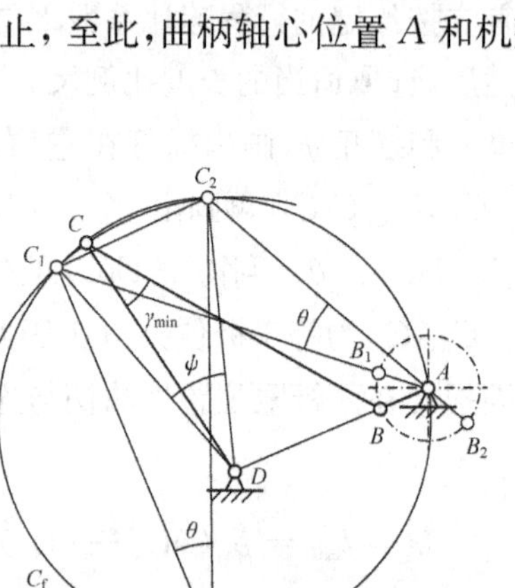

图 5.17　最小传动角的校核

5.4.2　曲柄滑块机构的作图法设计

设给定曲柄滑块机构的行程速比系数 K、滑块行程 H 和偏距 e，要求设计该曲柄滑块机构并校核最小传动角。

首先根据行程速比系数 K，计算极位夹角 θ。然后，如图 5.18 所示，作一直线 C_1C_2 且 $C_1C_2=H/\mu_L$，由点 C_1 作 C_1C_2 的垂直线 C_1M，由点 C_2 作一直线 C_2N 与 C_1C_2 成 $90^\circ-\theta$ 角，此两线相交于点 P。过 P、C_1 及 C_2 三点作圆。则此圆的弧 C_1PC_2 上任一点 A 与 C_1、C_2 两点连线的夹角 $\angle C_1AC_2$ 均等于极位夹角 θ，因而曲柄的轴心 A 应在此圆弧上。再作一直线与 C_1C_2 平行，使它们的距离等于偏距 e，则此直线与圆弧的交点即为曲柄轴心 A 的位置。确定 A 点后，即可用前述的方法求出曲柄的长度 l_{AB} 及连杆的长度 l_{BC} 分别为

$$a=l_{AB}=\mu_L(AC_2-AC_1)/2 \tag{5.10}$$

$$b=l_{BC}=\mu_L(AC_2+AC_1)/2 \tag{5.11}$$

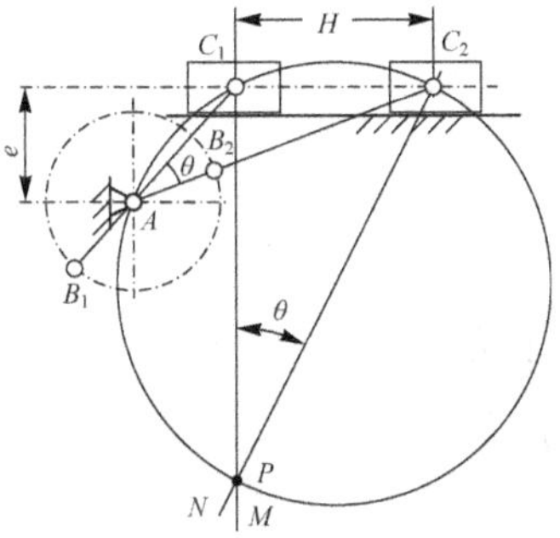

图 5.18　按 *K*、*H*、*e* 设计曲柄滑块机构

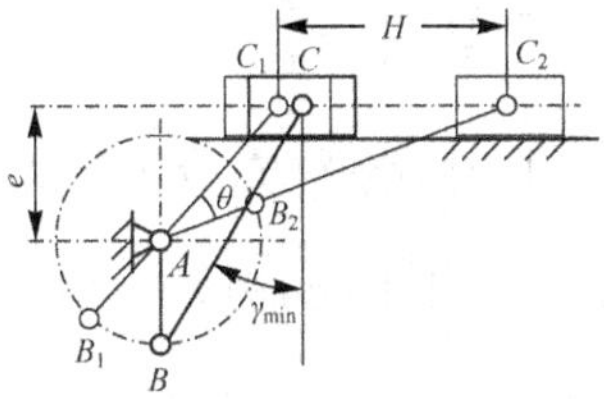

图 5.19　最小传动角的校核

最小传动角 γ_{min} 的校核如图 5.19 所示，若最小传动角 γ_{min} 不满足要求，可以改小偏距 e，直至 $\gamma_{min}\geqslant[\gamma]$ 为止。

在连杆机构的设计中，通过作图方法所能解决的机构设计问题是十分有限的，为此，解析方法得到了充分的研究。通过解析法，可以实现函数关系的机构设计，从而满足或近似满足输出构件与输入构件之间函数关系的要求；可以实现刚体导引关系的机构设计，从而实现或近似实现刚体位于不同位置的要求；也可以实现轨迹生成的机构设计，从而实现或近似实现要求的轨迹。下面介绍实现函数关系、刚体导引关系、轨迹生成关系的机构设计方法。

5.5　平面四杆机构的解析法设计

5.5.1　按许用传动角设计曲柄摇杆机构

设已知从动摇杆的摆角 ψ、行程速比系数 K，机架的杆长 $d=1$，许用传动角 $[\gamma]$，设曲柄的杆长 a 为参变量，用解析法[35]确定连杆的杆长 b 以及摇杆的杆长 c。

由行程速比系数 K 求出极位夹角 θ，即

$$\theta=180^\circ(K-1)/(K+1)$$

在图 5.20 所示的曲柄摇杆机构中，由 $\triangle B_1B_0B_2$ 得

$$B_1B_2=2c\sin(0.5\psi)$$

对$\triangle A_0B_1B_2$应用余弦定理得

$$(B_1B_2)^2=(b+a)^2+(b-a)^2-2(b+a)(b-a)\cos\theta \tag{5.12}$$

由此得a、b、c与θ的函数关系为

$$c^2=\frac{b^2+a^2-(b^2-a^2)\cos\theta}{2\sin^2(0.5\psi)} \tag{5.13}$$

对$\triangle A_3B_3B_0$应用余弦定理得

$$(1-a)^2=b^2+c^2-2b\cdot c\cos[\gamma] \tag{5.14}$$

将式(5.13)代入式(5.14)，得以a为设计变量的设计方程为

$$b^2+\frac{b^2+a^2-(b^2-a^2)\cos\theta}{2\sin^2(0.5\psi)}-(1-a)^2=\frac{\sqrt{2}b\cos[\gamma]}{\sin(0.5\psi)}\sqrt{b^2+a^2-(b^2-a^2)\cos\theta} \tag{5.15}$$

将式(5.15)两端平方，令L_1、M_1、N_1和S_1分别为

$$L_1=(1+\cos\theta)a^2-2(1-a)^2\sin^2(0.5\psi)$$

$$M_1=1-\cos\theta+2\sin^2(0.5\psi)$$

$$N_1=8\sin^2(0.5\psi)\cos^2[\gamma](1-\cos\theta)$$

$$S_1=8\sin^2(0.5\psi)\cos^2[\gamma](1+\cos\theta)a^2$$

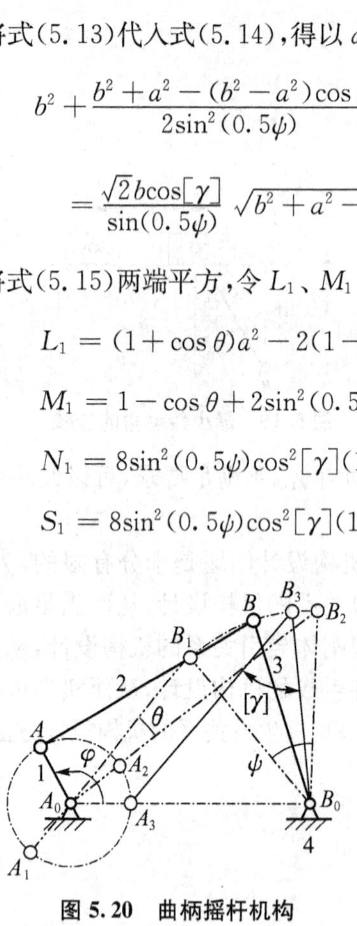

图 5.20 曲柄摇杆机构

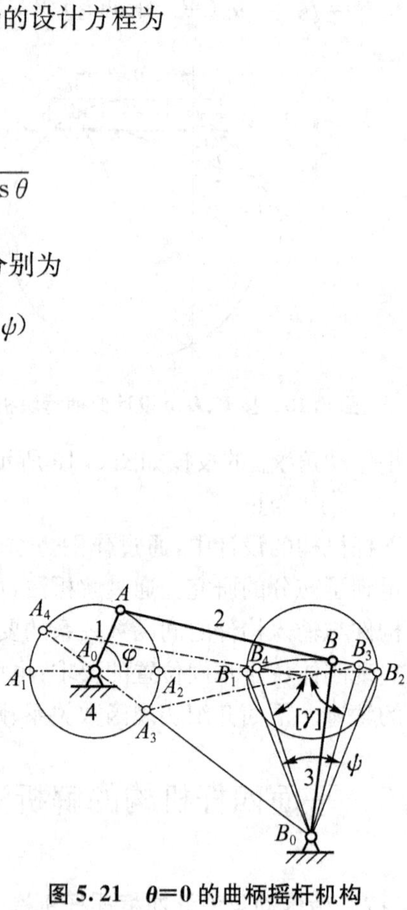

图 5.21 $\theta=0$的曲柄摇杆机构

得以a为参变量、b为设计变量的方程为

$$(M_1^2-N_1)b^4+(2L_1\cdot M_1-S_1)b^2+L_1^2=0 \tag{5.16}$$

b的一个实数解为

$$b=\sqrt{\frac{-(2L_1\cdot M_1-S_1)+\sqrt{(2L_1\cdot M_1-S_1)^2-4(M_1^2-N_1)L_1^2}}{2(M_1^2-N_1)}} \tag{5.17}$$

由式(5.13)得c为

$$c=\sqrt{\frac{b^2+a^2-(b^2-a^2)\cos\theta}{2\sin^2(0.5\psi)}} \tag{5.18}$$

设已知从动摇杆的摆角为 ψ，若 $\theta=0$，$K=1$，机架的杆长 $d=1$，许用传动角为 $[\gamma]$。用解析法确定曲柄的杆长 a、连杆的杆长 b 以及摇杆的杆长 c。

在图 5.21 中，$K=1$，摇杆在 B_3B_0、B_4B_0 位置出现最小传动角且两个最小传动角相等，对 $\triangle A_0B_1B_0$、$\triangle A_0B_2B_0$ 应用余弦定理得

$$\cos(\angle B_1A_0B_0)=\frac{1+(b-a)^2-c^2}{2(b-a)}=\frac{1+(b+a)^2-c^2}{2(b+a)} \tag{5.19}$$

化简上式得机构杆长之间的约束方程为

$$1+a^2=b^2+c^2 \tag{5.20}$$

对 $\triangle A_4B_4B_0$、$\triangle A_3B_3B_0$ 应用余弦定理得

$$\cos[\gamma]=\frac{(1+a)^2-b^2-c^2}{2b\cdot c}=\frac{(1-a)^2+b^2+c^2}{2b\cdot c} \tag{5.21}$$

化简上式得

$$b=a/(c\cdot\cos[\gamma]) \tag{5.22}$$

令式(5.18)中的 $\theta=0$，得杆长 c 的函数式为

$$c=a/\sin(0.5\psi) \tag{5.23}$$

联立式(5.20)～(5.23)得曲柄的杆长 a、连杆的杆长 b 以及摇杆的杆长 c 的设计方程为

$$b=\sqrt{(1-\cos\psi)/(2\cos^2[\gamma])} \tag{5.24}$$

$$c=\sqrt{(1-b^2)/(1-b^2\cos^2[\gamma])} \tag{5.25}$$

$$a=c\sqrt{(1-\cos\psi)/2} \tag{5.26}$$

［例 5-1］ 已知 $K=1.1$，机架的杆长 $d=1$，许用传动角 $[\gamma]=53°$，摇杆的摆角 $\psi=40°$，曲柄的杆长 a 取 0.18，试用解析法确定连杆的杆长 b 以及摇杆的杆长 c。

［解］ 由式(5.17)计算连杆的杆长 $b=1.025\ 1$，由式(5.18)计算摇杆的杆长 $c=0.570\ 6$。

5.5.2 刚体导引四杆机构的解析法设计

刚体导引机构是指它的连杆能够通过一系列有限分离位置的一种机构。刚体导引机构的设计，是指在连杆上寻找两个点，这两个点的轨迹或者都是圆弧，或者一个为圆弧另一个为直线。

1) 平面位移矩阵

在图 5.22 中，连杆从位置 1 运动到任意位置 j，其上的位置矢量 $\boldsymbol{P}_1\boldsymbol{Q}_1$ 运动到 $\boldsymbol{P}_j\boldsymbol{Q}_j$。该运动可以视为从 $\boldsymbol{P}_1\boldsymbol{Q}_1$ 平移到 $\boldsymbol{P}_j\boldsymbol{Q}_j'$ 再绕 $\boldsymbol{P}_j$ 转动 θ_{1j} 到 $\boldsymbol{P}_j\boldsymbol{Q}_j$，且 $\boldsymbol{Q}_j'\boldsymbol{P}_j=\boldsymbol{Q}_1\boldsymbol{P}_1$。设 $[\boldsymbol{R}_{\theta 1j}]$ 表示 $\boldsymbol{P}_j\boldsymbol{Q}_j'$ 绕 $\boldsymbol{P}_j$ 转动 θ_{1j} 的转动矩阵，矢量 $\boldsymbol{P}_j\boldsymbol{Q}_j$ 与 $\boldsymbol{P}_1\boldsymbol{Q}_1$ 之间的变换关系为

$$(\boldsymbol{Q}_j - \boldsymbol{P}_j) = [\boldsymbol{R}_{\theta 1j}](\boldsymbol{Q}'_j - \boldsymbol{P}_j) = [\boldsymbol{R}_{\theta 1j}](\boldsymbol{Q}_1 - \boldsymbol{P}_1)$$

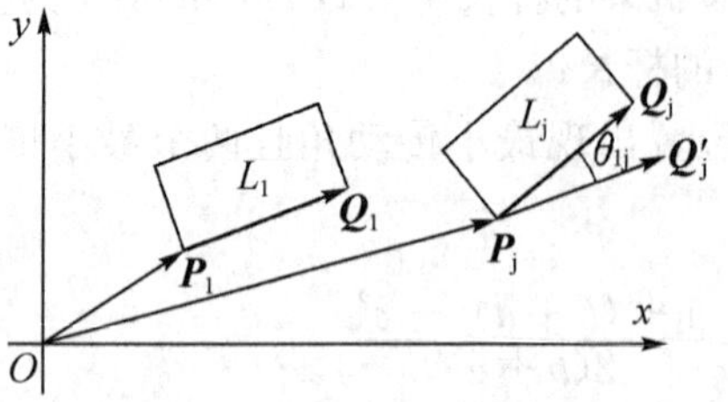

图 5.22　平面位移矩阵

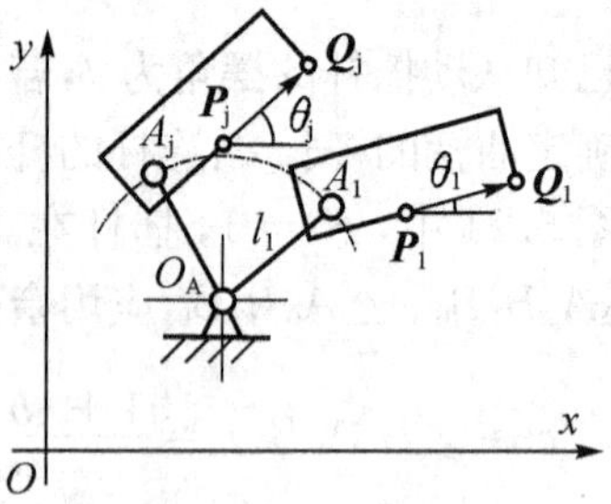

图 5.23　转动约束

其分量形式为

$$\begin{bmatrix} q_{jx} - p_{jx} \\ q_{jy} - p_{jy} \end{bmatrix} = \begin{bmatrix} \cos\theta_{1j} & -\sin\theta_{1j} \\ \sin\theta_{1j} & \cos\theta_{1j} \end{bmatrix} \begin{bmatrix} q_{1x} - p_{1x} \\ q_{1y} - p_{1y} \end{bmatrix} \tag{5.27}$$

将式(5.27)扩展为三维形式得

$$\begin{bmatrix} q_{jx} \\ q_{jy} \\ 1 \end{bmatrix} = \begin{bmatrix} \cos\theta_{1j} & -\sin\theta_{1j} & p_{jx} - p_{1x}\cos\theta_{1j} + p_{1y}\sin\theta_{1j} \\ \sin\theta_{1j} & \cos\theta_{1j} & p_{jy} - p_{1x}\sin\theta_{1j} - p_{1y}\cos\theta_{1j} \\ 0 & 0 & 1 \end{bmatrix} \begin{bmatrix} q_{1x} \\ q_{1y} \\ 1 \end{bmatrix} \tag{5.28}$$

令$[D_{1j}]$为

$$[D_{1j}] = \begin{bmatrix} \cos\theta_{1j} & -\sin\theta_{1j} & p_{jx} - p_{1x}\cos\theta_{1j} + p_{1y}\sin\theta_{1j} \\ \sin\theta_{1j} & \cos\theta_{1j} & p_{jy} - p_{1x}\sin\theta_{1j} - p_{1y}\cos\theta_{1j} \\ 0 & 0 & 1 \end{bmatrix} \tag{5.29}$$

$[D_{1j}]$称为平面位移矩阵。当给定连杆上一点的位置(p_{jx}，p_{jy})，连杆平面相对于第一个位置的角位移 θ_{1j}，$j = 1, 2, 3, \cdots, \mathrm{n}$ 时，$[D_{1j}]$ 为已知的矩阵。式(5.28)将连杆平面的任意位置与第一个位置联系起来。

2) 转动约束方程

当连杆上某点的轨迹是圆弧时，可以采用转动的连架杆对连杆上的该点进行引导。在图 5.23 中，设连杆上 A 点的轨迹为圆弧，圆弧半径为 l_1，圆心在 O_A，O_A 点的坐标为(a_{0x}，a_{0y})，A_1 点为 A 点的第一个点，A_1 点的坐标为(a_{1x}，a_{1y})，A_j 点的坐标为(a_{jx}，a_{jy})，A_1、A_j 与 O_A 点之间的约束方程为

$$(a_{jx} - a_{0x})^2 + (a_{jy} - a_{0y})^2 = (a_{1x} - a_{0x})^2 + (a_{1y} - a_{0y})^2 \quad j = 2, 3, \cdots, \mathrm{n} \tag{5.30}$$

(a_{jx}，a_{jy})与(a_{1x}，a_{1y})之间的变换关系为

$$\begin{bmatrix} a_{jx} \\ a_{jy} \\ 1 \end{bmatrix} = [D_{1j}] \begin{bmatrix} a_{1x} \\ a_{1j} \\ 1 \end{bmatrix} \quad j = 2, 3, \cdots, \mathrm{n} \tag{5.31}$$

当已知 $P_j(p_{jx}, p_{jy})$、$\theta_{1j}=\theta_j-\theta_1$，$j=1, 2, 3, \cdots, n$ 时，(a_{jx}, a_{jy}) 表达为 (a_{1x}, a_{1y}) 的函数。式(5.30)为以 $(a_{0x}, a_{0y}, a_{1x}, a_{1y})$ 为未知数的方程组。其解可以通过优化方法予以解决。

采用相同的方法，可以在连杆上找到另外一点 $B(b_{1x}, b_{1y})$，其轨迹也是圆弧，其圆心在 O_B 点，O_B 点的坐标为 (b_{0x}, b_{0y})，采用以上的方法，其坐标 $(b_{0x}, b_{0y}, b_{1x}, b_{1y})$ 可以被确定出来，从而设计出引导连杆通过规定位置的铰链四杆机构。

3）移动约束方程

当连杆上某点的轨迹是直线时，可以采用移动副对连杆上的该点进行引导。在图 5.24 中，设连杆上 A 点的轨迹为直线，方位角为 α，A_1 点的坐标为 (a_{1x}, a_{1y})，A_j 点的坐标为 (a_{jx}, a_{jy})，A_1 与 A_j 之间的约束方程为

$$\tan\alpha=\frac{a_{jy}-a_{1y}}{a_{jx}-a_{1x}}=\frac{a_{2y}-a_{1y}}{a_{2x}-a_{1x}} \qquad j=2, 3, \cdots, n \tag{5.32}$$

(a_{jx}, a_{jy}) 与 (a_{1x}, a_{1y}) 之间的变换关系与式(5.31)相同。

当已知 $P_j(p_{jx}, p_{jy})$、$\theta_{1j}=\theta_j-\theta_1$，$j=1, 2, 3, \cdots, n$ 时，(a_{jx}, a_{jy}) 表达为 (a_{1x}, a_{1y}) 的函数。式(5.32)为以 (a_{1x}, a_{1y}) 为未知数的方程组。其解可以通过优化方法予以解决。采用相同的方法，可以在连杆上找到另外一点 $B(b_{1x}, b_{1y})$，其轨迹是圆弧，其圆心坐标为 (b_{0x}, b_{0y})，其坐标 $(b_{0x}, b_{0y}, b_{1x}, b_{1y})$ 可以被确定出来，从而设计出引导连杆通过规定位置的曲柄滑块机构。

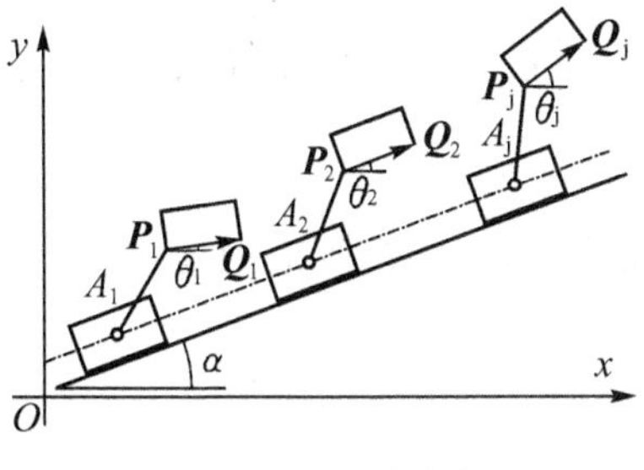

图 5.24　移动约束

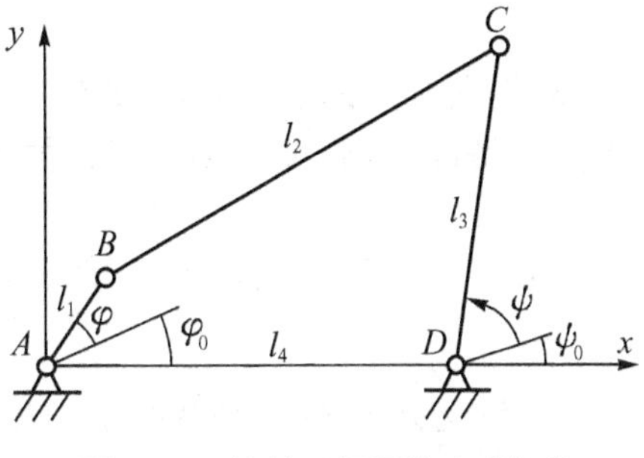

图 5.25　铰链四杆函数生成机构

5.5.3　函数生成四杆机构的解析法设计

1）铰链四杆函数生成机构的设计

铰链四杆函数生成机构是指它的两个连架杆之间的函数关系 $\psi=f(\varphi)$ 能够准确或近似实现给定函数 $\psi_g=f_g(\varphi)$ 的一种机构，其中 φ 的变化区间为 $\varphi_0\leqslant\varphi_i\leqslant\varphi_m$，$i=1, 2, 3, \cdots, n$。在图 5.25 中，连架杆 AB、CD 的初始角位移分别为 φ_0、ψ_0，连架杆 AB、CD 之间的函数关系为 $\psi_i=f(\varphi_i)$，它是机构杆长的函数。铰链四杆函数生成机构的设计目标是使 $\psi_i=f(\varphi_i)$ 与给定的函数 $\psi_{gi}=f_g(\varphi_i)$ 的误差尽量小。

在图 5.25 所示的坐标系中，设 $a=l_1/l_4$，$b=l_2/l_4$，$c=l_3/l_4$，$d=l_4/l_4=1$，B、C 两点的坐标分别为 $x_B=a\cos(\varphi_0+\varphi_i)$，$y_B=a\sin(\varphi_0+\varphi_i)$；$x_C=1+c\cos(\psi_0+\psi_i)$，$y_C=c\cos(\psi_0+\psi_i)$，设计变量共 5 个 $(a, b, c, \varphi_0, \psi_0)$，$B$、$C$ 两点之间的定长约束方程为

$$[1+c\cos(\psi_0+\psi_i)-a\cos(\varphi_0+\varphi_i)]^2+[c\sin(\psi_0+\psi_i)-a\sin(\varphi_0+\varphi_i)]^2=b^2 \tag{5.33}$$

化简上式得

$$(a^2-b^2+c^2+1)/(2a\cdot c)+(1/a)\cos(\psi_0+\psi_i)-(1/c)\cos(\varphi_0+\varphi_i)=\cos(\psi_0+\psi_i-\varphi_0-\varphi_i) \tag{5.34}$$

令 K_1、K_2、K_3 分别为

$$K_1=-1/c,\ K_2=1/a,\ K_3=(a^2-b^2+c^2+1)/(2a\cdot c)$$

于是，式(5.34)简化为

$$K_1\cos(\varphi_0+\varphi_i)+K_2\cos(\psi_0+\psi_i)+K_3=\cos(\psi_0+\psi_i-\varphi_0-\varphi_i)$$
$$i=1,\ 2,\ 3,\ \cdots,\ \mathrm{n} \tag{5.35}$$

若 φ_0、ψ_0 根据需要作了选择，则式(5.35)转化为以 K_1、K_2、K_3 为设计变量的函数。当 $n=3$ 时，式(5.35)为线性方程组，可以直接求解；当 $n>3$ 时，式(5.35)所对应的方程组的数目大于未知数的数目，此时，可以通过优化方法进行求解。

为了求解 $n>3$ 的机构设计，将式(5.35)转化为误差的形式

$$E=\sum_{i=1}^{\mathrm{n}}[K_1\cos(\varphi_0+\varphi_i)+K_2\cos(\psi_0+\psi_i)+K_3-\cos(\psi_0+\psi_i-\varphi_0-\varphi_i)]^2 \tag{5.36}$$

为了求得误差 E 的最小值，将式(5.36)分别求关于 K_1、K_2 和 K_3 的偏导数，令它们的值都等于零，于是，得关于 K_1、K_2 和 K_3 的线性方程组为

$$K_1\sum_{i=1}^{\mathrm{n}}\cos^2(\varphi_0+\varphi_i)+K_2\sum_{i=1}^{\mathrm{n}}\cos(\psi_0+\psi_i)\cos(\varphi_0+\varphi_i)+K_3\sum_{i=1}^{\mathrm{n}}\cos(\varphi_0+\varphi_i)$$
$$=\sum_{i=1}^{\mathrm{n}}\cos(\varphi_0+\varphi_i)\cos(\psi_0+\psi_i-\varphi_0-\varphi_i) \tag{5.37}$$

$$K_1\sum_{i=1}^{\mathrm{n}}\cos(\varphi_0+\varphi_i)\cos(\psi_0+\psi_i)+K_2\sum_{i=1}^{\mathrm{n}}\cos^2(\psi_0+\psi_i)+K_3\sum_{i=1}^{\mathrm{n}}\cos(\psi_0+\psi_i)$$
$$=\sum_{i=1}^{\mathrm{n}}\cos(\psi_0+\psi_i)\cos(\psi_0+\psi_i-\varphi_0-\varphi_i) \tag{5.38}$$

$$K_1\sum_{i=1}^{\mathrm{n}}\cos(\varphi_0+\varphi_i)+K_2\sum_{i=1}^{\mathrm{n}}\cos(\psi_0+\psi_i)+K_3\sum_{i=1}^{\mathrm{n}}1=\sum_{i=1}^{\mathrm{n}}\cos(\psi_0+\psi_i-\varphi_0-\varphi_i) \tag{5.39}$$

为了使 $\psi=f(\varphi)$ 在非设计点上的误差达到最小，φ 按以下公式进行划分

$$\varphi_i=\varphi_0+\frac{\varphi_m-\varphi_0}{2}\left[1-\cos\left(\frac{180^\circ}{n}i-\frac{180^\circ}{2n}\right)\right]\qquad i=1,\ 2,\ 3,\cdots,\mathrm{n} \tag{5.40}$$

值得指出，φ_0、ψ_0 的选择妥当与否对机构的存在性产生重要的影响。

当从式(5.37)～式(5.39)中求出 K_1、K_2 和 K_3 之后，曲柄 1 的相对长度 $a=1/K_2$，摇杆 3 的相对长度 $c=-1/K_1$，连杆 2 的相对长度 $b=\sqrt{a^2+c^2+1-2a\cdot c\cdot K_3}$ 。

［例 5-2］ 设连架杆 a 的角度变化区间为 $0\leqslant\varphi\leqslant 90°$，初始角位移 $\varphi_0=100°$；连架杆 c 的初始角位移 $\psi_0=80°$，对 φ 的角度变化区间取 10 个插值结总，连架杆 c 与连架杆 a 的函数关系为 $\psi=\varphi^{1/1.25}$，试用解析法确定连架杆 a、连架杆 c 与连杆 b 的杆长。

［解］ 由以上各式得连架杆 a 的杆长 $a=0.427$，连杆 b 的杆长 $b=1.421$，连架杆 c 的杆长 $c=1.120$，机架 d 的杆长 $d=1$。该机构为曲柄摇杆机构。

2）曲柄滑块函数生成机构的设计

曲柄滑块函数生成机构是指它的转动连架杆与滑块之间的函数关系 $S=f(\varphi)$ 能够准确或近似实现给定函数 $S_g=f_g(\varphi)$ 的一种机构，其中 φ 的变化区间为 $\varphi_0\leqslant\varphi_i\leqslant\varphi_m$，$i=1,2,3,\cdots,n$。在图 5.26(a)中，曲柄 1、滑块 3 的初始位移分别为 φ_0、S_0，曲柄与滑块之间的函数关系为 $S_i=f(\varphi_i)$，它是机构杆长的函数。曲柄滑块函数生成机构的设计目标是使 $S_i=f(\varphi_i)$ 与给定的函数 $S_{gi}=f_g(\varphi_i)$ 的误差尽量小。

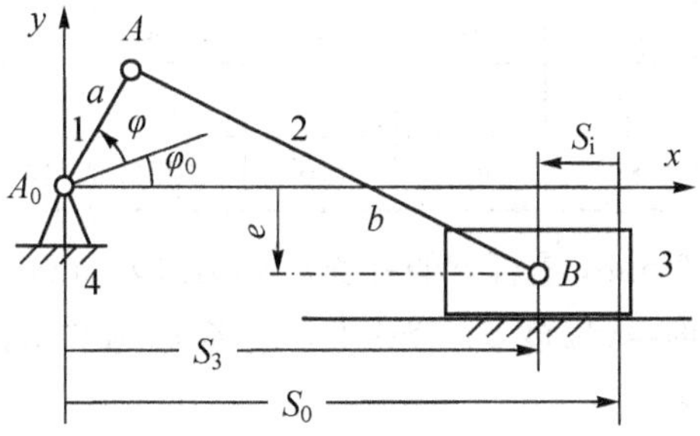

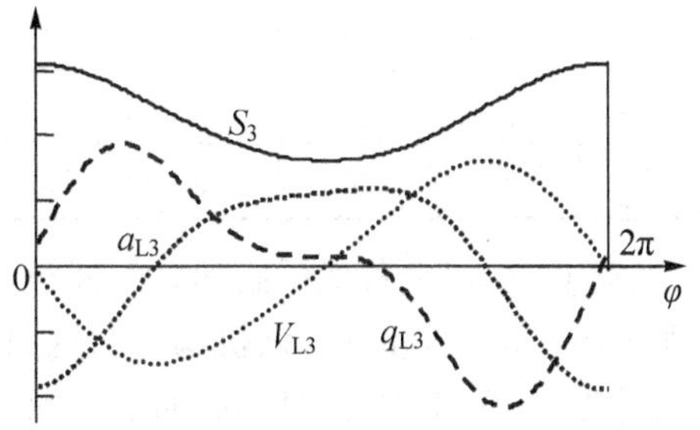

图 5.26 曲柄滑块函数生成机构与运动规律曲线

在图 5.26(a)所示的坐标系中，设 a，b，e 为设计变量，φ_0，S_0 为预先选择的参数，A、B 两点的坐标分别为 $x_A=a\cos(\varphi_0+\varphi_i)$，$y_A=a\sin(\varphi_0+\varphi_i)$；$x_B=S_0-S_i$，$y_B=e$，$A$、$B$ 两点之间的定长约束方程为

$$[(S_0-S_i)-a\cos(\varphi_0+\varphi_i)]^2+[e-a\sin(\varphi_0+\varphi_i)]^2=b^2 \tag{5.41}$$

令 K_1、K_2 和 K_3 分别为 $K_1=a^2-b^2+e^2$，$K_2=-2a$，$K_3=-2a\cdot e$

于是，式(5.41)简化为

$$K_1+K_2(S_0-S_i)\cos(\varphi_0+\varphi_i)+K_3\sin(\varphi_0+\varphi_i)=-(S_0-S_i)^2 \tag{5.42}$$

定义误差函数 E 为

$$E=\sum_{i=1}^{n}[K_1+K_2(S_0-S_i)\cos(\varphi_0+\varphi_i)+K_3\sin(\varphi_0+\varphi_i)+(S_0-S_i)^2]^2 \tag{5.43}$$

为了求得误差 E 的最小值，将式(5.43)分别求关于 K_1、K_2 和 K_3 的偏导数，令它们的值都等于零，于是，得关于 K_1、K_2 和 K_3 的线性方程组为

$$K_1\sum_{i=1}^{n}1+K_2\sum_{i=1}^{n}(S_0-S_i)\cos(\varphi_0+\varphi_i)+K_3\sum_{i=1}^{n}\sin(\varphi_0+\varphi_i)=-\sum_{i=1}^{n}(S_0-S_i)^2 \tag{5.44}$$

$$K_1\sum_{i=1}^{n}(S_0-S_i)\cos(\varphi_0+\varphi_i)+K_2\sum_{i=1}^{n}(S_0-S_i)^2\cos^2(\varphi_0+\varphi_i)+$$

$$K_3\sum_{i=1}^{n}(S_0-S_i)\sin(\varphi_0+\varphi_i)\cos(\varphi_0+\varphi_i)=-\sum_{i=1}^{n}(S_0-S_i)^3\cos(\varphi_0+\varphi_i) \quad (5.45)$$

$$K_1\sum_{i=1}^{n}\sin(\varphi_0+\varphi_i)+K_2\sum_{i=1}^{n}(S_0-S_i)\sin(\varphi_0+\varphi_i)\cos(\varphi_0+\varphi_i)+$$
$$K_3\sum_{i=1}^{n}\sin^2(\varphi_0+\varphi_i)=-\sum_{i=1}^{n}(S_0-S_i)^2\sin(\varphi_0+\varphi_i) \quad (5.46)$$

当从式(5.44)～式(5.46)中求出 K_1、K_2 和 K_3 之后，曲柄 1 的长度 $a=-K_2/2$，机架 4 上偏心距的长度 $e=-K_3/(2a)$，连杆 2 的长度 $b=\sqrt{a^2+e^2-K_1}$ 。

［例 5-3］ 设曲柄 1 的角位移 φ_i、初始角位移 φ_0、滑块 3 的位移 S_i 与初始位移 S_0 如表 1.1 所示。试用解析法确定曲柄 a、连杆 b 与偏心距 e 的杆长，判断该机构是否为曲柄滑块机构，给出该机构的运动规律曲线。

表 1.1 机构的设计参数(长度的单位为米)

S_0	S_1	S_2	S_3	S_4	S_5	S_6	S_7	S_8	S_9	S_{10}
0.079	0.008	0.012	0.016	0.020	0.023 5	0.027	0.030	0.033	0.035 5	0.037 5
φ_0	φ_1	φ_2	φ_3	φ_4	φ_5	φ_6	φ_7	φ_8	φ_9	φ_{10}
15°	5°	20°	35°	50°	65°	80°	95°	110°	125°	140°

［解］ 由以上各式得曲柄 a 的杆长 $a=14.859$ mm，连杆 b 的杆长 $b=57.373$ mm，偏心距 $e=-7.289$ mm 。该机构为曲柄曲柄滑块机构，其位移 S_3、类速度 V_{L3}、类加速度 a_{L3} 与类加速度 a_{L3} 的 1 次变化率 q_{L3} 曲线如图 5.26(b)所示。

5.5.4 轨迹生成四杆机构的解析法设计

轨迹生成机构是指连杆上的一点能够准确或近似通过一系列有限分离位置的一种机构。轨迹生成机构的设计，是指在连杆上寻找一个点，这个点的轨迹或者准确实现给定的轨迹，或者近似实现给定的轨迹。

在图 5.27 中，P 点为给定轨迹上的任意一点，$r_P=r_{Pi}$、$\delta=\delta_i$，$i=1, 2, 3, \cdots, n$ 为已知的数值，设连杆 2 上的 P 点能够近似实现给定的轨迹，现建立 P 点的位置与机构参数的设计方程。

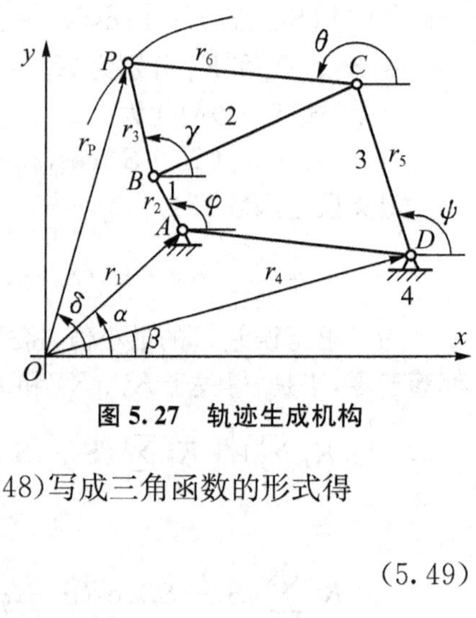

图 5.27 轨迹生成机构

由图 5.27 的符号标注得机构的位移方程为

$$r_1e^{i\alpha}+r_3e^{i\varphi}+r_3e^{i\gamma}=r_Pe^{i\delta} \quad (5.47)$$

$$r_4e^{i\beta}+r_5e^{i\psi}+r_6e^{i\theta}=r_Pe^{i\delta} \quad (5.48)$$

在式(5.47)、式(5.48)中，独立的结构变量为 r_i，$i=1, 2, 3, 4, 5, 6$，α、β 与 γ 共 9 个，未知的运动参数有 φ_{12}，φ_{13}，…，φ_{1n}，共有 $n-1$ 个。将式(5.47)、式(5.48)写成三角函数的形式得

$$\left.\begin{aligned}r_3\cos\gamma=r_{Pi}\cos\delta-r_1\cos\alpha-r_2\cos\varphi\\ r_3\sin\gamma=r_{Pi}\sin\delta-r_1\sin\alpha-r_2\sin\varphi\end{aligned}\right\} \quad (5.49)$$

$$\left.\begin{aligned} r_5\cos\psi &= r_P\cos\delta - r_4\cos\beta - r_6\cos\theta \\ r_5\sin\psi &= r_P\sin\delta - r_4\sin\beta - r_6\sin\theta \end{aligned}\right\} \tag{5.50}$$

从式(5.49)中消去 γ,从式(5.50)中消去 ψ,得机构的位移方程为

$$\left.\begin{aligned} r_1[2r_p\cos(\alpha-\delta)]+r_2[2r_p\cos(\varphi-\delta)+(r_3^2-r_2^2-r_1^2)=r_P^2+r_1\cdot r_2[2\cos(\varphi-\alpha)] \\ r_4[2r_p\cos(\delta-\beta)]+r_6[2r_p\cos(\delta-\theta)+(r_5^2-r_4^2-r_6^2)=r_P^2+r_4\cdot r_6[2\cos(\theta-\beta)] \end{aligned}\right\} \tag{5.51}$$

为了避免直接求解式(5.51)的困难,对式(5.51)作以下处理,首先,引入系数 $K_1\sim K_8$,使式(5.51)在形式上表现为关于 $K_1\sim K_8$ 的线性方程组。令 $K_1\sim K_8$ 分别为

$$\left.\begin{aligned} K_1 &= r_1 & K_5 &= r_4 \\ K_2 &= r_2 & K_6 &= r_6 \\ K_3 &= r_3^2-r_2^2-r_1^2 & K_7 &= r_5^2-r_4^2-r_6^2 \\ K_4 &= r_1\cdot r_2 & K_8 &= r_4\cdot r_6 \end{aligned}\right\} \tag{5.52}$$

于是式(5.51)转化为

$$\left.\begin{aligned} K_1[2r_{Pi}\cos(\alpha-\delta_i)]+K_2[2r_{Pi}\cos(\varphi_i-\delta_i)+K_3=r_{Pi}^2+K_4[2\cos(\varphi_i-\alpha)] \\ K_5[2r_{Pi}\cos(\delta_i-\beta)]+K_6[2r_{Pi}\cos(\delta_i-\theta_i)+K_7=r_{Pi}^2+K_8[2\cos(\theta_i-\beta)] \end{aligned}\right\} \tag{5.53}$$

令式(5.53)中的 α 与 β 为选定的值,θ 的初值为 θ_1,φ_i 也为选定的值。其次,将 $K_1\sim K_8$ 表达为

$$\left.\begin{aligned} K_1 &= l_1+q\cdot m_1 & K_2 &= l_2+q\cdot m_2 \\ K_3 &= l_3+q\cdot m_3 & K_4 &= q \end{aligned}\right\} \tag{5.54}$$

$$\left.\begin{aligned} K_5 &= l_5+s\cdot m_5 & K_6 &= l_6+s\cdot m_6 \\ K_7 &= l_7+s\cdot m_7 & K_8 &= s \end{aligned}\right\} \tag{5.55}$$

将式(5.54)代入式(5.53),得关于 l_j 与 m_j,$j=1, 2, 3$ 的两个独立的线性方程分别为

$$l_1[2r_i\cos(\alpha-\delta_i)]+l_2[2r_i\cos(\varphi_i-\delta_i)+l_3=r_{Pi}^2 \qquad i=1, 2, 3, \cdots, n \tag{5.56}$$

$$m_1[2r_i\cos(\alpha-\delta_i)]+m_2[2r_i\cos(\varphi_i-\delta_i)+m_3=2\cos(\varphi_i-\alpha)] \qquad i=1, 2, 3, \cdots, n \tag{5.57}$$

与式(5.35)的求解方法相同,可以求得式(5.56)中的 l_j 与(5.57)中的 m_j,其中 $j=1, 2, 3$。将 l_j 与 m_j,$j=1, 2, 3$ 代入 $q=K_4=K_1\cdot K_2$,得关于 q 的代数方程为

$$K_1K_2=(l_1+q\cdot m_1)(l_2+q\cdot m_2)=(m_1m_2)q^2+(l_1m_2+l_2m_1)q+l_1l_2=0 \tag{5.58}$$

由式(5.58)求得两个 q,选择一个,由式(5.54)计算出 $K_1\sim K_4$,再由式(5.52)计算出 $r_1\sim r_3$。

当 r_1、r_2 求解出来之后,由式(5.49)计算出 γ_i

$$\gamma_i = \arctan\left[\frac{r_{Pi}\sin\delta_i - r_1\sin\alpha - r_2\sin\varphi_i}{r_{Pi}\cos\delta_i - r_1\cos\alpha - r_2\cos\varphi_i}\right] \qquad i = 1, 2, 3, \cdots, n \tag{5.59}$$

于是，连杆的结构角 θ_i，$i = 2, 3, \cdots, n$ 与 θ_1（任意选择）的函数关系为

$$\theta_i = \theta_1 + \gamma_i - \gamma_1 \qquad i = 2, 3, \cdots, n \tag{5.60}$$

同理，可以计算出 $r_4 \sim r_6$，由式(5.50)计算出 ψ_i，$i = 1, 2, 3, \cdots, n$ 。当 $r_1 \sim r_6$ 被计算出来，则基于四杆的轨迹生成机构便被设计出来。

5.6 近似等速比机构的设计与传动特征

近似等速比传动机构的设计理论是机构设计理论中的重要分支之一，数学分析表明，若两个基本机构所对应的组合机构的位移函数在同一时刻的一阶导数等于常数，二阶、三阶导数在对应时刻等于零，则该组合机构具有近似等速比的传动特征。此原理建立了近似等速比传动机构设计的新方法[43-45]。

设一类平面六杆机构输入端子机构的速度函数为 i_1，输出端子机构的速度函数为 i_2，则该平面六杆机构的速度函数 i 为

$$i = i_1 \cdot i_2 \tag{5.61}$$

对 i 求关于输入位移的 1～3 阶导数得

$$i' = i_2' \cdot i_1^2 + i_2 \cdot i_1' \tag{5.62}$$

$$i'' = i_2'' \cdot i_1^3 + 3i_2' \cdot i'_1 \cdot i_1 + i_2 \cdot i_1'' \tag{5.63}$$

$$i^{(3)} = i_2^{(3)} \cdot i_1^4 + 6i_2'' \cdot i_1' \cdot i_1^2 + 3i_2' \cdot i_1'^2 + 4i_2' \cdot i_1'' \cdot i_1 + i_2 \cdot i_1^{(3)} \tag{5.64}$$

若 i 在机构某一位置的数值不等于零，令 $i' \sim i'''$ 在该位置的数值等于零，则机构在该位置的邻域内作近似等速比的传动。

5.6.1 曲柄与移动从动件型近似等速比平面六杆机构

图 5.28 为曲柄与移动从动件型近似等速比平面六杆机构。令 $q = O_1A/O_1O_3 = a/d_1$，于是，导杆 3 的半摆角 $\theta_B = \arctan[q/(1-q^2)^{0.5}]$，当已知从动件 5 的工作行程 H 时，从动件 5 关于 O_3 点的距离 $d_2 = 0.5H/\tan\theta_B$，当已知曲柄 1 的杆长 a 时，O_1、O_3 之间的距离 $d_1 = a/\sin\theta_B$ 。该机构的行程速比系数 $K = (\pi + 2\theta_B)/(\pi - 2\theta_B)$，最小传动角 $\gamma_{min} = \pi/2 - \theta_B$。

在图 5.28 中，当曲柄 1 的角位移为 φ 时，导杆 3 的角位移 $\theta = \arctan[q\sin\varphi/(1 + q\cos\varphi)]$，导杆 3 上 O_3A 的长度 $R = \sqrt{a^2 + d_1^2 + 2ad_1\cos\varphi}$，$O_3B$ 的长度 $L = d_2/\cos\theta$，令 $c = 1/(1 + q^2 + 2q\cos\varphi)$，于是 θ 关于 φ 的 1～4 阶导数分别为

$$i_1 = \theta'(\varphi) = d\theta/d\varphi = c \cdot q(q + \cos\varphi) \tag{5.65}$$

$$i_1' = \theta''(\varphi) = d^2\theta/d\varphi^2 = c^2 \cdot q(q^2 - 1)\sin\varphi \tag{5.66}$$

$$i_1'' = \theta'''(\varphi) = d^3\theta/d\varphi^3 = c^3 \cdot q(q^2 - 1)[2q(1 + \sin^2\varphi) + (1 + q^2)\cos\varphi] \tag{5.67}$$

$$i_1^{(3)} = \theta^{(4)}(\varphi) = d^4\theta/d\varphi^4 =$$

$$c^4 \cdot q(q^2-1)\sin\varphi[8q(1-q^2)\cos\varphi+8q^2\cos^2\varphi+12q^2(1+\sin^2\varphi)-(1+q^2)^2] \tag{5.68}$$

当 $\varphi=0$ 时，$c(\varphi=0)=1/(1+q)^2$，$i_1(\varphi=0)=q/(1+q)$，$i'_1(\varphi=0)=0$，$i''_1(\varphi=0)=q(q-1)/(1+q)^3$，$i'''_1(\varphi=0)=0$ 。

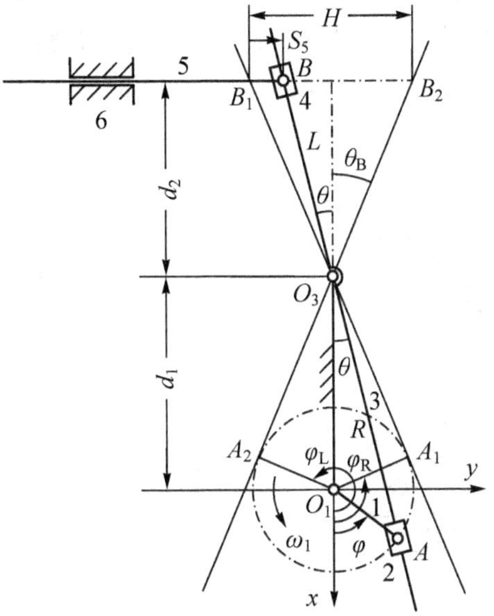

图 5.28　曲柄与移动从动件型近似等速比平面六杆机构

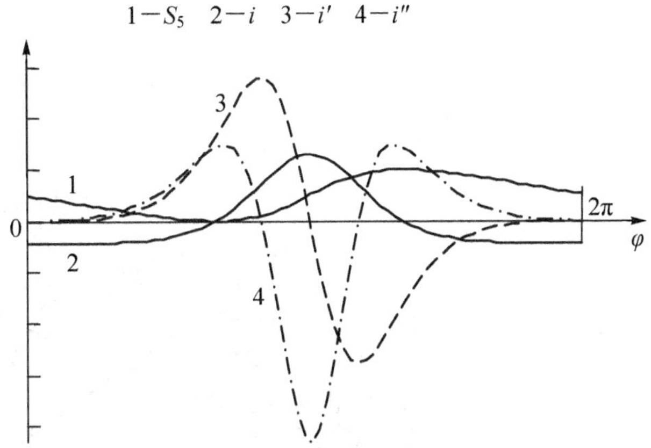

图 5.29　曲柄与移动从动件型近似等速比平面六杆机构的传动特征

当导杆 3 的角位移为 θ 时，由图 5.28 得滑块 5 的位移 $S_5=0.5H-d_2\tan\theta$，于是 S_5 关于 θ 的 1～4 阶导数分别为

$$i_2=S'_5(\theta)=\mathrm{d}S_5/\mathrm{d}\theta=-d_2/\cos^2\theta \tag{5.69}$$

$$i'_2=S''_5(\theta)=\mathrm{d}^2S_5/\mathrm{d}\theta^2=2S'_5(\theta)\tan\theta \tag{5.70}$$

$$i''_2=S'''_5(\theta)=\mathrm{d}^3S_5/\mathrm{d}\theta^3=2S''_5(\theta)\tan\theta+2S'_5(\theta)/\cos^2\theta \tag{5.71}$$

$$i'''_2=S_5^{(4)}(\theta)=\mathrm{d}^4S_5/\mathrm{d}\theta^4=2S_5^{(3)}(\theta)\tan\theta+4S''_5(\theta)/\cos^2\theta+4S'_5(\theta)\tan\theta/\cos^2\theta \tag{5.72}$$

当 $\varphi=0$ 时，$\theta=0$ 时，$i_2(\theta=0)=-d_2$，$i'_2(\theta=0)=0$，$i''_2(\theta=0)=-2d_2$，$i'''_2(\theta=0)=0$ 。

此时，滑块 5 关于曲柄 1 的速比 $i(\varphi=0)=i_1(\varphi=0)\cdot i_2(\theta=0)=-d_2\cdot q/(1+q)$ 。

由式(5.62)～式(5.64)得 i'、i'' 与 i''' 在 $\varphi=0$、$\theta=0$ 位置的值分别为

$$i'(\theta=0)=0$$

$$i''(\theta=0)=-2d_2[q/(1+q)]^3-d_2q(q-1)/(1+q)^3$$

$$i'''(\theta=0)=0$$

令 $i''(\theta=0)=0$，解得 $q=0.5$ 。

于是，滑块 5 的位移 $S_5=0.5H-d_2q\sin\varphi/(1+q\cos\varphi)$，速度函数 i、速度函数关于 φ 的

1、2 阶导数 i'、i''的曲线图如图 5.29 所示。由图 5.29 可见，在 $\varphi=0$ 的邻域里，从动件 5 作近似等速比运动。

5.6.2 曲柄与摆动导杆型近似等速比平面六杆机构

图 5.30 为曲柄与摆动导杆型近似等速比平面六杆机构。杆 1、2、3 和 6 组成输入端的曲柄导杆机构，杆 3、4、5 和 6 组成输出端的导杆机构，设曲柄 1 的杆长为 a，以 ω_1 匀速转动，$O_1O_3=d_1$，$O_3O_5=d_2$，摆杆 5 的杆长为 b，作往复摆动。令 $\lambda=a/d_1<1$。当曲柄 1 的角位移为 φ 时，导杆 3 的角位移 θ 为

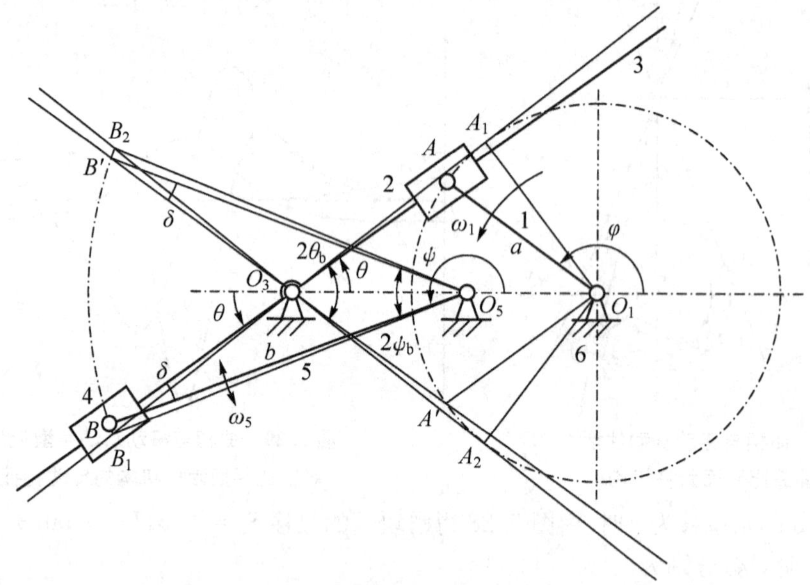

图 5.30 曲柄与摆动导杆型近似等速比平面六杆机构

$$\theta=\arctan[a\sin\varphi/(d_1+a\cos\varphi)]=\arctan[\lambda\sin\varphi/(1+\lambda\cos\varphi)] \tag{5.73}$$

对式(5.73)求关于 φ 的 1～4 阶导数，得 i_1、i_1'、i_1''、$i_1^{(3)}$ 分别为

$$i_1=\frac{\mathrm{d}\theta}{\mathrm{d}\varphi}=\frac{\lambda(\lambda+\cos\varphi)}{1+\lambda^2+2\lambda\cos\varphi} \tag{5.74}$$

$$i_1'=\frac{\mathrm{d}^2\theta}{\mathrm{d}\varphi^2}=\frac{\lambda(\lambda^2-1)\sin\varphi}{(1+\lambda^2+2\lambda\cos\varphi)^2} \tag{5.75}$$

$$i_1''=\frac{\mathrm{d}^3\theta}{\mathrm{d}\varphi^3}=\frac{\lambda(\lambda^2-1)}{(1+\lambda^2+2\lambda\cos\varphi)^3}[2\lambda(1+\sin^2\varphi)+(1+\lambda^2)\cos\varphi] \tag{5.76}$$

$$i_1^{(3)}=\frac{\mathrm{d}^4\theta}{\mathrm{d}\varphi^4}=\frac{\lambda(\lambda^2-1)\sin\varphi}{(1+\lambda^2+2\lambda\cos\varphi)^4}[8\lambda(1-\lambda^2)\cos\varphi)+4\lambda^2\sin^2\varphi-(1+\lambda^2)^2+20\lambda^2] \tag{5.77}$$

对 ΔO_3BO_5 应用正弦定理得 $b/\sin\theta=d_2/\sin\delta$，$\sin\delta=(d_2/b)\sin\theta$，令 $N_2=d_2/b<1$，于是 $\sin\delta=N_2\sin\theta$，为此，辅助角度变量 δ 为

$$\delta=\arctan(N_2\sin\theta/\sqrt{1-(N_2\sin\theta)^2}) \tag{5.78}$$

由图 5.30 得摆杆 5 的角位移 ψ 为

$$\psi=\theta-\delta+\pi \tag{5.79}$$

当摆杆 5 位于 O_5B' 时，由式(5.73)计算出的 θ 为负值，由式(5.78)计算出的 δ 也为负值，由于 $\theta\geqslant\delta$，所以，此时的 $\theta-\delta$ 为负值或零，$\theta-\delta+\pi$ 在第二象限。

对式(5.78)求关于 θ 的 1～4 阶导数得

$$\delta'=\mathrm{d}\delta/\mathrm{d}\theta=N_2\cos\theta/\cos\delta \tag{5.80}$$

$$\delta''=\mathrm{d}^2\delta/\mathrm{d}\theta^2=(-N_2\sin\theta+\delta'^2\sin\delta)/\cos\delta \tag{5.81}$$

$$\delta^{(3)}=\mathrm{d}^3\delta/\mathrm{d}\theta^3=(-N_2\cos\theta+3\delta'\cdot\delta''\sin\delta+\delta'^3\cos\delta)/\cos\delta \tag{5.82}$$

$$\begin{aligned}\delta^{(4)}&=\mathrm{d}^4\delta/\mathrm{d}\theta^4\\&=(N_2\sin\theta+4\delta'\cdot\delta^{(3)}\sin\delta+6\delta'^2\cdot\delta''\cos\delta+3\delta''^2\sin\delta-\delta'^4\sin\delta)/\cos\delta\end{aligned} \tag{5.83}$$

对式(5.79)求关于 θ 的 1～4 阶导数得

$$i_2=\mathrm{d}\psi/\mathrm{d}\theta=1-\mathrm{d}\delta/\mathrm{d}\theta=1-\delta'=1-N_2\cos\theta/\cos\delta \tag{5.84}$$

$$i_2'=\mathrm{d}^2\psi/\mathrm{d}\theta^2=-\mathrm{d}^2\delta/\mathrm{d}\theta^2=-\delta''=(N_2\sin\theta-\delta'^2\sin\delta)/\cos\delta \tag{5.85}$$

$$i_2''=\mathrm{d}^3\psi/\mathrm{d}\theta^3=-\mathrm{d}^3\delta/\mathrm{d}\theta^3=-\delta^{(3)}=(N_2\cos\theta-3\delta'\cdot\delta''\sin\delta-\delta'^3\cos\delta)/\cos\delta \tag{5.86}$$

$$\begin{aligned}i_2^{(3)}&=\mathrm{d}^4\psi/\mathrm{d}\theta^4=-\mathrm{d}^4\delta/\mathrm{d}\theta^4=-\delta^{(4)}\\&=-(N_2\sin\theta+4\delta'\cdot\delta^{(3)}\sin\delta+6\delta'^2\cdot\delta''\cos\delta+3\delta''^2\sin\delta-\delta'^4\sin\delta)/\cos\delta\end{aligned} \tag{5.87}$$

当 $\varphi=0$ 时，$\theta=0$，$i_1(\varphi=0)=\lambda/(1+\lambda)$，$i_1'(\varphi=0)=0$，$i_1''(\varphi=0)=\lambda(\lambda-1)/(1+\lambda)^3$，$i_1^{(3)}=0$；$i_2(\theta=0)=1-N_2$，$i'_2(\theta=0)=0$，$i''_2(\theta=0)=N_2(1-N_2^2)$，$i_2^{(3)}(\theta=0)=0$。

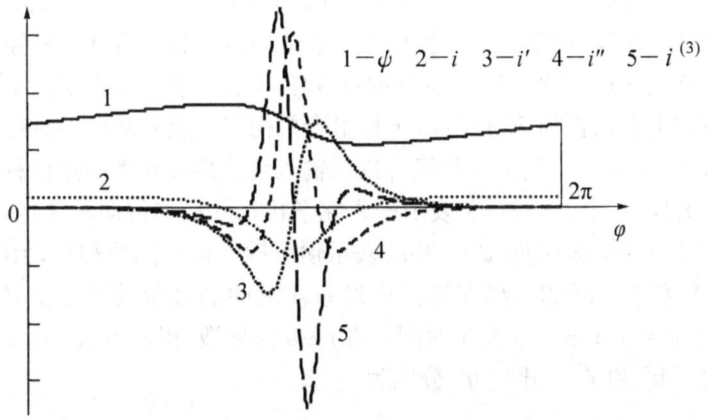

图 5.31 曲柄与摆动导杆型近似等速比平面六杆机构的传动特征

此时，摆杆 5 关于曲柄 1 的速比 $i(\varphi=0)=\lambda(1-N_2)/(1+\lambda)$ 。

由式(5.62)～式(5.64)得 i'、i'' 与 i''' 在 $\varphi=0$、$\theta=0$ 位置的值分别为 $i'(\theta=0)=0$，$i''(\theta=0)=N_2(1-N_2^2)\lambda^3/(1+\lambda)^3+(1-N_2)\lambda(\lambda-1)/(1+\lambda)^3$，$i^{(3)}(\theta=0)=0$。令 $i''(\theta=0)=0$ 得 N_2 与 λ 的函数关系为

$$N_2 = [-\lambda + \sqrt{\lambda^2 + 4(1-\lambda)}]/(2\lambda) \tag{5.88}$$

$$\lambda = [-1 + \sqrt{1 + 4N_2(1+N_2)}]/[2N_2(1+N_2)] \tag{5.89}$$

当式(5.88)或式(5.89)成立时，摆杆 5 在 $\varphi = 0$ 的邻域里作近似等速比运动。

由图 5.30 得 ψ_b、θ_b 与机构尺寸的函数关系为

$$\begin{aligned}\tan\theta_b &= b\sin\psi_b/(b\cos\psi_b - d_2) = \sin\psi_b/(\cos\psi_b - N_2)\\ &= a/\sqrt{d_1^2 - a^2} = \lambda/\sqrt{1-\lambda^2}\end{aligned} \tag{5.90}$$

当已知摆杆 5 的摆角 $2\psi_b$ 时，λ 与 N_2、ψ_b 的函数关系为

$$\lambda = [\sin\psi_b/(\cos\psi_b - N_2)]/\sqrt{1 + [\sin\psi_b/(\cos\psi_b - N_2)]^2} \tag{5.91}$$

由式(5.89)、式(5.91)得已知摆杆 5 的摆角 $2\psi_b$ 时，N_2 的设计式为

$$\begin{aligned}&[-1 + \sqrt{1 + 4N_2(1+N_2)}]/[2N_2(1+N_2)]\\ &\quad = \sin\psi_b/[(\cos\psi_b - N_2)\sqrt{1 + \sin^2\psi_b/(\cos\psi_b - N_2)^2}]\end{aligned} \tag{5.92}$$

当已知摆杆 5 的摆角 $2\psi_b$ 时、N_2 由式(5.92)计算出，λ 由式(5.89)计算出。

该类机构的传动特征如图 5.31 所示。

5.7 高阶停歇机构的设计与传动特征

高阶停歇机构是指一类机构的从动件在极限位置作直到 3 阶或直到 5 阶停歇的一类组合机构[47-52]。其设计原理为，若复合函数表示一类组合机构的位移传动函数，当复合函数的底层函数在一点或两点上的 1 阶导数为零，高层函数在对应点上的 1 阶导数为零时，则复合函数在该点上存在直到 3 阶零点，于是组合机构在一点或两点上具有直到 3 阶停歇。若复合函数的底层函数在一点或两点上具有直到 3 阶导数为零，高层函数为线性函数，则复合函数在该点上存在直到 3 阶零点，于是组合机构在一点或两点上具有直到 3 阶停歇。若复合函数的底层函数在一点或两点上的 1 阶、2 阶导数都为零，高层函数在对应点上的 1 阶导数为零，则复合函数在该点上存在直到 5 阶零点，于是组合机构在一点或两点上具有直到 5 阶停歇。

设复合函数 $\theta = \theta[\delta(\varphi)]$ 表示一类组合机构输入角位移 φ 到中间角位移 δ 再到输出角位移 θ 的位移传动函数，其中 $\delta = \delta(\varphi)$ 表示输入端子机构的位移传动函数，实现输入角位移 φ 到中间角位移 δ 之间的位移变换；$\theta = \theta(\delta)$ 表示输出端子机构的位移传动函数，实现中间角位移 δ 到输出角位移 θ 之间的位移变换。再设 φ 对时间的 2 阶及其以上各阶导数都为零。于是，对复合函数 $\theta = \theta[\delta(\varphi)]$ 求关于时间 t 的 1～5 阶导数，得 $\omega = \mathrm{d}\theta/\mathrm{d}t$、$\alpha = \mathrm{d}^2\theta/\mathrm{d}t^2$、$j = \mathrm{d}^3\theta/\mathrm{d}t^3$、$j' = \mathrm{d}^4\theta/\mathrm{d}t^4$ 和 $j'' = \mathrm{d}^5\theta/\mathrm{d}t^5$ 分别为

$$\omega = \frac{\mathrm{d}\theta}{\mathrm{d}t} = \frac{\mathrm{d}\theta}{\mathrm{d}\delta}\frac{\mathrm{d}\delta}{\mathrm{d}\varphi}\frac{\mathrm{d}\varphi}{\mathrm{d}t} \tag{5.93}$$

$$\alpha = \frac{\mathrm{d}^2\theta}{\mathrm{d}t^2} = [\frac{\mathrm{d}^2\theta}{\mathrm{d}\delta^2}(\frac{\mathrm{d}\delta}{\mathrm{d}\varphi})^2 + \frac{\mathrm{d}\theta}{\mathrm{d}\delta}\frac{\mathrm{d}^2\delta}{\mathrm{d}\varphi^2}](\frac{\mathrm{d}\varphi}{\mathrm{d}t})^2 \tag{5.94}$$

$$j = \frac{\mathrm{d}^3\theta}{\mathrm{d}t^3} = [\frac{\mathrm{d}^3\theta}{\mathrm{d}\delta^3}(\frac{\mathrm{d}\delta}{\mathrm{d}\varphi})^3 + 3\frac{\mathrm{d}^2\theta}{\mathrm{d}\delta^2}\frac{\mathrm{d}^2\delta}{\mathrm{d}\varphi^2}\frac{\mathrm{d}\delta}{\mathrm{d}\varphi} + \frac{\mathrm{d}\theta}{\mathrm{d}\delta}\frac{\mathrm{d}^3\delta}{\mathrm{d}\varphi^3}](\frac{\mathrm{d}\varphi}{\mathrm{d}t})^3 \tag{5.95}$$

$$j' = \frac{d^4\theta}{dt^4} = [\frac{d^4\theta}{d\delta^4}(\frac{d\delta}{d\varphi})^4 + 6\frac{d^3\theta}{d\delta^3}\frac{d^2\delta}{d\varphi^2}(\frac{d\delta}{d\varphi})^2 + 4\frac{d^2\theta}{d\delta^2}\frac{d^3\delta}{d\varphi^3}\frac{d\delta}{d\varphi} + 3\frac{d^2\theta}{d\delta^2}(\frac{d^2\delta}{d\varphi^2})^2 + \frac{d\theta}{d\delta}\frac{d^4\delta}{d\varphi^4}](\frac{d\varphi}{dt})^4 \tag{5.96}$$

$$j'' = \frac{d^5\theta}{dt^5} = [\frac{d^5\theta}{d\delta^5}(\frac{d\delta}{d\varphi})^5 + 10\frac{d^4\theta}{d\delta^4}(\frac{d\delta}{d\varphi})^3\frac{d^2\delta}{d\varphi^2} + 15\frac{d^3\theta}{d\delta^3}(\frac{d^2\delta}{d\varphi^2})^2\frac{d\delta}{d\varphi} + 10\frac{d^3\theta}{d\delta^3}\frac{d^3\delta}{d\varphi^3}(\frac{d\delta}{d\varphi})^2 + 5\frac{d^2\theta}{d\delta^2}\frac{d^4\delta}{d\varphi^4}\frac{d\delta}{d\varphi} + 10\frac{d^2\theta}{d\delta^2}\frac{d^3\delta}{d\varphi^3}\frac{d^2\delta}{d\varphi^2} + \frac{d\theta}{d\delta}\frac{d^5\delta}{d\varphi^5}](\frac{d\varphi}{dt})^5 \tag{5.97}$$

其他位移关系的 1～5 阶导数关系同上。

5.7.1 Ⅰ型串联导杆的摆杆双极位作直到三阶停歇的平面六杆机构

图 5.32 表示Ⅰ型串联导杆的摆杆双极位作直到三阶停歇的平面六杆机构[48-49]。设杆 1 为主动件，杆长为 r_1，$r_1 = O_1A$，作匀速转动；杆 5 为从动件，作往复摆动，当杆 5 达到两个极限位置 O_5B_1、O_5B_2 时，杆 5 与杆 3 的 O_3B_1、O_3B_1 分别垂直。令机架 6 上 $O_1O_3 = d_1$，$O_3O_5 = d_2$，杆 3 上的 $O_3B = r_3$，则杆 3 的摆角 $\delta_B = 2\arctan[r_1/\sqrt{d_1^2 - r_1^2}]$，杆 5 的摆角 $\theta_B = \pi - \delta_B$，$r_3$ 与 d_2 的函数关系为 $r_3 = d_2\cos(0.5\delta_B)$。由此可见，该种机构的尺寸设计相当简单，它的传动角恒等于 90°，这就意味着它具有较高的机械效率。

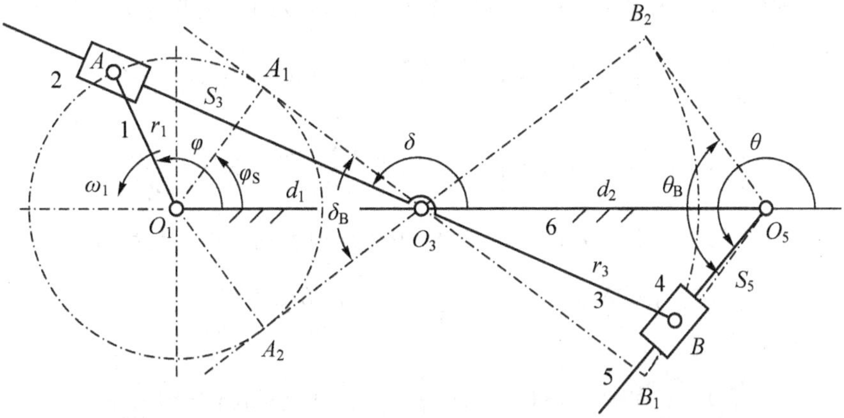

图 5.32 Ⅰ型串联导杆的摆杆双极位作直到三阶停歇的平面六杆机构

在图 5.32 中，设 φ、δ 和 θ 分别表示杆 1、3 和 5 的角位移，令 S_3 表示杆 3 上 O_3A 的长度，S_5 表示杆 5 上 O_5B 的长度。首先研究杆 1、2、3 和 6 组成的曲柄导杆机构的运动规律，其位置方程及其解分别为

$$r_1\cos\varphi - d_1 = S_3\cos\delta \tag{5.98}$$

$$r_1\sin\varphi = S_3\sin\delta \tag{5.99}$$

$$\delta = \arctan2[r_1\sin\varphi/(r_1\cos\varphi - d_1)] \tag{5.100}$$

$$S_3 = \sqrt{(r_1\sin\varphi)^2 + (r_1\cos\varphi - d_1)^2} \tag{5.101}$$

对式(5.98)、式(5.99)求关于 φ 的 1 阶导数，得类速度方程以及类速度 V_{L23}、类角速度

ω_{L3}分别为

$$-r_1\sin\varphi=(\mathrm{d}S_3/\mathrm{d}\varphi)\cos\delta-(\mathrm{d}\delta/\mathrm{d}\varphi)S_3\sin\delta \tag{5.102}$$

$$r_1\cos\varphi=(\mathrm{d}S_3/\mathrm{d}\varphi)\sin\delta+(\mathrm{d}\delta/\mathrm{d}\varphi)S_3\cos\delta \tag{5.103}$$

$$V_{L23}=\mathrm{d}S_3/\mathrm{d}\varphi=r_1\sin(\delta-\varphi) \tag{5.104}$$

$$\omega_{L3}=\mathrm{d}\delta/\mathrm{d}\varphi=r_1\cos(\delta-\varphi)/S_3 \tag{5.105}$$

对式(5.102)、式(5.103)求关于 φ 的 1 阶导数，得类加速度方程以及类加速度 a_{L23}、α_{L3} 分别为

$$-r_1\cos\varphi=\frac{\mathrm{d}^2S_3}{\mathrm{d}\varphi^2}\cos\delta-2\frac{\mathrm{d}S_3}{\mathrm{d}\varphi}\frac{\mathrm{d}\delta}{\mathrm{d}\varphi}\sin\delta-\frac{\mathrm{d}^2\delta}{\mathrm{d}\varphi^2}S_3\sin\delta-(\frac{\mathrm{d}\delta}{\mathrm{d}\varphi})^2S_3\cos\delta \tag{5.106}$$

$$-r_1\sin\varphi=\frac{\mathrm{d}^2S_3}{\mathrm{d}\varphi^2}\sin\delta+2\frac{\mathrm{d}S_3}{\mathrm{d}\varphi}\frac{\mathrm{d}\delta}{\mathrm{d}\varphi}\cos\delta+\frac{\mathrm{d}^2\delta}{\mathrm{d}\varphi^2}S_3\cos\delta-(\frac{\mathrm{d}\delta}{\mathrm{d}\varphi})^2S_3\sin\delta \tag{5.107}$$

$$a_{L23}=\frac{\mathrm{d}^2S_3}{\mathrm{d}\varphi^2}=\left(\frac{\mathrm{d}\delta}{\mathrm{d}\varphi}\right)^2S_3-r_1\cos(\delta-\varphi) \tag{5.108}$$

$$\alpha_{L3}=\frac{\mathrm{d}^2\delta}{\mathrm{d}\varphi^2}\left[r_1\sin(\delta-\varphi)-2\frac{\mathrm{d}S_3}{\mathrm{d}\delta}\frac{\mathrm{d}S_3}{\mathrm{d}\varphi}\right]/S_3 \tag{5.109}$$

对式(5.108)、式(5.109)求关于 φ 的 1 阶导数，得类加速度的一次变化率 q_{L23}、j_{L3} 分别为

$$q_{L23}=\frac{\mathrm{d}^3S_3}{\mathrm{d}\varphi^3}=2\frac{\mathrm{d}\delta}{\mathrm{d}\varphi}\frac{\mathrm{d}^2\delta}{\mathrm{d}\varphi^2}S_3+(\frac{\mathrm{d}\delta}{\mathrm{d}\varphi})^2\frac{\mathrm{d}S_3}{\mathrm{d}\varphi}+r_1\sin(\delta-\varphi)(\frac{\mathrm{d}\delta}{\mathrm{d}\varphi}-1) \tag{5.110}$$

$$j_{L3}=\frac{\mathrm{d}^3\delta}{\mathrm{d}\varphi^3}=[r_1\cos(\delta-\varphi)(\frac{\mathrm{d}\delta}{\mathrm{d}\varphi}-1)-2\frac{\mathrm{d}^2S_3}{\mathrm{d}\varphi^2}\frac{\mathrm{d}\delta}{\mathrm{d}\varphi}-3\frac{\mathrm{d}S_3}{\mathrm{d}\varphi}\frac{\mathrm{d}^2\delta}{\mathrm{d}\varphi^2}]/S_3 \tag{5.111}$$

对式(5.110)、式(5.111)求关于 φ 的 1 阶导数，得类加速度的二次变化率 q'_{L23}、j'_{L3} 分别为

$$\begin{aligned}q'_{L23}=\frac{\mathrm{d}^4S_3}{\mathrm{d}\varphi^4}&=2(\frac{\mathrm{d}^2\delta}{\mathrm{d}\varphi^2})^2S_3+2\frac{\mathrm{d}\delta}{\mathrm{d}\varphi}\frac{\mathrm{d}^3\delta}{\mathrm{d}\varphi^3}S_3+4\frac{\mathrm{d}\delta}{\mathrm{d}\varphi}\frac{\mathrm{d}^2\delta}{\mathrm{d}\varphi^2}\frac{\mathrm{d}S_3}{\mathrm{d}\varphi}+\\&(\frac{\mathrm{d}\delta}{\mathrm{d}\varphi})^2\frac{\mathrm{d}^2S_3}{\mathrm{d}\varphi^2}+r_1\cos(\delta-\varphi)(\frac{\mathrm{d}\delta}{\mathrm{d}\varphi}-1)^2+r_1\sin(\delta-\varphi)\frac{\mathrm{d}^2\delta}{\mathrm{d}\varphi^2}\end{aligned} \tag{5.112}$$

$$\begin{aligned}j'_{L3}=\frac{\mathrm{d}^4\delta}{\mathrm{d}\varphi^4}&=[-r_1\sin(\delta-\varphi)(\frac{\mathrm{d}\delta}{\mathrm{d}\varphi}-1)^2+r_1\cos(\delta-\varphi)\frac{\mathrm{d}^2\delta}{\mathrm{d}\varphi^2}-\\&2\frac{\mathrm{d}^3S_3}{\mathrm{d}\varphi^3}\frac{\mathrm{d}\delta}{\mathrm{d}\varphi}-5\frac{\mathrm{d}^2S_3}{\mathrm{d}\varphi^2}\frac{\mathrm{d}^2\delta}{\mathrm{d}\varphi^2}-4\frac{\mathrm{d}S_3}{\mathrm{d}\varphi}\frac{\mathrm{d}^3\delta}{\mathrm{d}\varphi^3}]/S_3\end{aligned} \tag{5.113}$$

其次研究杆 3、4、5 和 6 组成的摆动导杆机构的运动规律，其位置方程及其解分别为

$$d_2+S_5\cos\theta=r_3\cos(\delta+\pi)=-r_3\cos\delta \tag{5.114}$$

$$S_5\sin\theta=r_3\sin(\delta+\pi)=-r_3\sin\delta \tag{5.115}$$

由式(5.114)、式(5.115)得杆 5 的角位移 θ、滑块 4 相对于导杆 5 的位移 S_5 分别为

$$\theta=\arctan2(-r_3\sin\delta)/(-r_3\cos\delta-\mathrm{d}_2) \tag{5.116}$$

$$S_5=(-d_2-r_3\cos\delta)/\cos\theta \tag{5.117}$$

对式(5.114)、式(5.115)求关于 δ 的 1 阶导数，得类速度方程及其解 ω_{L4}、V_{L45} 分别为

$$(dS_5/d\delta)\cos\theta-S_5(d\theta/d\delta)\sin\theta=r_3\sin\delta \tag{5.118}$$

$$(dS_5/d\delta)\sin\theta+S_5(d\theta/d\delta)\cos\theta=-r_3\cos\delta \tag{5.119}$$

$$\omega_{L4}=d\theta/d\delta=-r_3\cos(\theta-\delta)/S_5 \tag{5.120}$$

$$V_{L45}=dS_5/d\delta=-r_3\sin(\theta-\delta) \tag{5.121}$$

对式(5.118)、式(5.119)求关于 δ 的 1 阶导数，得类加速度方程及其解 α_{L4}、a_{L45} 分别为

$$\frac{d^2S_5}{d\delta^2}\cos\theta-2\frac{dS_5}{d\delta}\frac{d\theta}{d\delta}\sin\theta-S_5\cos\theta(\frac{d\theta}{d\delta})^2-S_5\sin\theta\frac{d^2\theta}{d\delta^2}=r_3\cos\delta \tag{5.122}$$

$$\frac{d^2S_5}{d\delta^2}\sin\theta+2\frac{dS_5}{d\delta}\frac{d\theta}{d\delta}\cos\theta-S_5\sin\theta(\frac{d\theta}{d\delta})^2+S_5\cos\theta\frac{d^2\theta}{d\delta^2}=r_3\sin\delta \tag{5.123}$$

$$\alpha_{L4}=\frac{d^2\theta}{d\delta^2}=-[r_3\sin(\theta-\delta)+2\frac{dS_5}{d\delta}\frac{d\theta}{d\delta}]/S_5 \tag{5.124}$$

$$a_{L45}=\frac{d^2S_5}{d\delta^2}=S_5(\frac{d\theta}{d\delta})^2+r_3\cos(\theta-\delta) \tag{5.125}$$

对式(5.124)、式(5.125)求关于 δ 的 1 阶导数，得类加速度的一次变化率 j_{L4}、q_{L45} 分别为

$$j_{L4}=\frac{d^3\theta}{d\delta^3}=-[r_3\cos(\theta-\delta)(\frac{d\theta}{d\delta}-1)+2\frac{d^2S_5}{d\delta^2}\frac{d\theta}{d\delta}+3\frac{dS_5}{d\delta}\frac{d^2\theta}{d\delta^2}]/S_5 \tag{5.126}$$

$$q_{L45}=\frac{d^3S_5}{d\delta^3}=\frac{dS_5}{d\delta}(\frac{d\theta}{d\delta})^2+2S_5\frac{d\theta}{d\delta}\frac{d^2\theta}{d\delta^2}-r_3\sin(\theta-\delta)(\frac{d\theta}{d\delta}-1) \tag{5.127}$$

对式(5.126)、式(5.127)求关于 δ 的 1 阶导数，得类加速度的二次变化率 j'_{L4}、q'_{L45} 分别为

$$j'_{L4}=\frac{d^4\theta}{d\delta^4}=[r_3\sin(\theta-\delta)(\frac{d\theta}{d\delta}-1)^2-r_3\cos(\theta-\delta)\frac{d^2\theta}{d\delta^2}-$$

$$2\frac{d^3S_5}{d\delta^3}\frac{d\theta}{d\delta}-5\frac{d^2S_5}{d\delta^2}\frac{d^2\theta}{d\delta^2}-4\frac{dS_5}{d\delta}\frac{d^3\theta}{d\delta^3}]/S_5 \tag{5.128}$$

$$q'_{L45}=\frac{d^4S_5}{d\delta^4}=\frac{d^2S_5}{d\delta^2}(\frac{d\theta}{d\delta})^2+4\frac{dS_5}{d\delta}\frac{d\theta}{d\delta}\frac{d^2\theta}{d\delta^2}+2S_5\frac{d^2\theta}{d\delta^2}\frac{d^2\theta}{d\delta^2}+2S_5\frac{d\theta}{d\delta}\frac{d^3\theta}{d\delta^3}-$$

$$r_3\cos(\theta-\delta)(\frac{d\theta}{d\delta}-1)^2-r_3\sin(\theta-\delta)\frac{d^2\theta}{d\delta^2} \tag{5.129}$$

由式(5.105)、式(5.120)得 $d\delta/d\varphi$ 与 $d\theta/d\delta$ 在各自子机构的极限位置分别等于零，所以，由式(5.93)～式(5.95)得 ω_5、α_5、j_5 的值在各自子机构的极限位置都等于零，即该组合机构的输出构件在两个极限位置具有直到 3 阶停歇的传动特征。

该类组合机构输出构件的 θ、ω_5、α_5、j_5 和 j'_5 关于 φ 的传动特征曲线如图 5.33 所示。

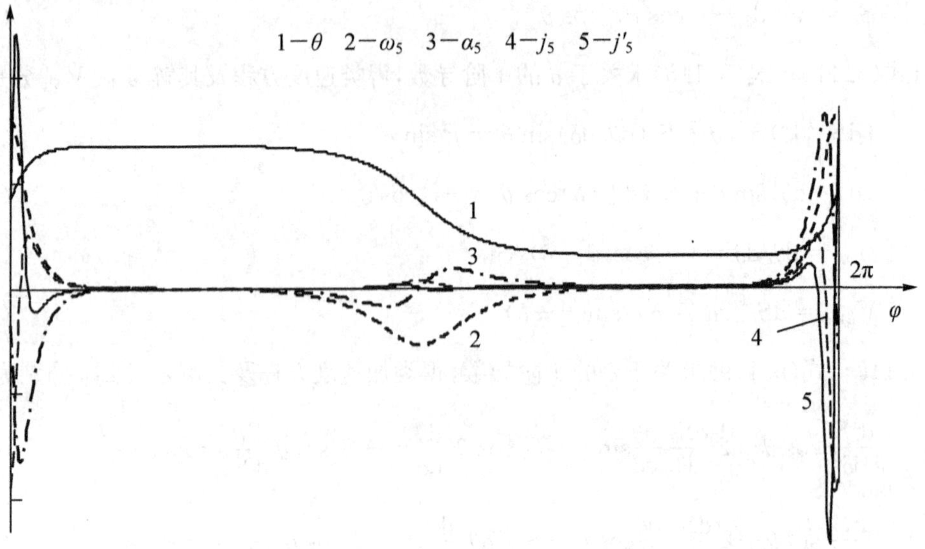

图 5.33 Ⅰ型串联导杆的摆杆双极位作直到三阶停歇的平面六杆机构的传动特征

5.7.2 基于曲柄摇杆机构的移动件单极位直到三阶停歇的平面六杆机构

如果在曲柄摇杆机构的摇杆上增加一段 BC，再增加一个 RPP 型Ⅱ级组，于是得到一种基于曲柄摇杆机构的移动件单极位直到三阶停歇的平面六杆机构，如图 5.34 所示。曲柄摇杆机构的尺寸设计见 5.5.1 节所述，移动件 6 的运动方位角 δ_L 为

$$\delta_L = \pi - \arctan\{\sqrt{(2c\cdot d)^2 - [c^2+d^2-(b-a)^2]^2}/[c^2+d^2-(b-a)^2]\} \tag{5.130}$$

移动件 6 的行程 $H_6=(c+h)(1-\cos\delta_B)$。若已知 H_6，选择了摇杆 3 的摆角 δ_B，给出了许用传动角$[\gamma]$，选择了曲柄的杆长 a，机架的长度 d，则连杆 2 与摇杆 3 的杆长可通过解析方法设计而得，为此，h 的设计式为 $h=H_6/(1-\cos\delta_B)-c$。

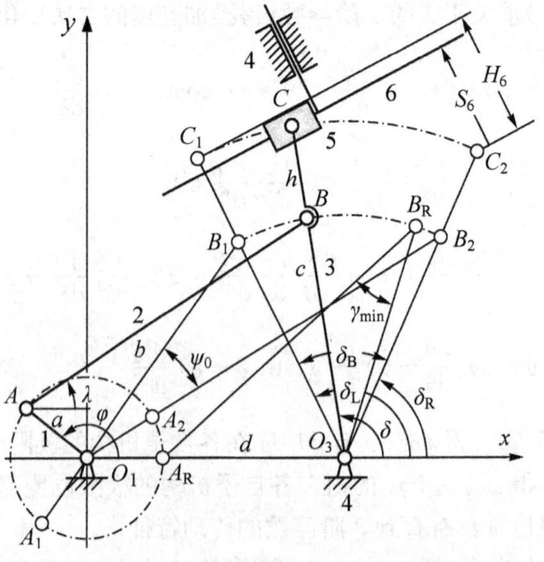

图 5.34 基于曲柄摇杆机构的移动件单极位直到三阶停歇的平面六杆机

在图 5.34 中，曲柄摇杆机构的运动分析如下。

$$a\cos\varphi + b\cos\lambda = d + c\cos\delta \tag{5.131}$$

$$a\sin\varphi + b\sin\lambda = c\sin\delta \tag{5.132}$$

引入系数 K_A、K_B 和 K_C，得摇杆 3 的角位移方程及其解 δ 分别为

$$K_A = -\sin\varphi$$

$$K_B = d/a - \cos\varphi$$

$$K_C = (d^2 + c^2 - b^2 + a^2)/(2ac) - (b/a)\cos\varphi$$

$$K_A\sin\delta + K_B\cos\delta + K_C = 0 \tag{5.133}$$

$$\delta = 2\arctan[(K_A + \sqrt{K_A^2 + K_B^2 - K_C^2})/(K_B - K_C)] \tag{5.134}$$

由式(5.131)、式(5.132)得连杆 2 的角位移 λ 为

$$\lambda = \arctan[(c\ \sin\delta - a\ \sin\varphi)/(d + c\ \cos\delta - a\ \cos\varphi)] \tag{5.135}$$

对式(5.131)、式(5.132)求关于 φ 的 1～3 阶导数，得类速度 $\omega_{L2} = d\lambda/d\varphi$、$\omega_{L3} = d\delta/d\varphi$；类加速度 $\alpha_{L2} = d^2\lambda/d\varphi^2$、$\alpha_{L3} = d^2\delta/d\varphi^2$；和类加速度的一次变化率 $j_{L2} = d^3\lambda/d\varphi^3$、$j_{L3} = d^3\delta/d\varphi^3$ 分别为

$$\omega_{L3} = a\sin(\varphi - \lambda)/[c\sin(\delta - \lambda)] \tag{5.136}$$

$$\omega_{L2} = a\sin(\varphi - \delta)/[b\sin(\delta - \lambda)] \tag{5.137}$$

$$\alpha_{L3} = [a\cos(\varphi - \lambda) + b\omega_{L2}^2 - c\cdot\omega_{L3}^2\cos(\delta - \lambda)]/[c\sin(\delta - \lambda)] \tag{5.138}$$

$$\alpha_{L2} = [a\cos(\varphi - \delta) + b\omega_{L2}^2\cos(\delta - \lambda) - c\omega_{L3}^2]/[b\sin(\delta - \lambda)] \tag{5.139}$$

$$j_{L3} = [-c(\omega_{L3} - \omega_{L2})\alpha_{L3}\cos(\delta - \lambda) - a(1 - \omega_{L2})\sin(\varphi - \lambda) + 2b\omega_{L2}\alpha_{L2} - 2c\omega_{L3}\alpha_{L3}\cos(\delta - \lambda) + c\omega_{L3}^2(\omega_{L3} - \omega_{L2})\sin(\delta - \lambda)]/[c\sin(\delta - \lambda)] \tag{5.140}$$

$$j_{L2} = [-b(\omega_{L3} - \omega_{L2})\alpha_{L2}\cos(\delta - \lambda) - a(1 - \omega_{L3})\sin(\varphi - \delta) - 2c\omega_{L3}\alpha_{L3} + 2b\omega_{L2}\alpha_{L2}\cos(\delta - \lambda) - b\omega_{L2}^2(\omega_{L3} - \omega_{L2})\sin(\delta - \lambda)]/[b\sin(\delta - \lambda)] \tag{5.141}$$

移动件 6 的位移 S_6、类速度 $V_{L6} = dS_6/d\delta$、类加速度 $a_{L6} = d^2S_6/d\delta^2$ 和类加速度的一次变化率 $j_{L6} = d^3S_6/d\delta^3$ 分析如下。

$$S_6 = (c + h)\cos(\delta_L - \delta) - (c + h)\cos\delta_B \tag{5.142}$$

$$V_{L6} = dS_6/d\delta = (c + h)\sin(\delta_L - \delta) \tag{5.143}$$

$$a_{L6} = d^2S_6/d\delta^2 = -(c + h)\cos(\delta_L - \delta) \tag{5.144}$$

$$j_{L6} = d^3S_6/d\delta^3 = -(c + h)\sin(\delta_L - \delta) \tag{5.145}$$

在图 5.34 中，设 $\omega_1 = d\varphi/dt = 1$，$a = 0.020\ m$，$d = 0.050\ m$，$\delta_B = 65°$，行程速比系数 $K = 1.368\ 42$，$\psi_0 = 28°$，$[\gamma] = 30°$，$H_6 = 0.060\ m$。

由式(5.17)、式(5.18)设计出 $b = 0.05874\ m$，$c = 0.04477\ m$；由式(3.130)计算出 $\delta_L = 132.13°$；由 $H_6 = (c + h)(1 - \cos\delta_B)$ 设计出 $h = H_6/(1 - \cos\delta_B) - c = 0.059\ 15\ m$。

由以上公式计算出摇杆的位移及其 1～3 阶类导数；用 S_6 代替式(5.93)～式(5.96)中的

θ，计算出输出构件 6 的速度 V_6、加速度 a_6 和加速度的一次变化率 j_6，该几何条件下的机构传动特征如图 5.35 所示。

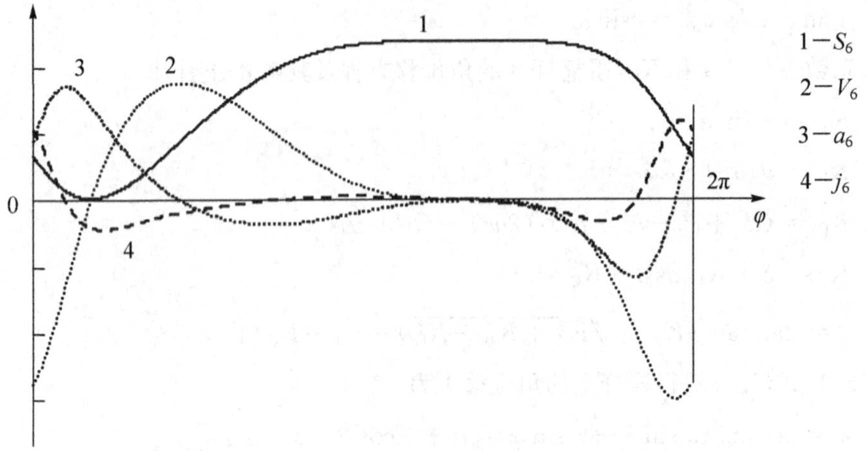

图 5.35　基于曲柄摇杆机构的移动件单极位三阶停歇机构的传动特征

5.8　机构创新设计概述

创新使产品不断更新换代，创新不断地促进生产力的发展，创新使人们的生活质量不断提高。创新是对继承的突破，是基础理论与相关技术结合的结果。对创新产生作用的因素是多方面的，归纳起来，社会需求是创新的源泉，问题意识是创新的种子，知识结构是创新的基础，灵活运用合适的方法是创新的关键。社会需求是创新之母，社会需求刺激人们的创新欲望，是人们创新活动的根本动力，为产品创新提供资金支持与销售市场。问题意识是产品创新的起点，问题是客观存在的，只有从工作与生活中发现问题，才能有后面的解决问题。知识结构是创新的基础，只有具备相对于问题的知识结构，才能从理论上为解决问题提供基础。方法是问题与答案之间的一座桥梁，只有选对了合适的方法，问题才能得到有效地解决。下面以辊式破碎机传动机构的创新设计为例，简要说明机构创新的方法。

5.8.1　辊式破碎机传动机构的创新设计

辊式破碎机用于块状物料的破碎，在煤炭与各种矿石的细碎加工过程中发挥重要的作用，辊式破碎机相对于其他型式的破碎机的显著特点是节能以及物料被破碎后粒度比较均匀，图 5.36 为辊式破碎机的两个辊子与物料关系的示意图。其中一个辊子(辊子 1)的轴线被设计成固定的，另一个辊子(辊子 2)的轴线必需被设计成可让位的，以便当硬度较大的异物进入或物料过多时，可让位辊子让位，将它们放过去，从而保护传动机构免于损坏。

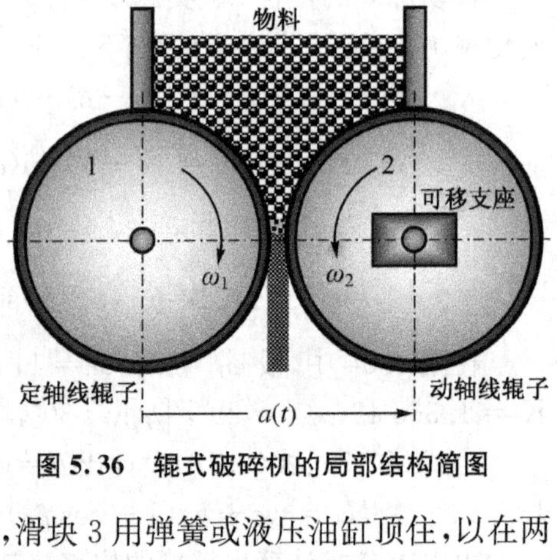

图 5.36　辊式破碎机的局部结构简图

可让位辊子支撑在滑块 3 上，滑块 3 支撑在机架 4 上，滑块 3 用弹簧或液压油缸顶住，以在两个辊子之间产生需要的破碎力。当两个辊子的角速度大小相等、相向转动时，在正常状态下，物料经过两个相向转动的辊子后被挤压破碎，当遇到破碎不了的物料时，辊子 2 让位，两个辊子之间的间隙增大，将不能破碎的物料放过去。为此，在辊式破碎机中，提出了时变轴距等速比传动机构的设计问题，以解决破碎机在正常与非正常破碎物料下的需要。在很长的一段时间里，人们采用长齿传动来解决这里的传动问题[27]，但是，长齿所能允许的中心距变化量是相对较小的，很难满足使用要求，而且，易于发生断齿故障。

显然，仅仅使用齿轮传动是无法实现时变轴距等速比传动问题的，为此，需要采用组合机构来完成该项任务。

经过长时间的研究，图 5.37 所示的设计方案被提了出来[28-29]，称为Ⅰ型组合传动机构。在图 5.37 中，杆 a、b、c、d、e 形成自由度为 2 的连杆机构，O_1ABO_4 组成一个等腰梯形，为了保持 O_1ABO_4 在动态下始终组成等腰梯形，在杆 a 上焊接扇形齿轮 5，扇形齿轮 5 的中心在转动副 A 处，在杆 c 上焊接扇形齿轮 6，扇形齿轮 6 的中心在转动副 B 处，扇形齿轮 5、6 的半径相等，从而使杆 a、b、c、d、e 所组成机构的自由度等于 1。齿轮 1、2、3 和 4 组成行星轮系，齿轮 2、3 为行星轮，$Z_2 = Z_3$，$Z_1 = Z_4$ 。该种齿轮连杆组合机构不但可以实现时变轴距下的等速比传动，而且所能允许的中心距变化量是比较大的，中心距的变化量可以达到正常工作状态下的中心距，但是，扇形约束齿轮的受力是相对大的，由于设计空间相对较小，扇形齿轮的工作寿命相对较短，从而影响了整个破碎机的工作寿命。

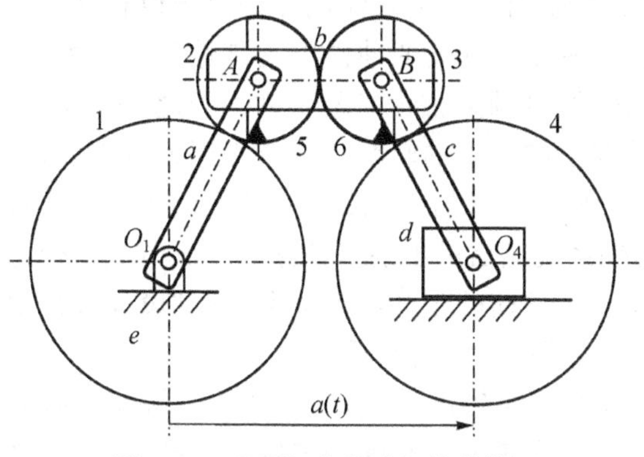

图 5.37　Ⅰ型组合传动机构的简图

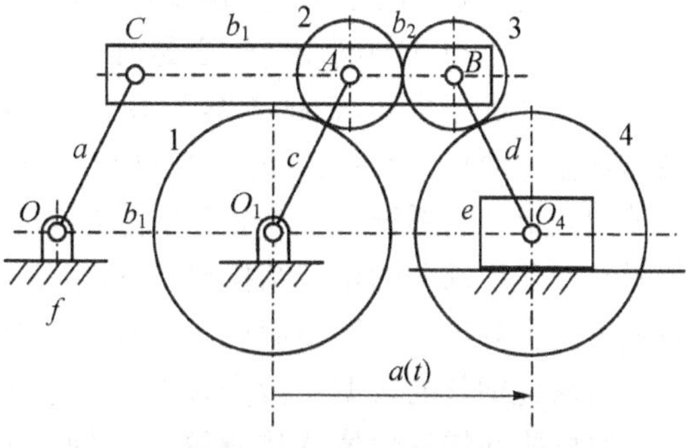

图 5.38　Ⅱ型组合传动机构的简图

可以说，图 5.37 很好地解决了中心距变化量较大工况下的等速比传动问题，但是存在受力比较大而结构空间相对较小的问题。为此，图 5.38 所示的设计方案又被设计出来[30-31]，称为Ⅱ型组合传动机构。在图5.38 中，$CA = OO_1 = b_1$，$AB = b_2$，O_1ABO_4 为等腰梯形，CAO_1O 为平行四边形，齿轮 1、2、3 和 4 为行星轮系，设计平行四边形的目的是确保等腰梯形的存在。该种组合机构不但实现了时变轴距等速比传动，所能允许的中心距变化量可以达到正常工作状态下

图 5.39　Ⅱ型组合机构的三维结构简图

的中心距，而且可以实现等强度设计，从而大大地提高使用寿命。图 5.38 所示的设计方案相对于图 5.37 所示的设计方案的改进之处，在于采用平行四边形机构而不是扇形齿轮副来确保等腰梯形的存在。

基于图 5.38 所示机构的辊式破碎机传动机构的三维结构简图如图 5.39 所示。

5.8.2 二分之奇数转主轴快速缓冲定位装置的设计

菱形金属网编织机的成型导板在将连续的直钢丝成型为连续的扁螺旋体后[32]，成型导板应当停歇一段时间，以便剪切装置按定长切断扁螺旋钢丝。一根根扁螺旋在成型的同时旋绕入已成网的一端扁螺旋之中，实现菱形金属网的连续编织。在这一机器中，网的锁边工艺要求主轴上的成型导板每次转二分之奇数圈，扁螺旋的两端各有 0.25 圈的锁边段，奇数的设定范围为 41～201，成型导板的角度定位误差在 $\pm 10^\circ$ 之内。成型导板从工作转速到停止的时间不超过 0.5 秒，停歇时间（即剪切工序时间）不超过 1 秒，成型导板的转速 $200 \leqslant n \leqslant 500$ r/min。为此，提出了二分之奇数转主轴快速缓冲定位的设计问题。

由于这是一个转数多、转数可设置、双位定位的问题，所以，需要采用机电一体化的系统予以实现。在早期的设计中，第一种设计方案是采用基于霍耳传感器获取主轴的转数信号与工序控制单元、电磁离合器与电磁制动器相组合的系统；第二种设计方案是基于霍耳传感器获取主轴的转数信号与工序控制单元、电磁离合器与电磁铁推动机械挡块实施定位的系统。实践表明，第一种设计方案的定位精度不稳定，原因在于电磁制动器的停止位置受许多可变因素的影响，不能满足定位精度的需要；第二种设计方案的冲击振动与噪音特别大，原因在于机械挡块强制制动转轴必然带来冲击与振动，主轴的轴承容易失效。为此，第三种设计方案又被提了出来，该种方案是基于霍耳传感器获取主轴的转数信号与工序控制单元、电磁离合器与曲柄滑块机构单元、电磁铁系统通断进出油缸的路径以及节流路径在定位时自行关闭相组合的系统[33]，其曲柄滑块机构、电磁铁系统通断进出油缸的路径以及节流路径定位时自行关闭部分的机械结构设计如图 5.40 所示。长期的生产实践表明，该种设计方案很好地解决了菱形金属网编织机上二分之奇数转主轴缓冲定位的问题。

扁螺旋钢丝的成型导板安装在菱形金属网编织机主轴的一端，主轴的另一端安装有曲柄滑块机构和霍耳角位置传感器。主轴由电磁离合器通过一对啮合齿轮实现减速传动，动作控制单元依据霍耳传感器提供的主轴转数信号控制电磁离合器的断电。若将主轴定位于活塞处于上极限的位置，如图 5.40 所示，当主轴转到剩最后半圈的时刻，电磁铁 A_1 得电，油口 C_1 被关闭，由于主轴部件的惯性力矩与电磁离合器的剩余力矩可以使主轴转 2 圈以上，所以，主轴作惯性减速转动，通过曲柄滑块机构带动活塞继续上行，当活塞上部自行封住节流口 J_1 时，活塞停止，主轴得到一个位置的定位。停歇结束，电磁铁 A_1 失电，油口 C_1 被打开，电磁离合器通电，主轴又转动。当主轴转到剩最后半圈的时刻，电磁铁 A_2 得电，油口 C_2 被关闭，活塞继续下行，当活塞下部自行封住节流口 J_2 时，活塞停止，主轴得到另一个位置的定位。主轴两次停歇的理论相位差为 180°。如此循环，实现了主轴的双位缓冲精确定位。当主轴作最后半圈之前的转动时，电磁铁 A_1、A_2 均失电，油口 C_1、C_2 均处于打开状态。

在图 5.40 中，油口 C_1、C_2 的通流面积均为 $h \times B(\text{mm}^2)$，其中 h 为油口的高度，B 为油口的宽度。油口配件 3、16 为装配结构，目的在于方便油口密封表面的精加工，提高油口零件密封表面的密封性。引入斜楔零件 7、14，目的在于降低油口密封零件的尺寸加工精度，但

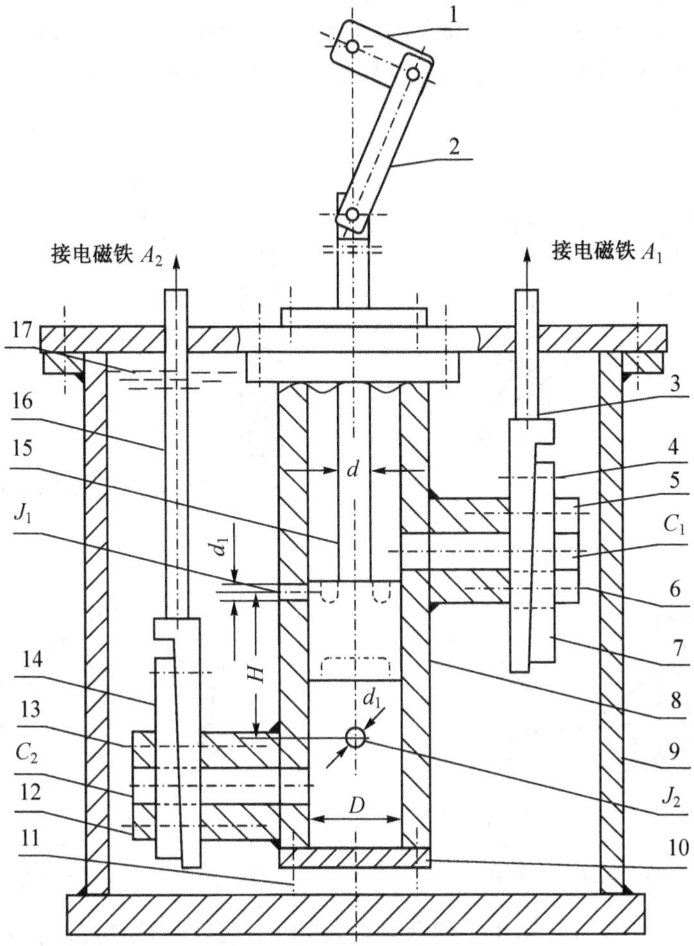

图 5.40　主轴双位缓冲定位装置的部分结构简图置的设计

1. 曲柄　2. 连杆　3. 电磁铁推杆　4，6，11，13. 螺栓联接　5，12. 油口配件　7，14. 间隙调节件　8. 油缸　9. 油箱　10. 油缸盖　15. 活塞杆　16. 电磁铁的推杆　17. 油面　C_1. 上油口　J_1. 上端节流口　C_2 下油口　J_2. 下端节流口

是油口的密封性能可以得到调节。节油口 J_1、J_2 的外端设置有间隙可调的环面径向缝隙流动的结构，其目的在于通过环面径向缝隙流动的阻力，消耗主轴部件的动能，减少定位时的冲击作用。该结构使进出环面径向缝隙的油压与缝隙的三次方成反比。设活塞的高度为 H_1(mm)，节流口的直径为 d_1(mm)，曲柄滑块机构的曲柄长度为 a(mm)，则上下两节流口的距离 $H = H_1 + 2a - d_1 - 2$(mm)。

5.9　平面连杆机构的应用

平面连杆机构因其承载能力大，可以满足或近似满足很多的运动规律，所以，应用十分广泛。以下对一些典型应用作简单的介绍，首先介绍平面四杆机构的一些应用。

对于双摇杆机构，它的两个连架杆相对于机架均作摆动，当连杆为转动主动件时，如图

5.41 所示，则可以实现电扇的摇头；当一个摇杆为摆动主动件时，如图 5.42 所示，则可以实现汽车的转向；当一个摇杆为摆动主动件时，如图 5.43 所示，则可以实现砂箱的翻箱；当一个摇杆为摆动主动件、利用连杆上一点的水平轨迹作为运动输出时，如图 5.44 所示，则可以实现码头货物的平移。

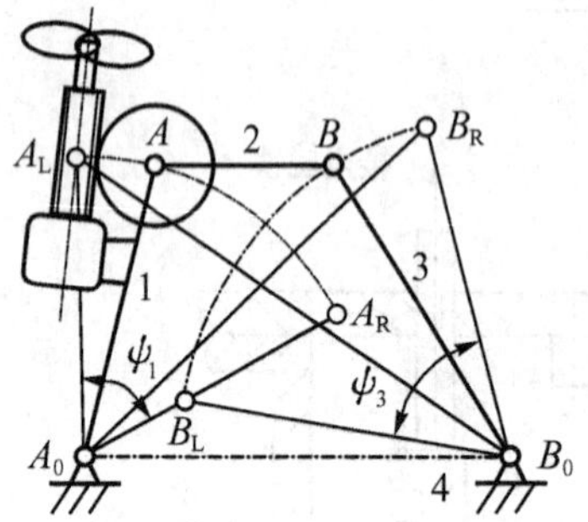

图 5.41　电扇摇头机构

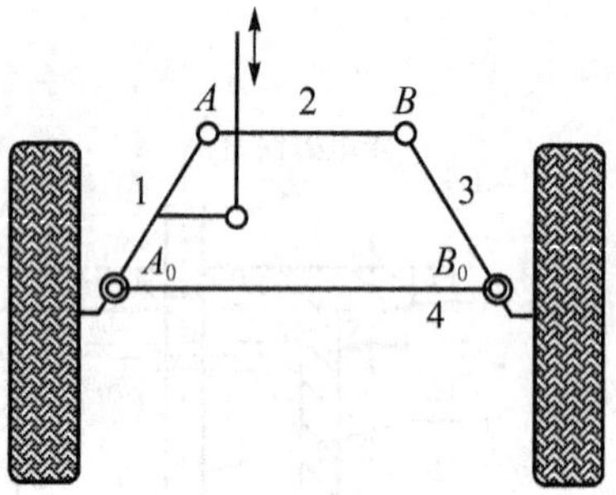

图 5.42　前轮转向机构

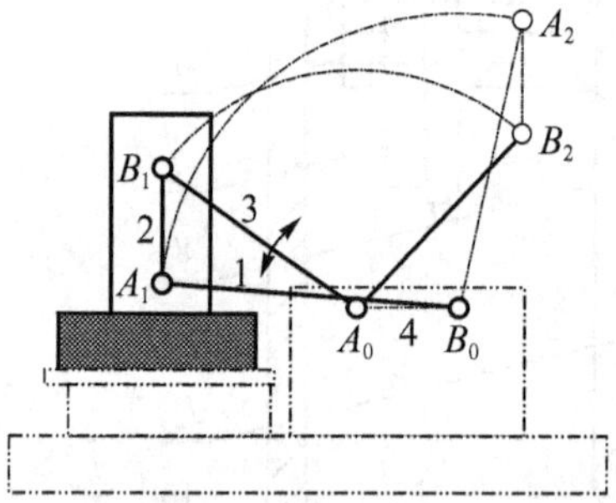

图 5.43　砂箱翻箱机构

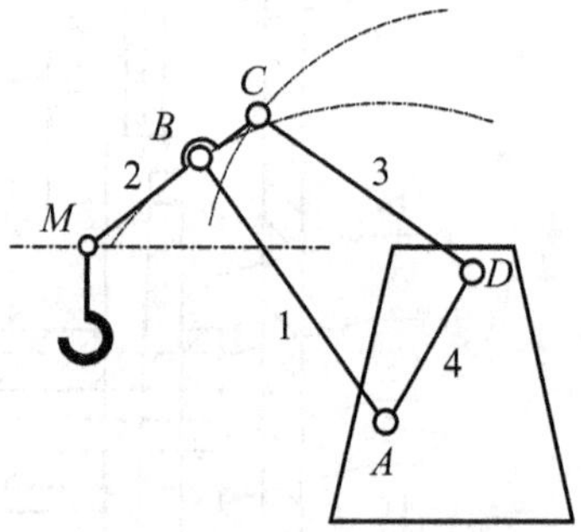

图 5.44　码头起重机机构

对于曲柄摇杆机构，当曲柄作整周转动时，若利用连杆与摇杆之间的相对运动对外做功，如图 5.45 所示，则可以设计出基于曲柄摇杆机构的飞剪剪切机；若利用连杆上一点的水平轨迹作为运动输出时，如图 5.46 所示，在 $AD = 2$，$AB = 1$，$BC = CD = CE = 2.5$ 的几何条件下，则可以设计出基于曲柄摇杆机构的物料传送机构。曲柄摇杆机构的连杆上之轨迹曲线的形态是十分丰富的。

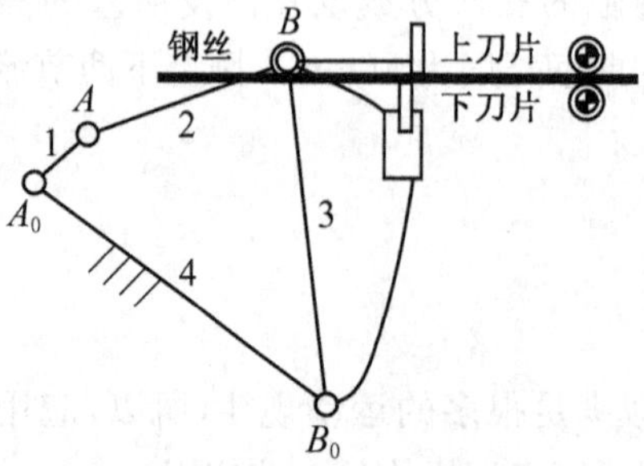

图 5.45　飞剪机剪切机构

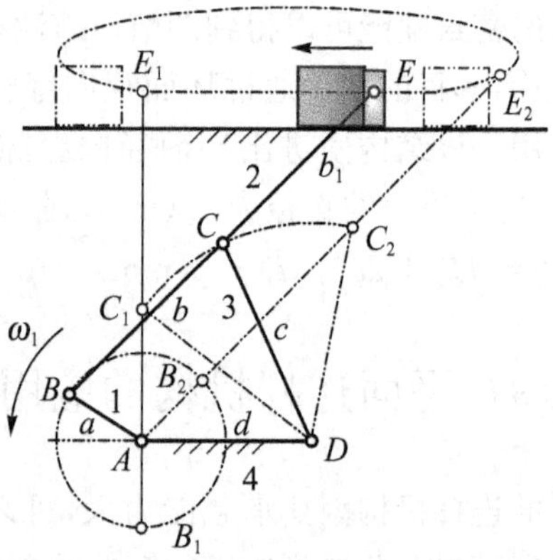

图 5.46　实现近似直线的曲柄摇杆机构

对于曲柄滑块机构，如图 5.47 所示，在 $BP=(BC)^2/AB$ 的几何条件下，则可以设计出基于曲柄滑块机构的物料上下传送。在 $a=15$，$b=40$，$r=55$，$h=6$，$\theta=50°$ 的几何条件下，如图 5.48 所示，则可以实现 8 字形的轨迹输出。曲柄滑块机构的连杆上之轨迹曲线的形态同样是十分丰富的。

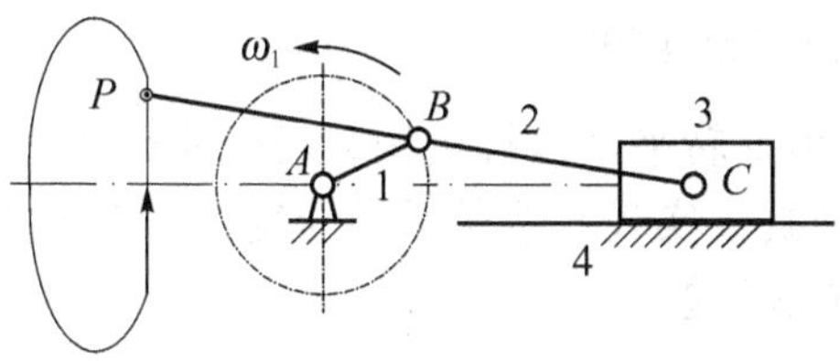

图 5.47　实现近似直线的曲柄滑块机构

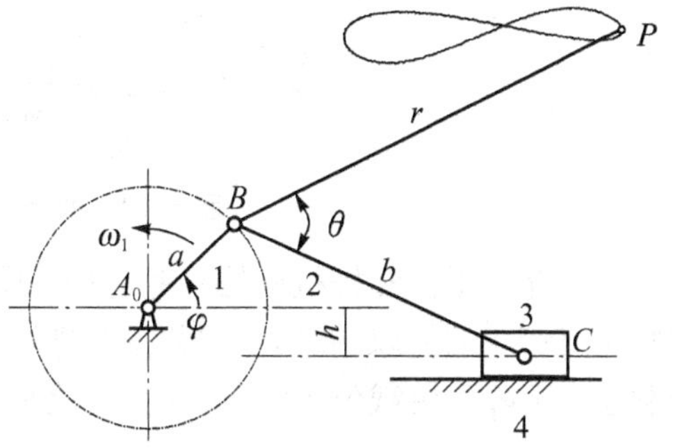

图 5.48　实现 8 字形轨迹的曲柄滑块机构

对于曲柄摇块机构，如图 5.49 所示，在 $AC=1.5AB$，$BP=5.3AB$ 的几何条件下，导杆上的 P 点生成近似直线轨迹。在图 5.50 中，$BP=[(AC)^2-(AB)^2]^{0.5}$，则 P 点生成 8 字形轨迹。

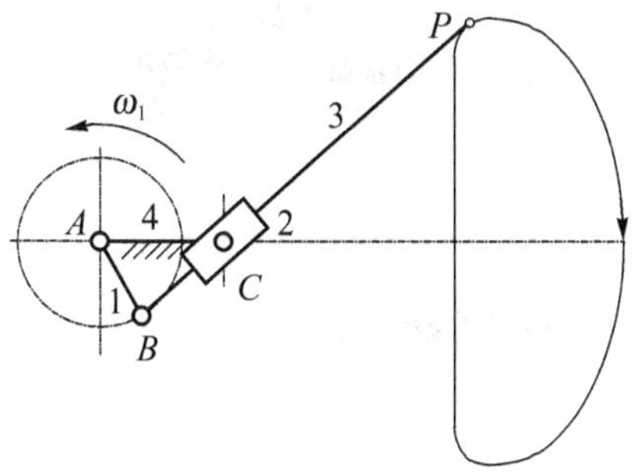

图 5.49　实现近似直线的曲柄摇块机构

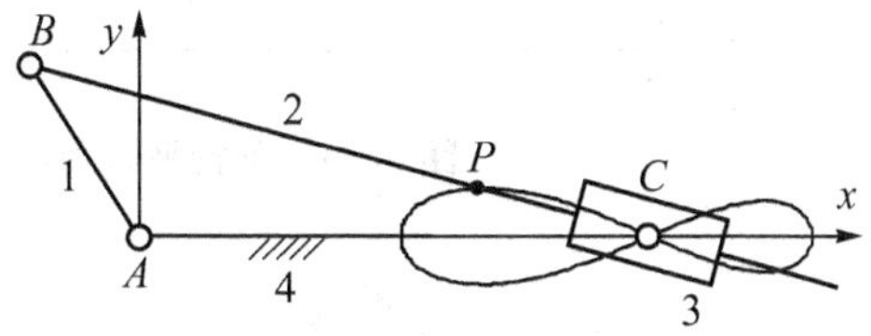

图 5.50　实现 8 字形轨迹的曲柄摇块机构

图 5.51 为汽车悬架中使用的双摇杆机构。通过该种支撑，汽车左右轮子的上下颠簸传到汽车车身的幅度大大减少。

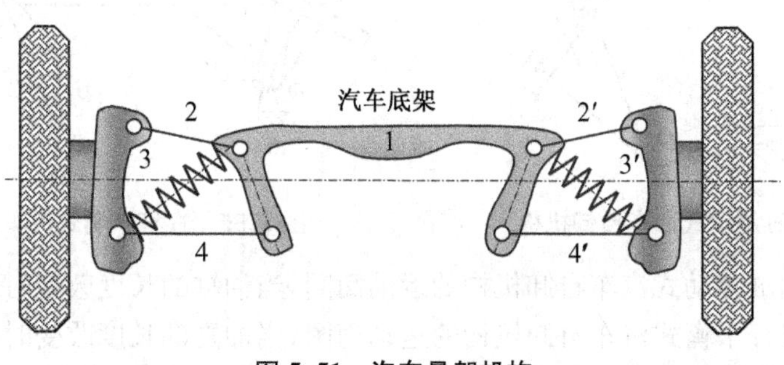

图 5.51　汽车悬架机构

图 5.52 为平面八杆机构在物料传送上的应用，图 5.52 中 $O_1A=1$，$O_1O_3=2.22$，$AB_1=2.06$，$AP=3.06$，$O_3B_1=2.33$，$\angle PAB_1=31°$，B_1P 与 B_2P' 平行且相等，O_6B_2 与 O_3B_1 平行且相等，O_3O_6、PP'、B_1B_2 平行且相等。

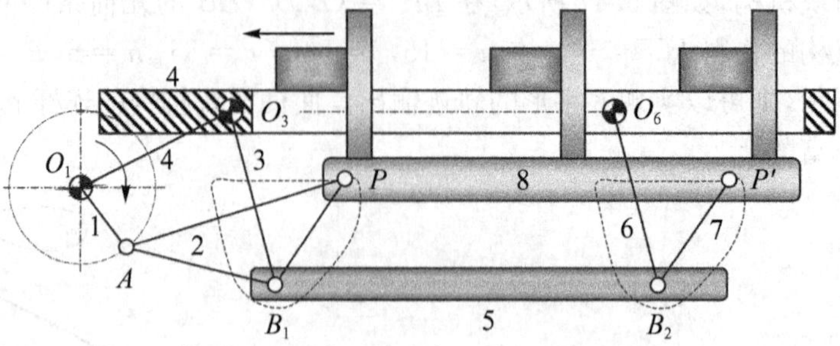

图 5.52 曲柄摇杆机构用于物料传送

以下介绍平面多杆机构的一些应用。图 5.53 为反转平面六杆机构装载机的运动简图，油缸 1 对铲斗的铲取、放平与卸载位置进行操作，油缸 2 实现铲斗的举升与复位。当铲斗从卸载位置下降至装载位置时，铲斗自动放平，处于铲取状态。

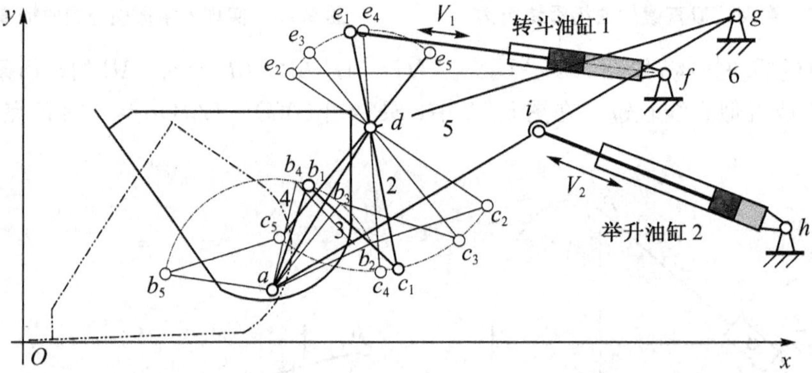

图 5.53 反转平面六杆机构装载机工作机构的设计图

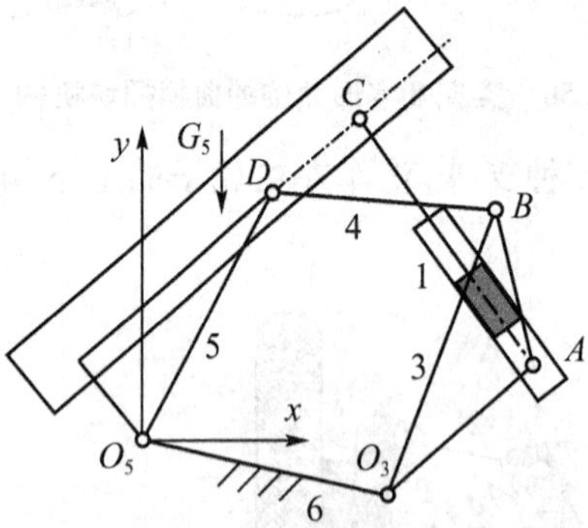

图 5.54 油缸浮动式汽车自卸机构

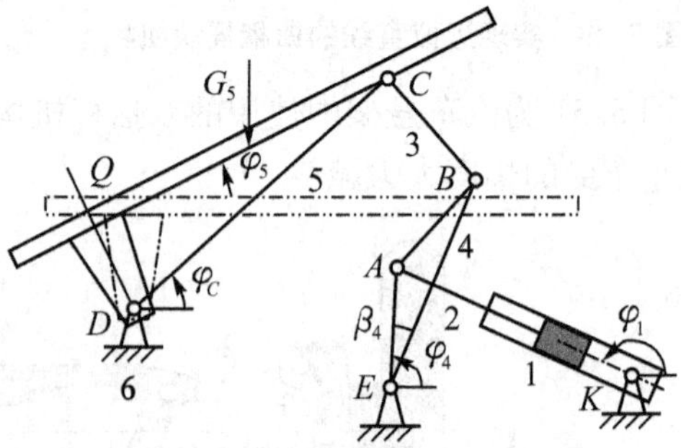

图 5.55 杠杆平衡式汽车自卸机构

图 5.54 为油缸浮动式汽车自卸机构的运动简图，当油缸的长度改变时，车厢作举升与复位。图 5.55 为杠杆平衡式汽车自卸机构的运动简图，当油缸的长度改变时，车厢作举升与复位。图 5.56 为前推式汽车自卸机构的运动简图，当油缸的长度改变时，车厢作举升与复位。图 5.57 为后推式汽车自卸机构的运动简图，当油缸的长度改变时，车厢作举升与复位。

图 5.58 为平面六杆机构在平口钳上的应用[56]。图中 O_A、O_B、A_0 是上手把 1 上的三个转动副，O_A、A 是下手把 2 上的两个转动副，O_B、B 是摇杆 3 上的两个转动副，A、B、E 是连

杆 4 上的三个转动副，E、E_0 是连杆 5 上的两个转动副，E、A_0 是连杆 6 上的两个转动副。E 点是杆 1、2、3 与 4 所组成的平面四杆机构的连杆 4 上的一个拐点。当钳口作相对运动时，钳口近似为平动。

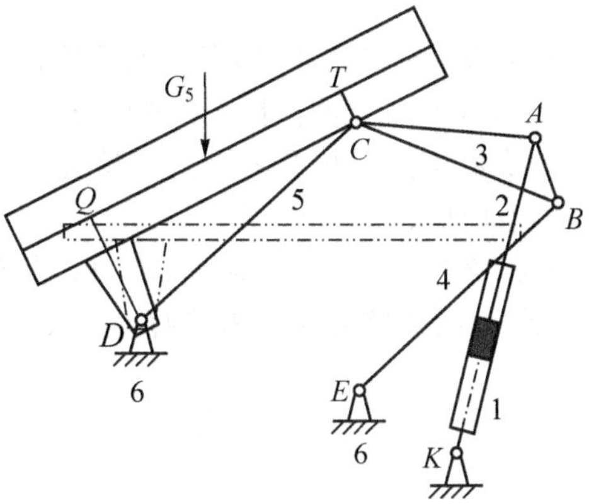

图 5.56　前推式汽车自卸机构

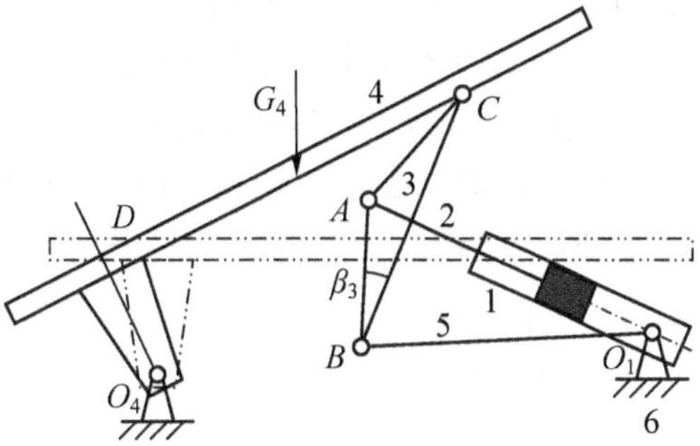

图 5.57　后推式汽车自卸机构

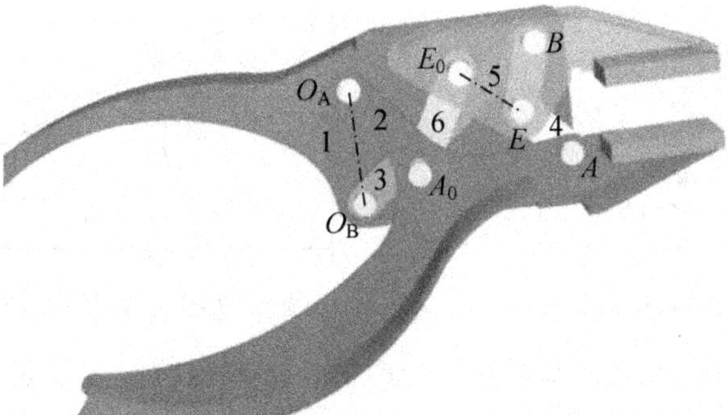

图 5.58　平面六杆机构型平口钳

习　题

5-1　试确定题 5-1 图所示偏置曲柄滑块机构中 AB 为曲柄的几何条件。若为对心曲柄滑块机构($e=0$)，其条件又如何？

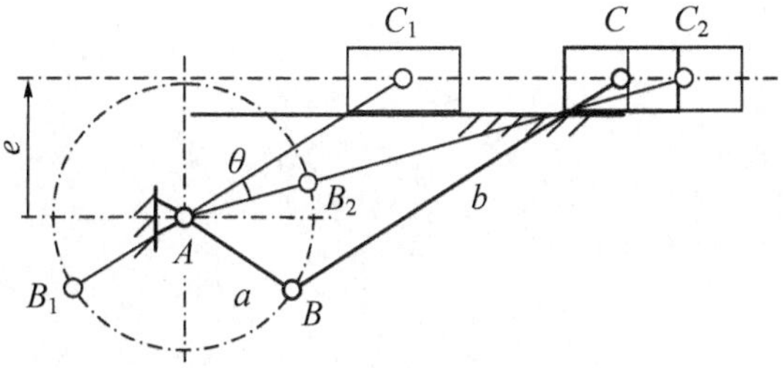

题 5-1 图　偏置曲柄滑块机构

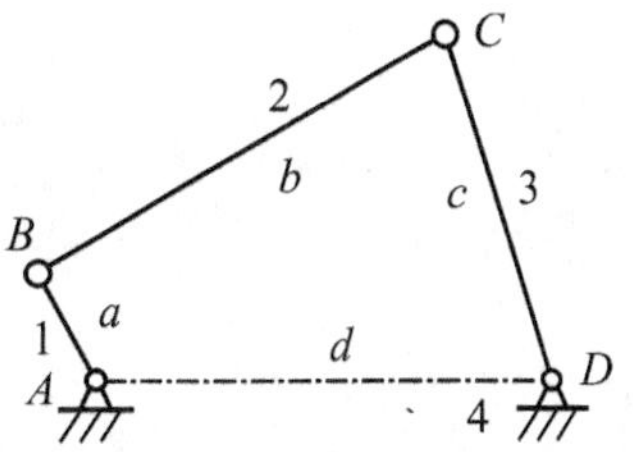

题 5-2 图　铰链四杆机构

5-2　在题 5-2 图所示铰链四杆机构中，已知 $b=55\ \text{mm}$，$c=35\ \text{mm}$，$d=30\ \text{mm}$，d 为机架。(1) 若为曲柄摇杆机构，a 为曲柄，试求 a 的最大值；(2) 若为双曲柄机构，试求 a 的

最小值；(3) 若为双摇杆机构，试求 a 的值域。

5-3　参见题 5-1 图所示的偏置曲柄滑块机构，已知：$a=24$ mm，$b=72$ mm，$e=15$ mm，试作图求解：(1) 滑块的行程 H；(2) 曲柄为主动件时，机构的最小传动角 γ_{min}；(3) 滑块为主动件时，机构的死点位置。

5-4　试用图解法设计题 5-2 图所示的曲柄摇杆机构。已知摇杆 CD 的急回系数 $K=1.4$，机架 $d=60$ mm，摇杆长 $c=45$ mm，其摆角 $\psi=50°$，试确定曲柄长 a 和连杆长 b。

5-5　试用图解法设计题 5-1 图所示的曲柄滑块机构。已知滑块的急回系数 $K=1.5$，滑块的行程 $H=55$ mm，偏距 $e=15$ mm，试确定曲柄长 a 和连杆长 b。

5-6　试设计题 5-6 图所示的脚踏轧棉机上的曲柄摇杆机构。要求踏板 CD 在水平位置上下各摆 10°，$l_{CD}=500$ mm，$l_{AD}=1\,000$ mm，用几何作图法求曲柄 l_{AB}和连杆 l_{BC}的长度。

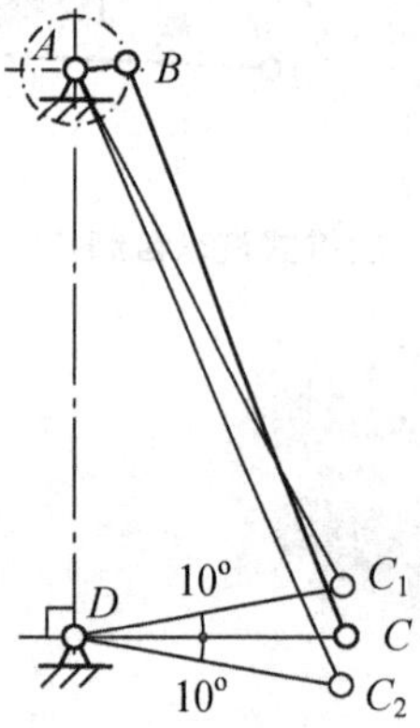

题 5-6 图脚踏轧棉机机构

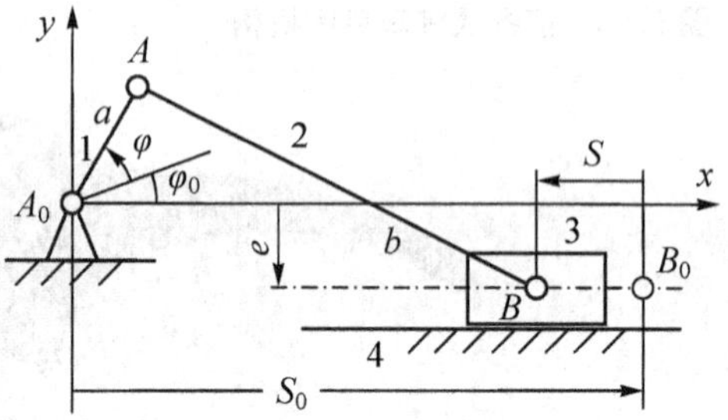

题 5-7 图曲柄滑块函数生成机构

5-7　如题 5-7 图所示，已知滑块 3 与曲柄 1 的对应位置如下表所示。试用解析法设计 a、b、e 的长度。

S_0	S_1	S_2	S_3	S_4	S_5	S_6	S_7	S_8	S_9	S_{10}
0.086	0.008	0.012	0.016	0.020	0.023 5	0.027	0.030	0.033	0.035 5	0.037 5
φ_0	φ_1	φ_2	φ_3	φ_4	φ_5	φ_6	φ_7	φ_8	φ_9	φ_{10}
20°	5°	20°	35°	50°	65°	80°	95°	110°	125°	140°

6 凸轮机构及其设计

6.1 概述

凸轮机构是一类由凸轮、从动件和机架所组成的高副机构。由于该类机构中至少存在一个高副，所以，其承载能力相对较小。又由于它几乎可以实现任意的运动规律，所以，它在运动控制与工作阻力相对较小的场合得到了广泛的应用。

6.2 凸轮机构的分类及封闭形式

凸轮机构的类型很多，根据从动件的运动形式，可分为直动和摆动两类。根据凸轮的形状、从动件的形状、凸轮与从动件的封闭形式，凸轮机构可以分为四种类型。第一，直动从动件凸轮机构，如图 6.1 中的(a)～(e)、(i)、(j)所示。第二，摆动从动件凸轮机构，如图 6.1 中的(f)～(h)所示。第三，从动件与凸轮以力封闭的凸轮机构，如图 6.1(c)所示，它是在从动件上套装一个弹簧，弹簧的一端顶住机架，另一端顶住从动件，从而确保从动件与凸轮始终接触。第四，从动件与凸轮以几何封闭的凸轮机构，如图 6.1(i)、(j)所示，此时从动件与凸轮之间无须借助于外力而始终保持接触。

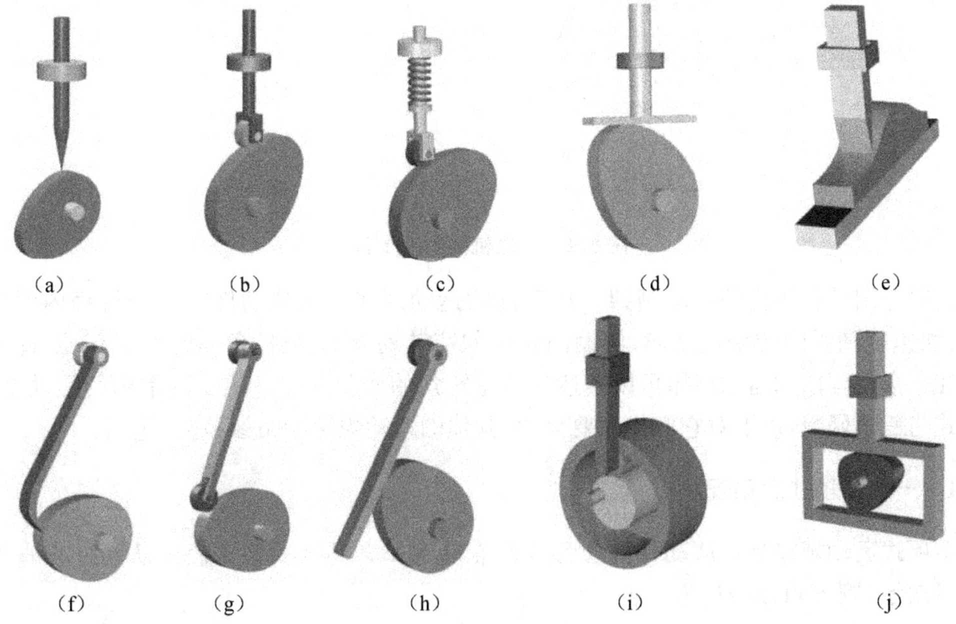

图 6.1 凸轮机构的类型

6.3 从动件常用的运动规律

由于凸轮机构主要完成运动变换的工作，其几何设计是在已知从动件运动规律的条件下确定凸轮的轮廓，所以，首先应了解从动件常用的运动规律，以便正确选择。为了叙述问题的需要，先介绍凸轮机构的基本名词。图 6.2 所示为一对心直动尖底推杆盘形凸轮机构，凸轮 1 绕 O 点转动，以 O 点为中心所作的半径最小、与凸轮轮廓相切的圆称为基圆，基圆的半径用 r_0 表示。图中 AB、BC、CD 和 DA 四段组成凸轮轮廓，其中 BC、DA 两段为圆心在 O 点的圆弧。当凸轮与推杆在 A 点接触时，推杆处于最低位置。当凸轮以 ω_1 转动时，推杆在 AB 段曲线的推动下向上运动，并从最低位置 A 推到最高位置 B'，推杆的这一运动过程称为推程，其行程用 h 表示，相应的凸轮转角 δ_0 称为推程运动角。当推杆与 BC 段曲线接触时，推杆在最高位置静止，该过程称为远休止，相应的凸轮转角 δ_{01} 称为远休止角。当推杆与 CD 段曲线接触时，推杆从最高位置下降到最低位置，该过程称为回程，相应的凸轮转角 δ'_0 称为回程运动角。最后，当推杆与 DA 段曲线接触时，推杆在最低位置静止，该过程称为近休止，相应的凸轮转角 δ_{02} 称为近休止角。

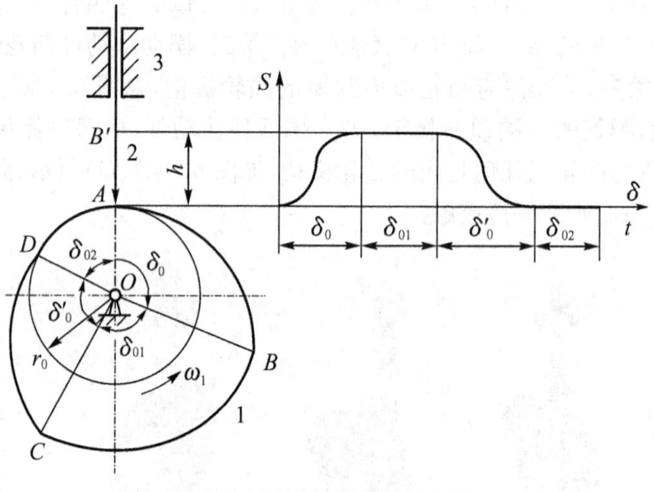

图 6.2　凸轮机构的基本名词

其次介绍凸轮机构的运动规律。从动件的运动规律是指从动件在一个行程内的位移、速度、加速度随时间的变化规律，假设凸轮作匀速转动，凸轮的转角与时间成正比，此时，从动件在一个行程内的运动规律可以表达为凸轮转角的变化规律。从动件常用的运动规律为多项式与三角函数，以下对它们作简要介绍，其他的运动规律参阅参考文献[7]。

6.3.1 一次多项式运动规律

多项式运动规律是指从动件的位移与凸轮转角呈多项式关系。假设从动件作直动，位移用 S 表示，则 S 可以表达为

$$S = C_0 + C_1\delta + C_2\delta^2 + C_3\delta^3 + \cdots + C_n\delta^n \tag{6.1}$$

式中 C_0、C_1、C_2、…、C_n 为待定系数，可以通过已知的设计条件予以确定。当 $S = C_0 + C_1\delta$

时，称从动件作一次多项式规律的运动。若 $\delta=0$ 时，$S=0$；$\delta=\delta_0$ 时，$S=h$，则 $C_0=0$，$C_1=h/\delta_0$，于是，推杆从最低位置向上运动的运动规律为

$$\left.\begin{aligned} S &= h\delta/\delta_0 \\ V &= \mathrm{d}S/\mathrm{d}t = h\omega_1/\delta_0 \\ a &= \mathrm{d}^2S/\mathrm{d}t^2 = 0 \end{aligned}\right\} \tag{6.2}$$

其运动曲线如图 6.3 所示。

当从动件从最高位置向下运动时，其运动规律为

$$\left.\begin{aligned} S &= h(1-\delta/\delta'_0) \\ V &= \mathrm{d}S/\mathrm{d}t = -h\omega_1/\delta'_0 \\ a &= \mathrm{d}^2S/\mathrm{d}t^2 = 0 \end{aligned}\right\} \tag{6.3}$$

由图 6.3 可见，推杆在运动开始与终了时因速度发生突变而使加速度达到无限大，此时，推杆突然产生非常大的惯性力作用在凸轮上或离开凸轮，称该情况为刚性冲击，使凸轮与推杆的接触区产生很大的应力与明显的塑性变形，从而严重影响凸轮机构的正常工作。但是，当凸轮的转速不超过 60 r/min时，该刚性冲击不会影响凸轮机构的正常工作。

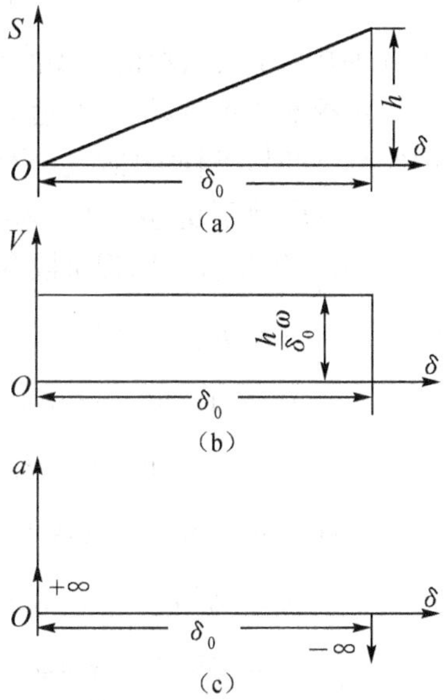

图 6.3　一次多项式运动曲线

6.3.2　二次多项式运动规律

二次多项式运动规律的形式如式(6.4)所示，这时推杆的加速度为常数。在推程阶段，若边界条件为

$$\left.\begin{aligned} S &= C_0 + C_1\delta + C_2\delta^2 \\ V &= \mathrm{d}S/\mathrm{d}t = C_1\omega_1 + 2C_2\omega_1\delta \\ a &= \mathrm{d}^2S/\mathrm{d}t^2 = 2C_2\omega_1^2 \end{aligned}\right\} \tag{6.4}$$

推程始点处 $\delta=0$，$S=0$，$V=0$；

推程中点处 $\delta=\delta_0/2$，$S=h/2$。

将其代入式(6.4)得 $C_0=0$，$C_1=0$，$C_2=2h/\delta_0^2$。于是得推杆等加速上升的运动规律为

$$\left.\begin{aligned} S &= 2h\delta^2/\delta_0^2 \\ V &= \mathrm{d}S/\mathrm{d}t = 4h\omega_1\delta/\delta_0^2 \\ a &= \mathrm{d}^2S/\mathrm{d}t^2 = 4h\omega_1^2/\delta_0^2 \end{aligned}\right\} \tag{6.5a}$$

推杆等加速上升阶段的运动曲线如图 6.4 所示。

推程等减速上升阶段的边界条件为

始点处 $\delta=\delta_0/2$，$S=h/2$；

终点处 $\delta=\delta_0$，$S=h$，$V=0$。

将其代入式(6.4)得 $C_0=-h$，$C_1=4h/\delta_0$，$C_2=-2h/\delta_0^2$。于是推杆等减速上升阶段的运动规律为

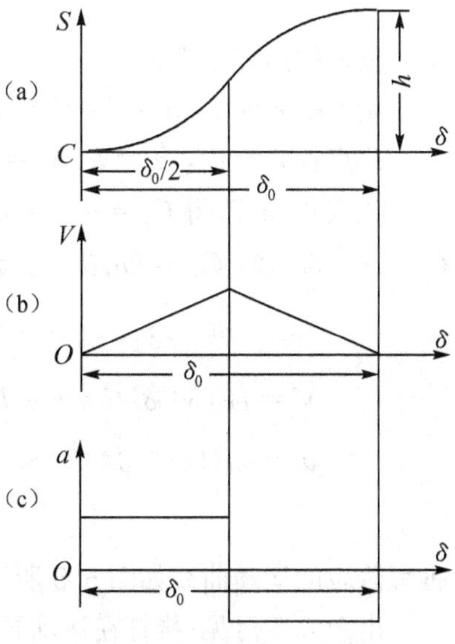

图 6.4　二次多项式运动曲线

$$
\left.\begin{aligned}
S &= h - 2h(\delta_0 - \delta)^2/\delta_0^2 \\
V &= \mathrm{d}S/\mathrm{d}t = 4h\omega_1(\delta_0 - \delta)/\delta_0^2 \\
a &= \mathrm{d}^2S/\mathrm{d}t^2 = -4h\omega_1^2/\delta_0^2
\end{aligned}\right\} \tag{6.5b}
$$

推杆等减速上升阶段的运动曲线如图 6.4 所示。

由图 6.4 可见，推杆在运动开始、加速与减速的转折点以及运动终了时，加速度发生有限的突变，此时，推杆突然产生较大的惯性力作用在凸轮上或离开凸轮，称该情况为柔性冲击。当凸轮的转速不超过 250 r/min 时，该种冲击对凸轮机构的正常工作影响不太大。

同理，得推杆在回程阶段等加速下降的运动规律为

$$
\left.\begin{aligned}
S &= h - 2h\delta^2/\delta_0'^2 \\
V &= \mathrm{d}S/\mathrm{d}t = -4h\omega_1\delta/\delta_0'^2 \\
a &= \mathrm{d}^2S/\mathrm{d}t^2 = -4h\omega_1^2/\delta_0'^2
\end{aligned}\right\} \quad 0 \leqslant \delta \leqslant \delta_0'/2 \tag{6.6a}
$$

推杆在回程阶段等减速下降的运动规律为

$$
\left.\begin{aligned}
S &= 2h(\delta_0' - \delta)^2/\delta_0'^2 \\
V &= \mathrm{d}S/\mathrm{d}t = -4h\omega_1(\delta_0' - \delta)/\delta_0'^2 \\
a &= \mathrm{d}^2S/\mathrm{d}t^2 = 4h\omega_1^2/\delta_0'^2
\end{aligned}\right\} \quad \delta_0'/2 < \delta \leqslant \delta_0' \tag{6.6b}
$$

6.3.3 五次多项式运动规律

将式(6.1)中的 n 取 5，对 S 取关于时间 t 的 1、2 阶导数，得 S、V 与 a 分别为

$$
\left.\begin{aligned}
S &= C_0 + C_1\delta + C_2\delta^2 + C_3\delta^3 + C_4\delta^4 + C_5\delta^5 \\
V &= \mathrm{d}S/\mathrm{d}t = C_1\omega_1 + 2C_2\omega_1\delta + 3C_3\omega_1\delta^2 + 4C_4\omega_1\delta^3 + 5C_5\omega_1\delta^4 \\
a &= \mathrm{d}^2S/\mathrm{d}t^2 = 2C_2\omega_1^2 + 6C_3\omega_1^2\delta + 12C_4\omega_1^2\delta^2 + 20C_5\omega_1^2\delta^3
\end{aligned}\right\} \tag{6.7}
$$

推程的边界条件为

始点处 $\delta = 0,\ S = 0,\ V = 0,\ a = 0$。

终点处 $\delta = \delta_0,\ S = h,\ V = 0,\ a = 0$。

代入式(6.7)得 $C_0 = C_1 = C_2 = 0,\ C_3 = 10h/\delta_0^3,\ C_4 = -15h/\delta_0^4,\ C_5 = 6h/\delta_0^5$。于是运动方程为

$$
\left.\begin{aligned}
S &= 10h\delta^3/\delta_0^3 - 15h\delta^4/\delta_0^4 + 6g\delta^5/\delta_0^5 \\
V &= \omega_1(30h\delta^2/\delta_0^3 - 60h\delta^3/\delta_0^4 + 30h\delta^4/\delta_0^5) \\
a &= \omega_1^2(60h\delta/\delta_0^3 - 180h\delta^2/\delta_0^4 + 120h\delta^3/\delta_0^5)
\end{aligned}\right\} \tag{6.8}
$$

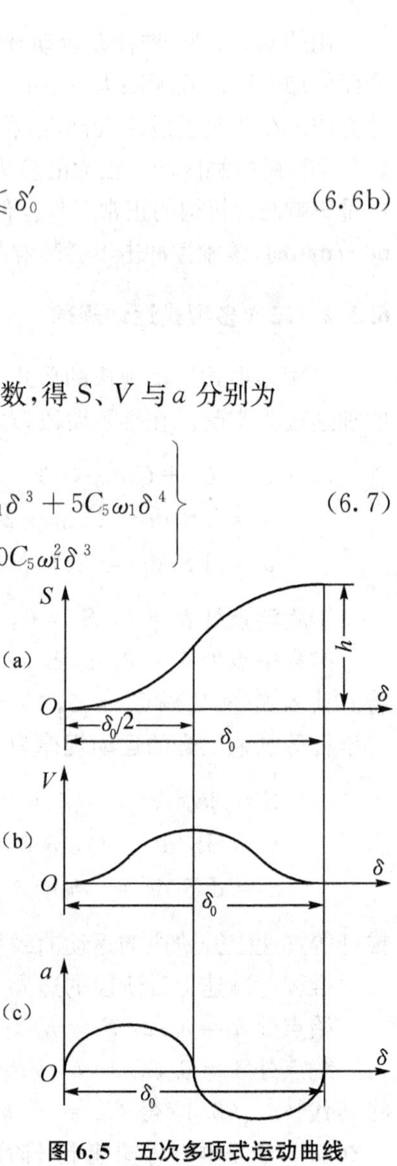

图 6.5 五次多项式运动曲线

推程阶段的运动曲线如图 6.5 所示。

由图 6.5 可见，推杆在运动开始与终了时，速度与加速度都为零，速度与加速度都连续变化，为此，凸轮与从

动件之间无刚性与柔性冲击。该种运动规律可以使凸轮的转速达到 800 r/min，而冲击效应不怎么明显。

6.3.4 余弦加速度运动规律

当从动件的运动规律按式(6.9)变化时，称为余弦加速运动规律。

$$\left.\begin{aligned} S &= \frac{h}{2}\left[1-\cos\left(\frac{\pi}{\delta_0}\delta\right)\right] \\ V &= \frac{\pi h\omega_1}{2\delta_0}\sin\left(\frac{\pi}{\delta_0}\delta\right) \\ a &= \frac{\pi^2 h\omega_1^2}{2\delta_0^2}\cos\left(\frac{\pi}{\delta_0}\delta\right) \end{aligned}\right\} \tag{6.9}$$

余弦加速度运动规律的边界条件为，当 $\delta = 0$ 时，$S = 0$，$V = 0$，$a = \pi^2 h\omega_1^2/(2\delta_0^2)$；当 $\delta = \delta_0$ 时，$S = h$，$V = 0$，$a = -\pi^2 h\omega_1^2/(2\delta_0^2)$。推程阶段的运动曲线如图 6.6 所示。

由图 6.6(c)可见，推杆在运动开始与终了时，加速度发生有限的突变，此时，推杆突然产生较大的惯性力作用在凸轮上或离开凸轮，仍然会产生柔性冲击。当凸轮的转速不超过 400 r/min时，该种冲击对凸轮机构的正常工作影响不太大。

6.3.5 正弦加速度运动规律

当从动件的运动规律按式(6.10)变化时，称为正弦加速度运动规律。

正弦加速度运动规律的边界条件为，当 $\delta = 0$ 时，$S = 0$，$V = 0$，$a = 0$；当 $\delta = \delta_0$ 时，$S = h$，$V = 0$，$a = 0$。

推程阶段的运动曲线如图 6.7 所示。由图 6.7 可见，推杆在运动开始与终了时，速度与加速度都为零，速度与加速度都连续变化，为此，凸轮与从动件之间无刚性与柔性冲击。该种运动规律可以使凸轮的转速达到 900 r/min，而冲击效应不怎么严重。

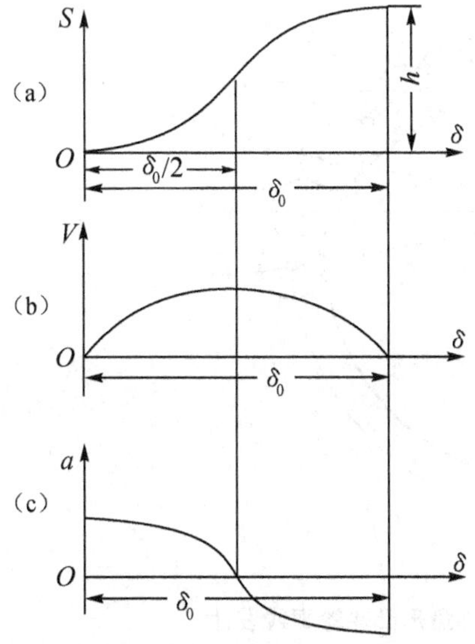

图 6.6 余弦加速度运动曲线

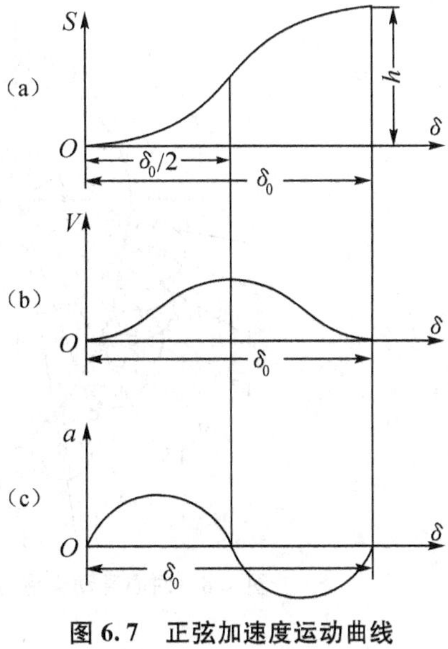

图 6.7 正弦加速度运动曲线

$$
\left.\begin{aligned}
S &= \frac{h}{2\pi}\left[\frac{\delta}{\delta_0} - \sin\left(\frac{2\pi}{\delta_0}\delta\right)\right] \\
V &= \frac{h\omega_1}{\delta_0}\left[1 - \cos\left(\frac{2\pi}{\delta_0}\delta\right)\right] \\
a &= \frac{2\pi h\omega_1^2}{\delta_0^2}\sin\left(\frac{2\pi}{\delta_0}\delta\right)
\end{aligned}\right\} \tag{6.10}
$$

6.4 盘形凸轮轮廓曲线的作图法设计

当选定了从动件的运动规律、凸轮机构的型式、凸轮的基圆半径与转向，就可以采用作图的方法进行凸轮轮廓的设计。

6.4.1 对心直动尖底从动件盘形凸轮轮廓曲线的设计

假设已知从动件的运动规律 $S = S(\delta)$、凸轮的理论基圆半径 r_0 与转向，于是，凸轮轮廓的作图法设计过程如下。

(1) 将从动件的运动规律曲线在 δ_0、δ_{01}、δ_0' 和 δ_{02} 区间内分别划分为若干等份，在比例尺 μ_L(实际尺寸/图上尺寸)下，得凸轮在一系列转角 δ_i 位置的对应位移数值 $S_i(\delta_i)$，$i = 1,2,3,\cdots$。

(2) 选择作图比例尺 μ_L(实际尺寸/图上尺寸)，画出理论基圆，标注凸轮的转向，画出推杆的初始位置，如图 6.8 所示。

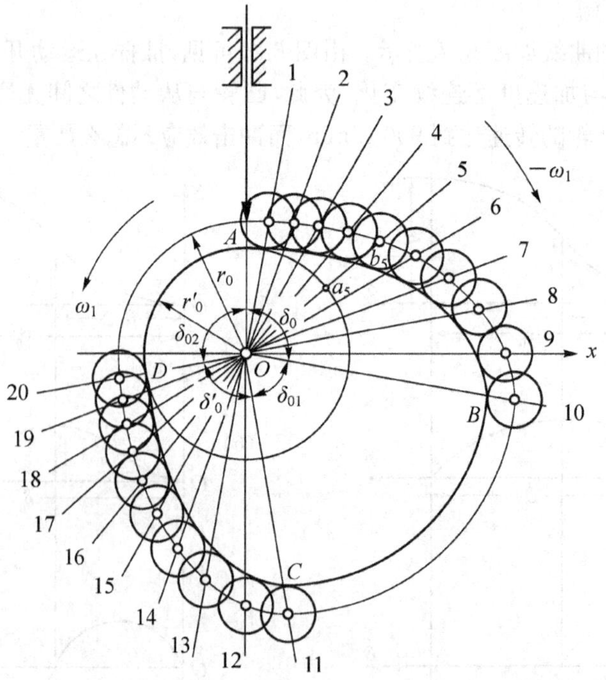

图 6.8 对心直动尖底、滚子从动件盘形凸轮轮廓线设计

(3) 由于凸轮与推杆都运动时无法作图，所以，对整个机构施加一个 $-\omega_1$ 转动，该做法不改变凸轮机构的相对运动，但此时凸轮相对于画图版面不动。沿着 $-\omega_1$ 方向，将推杆相对于凸轮反转的[0,2π]区间作与从动件的运动规律曲线相同的划分，得一系列径向线 1、2、3、4、5…。

(4) 在径向线 1、2、3、4、5…上，量取长度与运动规律曲线上推杆的对应位移相等，如图 6.8 所示，比如，在图 6.8 中 a_5b_5 线段与运动规律曲线上在 $0 \leqslant \delta \leqslant \delta_{01}$ 内的第五个 S_5 相等，$a_5b_5 = S_5 = S_5(\delta_5)$。

(5) 将径向线 1、2、3、4、5…上的一系列点 b_1、b_2、b_3、b_4、b_5…连成一条光滑的曲线，便得凸轮的轮廓，如图 6.8 所示。

6.4.2 对心直动滚子从动件盘形凸轮轮廓曲线的设计

由于尖底从动件与凸轮的接触面积理论上为零，不能承受外力，所以，将尖底所对应的凸轮轮廓称为理论轮廓。为了加大推杆与凸轮的接触面积，可以通过在尖底处安装滚子予以解决，如图 6.8 所示。当在一系列尖底上安装了一系列半径为 r_g 的滚子后，凸轮的轮廓就变成与一系列滚子只相切一次的光滑曲线，该曲线称为凸轮的实际轮廓。此时，尖底所对应的凸轮轮廓与凸轮的实际轮廓构成两条等距曲线，凸轮的实际基圆半径 $r'_0 = r_0 - r_g$。

6.4.3 偏置直动尖底从动件盘形凸轮轮廓曲线的设计

当直动尖底从动件的几何中心线与凸轮的转动中心有一段距离时，称为偏置直动尖底从动件盘形凸轮机构。其凸轮轮廓的设计方法如下。

(1) 将从动件的运动规律 $S = S(\delta)$ 曲线在 δ_0、δ_{01}、δ'_0 和 δ_{02} 区间内分别划分为若干等份，得凸轮在一系列转角下的对应位移数值 $S_i(\delta_i)$，$i=1, 2, 3, \cdots$。

(2) 选择作图比例尺 μ_L(实际尺寸/图上尺寸)，画出基圆、偏置距离 e，且以 O 为圆心、以 e 为半径画偏置圆，标注凸轮的转向，画出推杆的初始位置，如图 6.9 所示。

(3) 对整个机构施加一个 $-\omega_1$ 转动，沿着 $-\omega_1$ 方向，将偏置圆在[0, 2π]区间作与从动件的运动规律曲线相同的划分，得一系列径向线，作这些径向线的垂线得偏置圆的切线 1、2、3、4、5…。

(4) 在切线 1、2、3、4、5…上，量取长度与运动规律曲线上推杆的对应位移相等，比如，在图 6.9 中，a_5b_5 线段与运动规律曲线上在 $0 \leqslant \delta \leqslant \delta_{01}$ 内第五个 S_5 相等，$a_5b_5 = S_5 = S_5(\delta_5)$。

(5) 将切线 1、2、3、4、5…上的一系列点 b_1、b_2、b_3、b_4、b_5…连成一条光滑的曲线，便得凸轮的理论轮廓，如图 6.9 所示。

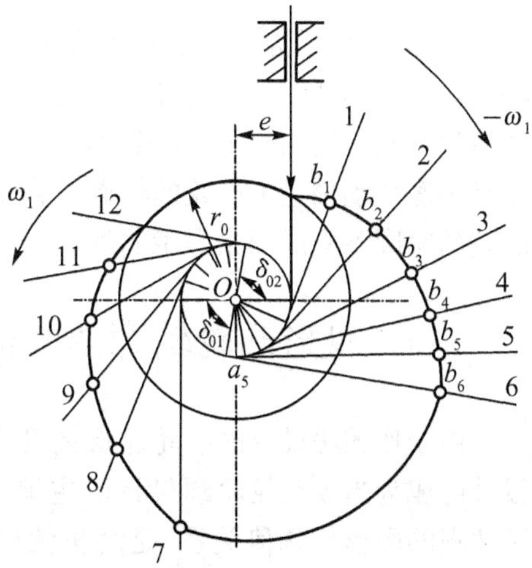

图 6.9 偏置直动尖底从动件盘形凸轮轮廓线设计

6.4.4 偏置直动滚子从动件盘形凸轮轮廓曲线的设计

在图6.9所示的偏置直动尖底从动件盘形凸轮机构的基础上，在一系列尖底上安装一系列半径为 r_g 的滚子，凸轮的轮廓就变成与一系列滚子只相切一次的光滑曲线，该曲线称为凸轮的实际轮廓，如图6.10所示。此时，尖底所对应的凸轮轮廓与凸轮的实际轮廓构成两条等距曲线，凸轮的实际基圆半径 $r'_0 = r_0 - r_g$。

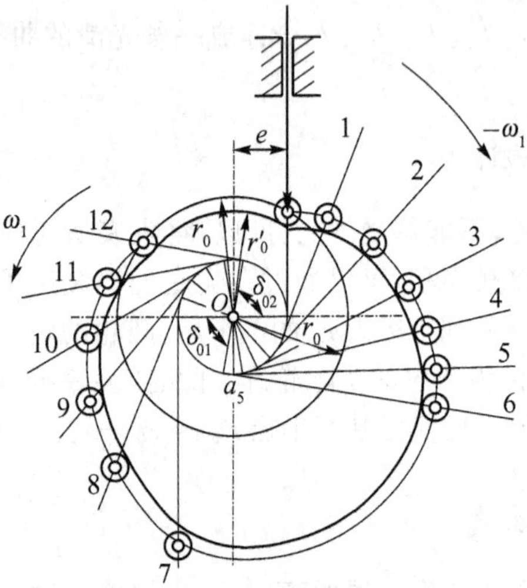

图6.10 偏置直动滚子从动件盘形凸轮轮廓线设计

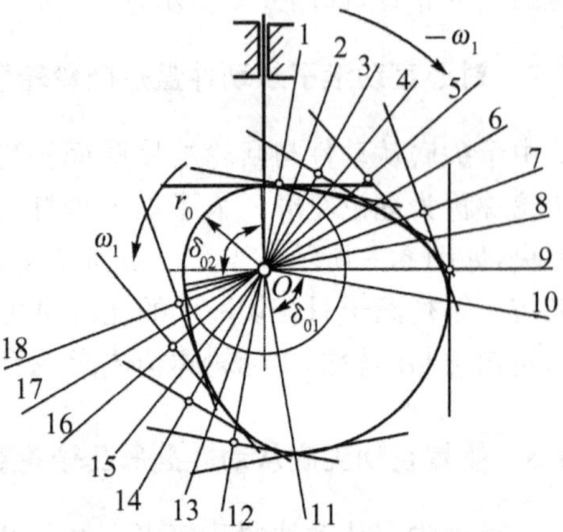

图6.11 直动平底从动件盘形凸轮轮廓线作图法设计

6.4.5 平底直动从动件盘形凸轮轮廓曲线的设计

图6.11所示为直动平底从动件盘形凸轮机构的凸轮轮廓设计图，其凸轮轮廓的设计是将平底与直动从动件几何轴线的交点视为直动从动件的尖底，首先画出尖底的一系列位置，然后过这些位置画出平底，最后，作一条光滑的与这些平底只相切一次的曲线，该曲线即为直动平底从动件盘形凸轮的轮廓。直动平底从动件盘形凸轮的轮廓与直动尖底从动件盘形凸轮的轮廓不构成两条等距曲线。

6.5 盘形凸轮轮廓曲线的解析法设计

由于作图法设计的凸轮轮廓的几何精度较低，基本不能满足生产的需求，所以，解析法设计已成为当今凸轮轮廓设计的主流。但是，作图法设计为解析法设计建立数学方程提供了清晰的图形与几何关系，是解析法的基础。解析法建立的凸轮轮廓的数学方程，经过编码，在数控机床上可以实现凸轮的数控切削加工或磨削。

6.5.1 直动平底从动件盘形凸轮轮廓曲线的解析法设计

图6.12所示为对心直动平底从动件盘形凸轮机构，在图示的坐标系中，当凸轮转过 δ 角时，推杆上升 S。采用反转法，让推杆相对于凸轮反转 δ 角，此时推杆上的平底与凸轮在 C 点接触。作

$OP \parallel BC$，$PC \parallel OB$，P 点为凸轮与推杆的速度瞬心，此时推杆的速度 $V=\omega_1 OP$，OP 的长度等于 $V/\omega_1=(\mathrm{d}S/\mathrm{d}t)/(\mathrm{d}\delta/\mathrm{d}t)=\mathrm{d}S/\mathrm{d}\delta$。为此，凸轮轮廓上任意一点 C 的坐标 x、y 分别为

$$\left.\begin{aligned} x &= (r_0+S)\sin\delta+(\mathrm{d}S/\mathrm{d}\delta)\cos\delta \\ y &= (r_0+S)\cos\delta-(\mathrm{d}S/\mathrm{d}\delta)\sin\delta \end{aligned}\right\} \tag{6.11}$$

式(6.11)即为对心直动平底从动件盘形凸轮机构的凸轮轮廓的方程。

由式(6.11)的推导过程可见，C 的坐标 x、y 与是否存在偏心距 e 无关。显然，平底的最小长度 L 为

$$L=\left(\frac{\mathrm{d}S_{推程}}{\mathrm{d}\delta}\right)_{\max}+\left(\frac{\mathrm{d}S_{回程}}{\mathrm{d}\delta}\right)_{\max}+(5-7)\ \mathrm{mm} \tag{6.12}$$

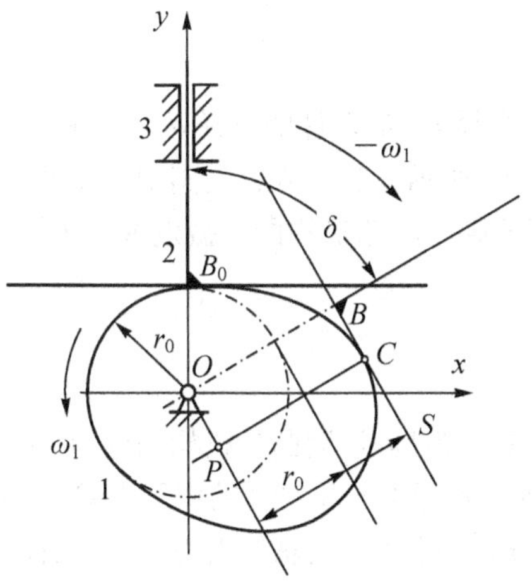

图 6.12　对心直动平底从动件盘形凸轮轮廓线解析法设计

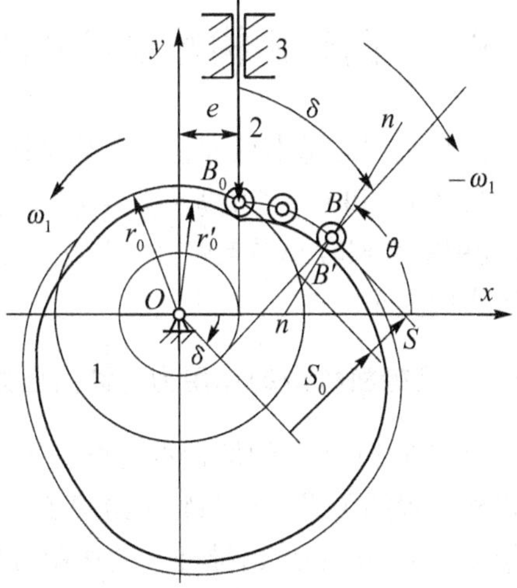

图 6.13　偏置直动滚子从动件盘形凸轮轮廓线设计

6.5.2　直动滚子从动件盘形凸轮轮廓曲线的解析法设计

偏置直动滚子从动件盘形凸轮机构如图 6.13 所示。在图示的坐标系中，直动滚子从动件 2 的几何中心线与凸轮 1 的转动中心 O 之间有一偏心距 e，B_0 点为推杆 2 位于最低位置时滚子中心与凸轮理论轮廓的接触点，B_0 点到 x 轴的距离为 S_0，$S_0=\sqrt{r_0^2-e^2}$，当凸轮转过 δ 角时，推杆 2 上升 S。采用反转法，让推杆 2 相对于凸轮 1 反转 δ 角，此时，滚子中心与凸轮理论轮廓在 B 点接触。为此，凸轮理论轮廓上任意一点 B 的坐标 x、y 分别为

$$\left.\begin{aligned} x &= (S_0+S)\sin\delta+e\cos\delta \\ y &= (S_0+S)\cos\delta-e\sin\delta \end{aligned}\right\} \tag{6.13}$$

由于凸轮实际轮廓与理论轮廓是等距曲线，所以，与 B 点对应的实际轮廓上的 B' 的坐标在过 B 点的法线 $n-n$ 上。B 点的法线 $n-n$ 的斜率为

$$\tan\theta=\frac{\mathrm{d}x}{-\mathrm{d}y}=\frac{\mathrm{d}x/\mathrm{d}\delta}{-\mathrm{d}y/\mathrm{d}\delta}=\frac{(\mathrm{d}x/\mathrm{d}\delta)/\sqrt{(\mathrm{d}x/\mathrm{d}\delta)^2+(\mathrm{d}y/\mathrm{d}\delta)^2}}{(-\mathrm{d}y/\mathrm{d}\delta)/\sqrt{(\mathrm{d}x/\mathrm{d}\delta)^2+(\mathrm{d}y/\mathrm{d}\delta)^2}}=\frac{\sin\theta}{\cos\theta} \tag{6.14}$$

$$
\left.\begin{aligned}
\mathrm{d}x/\mathrm{d}\delta &= (\mathrm{d}S/\mathrm{d}\delta - e)\sin\delta + (S_0 + S)\cos\delta \\
\mathrm{d}y/\mathrm{d}\delta &= (\mathrm{d}S/\mathrm{d}\delta - e)\cos\delta - (S_0 + S)\sin\delta
\end{aligned}\right\} \tag{6.15}
$$

为此 $B'(x', y')$ 的坐标为

$$
\left.\begin{aligned}
x' &= x \mp r_g\cos\theta \\
y' &= y \mp r_g\sin\theta
\end{aligned}\right\} \tag{6.16}
$$

式(6.16)即为凸轮实际轮廓的方程。式中"－"号为内等距曲线；"＋"号为外等距曲线，r_g 为滚子的半径。

当偏值距 $e=0$ 时，即为对心直动滚子从动件盘形凸轮轮廓曲线的设计。

6.6 凸轮机构基本尺寸的确定

凸轮机构的基本尺寸包括理论基圆半径 r_0、滚子半径 r_g、从动件的直径 d、从动件的安装结构尺寸 L_1 和 L_2、正负偏置距 e 和压力角 α，如图 6.14 所示。当计入移动副中的摩擦角 φ_{34}（转动副的摩擦较小被忽略）时，压力角 α 的大小显著地影响凸轮机构的机械效率与运动副中作用力的大小。

6.6.1 凸轮机构中的作用力与许用压力角

以图 6.14 所示的偏置直动滚子从动件盘形凸轮机构为例，说明凸轮机构的受力、压力角与机构位置的关系。设凸轮 1 给滚子 2 的驱动力为 $\boldsymbol{F}_{12}$，滚子 2 给推杆 3 的作用力 $\boldsymbol{F}_{23}=\boldsymbol{F}_{12}$，机架 4 在 D、E 两点给推杆 3 的作用力分别为 $\boldsymbol{F}_{43\mathrm{D}}$、$\boldsymbol{F}_{43\mathrm{E}}$，推杆 3 上总的阻力为 G，推杆 3 上的惯性力不计。由推杆 3 的力平衡条件 $\sum \boldsymbol{F}_x = 0$，$\sum \boldsymbol{F}_y = 0$ 和 $\sum \boldsymbol{M}_A = 0$ 得

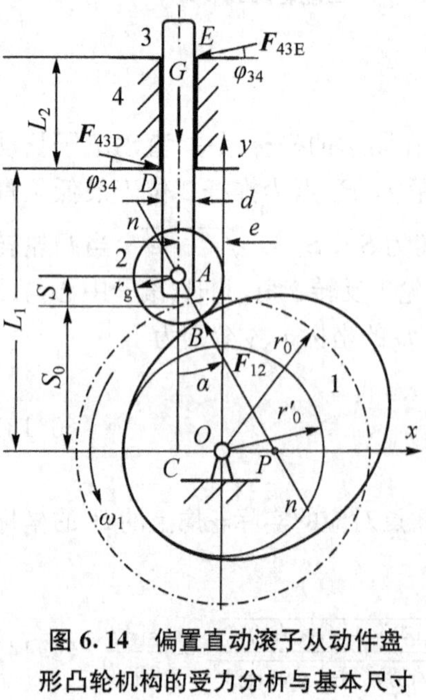

图 6.14 偏置直动滚子从动件盘形凸轮机构的受力分析与基本尺寸

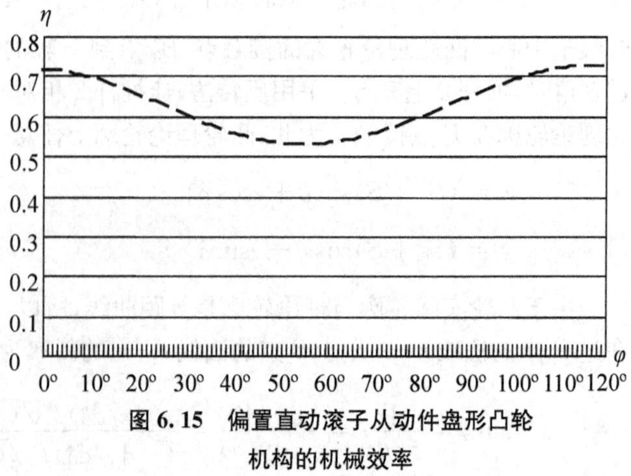

图 6.15 偏置直动滚子从动件盘形凸轮机构的机械效率

$$\left.\begin{aligned}
&-\boldsymbol{F}_{32}\sin\alpha+\boldsymbol{F}_{43\mathrm{D}}\cos\varphi_{34}-\boldsymbol{F}_{43\mathrm{E}}\cos\varphi_{34}=0\\
&-G+\boldsymbol{F}_{32}\cos\alpha-\boldsymbol{F}_{43\mathrm{D}}\sin\varphi_{34}-\boldsymbol{F}_{43\mathrm{E}}\sin\varphi_{34}=0\\
&-\boldsymbol{F}_{43\mathrm{D}}(L_1-S_0-S)\cos\varphi_{34}+\boldsymbol{F}_{43\mathrm{D}}\frac{d}{2}\sin\varphi_{34}+\\
&\boldsymbol{F}_{43\mathrm{E}}(L_1+L_2-S_0-S)\cos\varphi_{34}-\boldsymbol{F}_{43\mathrm{E}}\frac{d}{2}\sin\varphi_{34}=0
\end{aligned}\right\}\tag{6.17}$$

化简后得作用力 $\boldsymbol{F}_{23}$ 与总阻力 $\boldsymbol{G}$ 的关系为

$$\boldsymbol{F}_{23}=\boldsymbol{G}/\{\cos\alpha-[1+2(L_1-S_0-S-d\tan\varphi_{34})/L_2]\sin\alpha\tan\varphi_{34}\}\tag{6.18}$$

令当量摩擦角 $\varphi_{34}=0$，得理想状态下的作用力 $\boldsymbol{F}_{230}=\boldsymbol{G}/\cos\alpha$。此时机械效率 η 为

$$\eta=\boldsymbol{F}_{230}/\boldsymbol{F}_{23}=1-[1+2(L_1-S_0-S-d\tan\varphi_{34})/L_2]\tan\alpha\tan\varphi_{34}\tag{6.19}$$

由式(6.19)可见，压力角 α、当量摩擦角 φ_{34} 的增大都导致机械效率下降；$(L_1-S_0-S-d\tan\varphi_{34})/L_2$ 项的增加也导致机械效率下降。

为了提高机械效率，规定凸轮机构的最大压力角 α_{max} 小于许用压力角 $[\alpha]$。在推程阶段，当推杆作移动时，$[\alpha]=30°$；当推杆作摆动时，$[\alpha]=35°\sim45°$。在回程阶段，$[\alpha]=70°\sim80°$。

6.6.2 凸轮基圆半径的确定

以图 6.14 所示的偏置直动滚子从动件盘形凸轮机构为例，由直角△ACP 得关于压力角 α 的函数式为

$$\tan\alpha=(OP+e)/(S_0+S)=[(\mathrm{d}S/\mathrm{d}\delta)+e]/[(r_0^2-e^2)^{0.5}+S]\tag{6.20}$$

若让 $\alpha\leqslant[\alpha]$，则得关于理论基圆半径 r_0 的设计公式为

$$r_0\geqslant\sqrt{[(\mathrm{d}S/\mathrm{d}\delta+e)/\tan[\alpha]-S]^2+e^2}\tag{6.21}$$

由式(6.21)可见，偏置直动滚子从动件盘形凸轮机构的基本尺寸与运动规律非线性相关。当偏置距取在 O 点的右侧时，式(6.21)中的 e 取负值。

在图 6.14 所示的偏置直动滚子从动件盘形凸轮机构中，设理论基圆半径 $r_0=0.100\ \mathrm{m}$、滚子半径 $r_g=0.030\ \mathrm{m}$、从动件的直径 $d=0.025\ \mathrm{m}$、从动件的安装结构尺寸 $L_1=0.300\ \mathrm{m}$ 和 $L_2=0.060\ \mathrm{m}$、正偏置距 $e=0.020\ \mathrm{m}$，$S_0=\sqrt{r_0^2-e^2}=0.098\ \mathrm{m}$，移动副中的摩擦 $\varphi_{34}=10°$。假设从动件 2 的运动规律为正弦加速度，$S=h[\delta/\delta_0-1/(2\pi)\sin(2\pi\delta/\delta_0)]$，$h=0.150\ \mathrm{m}$，$\delta_0=120°=2\pi/3$，$\mathrm{d}S/\mathrm{d}\delta=(h/\delta_0)[1-\cos(2\pi\delta/\delta_0)]$。由此得 $0\leqslant\delta\leqslant\delta_0$ 时，偏置直动滚子从动件盘形凸轮机构的机械效率 η 如图 6.15 所示。由图 6.15 可见，凸轮机构在不同位置的机械效率是不同的。

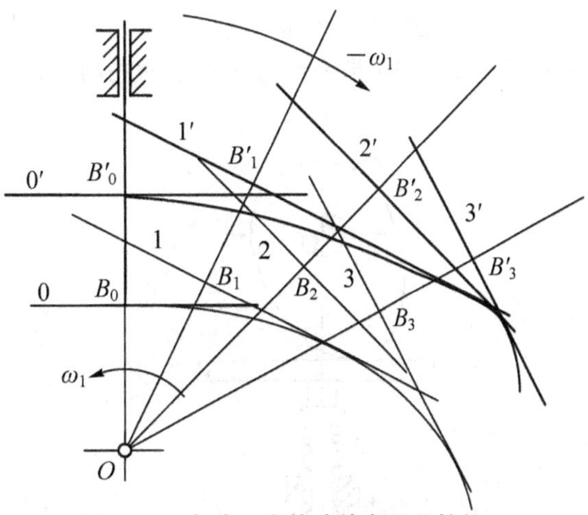

图 6.16　直动平底从动件盘形凸轮机构凸轮基圆半径与轮廓的存在性

对于图 6.12 所示的直动平底从动件盘形凸轮机构，由于压力角 α 始终等于零，所以凸轮基圆半径 r_0 的选择主要影响凸轮轮廓的存在性，如图 6.16 所示。设从动件的运动规律已经确定，若凸轮的基圆半径选为 $r_0 = OB_0$，当从动件的平底位于 B_0、B_1、B_2、B_3、…时，不存在一条光滑的曲线与每一个平底相切，即凸轮的轮廓不存在；若凸轮的基圆半径选为 $r_{01} = OB'_0$，当从动件的平底位于 B'_0、B'_1、B'_2、B'_3…时，存在一条光滑的曲线与每一个平底相切，该光滑的曲线即为凸轮的轮廓。

6.6.3 滚子半径的确定

在图 6.14 所示的偏置直动滚子从动件盘形凸轮机构中，滚子半径 r_g 的选择影响凸轮轮廓的存在性。为了使凸轮的实际轮廓存在，滚子半径 r_g 不能取得太大，否则凸轮的实际轮廓可能不存在，图 6.17(a)、(b)、(c)给出了滚子半径的大小与凸轮实际轮廓形状的关系。在图 6.17(a)中，凸轮实际轮廓的最小曲率半径比较大；在图 6.17(b)中，凸轮实际轮廓的最小曲率半径已经比较小了；在图 6.17(c)中，凸轮实际轮廓的最小曲率半径不存在。在实际设计中，应使凸轮理论轮廓的最小曲率半径 ρ_{min} 满足 $\rho_{min}/r_g \geqslant 1.25$。

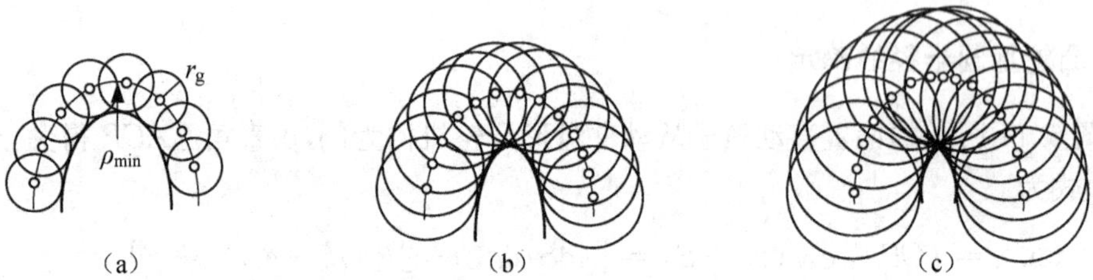

图 6.17 滚子半径 r_g 对凸轮实际轮郭的影响

6.7 凸轮机构的应用

凸轮机构在运动控制与工作阻力相对较小的场合得到广泛的应用。图 6.18 是发动机图 2.7(a)中的凸轮配气机构，当凸轮转动时，移动从动件 2 作间歇的上下运动，从而实现气门的开与闭。图 6.19 是家用缝纫机的送布机构，六段圆弧组成的凸轮 1 作整周转动，六段圆弧

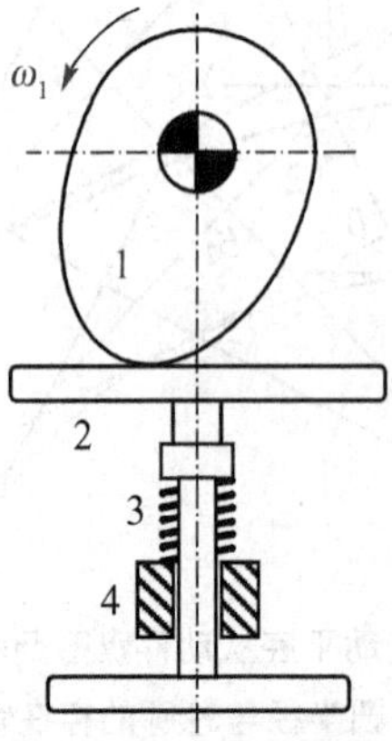

图 6.18 汽车发动机的配气机构

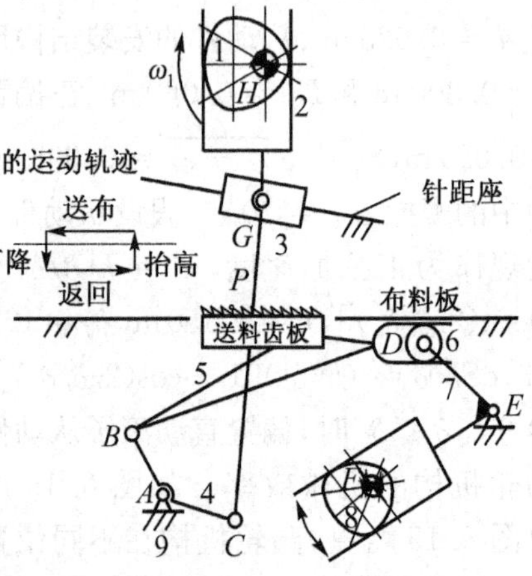

图 6.19 家用缝纫机的送布机构

组成的凸轮 8 作往复摆动，通过连杆实现运动的合成，从而使送布齿板作图示轨迹的运动。当调节针距座的角度时，可以改变针距的大小。

图 6.20 是包装机械中的块状物料推送机构，该机构采用两套曲柄滑块机构，在第一个曲柄滑块机构的滑块上焊接槽状凸轮，在第二个曲柄滑块机构的滑块上焊接一个垂直杆，连杆 6 通过滚子 7 与槽状凸轮形成高副并与垂直杆组成低副，连杆 6 上的 K 点走出要求的轨迹。

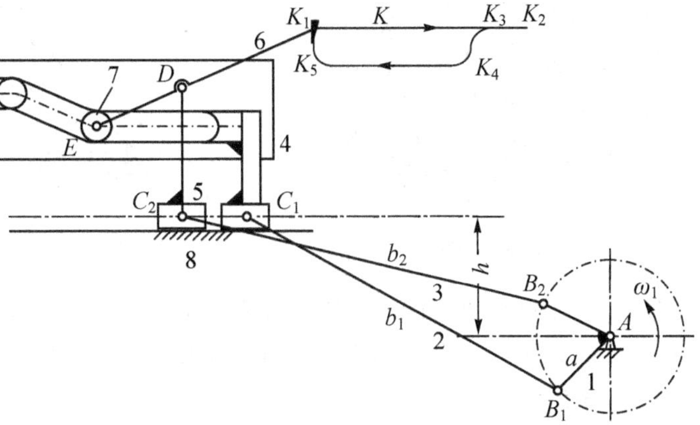

图 6.20　曲柄滑块与凸轮组合的块状物料推送机构

习　题

6-1　在题 6-1 图所示的凸轮机构中，μ_L(实际尺寸 / 图上尺寸) = 10，凸轮 1 为主动件，推杆 3 为从动件。

(1) 画出凸轮的理论基圆并量取半径 r_0；

(2) 标出凸轮机构在图示位置的压力角 α 并量取 α；

(3) 标出并量取从动件的位移 S；

(4) 标出并量取从动件的行程 h；

(5) 若主动力矩 $\boldsymbol{M}_d = 10$ Nm，不计所有运动副的摩擦，求图示位置的工作阻力 $\boldsymbol{F}_r$；

(6) 偏心距 e 的引入对受力是否有利。

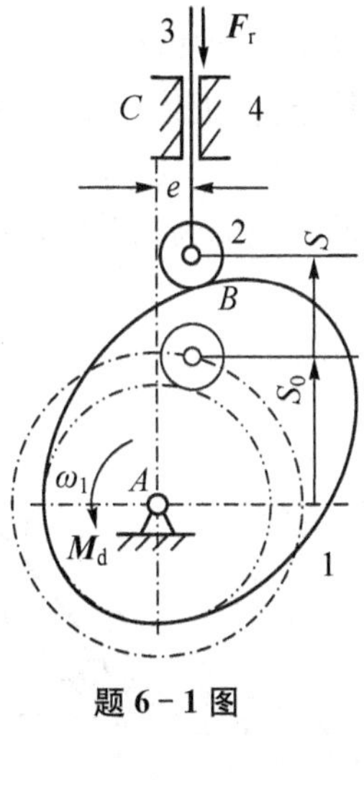

题 6-1 图

6-2　在题 6-2 图所示的凸轮机构中，μ_L(实际尺寸 / 图上尺寸) = 10，凸轮 1 为主动件，推杆 2 为从动件，已知凸轮 1 的基圆半径 r_0，从动件在推程[0, 80°]的运动规律为 $S = b \cdot \sin[9\delta/(4\pi)]$ (mm)，b 为常数。

(1) 试推导凸轮在推程阶段的轮廓方程；

(2) 该机构的压力角 α；

(3) 从动件 2 的行程 H；

(4) 求常数 b。

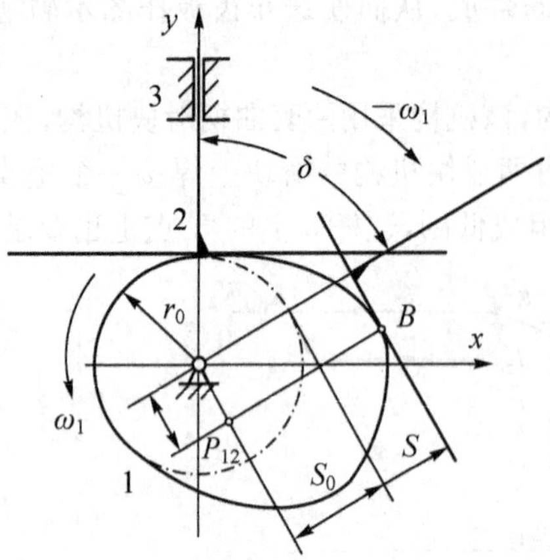

题 6-2 图

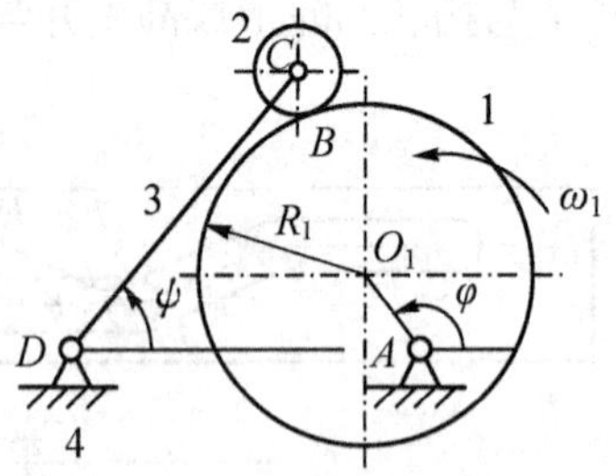

题 6-3 图

6-3　在题 6-3 图所示的凸轮机构中，凸轮 1 为圆心在 O_1 点转动中心在 A 点的圆，圆的半径 $R_1 = 150\ \text{mm}$，$AO_1 = b = 0.52R_1$，摆杆 3 的长度 $L_3 = 2.12R_1$，滚子 2 的半径 $R_2 = 0.26R_1$，$AD = d = 2.1R_1$ 。

(1) 标出摆杆 2 在图示位置的压力角 α；

(2) 画出摆杆 2 的摆角 ψ；

(3) 求摆杆 2 的运动规律。

6-4　在题 6-1 图所示的凸轮机构中，已知基圆半径 $r_0 = 60\ \text{mm}$、滚子半径 $r_g = 30\ \text{mm}$、偏置距 $e = 15\ \text{mm}$，推程运动角 $\delta_0 = 120° = 2\pi/3$，推程按正弦加速度运动规律上升 40 mm，远休止角 $\delta_{01} = 60° = \pi/3$，回程运动角 $\delta'_0 = 100° = 5\pi/9$，回程按余弦加速度运动规律下降，近休止角 $\delta_{02} = 80° = 4\pi/9$ 。试建立推程阶段凸轮的理论轮廓与实际轮廓方程。

6-5　在题 6-5 图所示的凸轮机构中，设基圆半径为 r_b，推程运动角为 δ_0，推程阶段的凸轮轮廓为渐开线，其余尺寸如图所示，试求从动件 3 在凸轮推程阶段的运动规律。

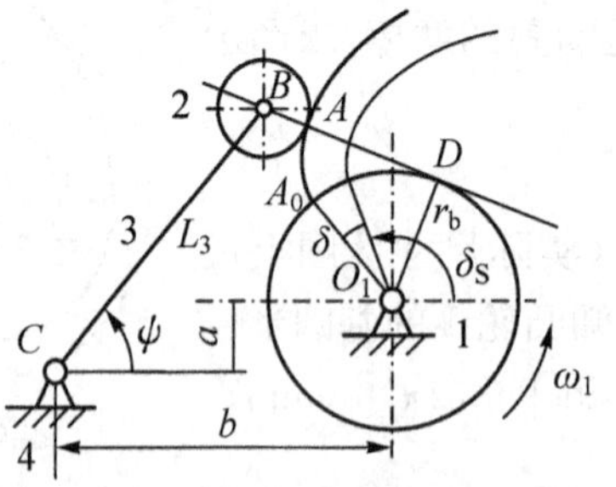

题 6-5 图

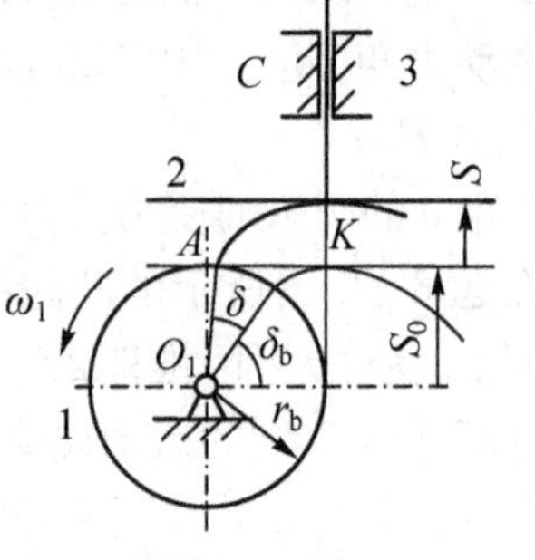

题 6-6 图

6-6　在题 6-6 图所示的凸轮机构中，设基圆半径 $r_b = 30\ \text{mm}$，推程运动角 $\delta_0 = 40°$，推程阶段的凸轮轮廓为渐开线，其余的尺寸如图所示，试求从动件 3 在凸轮推程阶段的运动规律 S。

6-7　在题 6-7 图所示的等宽凸轮机构中，三段大圆弧 ab、cd、ef 的半径都为 R_1，三段小圆弧 fa、bc、de 的半径都为 R_2，$O_1O_2 = O_2O_3 = O_3O_1 = R_1 - R_2$，从动件 2 与凸轮 1 接

触的宽度 $BC = R_1 + R_2$，O_1A 的长度为 L，方位角为 θ。当凸轮 1 上 ab、de 段圆弧与从动件 2 接触，ab 段圆弧位于下方时，从动件 2 处于回程，如图(a)所示；当凸轮 1 上 ab、de 段圆弧与从动件 2 接触，ab 段圆弧位于上方时，从动件 2 处于推程，如图(b)所示；当凸轮 1 上 cd 段圆弧与从动件 2 接触，cd 段圆弧位于上方时，从动件 2 处于上停歇位置，上停歇的起始位置如图(c)所示，上停歇的结束位置如图(d)所示；当凸轮 1 上 cd 段圆弧与从动件 2 接触，cd 段圆弧位于下方时，从动件 2 处于下停歇位置，下停歇的起始位置如图(e)所示，下停歇的结束位置如图(f)所示。从动件 2 在上、下方的停歇角均为 $\pi/3$。试推导摆动从动件 2 的运动方程。

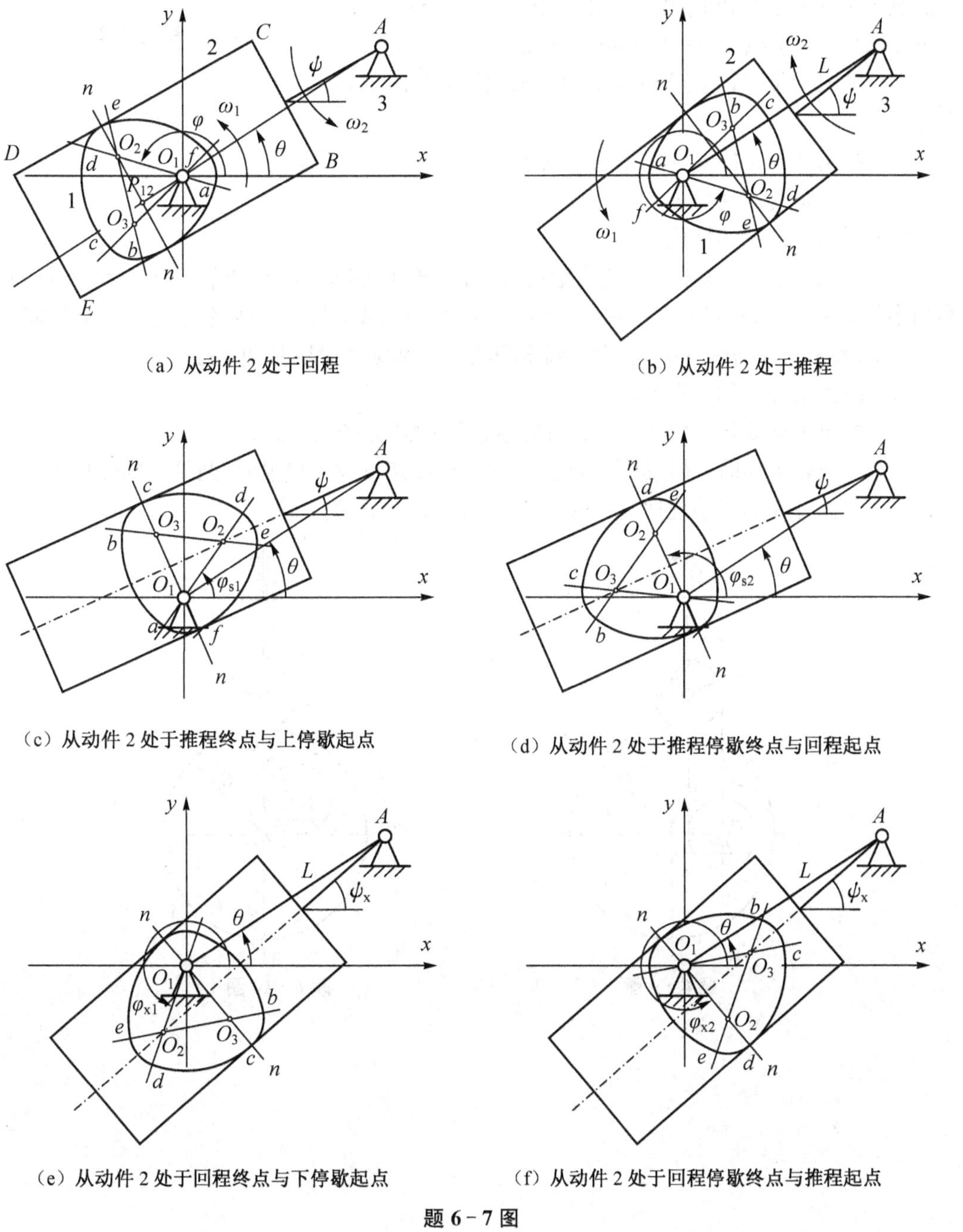

(a) 从动件 2 处于回程　　(b) 从动件 2 处于推程

(c) 从动件 2 处于推程终点与上停歇起点　　(d) 从动件 2 处于推程停歇终点与回程起点

(e) 从动件 2 处于回程终点与下停歇起点　　(f) 从动件 2 处于回程停歇终点与推程起点

题 6-7 图

6-8　在题 6-8 图所示的凸轮机构中，凸轮 1 为圆心在 O_1 点转动中心在 A 点的圆，圆的半径为 R_1，$AO_1=b$，$CA=L_3$，从动件 2 以平底与凸轮接触。

（1）求摆杆 2 在图示位置的压力角；

（2）画出摆杆 2 的摆角 ψ_b；

（3）列出摆杆 2 的运动规律。

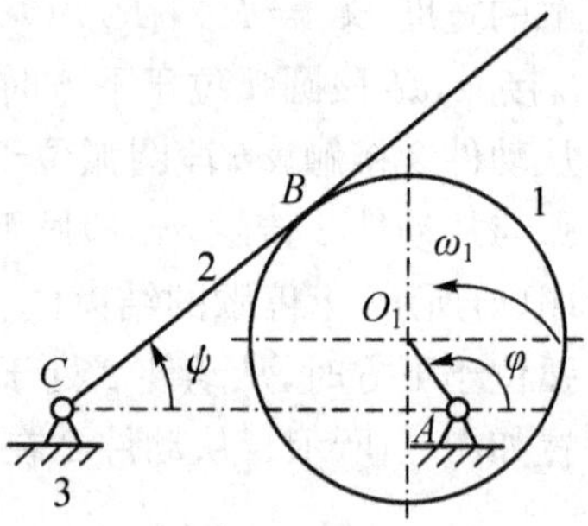

题 6-8 图

6-9　在题 6-9 图所示的凸轮机构中，凸轮 1 为圆心在 O 点转动中心在 A 点的圆，圆的半径 $R=30$ mm，$AO=15$ mm，滚子 2 的半径 $rg=10$ mm，偏心距 $e=10$ mm。

（1）求图示位置以及凸轮 1 顺时针转过 30°角时的压力角 α；

（2）画出凸轮 1 的基圆并量取基圆半径 r_0；

（3）求推程的运动角 δ_1；

（4）画出推杆 3 的摆角 ψ_b。

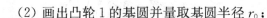

6-10　在题 6-10 图所示的凸轮机构中，凸轮 1 为圆心在 O 点转动中心在 A 点的圆，圆的半径 $R=15$ mm，$\omega 1=10$ rad/s，$AO=7.071$ mm，AO 与水平线的夹角 $\delta 1=45°$，偏心距 $e=5$ mm，滚子半径 $rg=5$ mm。（1）画出凸轮 1 的基圆并量取基圆半径 r_0；

（2）画出推杆 3 的行程 h；

（3）标出滚子 2 与凸轮 1 上 C、D 两点接触时的压力角 α_C、α_D；

（4）当凸轮 1 逆时针转动时，凸轮 1 上 C 点、D 两点成为接触时，凸轮 1 的转角 δ_{CD}；

（5）求推杆 3 的运动规律 $S=S(\delta)$，$V=V(\delta)$，$a=a(\delta)$。

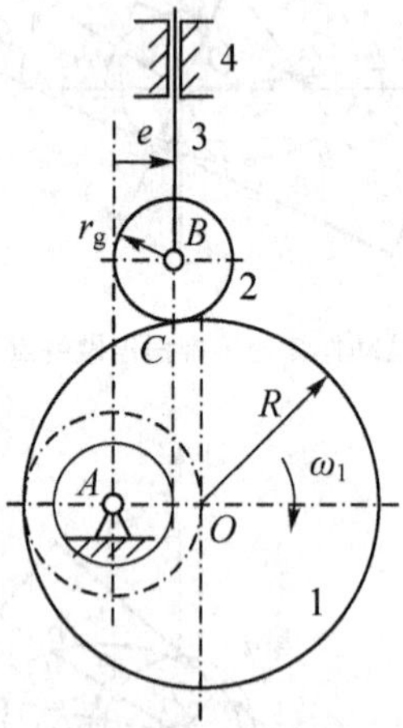

题 6-9 图

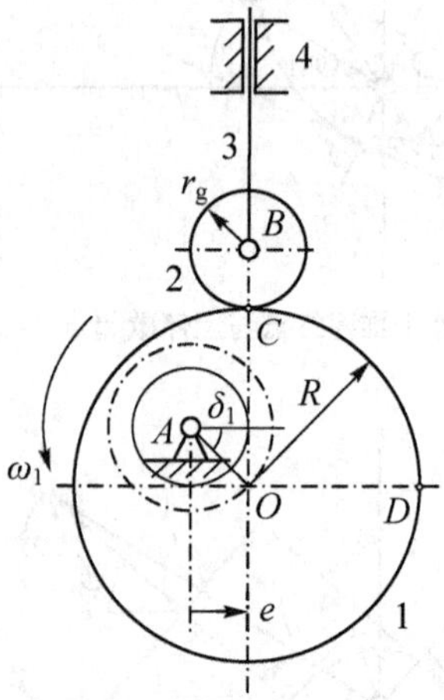

题 6-10 图

7　间歇运动机构

7.1　概述

主动件作匀速运转，从动件作断续运动的机构称为间歇运动机构。

间歇运动机构的型式众多，根据从动件的运动特性可分为两大类，作停歇时间相对较长的间歇运动机构以及具有瞬时停歇的间歇运动机构。

从动件作单方向的、有规则的、时动时停的运动时，称为步进运动的间歇运动机构。当从动件在某一位置或某一点的速度、加速度或加速度的变化率为零时，称为瞬时停歇的间歇运动机构。

7.2　棘轮机构

棘轮机构如图 7.1 所示，图中构件 1 为摇杆，构件 2 为棘爪，构件 3 为棘轮，构件 4 为止动爪，构件 5 为确保止动爪与棘轮接触的弹簧，构件 6 为机架。当摇杆 1 作往复摆动时，棘轮 3 单向间歇运动。若棘轮 3 的齿数为 Z，棘轮 3 每一次转过一个齿，则棘轮 3 的一次运动角为 $2\pi/Z$。若摇杆 1 的一次摆角为 $2\pi i/Z$，i 为正整数，此时，可以采用在棘轮上增加遮板 7 的办法来解决摇杆 1 的一次摆角与棘轮 3 的一次运动角不同的问题，如图 7.2 所示。

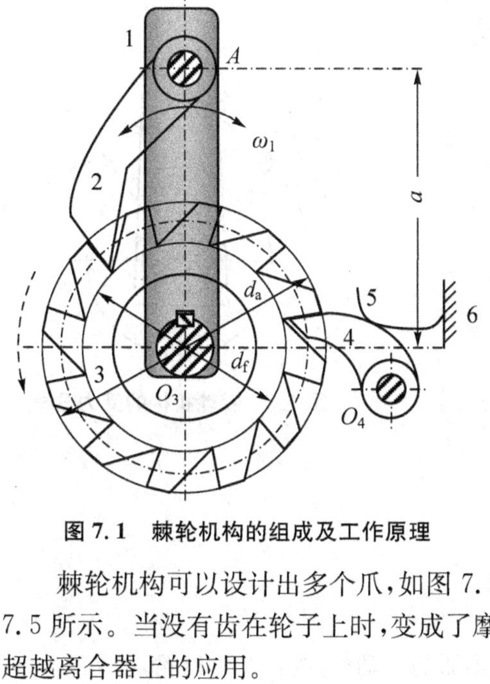

图 7.1　棘轮机构的组成及工作原理

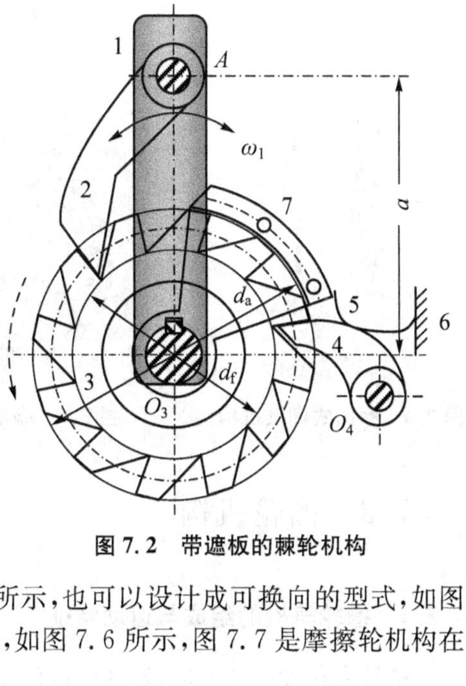

图 7.2　带遮板的棘轮机构

棘轮机构可以设计出多个爪，如图 7.3、图 7.4 所示，也可以设计成可换向的型式，如图 7.5 所示。当没有齿在轮子上时，变成了摩擦轮机构，如图 7.6 所示，图 7.7 是摩擦轮机构在超越离合器上的应用。

在设计棘轮机构时，棘爪不仅应能顺利地进入棘轮的齿槽中，而且在受力时棘爪不应被挤出。图 7.8 为棘轮与棘爪的受力分析简图，$\boldsymbol{N}_{21}$ 为棘轮对棘爪的法向反力，$\boldsymbol{F}_{21f}$ 为棘轮对棘爪的切向摩擦力，$\boldsymbol{F}_{21f}$ 与 O_3A 之间的夹角为 α，α 也是棘轮工作齿面的倾斜角，$\boldsymbol{R}_{21}$ 为棘轮对棘爪的总作用力，$\boldsymbol{R}_{21}$ 与 $\boldsymbol{N}_{21}$ 之间的夹角为摩擦角 φ。若 $\boldsymbol{R}_{21}$ 的作用线与 O_1、O_2 连线的交点 B 在 O_1、O_2 之间，$\boldsymbol{R}_{21}$ 关于 O_1 点的力矩阻止棘爪滑出，则棘爪将不被挤出。若令 $\angle O_1AO_3 = \sum$，则棘爪不被挤出的几何条件为

$$90^\circ - \alpha + \varphi < \sum \tag{7.1}$$

图 7.3　三爪棘轮机构

图 7.4　双爪棘轮机构

图 7.5　可换向的棘轮机构

图 7.6　摩擦式间歇机构

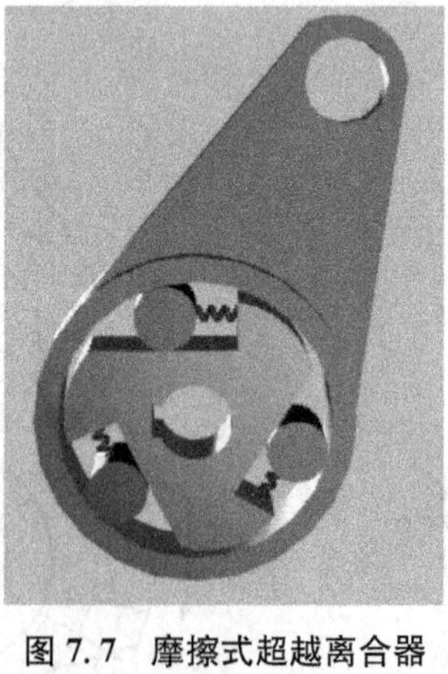

图 7.7　摩擦式超越离合器

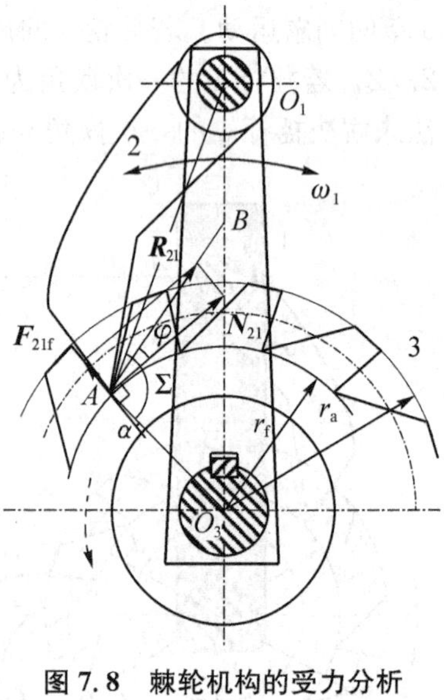

图 7.8　棘轮机构的受力分析

7.3　槽轮机构

7.3.1　槽轮机构的组成与运动特征

槽轮机构如图 7.9 所示，图中构件 1 为带有锁止弧的主动杆，构件 2 为槽轮，槽数 $z=4$，

构件 3 为机架。当主动杆 1 作转动时，槽轮 2 作单向间歇运动。四槽槽轮机构的三维图如图 7.10所示。图 7.9 所示槽轮机构的运动规律如图 7.11 所示，图中 $\omega_2 = \mathrm{d}\psi/\mathrm{d}t$、$\alpha_2 = \mathrm{d}^2\psi/\mathrm{d}t^2$，由图 7.11 可见，在槽轮运动的起点与终止点，槽轮 2 的加速度 α_2、加速度的一、二次变化率 $\mathrm{d}\alpha_2/\mathrm{d}t$、$\mathrm{d}^2\alpha_2/\mathrm{d}t^2$ 均较大。当输入与输出轴线垂直时，形成空间槽轮机构，拥有四个槽的空间槽轮机构的三维图如图 7.12 所示。

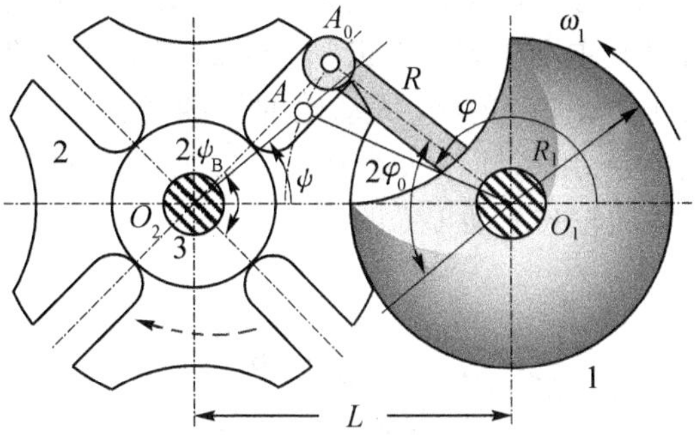

图 7.9　槽轮机构

图 7.10　槽轮机构的三维图

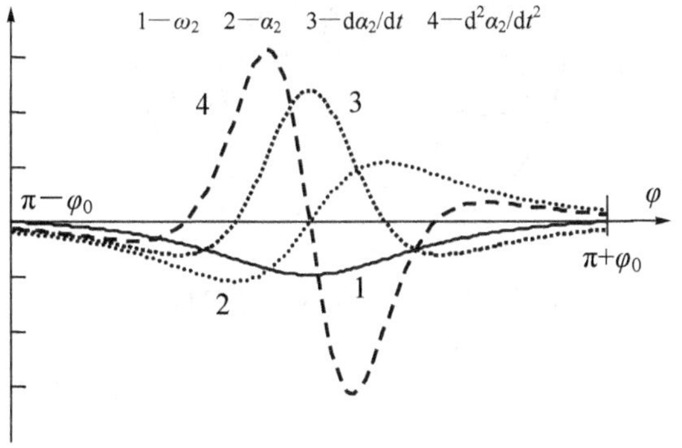

图 7.11　槽轮机构的运动规律

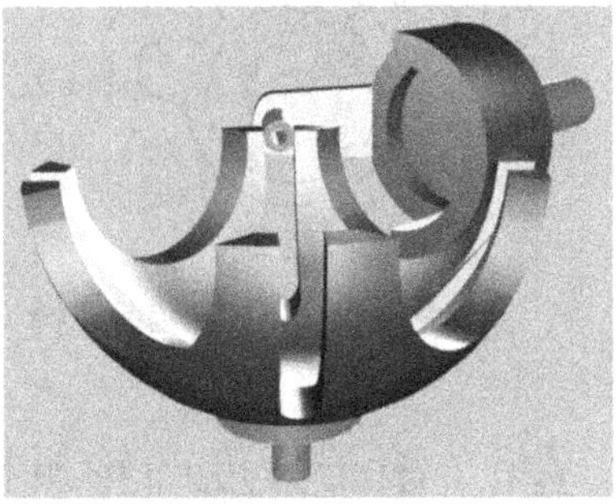

图 7.12　空间槽轮机构的三维图

7.3.2　槽轮机构的运动系数

在图 7.9 所示的槽轮机构中，主动销只有一个，若主动销转一圈的时间为 T，槽轮运动的时间为 t_d，则称 t_d 与 T 之比为槽轮机构的运动系数，并以 k 表示，即

$$k = t_\mathrm{d}/T \tag{7.2}$$

当主动销作匀速运转时，T 对应 2π，t_d 对应 $2\varphi_0$，$2\varphi_0 = \pi - 2\psi_\mathrm{B} = \pi - 2\pi/z$，为此，槽轮机构的运动系数 k 与槽数 z 的关系为

$$k = 2\varphi_0/(2\pi) = (\pi - 2\pi/z)/(2\pi) = 0.5 - 1/z \tag{7.3}$$

由于 k 应大于零，所以 z 应大于等于 3。由式(7.3)可见，k 总小于 0.5。

当有 n 个均匀分布的主动销时，槽轮机构的运动系数 $k_\mathrm{n} = nk$，由于 $k_\mathrm{n} \leqslant 1$，所以 $n \leqslant 2z/(z-2)$。

7.4　不完全齿轮机构

不完全齿轮机构是由齿轮机构演化而得的一种间歇运动机构。主动轮上的齿数是不完整的,从动轮上的齿数与位置由从动轮的运动与停歇时间确定。当主动轮作单向转动时,从动轮作单向间歇运动。在从动轮的停歇期间,两个齿轮的轮缘各有锁止弧以对从动轮实施定位。图 7.13 为一种型式的外啮合不完全齿轮机构,主动轮有 2 个齿,$z_1 = 2$,从动轮有 8 个齿,$z_2 = 8$,当主动轮转一圈时,从动轮被驱动 $2\pi z_1/z_2$ 角度,从动轮的停歇角为 $2\pi - 2\pi z_1/z_2$。从动轮的齿顶有一段圆弧,其圆弧半径为 r_{f1},用以锁住从动轮。图 7.14 为一种型式的内啮合不完全齿轮机构,当主动轮转一圈时,从动轮被驱动 1/8 圈。

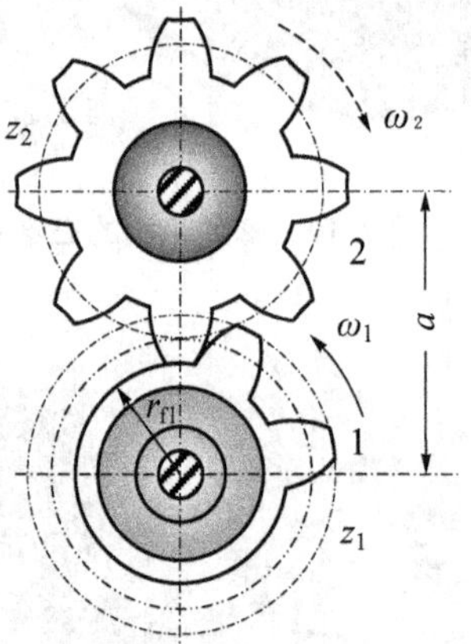

图 7.13　不完全齿轮机构

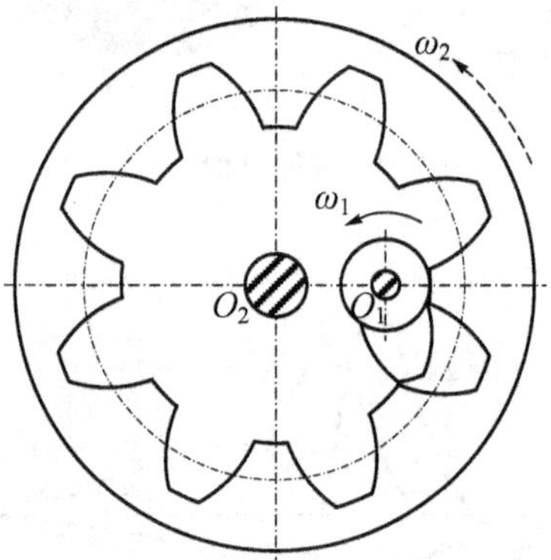

图 7.14　内啮合不完全齿轮机构

7.5　滚子分度凸轮机构

滚子分度凸轮机构如图 7.15 所示,蜗杆凸轮 1 为主动件,从动转盘 2 上均布安装圆柱销 3,蜗杆凸轮 1 与从动转盘 2 的轴线垂直交错,当蜗杆凸轮转动时,从动转盘 2 作间歇运动。由于两个圆柱销与凸轮轮廓接触,当从动转盘不转动时,无须附加的零件将其锁住,且定位的精度较高。只要设计出合适的凸轮轮廓,从动转盘可以获得较高的运转速度。该种凸轮机构的缺点是制造成本较高。

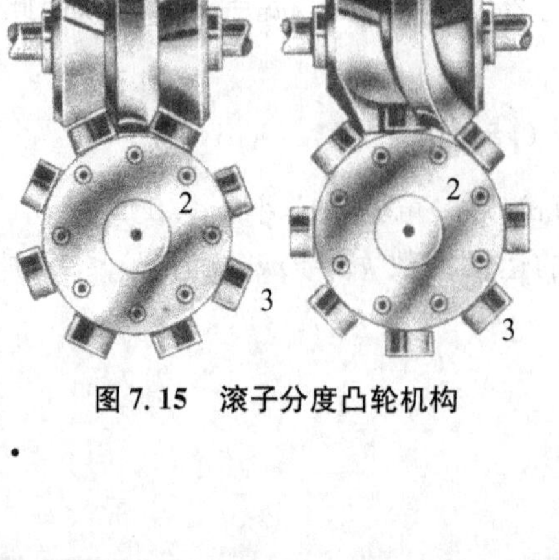

图 7.15　滚子分度凸轮机构

图 7.16　平行分度凸轮机构

7.6 平行分度凸轮机构

平行分度凸轮机构如图 7.16 所示，平行分度凸轮机构由两组平行共轭的凸轮组成，输入轴线与输出轴线平行，当主动的共轭凸轮 1、1′作匀速转动时，从动的共轭凸轮 2、2′作间歇运动。若凸轮 1 与凸轮 2 实现运动变换，则凸轮 1′与凸轮 2′保证机构的锁止。该种凸轮机构的主动轴可达 1 000 r/min，运转平稳，分度精度高。

7.7 瞬时停歇的间歇运动机构

瞬时停歇的间歇运动机构，是指从动件在一个或两个极限位置的速度与加速度都等于零的一种停歇机构。图 7.17 为基于曲柄摇块机构的平面六杆瞬时停歇机构，当 $BP = (AB + AC)^2 / AB$ 时，导杆 2 上 P 点的轨迹在 $\varphi = \pi$ 处与垂线达到 3 阶相切，从动件 5 在左极限位置作瞬时停歇。图 7.18 为基于曲柄滑块机构的平面六杆瞬时停歇机构，当 $BP = (BC)^2 / AB$ 时，连杆 2 上 P 点的轨迹在 $\varphi = 0$ 处与垂线达到 3 阶相切，从动件 5 在右极限位置作瞬时停歇。它们都可以用于物料的平稳传送。

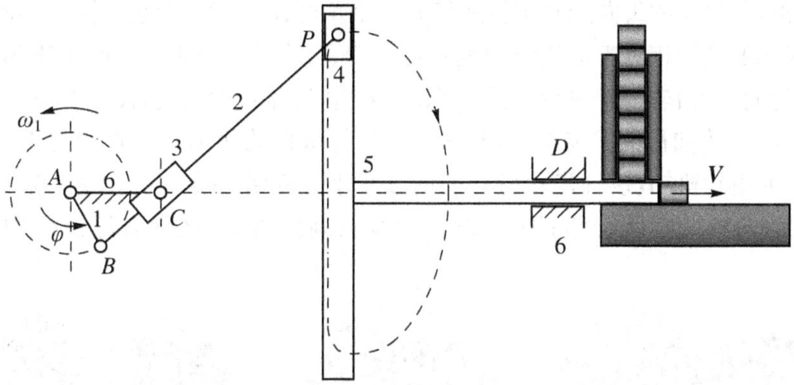

图 7.17 基于曲柄摇块机构的平面六杆瞬时停歇机构

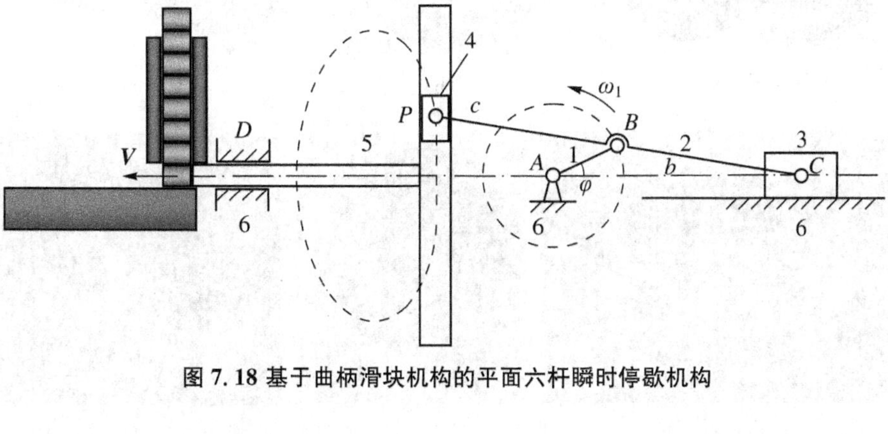

图 7.18 基于曲柄滑块机构的平面六杆瞬时停歇机构

8 齿轮机构及其设计

8.1 概述

齿轮机构是机械产品中应用最为广泛的一种传动机构。它既可以传递平面运动，也可以传递空间运动，它传递的功率范围大、机械效率高、传动比准确、使用寿命长而且工作可靠。本章介绍齿轮机构的类型、标准与传动特征。

8.2 齿轮机构的类型

齿轮机构分为平行轴与空间轴齿轮机构，图 8.1(a)为直齿外啮合圆柱齿轮机构，两轮的转向相反；图 8.1(b)为直齿内啮合圆柱齿轮机构，两轮的转向相同；图 8.1(c)为斜齿外啮合圆柱齿轮机构，其轮齿的齿向相对于轴线倾斜一个角度；图 8.1(d)为人字齿外啮合圆柱齿轮机构，它的两侧的轮齿相对于轴线倾斜的角度相等、方向相反；图 8.1(e)为直齿齿轮齿条机构；图 8.1(f)为斜齿齿轮齿条机构。图 8.2(a)为直齿圆锥齿轮机构；图 8.2(b)为斜齿圆锥齿轮机构；图 8.2(c)为曲齿圆锥齿轮机构，这三种齿轮机构的两轴线垂直相交于一点。图 8.2(d)为准双曲面齿轮机构，该种齿轮机构的两轴线垂直交错。图 8.2(e)为螺旋齿轮机构，该种齿轮机构的两轴线空间交错；图 8.2(f)为蜗轮蜗杆机构，该种齿轮机构的两轴线垂直交错。

(a) (b) (c)

(d) (e) (f)

图 8.1 平行轴齿轮机构

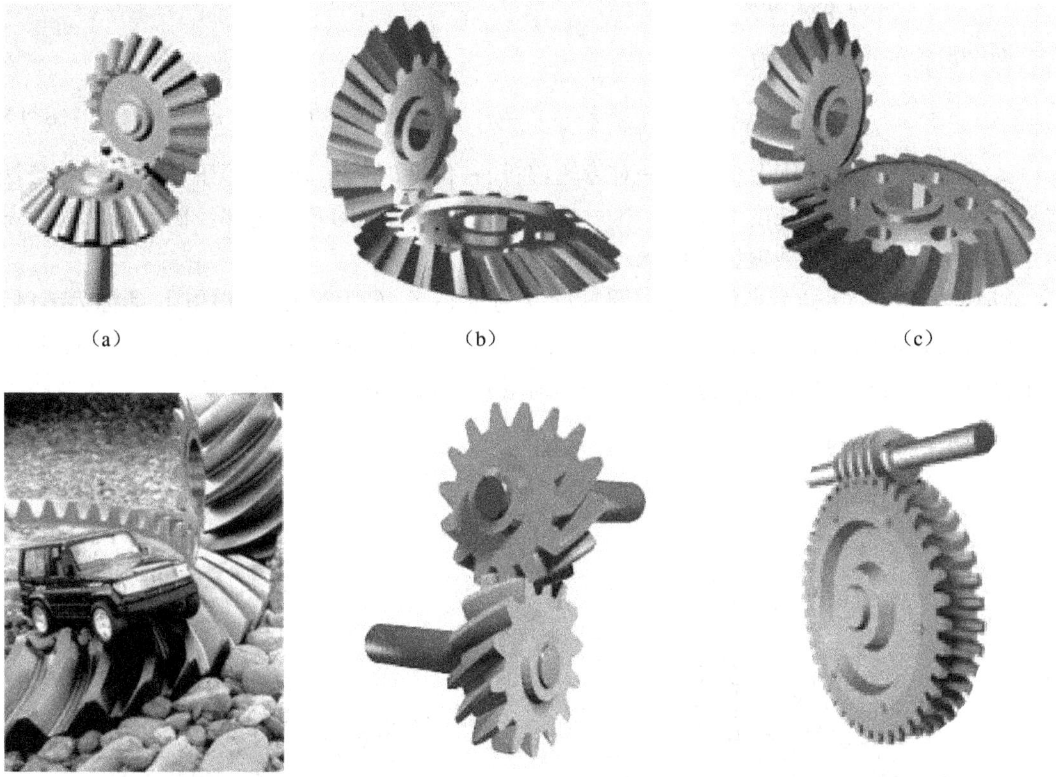

(a) (b) (c)

(d) (e) (f)

图 8.2　空间齿轮机构

图 8.3 为斜齿外啮合圆柱齿轮在三级减速器上的应用。

图 8.3　齿轮减速器

8.3　齿轮的齿廓曲线

一对齿轮传动是通过主动齿轮的齿廓推动从动齿轮的齿廓而实现的。若两轮的传动比（$i_{12}=\omega_1/\omega_2$）为常数，则实现该传动比的一对齿廓称为共轭齿廓。

8.3.1　齿廓啮合的基本定律

一对轮齿的啮合如图 8.4 所示。齿轮 1 的齿廓曲线为 C_1，齿轮 2 的齿廓曲线为 C_2，在任意点 K 接触，K 是齿廓 1 上的 K_1 点与齿廓 2 上的 K_2 点的重合点，K_1 点到 O_1 点的向径为 r_{K1}，齿轮 1 上 K_1 点的速度为 $\mathbf{V}_{K1}$，$\mathbf{V}_{K1}=\omega_1 r_{K1}$，$\mathbf{V}_{K1}\perp r_{K1}$，齿轮 2 上 K_2 点的速度为 $\mathbf{V}_{K2}$，$\mathbf{V}_{K2}=\omega_2 r_{K2}$，$\mathbf{V}_{K2}\perp r_{K2}$。过 K 点作齿廓曲线的公法线 N_1N_2，N_1N_2 与 O_1O_2 连线的交点 P 称为节点，令 $r_1'=O_1P$，$r_2'=O_2P$，过 O_1 作 N_1N_2 的垂线 O_1N_1，令 $r_{b1}=O_1N_1$；过 O_2 作 N_1N_2 的垂线 O_2N_2，令 $r_{b2}=O_2N_2$。令 $\angle N_1O_1K=\alpha_{K1}$，$\angle N_2O_2K=\alpha_{K2}$，由于 $\mathbf{V}_{K1}$ 在 N_1N_2 上的投影必需等于 $\mathbf{V}_{K2}$ 在 N_1N_2 上的投影，所以得速度方程为

$$\omega_1 r_{K1} \cos\alpha_{K1} = \omega_2 r_{K2} \cos\alpha_{K2}$$

两个齿轮的传动比 i 为

$$i = \omega_1/\omega_2 = r_{K2}\cos\alpha_{K2}/(r_{K1}\cos\alpha_{K1}) = r_{b2}/r_{b1} = O_2P/O_1P = r_2'/r_1' \tag{8.1}$$

式(8.1)表明，相互啮合传动的一对齿轮，在任一位置时的传动比，等于过啮合点的公法线划分中心连线成两段长度的反比。这一规律称为齿廓啮合的基本定律。满足齿廓啮合基本定律的一对曲线称为共轭齿廓曲线。

以 O_1 为中心、O_1P 为半径所作的圆，以 O_2 为中心、O_2P 为半径所作的圆，都称为节圆，节圆的半径分别用 r_1'、r_2'表示。以 O_1 为中心、O_1N_1 为半径所作的圆，以 O_2 为中心、O_2N_2 为半径所作的圆，都称为基圆，基圆的半径分别用 r_{b1}、r_{b2}表示。

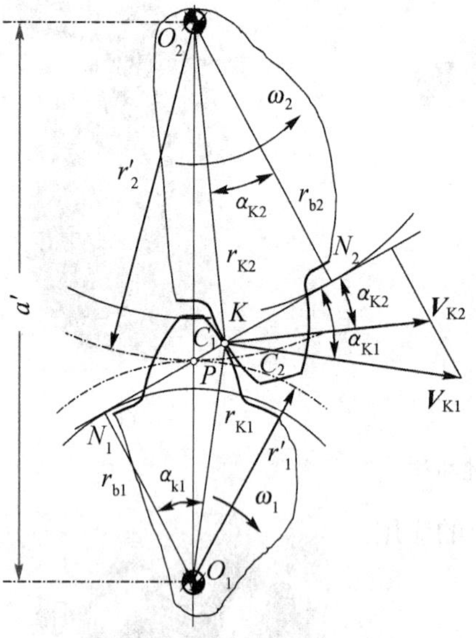

图 8.4　齿廓啮合的基本定律

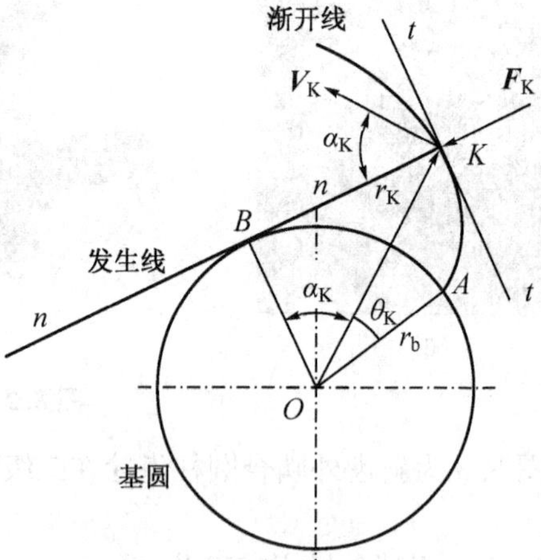

图 8.5　渐开线的形成

8.3.2　渐开线的形成与特点

渐开线的形成原理如图 8.5 所示。在半径为 r_b的基圆上放置一条直线，称为渐开线的发生线，当发生线相对于基圆作纯滚动时，发生线上任意一点的轨迹 AK 称为渐开线。OA、OK 之间的夹角称为渐开线的展角，用 θ_K 表示，K 点的绝对速度 $\boldsymbol{V}_K$ 与渐开线在该点的法线(受力 $\boldsymbol{F}_K$ 作用线)$n—n$ 之间所夹的锐角称为渐开线在该点的压力角，用 α_K 表示。OB、OK 之间的夹角等于压力角 α_K。由渐开线的形成原理得渐开线的五个特征为：

① 由于发生线相对于基圆作纯滚动，所以 $\overset{\frown}{AB} = \overline{BK}$。

② BK 是渐开线的法线，BK 也是基圆的切线。

③ $\overline{BK}$的长度为渐开线在 K 点的曲率半径。当 K 点在基圆上时，渐开线在 K 点的曲率半径为零；当 K 点远离基圆时，渐开线在 K 点的曲率半径增大。

④ 渐开线的形状取决于基圆的大小，基圆越大，渐开线越平直，当基圆半径为无限大时，渐开线变成直线。

⑤ 基圆内无渐开线。

渐开线的上述特征是研究渐开线齿轮啮合传动的基础。

当压力角 α_K 为自变量，渐开线的展角 θ_K 为函数时，展角 θ_K 与压力角 α_K 的函数关系为

$$\tan\alpha_K = \frac{\overline{BK}}{r_b} = \frac{\widehat{AB}}{r_b} = \frac{r_b(\alpha_K + \theta_K)}{r_b} = \alpha_K + \theta_K$$

由上式得渐开线的展角 $\theta_K = \tan\alpha_K - \alpha_K$，工程上用 $\mathrm{inv}\,\alpha_K$ 表示 θ_K。于是渐开线的极坐标方程为

$$\left.\begin{aligned} r_K &= r_b/\cos\alpha_K \\ \mathrm{inv}\,\alpha_K &= \tan\alpha_K - \alpha_K \end{aligned}\right\} \tag{8.2}$$

当 $r_k = r_b$ 时，$\alpha_k = 0$，$\mathrm{inv}\,\alpha_k = 0$，$\theta_k = 0$。

8.4 渐开线齿廓的啮合特征

8.4.1 渐开线齿廓具有定传动比的特征

图 8.6 为一对渐开线齿轮的啮合传动图。图中两条渐开线齿廓在任意一点 K 啮合，过 K 点作这两条渐开线的公法线 N_1N_2，由于渐开线的法线也是基圆的切线，所以，N_1N_2 与基圆 1、2 相切，切点为 N_1、N_2。又由于两个基圆的大小与位置不变，所以公切线 N_1N_2 只有一条，N_1N_2 与中心 O_1O_2 线的交点 P 只有惟一的一个。因此，两个齿轮的传动比

$$i = \omega_1/\omega_2 = O_2P/O_1P = r_{b2}/r_{b1} = \text{const.} \tag{8.3}$$

式(8.3)表明，渐开线齿廓齿轮具有定传动比的特征。

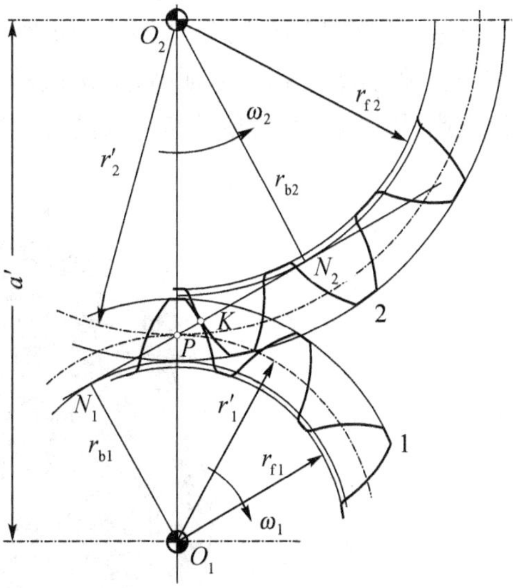

图 8.6 渐开线齿轮的啮合传动图

8.4.2 渐开线齿廓间的作用力在一条固定的直线上

在图 8.6 中，两条渐开线齿廓在任意一点 K 啮合，不考虑齿廓之间的摩擦力，两条渐开线齿廓之间的相互作用力始终在公法线 N_1N_2 上，啮合点的轨迹落在公法线 N_1N_2 上，公法线 N_1N_2 又称为理论啮合线。若传递的功率为常数，齿轮 1 作匀速转动，则一对渐开线齿轮之间的相互作用力大小为常数、方向不变，相当于一对静力，所以，渐开线齿轮传动具有很好的传动平稳性。

8.4.3 渐开线齿廓传动具有中心距的可分性

由式(8.3)得知，两渐开线齿廓的齿轮传动，其传动比最终表达为两个基圆半径的反比，

与基圆是否在标准位置无关，所以，当两个基圆之间的距离变大一些时，传动比不变，即渐开线齿廓传动具有中心距的可分性。

8.5 渐开线标准齿轮的基本参数和几何尺寸

8.5.1 渐开线标准齿轮各部分的名称

图 8.7 为渐开线标准齿轮的结构图，过轮齿顶端所作的圆称为齿顶圆，其直径用 d_a 表示；过轮齿槽底所作的圆称为齿根圆，其直径用 d_f 表示；沿任意圆周所量得的轮齿弧线厚度称为齿厚，用 s_i 表示；沿任意圆周所量得的相邻两轮齿之间的弧线宽度称为齿槽宽，用 e_i 表示；沿任意圆周所量得的相邻两轮齿同侧之间的弧线宽度称为齿距，用 p_i 表示；在同一圆周上，齿距等于齿厚与齿槽宽之和，即

$$p_i = s_i + e_i \tag{8.4}$$

为了设计计算的方便，在齿轮上选择一个圆作为计算的基准，称该圆为分度圆，其直径用 d 表示，该圆上的齿厚、齿槽宽和齿距分别用 s、e 和 p 表示。分度圆与齿顶圆之间的部分称为齿顶，其高度称为齿顶高，用 h_a 表示；分度圆与齿根圆之间的部分称为齿根，其高度称为齿根高，用 h_f 表示；齿顶高与齿根高之和称为齿全高，用 h 表示。

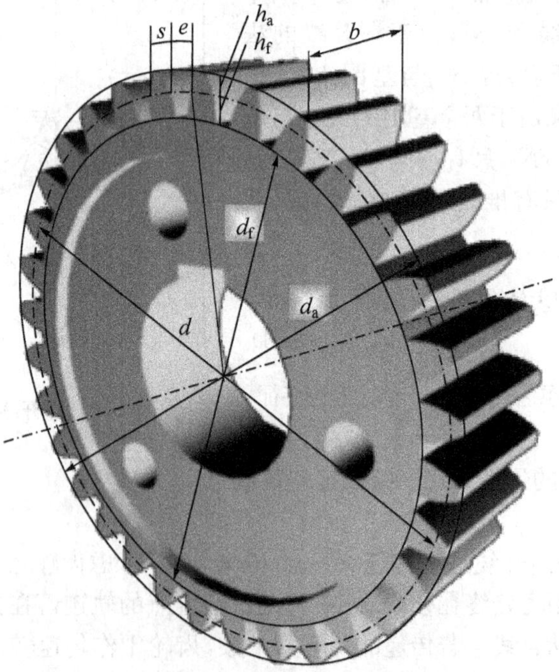

图 8.7 渐开线标准齿轮

8.5.2 渐开线标准齿轮的基本参数

(1) 齿数　轮齿的总数称为齿数，用 z 表示。

(2) 模数　在分度圆上,其周长为 $d\pi = zp$,由此得 $d = zp/\pi$。定义 $m = p/\pi$,称 m 为模数,模数的单位为 mm。于是 $d = mz$。模数已标准化了,表 8.1为国标 GB/T1357－1987 所规定的标准系列。齿数相同的齿轮,模数越大,尺寸越大。

(3) 分度圆压力角　由图 8.5 所示,$\cos\alpha_K = r_b/r_k$,渐开线上各点的压力角不同。定义分度圆上的压力角为 α,$\alpha = 20°$。由此得基圆的直径 d_b 为

$$d_b = d\cos\alpha = mz\cos\alpha \tag{8.5}$$

表 8.1　标准模数系列表(GB/T1357－1987)　　mm

第一系列	0.1 1 10	0.12 1.25 12	0.15 1.5 16	0.2 2 20	0.25 2.5 25	0.3 3 32	0.4 4 40	0.5 5 50	0.6 6	0.8 8
第二系列	0.35 5.5	0.7 (6.5)	0.9 7	1.75 9	2.25 (11)	2.75 14	(3.25) 18	3.5 22	(3.75) 28	4.5 (30)

(4) 齿顶高系数与齿根高系数　分度圆与齿顶圆之间的齿高称为齿顶高,用 h_a 表示;分度圆与齿根圆之间的齿高称为齿根高,用 h_f表示。为了设计计算的方便,将齿轮上的所有长度尺寸都表达为标准 m 的倍数,为此,定义 $h_a = h_a^* m$,$h_f = (h_a + c^*)m$,h_a^* 称为齿顶高系数,c^* 称为顶隙数。标准规定 $h_a^* = 1$,$c^* = 0.25$。

当规定了标准模数 m、分度圆压力角 α、齿顶高系数 h_a^* 以及顶隙系数 c^* 之后,进一步规定分度圆上的齿厚 s 与齿槽宽 e 相等,即 $s = e$。于是,把满足以上条件的齿轮称为渐开线标准齿轮,把不满足以上条件的齿轮,称为渐开线非标准齿轮,或称变位齿轮。

8.5.3　渐开线标准齿轮的几何尺寸关系

1) 外齿轮

当对齿轮作以上规定之后,外齿轮各部分之间的尺寸关系如表 8.2 所示。

表 8.2　渐开线标准直齿圆柱齿轮传动的几何尺寸计算公式

名　　称	代号	计　　算　　公　　式	
		小 齿 轮	大 齿 轮
模数	m	由齿轮的抗弯强度确定并取标准值	由齿轮的抗弯强度确定并取标准值
压力角	α	取标准值	取标准值
分度圆直径	d	$d_1 = mz_1$	$d_2 = mz_2$
齿顶高	h_a	$h_{a1} = h_a^* m$	$h_{a2} = h_a^* m$
齿根高	h_f	$h_{f1} = (h_a^* + c^*)m$	$h_{f2} = (h_a^* + c^*)m$
齿全高	h	$h_1 = (2h_a^* + c^*)m$	$h_2 = (2h_a^* + c^*)m$
齿顶圆直径	d_a	$d_{a1} = (z_1 + 2h_a^*)m$	$d_{a2} = (z_2 + 2h_a^*)m$
齿根圆直径	d_f	$d_{f1} = (z_1 - 2h_a^* - 2c^*)m$	$d_{f2} = (z_2 - 2h_a^* - 2c^*)m$
基圆直径	d_b	$d_{b1} = d_1\cos\alpha$	$d_{b2} = d_2\cos\alpha$
分度圆齿距	p	$p_1 = m\pi$	$p_2 = m\pi$
基圆齿距	p_b	$p_{b1} = p_1\cos\alpha = m\pi\cos\alpha$	$p_{b2} = p_2\cos\alpha = m\pi\cos\alpha$
分度圆齿厚	s	$s_1 = m\pi/2$	$s_2 = m\pi/2$

续表

名　称	代号	计　算　公　式	
		小　齿　轮	大　齿　轮
分度圆齿槽宽	e	$e_1 = m\pi/2$	$e_2 = m\pi/2$
顶隙	c	$c = c^* m$	$c = c^* m$
标准中心距	a	$a = m(z_1 + z_2)/2 = mz_1(1 + i_{12})/2$	
节圆直径	d'	$d_1' = d_{b1}/\cos\alpha'$	$d_2' = d_{b2}/\cos\alpha'$
传动比	i_{12}	$i_{12} = \omega_1/\omega_2 = z_2/z_1 = d_2/d_1 = d_2'/d_1' = d_{b2}/d_{b1}$	

2）直齿条

图 8.8 为直齿条的结构图。直齿条可以看作为基圆半径为无限大的渐开线齿轮，此时，齿轮上的分度圆、齿顶圆、齿根圆分别变为分度线、齿顶线和齿根线。当模数 m、分度线上的压力角 α、齿顶高系数 h_a^* 以及顶隙系数 c^* 为标准值，分度线上的齿厚 s 与齿槽宽 e 相等时，称为标准齿条。此时端面齿廓为直线，齿条作移动，齿廓上各点的压力角相同，与齿廓的倾斜角相等。由于齿条的端面齿廓是相互平行的线段，所以，其齿距不论在分度线上，还是在平行于分度线上度量，都等于 $m\pi$。

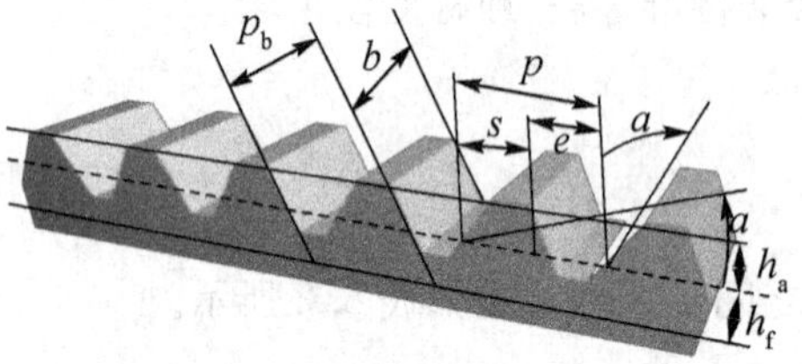

图 8.8　直齿条

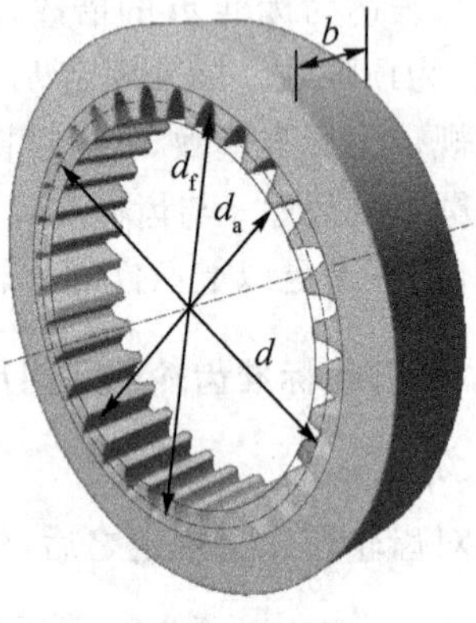

图 8.9　内齿轮

3）内齿轮

图 8.9 为内齿轮的结构图。内齿轮的轮齿被制造在圆环的内侧，内齿轮的轮齿相当于外齿轮的齿槽，内齿轮的齿槽相当于外齿轮的轮齿。外齿轮的轮齿是外凸的，内齿轮的轮齿是外凹的。

内齿轮的齿顶圆最小，齿根圆最大，与外齿轮正好相反。为了使内齿轮的齿廓都是渐开线，齿顶圆必须大于基圆。

内齿轮的分度圆直径 $d = mz$，齿顶圆直径 $d_a = (z - 2h_a^*)m$，齿根圆直径 $d_f = (z + 2h_a^* + 2c^*)m$。齿数为 z_2 的内齿轮与齿数为 z_1 的外齿轮啮合传动时，标准中心距 $a = (z_2 - z_1)m/2$。

8.6　渐开线标准圆柱齿轮的啮合传动

两个标准渐开线齿轮只有满足一定的几何条件才能进行啮合传动，以下研究这些参数关系。

8.6.1 一对渐开线齿轮正确啮合的条件

图 8.10 为渐开线标准齿轮的啮合传动图。齿轮 1 上的两个齿与齿轮 2 上的两个齿同时在 K_1、K_2 点啮合，K_1、K_2 点必落在啮合线 N_1N_2 上。对于齿轮 1，K_1、K_2 点之间的长度与该齿轮的基圆齿距相等，即 $K_1K_2 = p_{b1}$；对于齿轮 2，K_1、K_2 点之间的长度与该齿轮的基圆齿距相等，即 $K_1K_2 = p_{b2}$，为此，一对渐开线齿轮正确啮合的条件为 $p_{b1} = p_{b2}$。由于 $p_{b1} = p_1\cos\alpha_1 = m_1\pi\cos\alpha_1$，$p_{b2} = p_2\cos\alpha_2 = m_2\pi\cos\alpha_2$，所以，有 $m_1\cos\alpha_1 = m_2\cos\alpha_2$，当两个齿轮的压力角相等时，得两个齿轮的模数也相等，即 $\alpha_1 = \alpha_2$，$m_1 = m_2$。所以，一对渐开线齿轮正确啮合的条件是两个齿轮的压力角相等，模数相等。

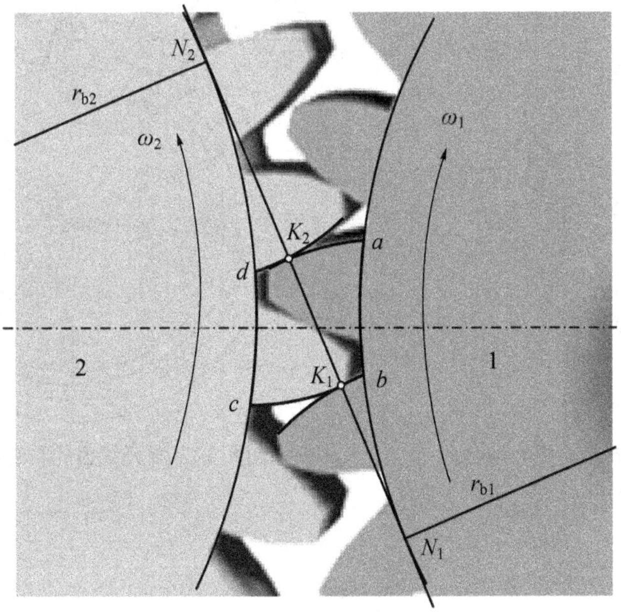

图 8.10 渐开线标准齿轮的啮合传动图

8.6.2 齿轮传动的中心距与啮合角

图 8.11 为渐开线标准齿轮的啮合传动图。齿轮传动的标准中心距 a 满足两个条件，第一，两个齿轮的分度圆相切，该条件使两对轮齿啮合时，非啮合传动的轮齿之间的间隙为零，简称齿侧间隙为零，如图 8.10 所示；第二，一个齿轮的齿顶与另一个齿轮的齿根之间有一段距离，该距离 $c = c^* m$，简称标准顶隙。为此，一对标准齿轮传动的标准中心距 a 为

$$\begin{aligned} a &= r_{a1} + c + r_{f2} = (r_1 + h_a^* m) + c^* m + (r_2 - h_a^* m - c^* m) \\ &= r_1 + r_2 = m(z_1 + z_2)/2 \end{aligned} \tag{8.6}$$

由于两个齿轮的节圆总是相切的，所以，在标准中心距下，两个齿轮的节圆与两个齿轮的分度圆重合。此时，$s_1' = s_1 = e_1 = e_1' = s_2' = s_2 = e_2 = e_2'$。

当一对标准齿轮传动的中心距为非标准值 a'，$a' > a$ 时，a'与 a 满足下述关系：

$$a\cos\alpha = r_{b1} + r_{b2} = r_1\cos\alpha + r_2\cos\alpha$$

$$a'\cos\alpha' = r_1'\cos\alpha' + r_2'\cos\alpha' = r_{b1} + r_{b2}$$

$$a\cos\alpha = a'\cos\alpha' \tag{8.7}$$

当齿轮与齿条啮合时，如图 8.12 所示，不论齿轮与齿条是否标准安装，节点 P 的位置不变，啮合角 α' 始终等于渐开线在分度圆上的压力角 α，只是在非标准安装时，齿条的分度线与节线不再重合。

当外齿轮与内齿轮啮合传动时，如图 8.13 所示，标准中心距 a 为

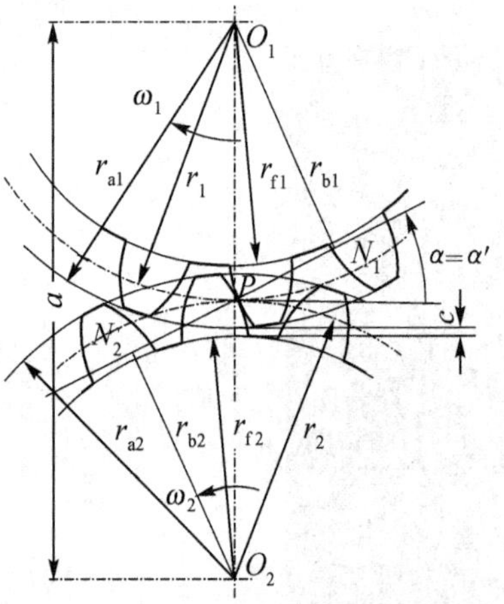

图 8.11　渐开线齿轮的中心距与啮合角

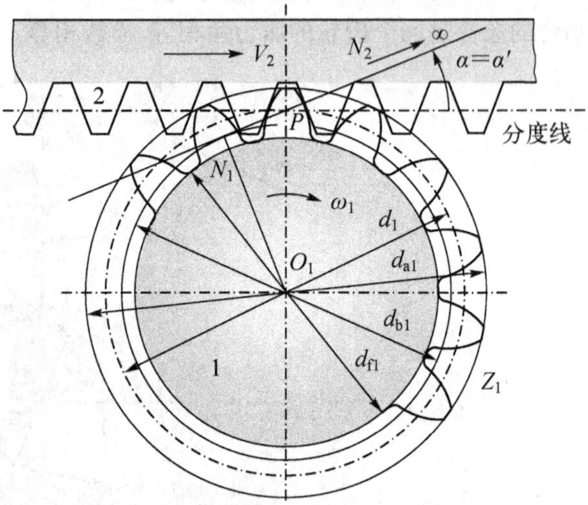

图 8.12　渐开线齿轮与齿条的啮合传动

$$a = r_{f2} - c - r_{a1} = (r_2 + h_a^* m + c^* m) - c^* m - (r_2 + h_a^* m) = r_2 - r_1 = m(z_2 - z_1)/2 \tag{8.8}$$

8.6.3　一对轮齿的啮合过程与连续传动条件

图 8.14 为满足正确啮合条件的渐开线标准直齿圆柱齿轮的啮合传动图，齿轮 1 为主动件。在啮合线 N_1N_2 上，一对轮齿的啮合始点为 B_2，B_2 点为齿轮 2 的齿顶圆与 N_1N_2 的交点；一对轮齿的啮合终点为 B_1，B_1 点为齿轮 1 的齿顶圆与 N_1N_2 的交点，从啮合始点 B_2 到啮合终点 B_1，主动轮上的一个齿转过了 β_1 角。线段 B_1B_2 称为实际啮合线，线段 N_1N_2 称为理论啮合线。由图 8.14 可见，一对轮齿啮合传动的区间是较小的，为了运动的连续传递，在前一对轮齿脱离啮合之前，后一对轮齿必须进入啮合，如图 8.14 所示，当前一对轮齿 g_{11}、g_{21} 还没有脱离啮合之前，后一对轮齿 g_{12}、g_{22} 必须进入啮合。为了表示两对轮齿工作段的相对长度，定义 B_1B_2 与 p_b 的比值为重合度 ε_α，ε_α 的计算式为

$$\begin{aligned}\varepsilon_\alpha &= B_1B_2/p_b = (B_1P + PB_2)/(m\pi\cos\alpha)\\ &= [z_1(\tan\alpha_{a1} - \tan\alpha') + z_2(\tan\alpha_{a2} - \tan\alpha')]/(2\pi)\end{aligned} \tag{8.9}$$

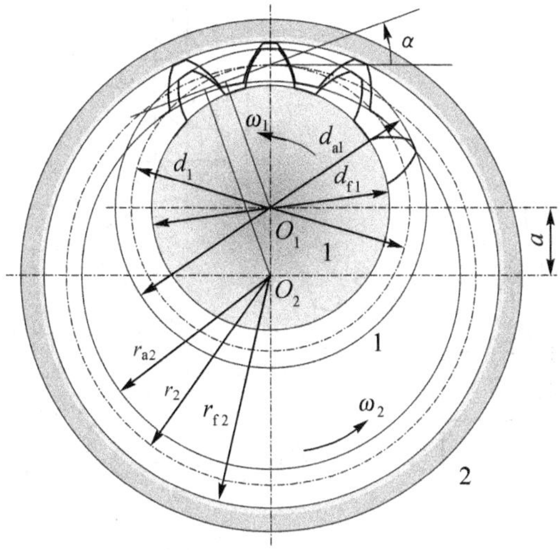

图 8.13 内齿轮的啮合传动

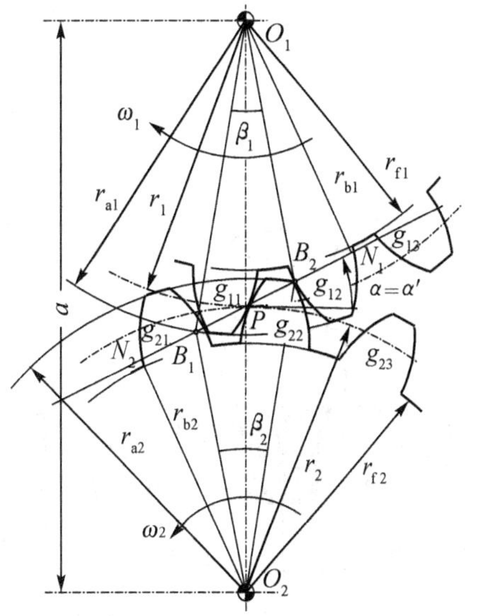

图 8.14 一对轮齿的啮合过程

式(8.9)中，α_{a1}、α_{a2} 分别表示齿轮 1、2 齿顶圆的压力角，α' 为一对齿轮的啮合角，$\alpha_{a1}=\arccos(r_{b1}/r_{a1})$，$\alpha_{a2}=\arccos(r_{b2}/r_{a2})$，$\alpha'=\arccos(a\cos\alpha/a')$，当为标准中心距时 $\alpha'=\alpha$。在齿轮设计时，应使 $\varepsilon_\alpha\geqslant[\varepsilon_\alpha]$，$[\varepsilon_\alpha]=1.2\sim1.4$。

8.7 渐开线圆柱齿轮的加工

齿轮加工的方法很多，有模具成型法、数控切割法与机械加工法等。就加工原理而言，可分为仿形法与范成法。

8.7.1 仿形法

仿形法是指刀具的切削刃的回转曲面的轴截面曲线与被加工齿轮的轮齿曲线相同的一种加工方法。图 8.15 为用指状铣刀进行齿轮的仿形加工；图 8.16 为用盘状铣刀进行齿轮的仿形加工。这两种加工方法只能一个齿槽一个齿槽地加工，刀具在作旋转运动的同时、沿被加工齿轮的轴线作进给运动，每加工完一个齿，分度机构转动 $2\pi/z$ 的角度，再加工下一个齿。刀具在垂直于被加工齿轮轴线的平面内的截形(切削刃)与被加工齿轮的齿槽形状相同。这两种方法适宜小批量齿轮的加工，加工精度较低，生产率也较低，对每一个模数，需要准备 8 把刀具，如表 8.3 所示。

表 8.3 铣刀铣削齿轮的齿数范围

铣刀号	1	2	3	4	5	6	7	8
齿数范围	12～13	14～15	17～21	21～25	26～33	35～54	55～134	≥135

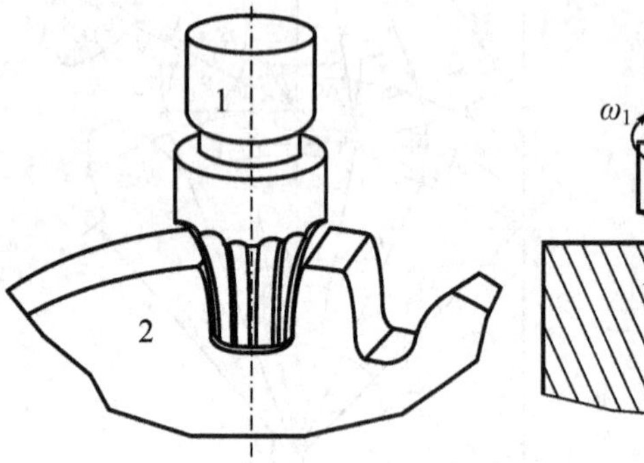

图 8.15　指状铣刀加工齿轮

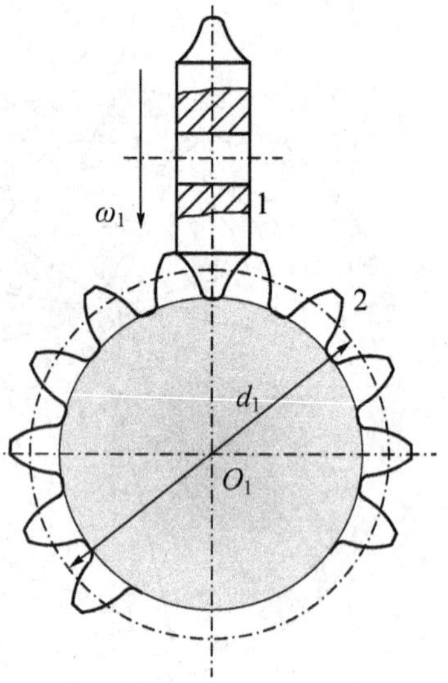

图 8.16　盘状铣刀加工齿轮

8.7.2　范成法

范成法是利用一对齿轮相啮合时，两轮的齿廓是互为包络线的原理进行齿轮加工的一种方法。当把其中的一个齿轮或齿条做成刀具时，在与被加工齿轮的轮坯作与啮合传动时一样的运动的同时，让刀具相对于轮坯再作切削运动与进给运动，一旦进给量达到齿全高，则被加工齿轮的齿廓就被切削出来。

图 8.17 是利用齿轮插刀加工齿轮的原理图。刀具 1 的齿数为 z_1，在以 ω_1 转动的同时，相对于被加工齿轮 2 向下以 $-\boldsymbol{V}_{11}$ 作切削运动、以 $-\boldsymbol{V}_{21}$ 向左作让刀运动、以 $+\boldsymbol{V}_{11}$ 向上作空程运动以及再向右作进给运动，然后循环以上过程。被加工齿轮 2 的齿数为 z_2，以 $\omega_2=\omega_1 z_1/z_2$ 转动。

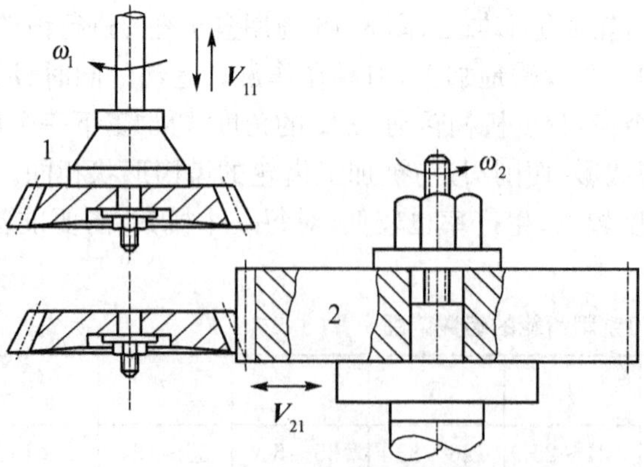

图 8.17　齿轮插刀加工齿轮

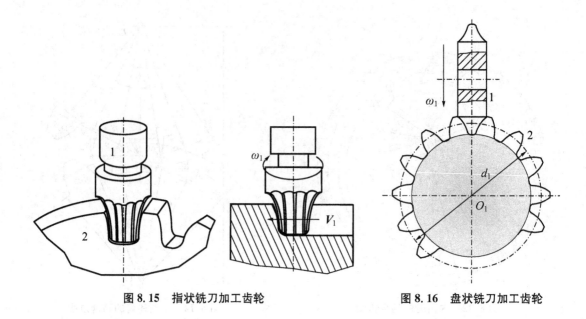

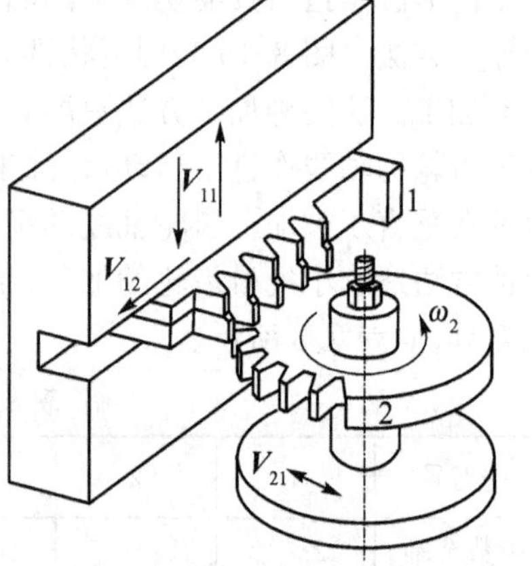

图 8.18　齿条型刀具加工齿轮

图 8.18 是利用齿条插刀加工齿轮的原理图。刀具 1 以 V_{12} 移动的同时，相对于被加工齿轮 2 向下以 $-V_{11}$ 作切削运动、以 $-V_{21}$ 向左作让刀运动、以 $+V_{11}$ 向上作空程运动以及再向右

作进给运动，然后循环以上过程。被加工齿轮 2 的齿数为 z_2，转速 $\omega_2=V_{12}/(0.5mz_2)$。

由于插齿加工存在空程，生产率较低，所以，无空程加工的滚齿加工得到了广泛应用，如图 8.19 所示。滚刀 1 是在分度圆直径 d_1、螺旋升角为 λ 的螺旋体上沿轴向切出一系列的槽，槽的一面边界形成切削刃，其切削面在被加工齿轮 2 上的投影齿形相当于齿条，滚刀 1 的轴线与被加工齿轮 2 的端面之间的夹角与滚刀 1 的螺旋升角 λ 相等。

在利用齿轮插刀加工一对相啮合的齿轮时，齿轮插刀的齿数应大于两个被加工齿轮的齿数，以防止产生齿廓过渡曲线干涉。

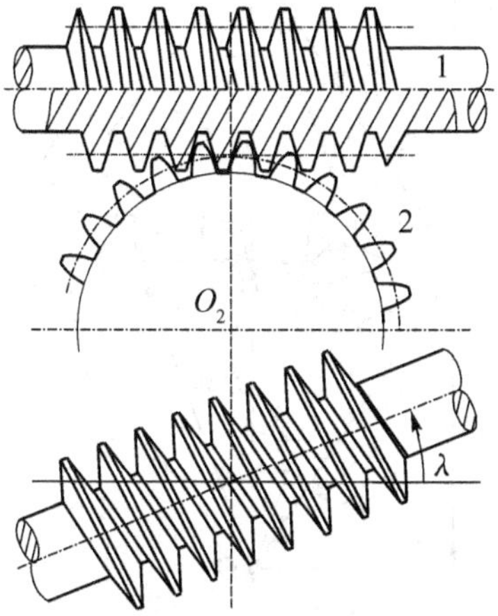

图 8.19　滚刀加工齿轮

图 8.20　齿条刀具加工齿轮的根切图

8.8　渐开线齿轮的变位加工与传动

在使用齿条插刀加工齿轮时，若被加工齿轮的齿数较少，则被加工出的齿轮会出现根切现象，如图 8.20 所示。为了加工齿数较少而又不出现根切的齿轮，可以将刀具向外移动一段距离，此时加工出的齿轮称为变位齿轮。

8.8.1　齿条型刀具加工齿轮的最少齿数

图 8.21 为齿条刀具加工齿轮的原理图，齿条刀具的齿顶线超过了 N_1 点，到达了 N_1'点。当刀具的切削点在 B_1N_1 直线上从 B_1 移动到 N_1 时，对被加工的轮齿进行正常的切削；当从 N_1 移动到 N_1'时，刀具与被加工齿轮的齿廓已切削好的轮齿不分离，继续切削，所以，引起了轮齿的根切现象，现说明如下。

在图 8.21 中，齿条刀具切削齿轮的初始点为 B_1 点，从 B_1 点到 P 点切削齿轮的齿顶部分，从 P 点到 N_1 点切削齿轮的齿根部分。当刀具从 P 点切削到 N_1 点时，设刀具沿水平方向位移了 S，此时，刀具沿 B_1N_1 方向的位移 $PN_1=S\cdot\cos\alpha$，与此对应，被加工齿轮转过了 S/r_1 角，基圆转过的弧长为$(S/r_1)r_{b1}$，该弧长 $(S/r_1)r_{b1}=S(r_{b1}/r_1)=S\cdot\cos\alpha$。由此可见，基圆转过的弧长等于刀具沿 B_1N_1 方向的位移。当 N_1'点在 N_1 点上方时，在 N_1N_1'段，刀具沿 B_1N_1 方向的位移为 N_1N_1'，被加工齿轮的基圆对应转过一段 N_1N_1'的弧长 N_1N_1''，由于起点都为 N_1，所以，基圆上的 N_1''点离 N_1 的距离比直线上的 N_1'离 N_1 近，为此，刀具没有与齿轮的根部分开，继续切削，从而导致了根切。

为了避免根切，刀具的顶线不能超过 N_1 点，即 $h_a^* m \leqslant CN_1 \sin\alpha$，$PN_1 = r\sin\alpha = (mz\sin\alpha)/2$，于是，$h_a^* m \leqslant (mz\sin^2\alpha)/2$，$z \geqslant 2h_a^*/\sin^2\alpha$，为此，最少齿数 $z_{\min}$ 为

$$z_{\min} = 2h_a^*/\sin^2\alpha \tag{8.10}$$

当 $h_a^* = 1$，$\alpha = 20°$ 时，$z_{\min} = 17$。

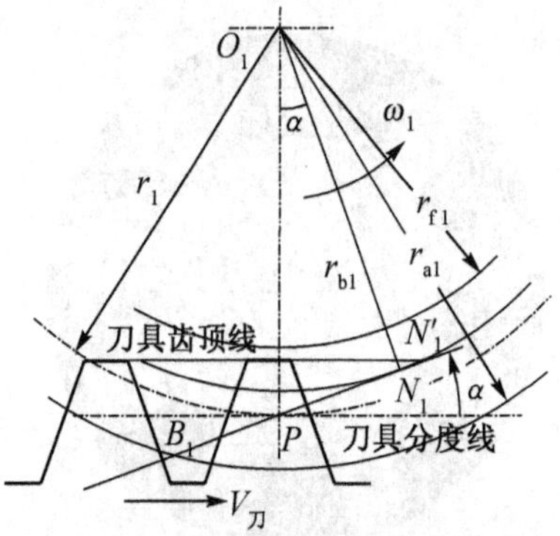

图 8.21 齿条刀具加工齿轮的根切图

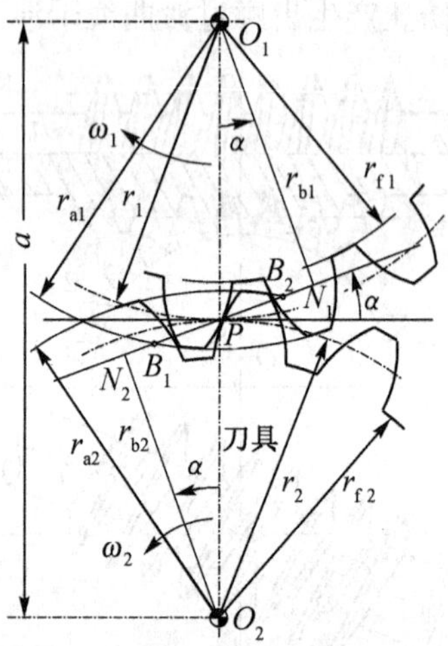

图 8.22 齿轮刀具加工齿轮的根切图

8.8.2 齿轮型刀具加工齿轮的最少齿数

图 8.22 为齿轮刀具加工齿轮的原理图，齿轮刀具 2 切削齿轮 1 的初始点为 B_1，当 $PB_2 \leqslant PN_1$ 时，被加工的轮齿 1 不产生根切。

$$PB_2 = B_2N_2 - PN_2$$

$$B_2N_2 = \sqrt{(0.5mz_2 + h_a^* m)^2 - (0.5mz_2\cos\alpha)^2}$$

$$PN_2 = 0.5mz_2\sin\alpha,\ PN_1 = 0.5mz_1\sin\alpha$$

于是，得齿轮 1 不产生根切的齿数条件为

$$\sqrt{(z_2 + 2h_a^*)^2 - (z_2\cos\alpha)^2} - z_2\sin\alpha \leqslant z_1\sin\alpha \tag{8.11}$$

$$z_1 \geqslant z_{\min} = \frac{1}{\sin\alpha}\left[\frac{\sqrt{\left(1 + \frac{2h_a^*}{z_2}\right)^2 - \cos^2\alpha} - \sin\alpha}{\frac{1}{z_2}}\right] \tag{8.12}$$

齿轮型刀具加工齿轮不根切的最少齿数 $z_{\min} = 14$。当 $z_2 \to \infty$ 时，$z_{\min} = 2h_a^*/\sin^2\alpha$。

8.8.3 齿条型刀具加工齿轮的最小变位系数

图 8.23 为齿条刀具加工变位齿轮的原理图，齿条刀具的齿顶线超过了 N_1 点，加工齿轮时将产生根切。为了避免根切，将刀具的齿顶线外移一段距离 xm，x 称为变位系数，此时，

齿条刀具的齿顶线与线段 PN_1 的交点 B_2 在 P、N_1 两点之间，即

$$h_a^* m - xm \leqslant PN_1 \sin\alpha$$

将 $PN_1 = 0.5mz_1 \sin\alpha$ 代入上式，得最小变位系数 x_{min} 为

$$x \geqslant x_{min} = h_a^* - 0.5z\sin^2\alpha = h_a^* - z\frac{h_a^*}{z_{min}} = \frac{z_{min} - z}{z_{min}} h_a^* \tag{8.13}$$

8.8.4 变位齿轮的几何尺寸

与基本参数相同的标准齿轮相比，变位齿轮的模数 m、压力角 α、齿数 z、分度圆直径 d、基圆直径 d_b 和齿距 p 都不变，但是，分度圆上的齿厚 s 与齿槽宽 e、齿顶高 h_a 和齿根高 h_f 都发生了变化。

在图 8.23 中，当刀具外移 xm 时，刀具的分度线从位置Ⅰ移动到位置Ⅱ，此时，被加工轮齿的齿厚增加了 $2xm\tan\alpha$，与之相对应，被加工轮齿的齿槽宽减少了 $2xm\tan\alpha$，即分度圆上的齿厚 s 与齿槽宽 e 分别为

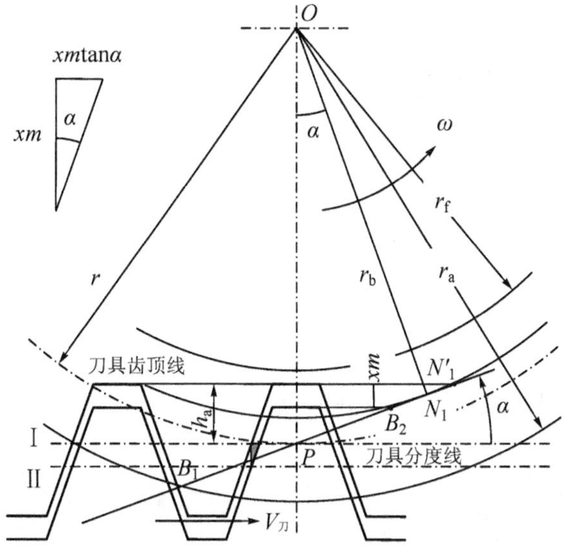

图 8.23 齿轮变位加工图

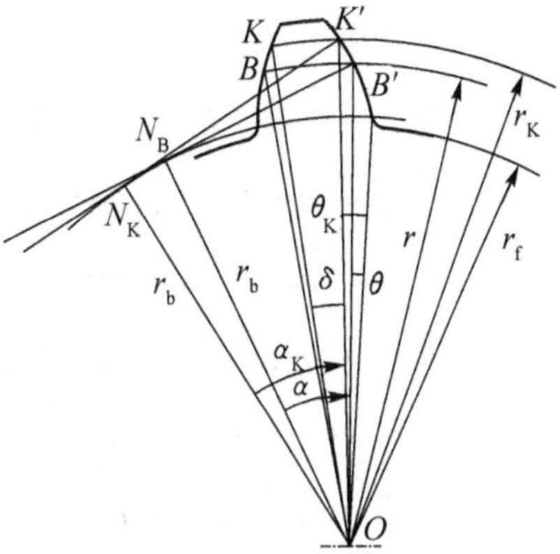

图 8.24 齿轮任意圆周上的齿厚

$$s = m\pi/2 + 2xm\tan\alpha \tag{8.14}$$

$$e = m\pi/2 - 2xm\tan\alpha \tag{8.15}$$

齿根高 h_f 随着刀具外移减少了 xm，若齿顶高 h_a 保持不变，齿顶高 h_a 要增加 xm。即 h_f 与 h_a 分别为

$$h_f = (h_a^* + c^*)m - xm \tag{8.16}$$

$$h_a = h_a^* m + xm \tag{8.17}$$

任意圆周上的齿厚计算如图 8.24 所示。设任意半径 r_K 上的齿厚为 s_K，$s_K = r_K \cdot \delta$，δ 的大小为

$$\delta = \angle BOB' - 2(\angle B'OK') = s/r - 2(\theta_K - \theta) = s/r - 2(\mathrm{inv}\,\alpha_K - \mathrm{inv}\,\alpha)$$

于是，任意圆周上的齿厚 s_K 为

$$s_K = s\frac{r_K}{r} - 2r_K(\mathrm{inv}\,\alpha_K - \mathrm{inv}\,\alpha) \tag{8.18}$$

在计算任意圆周上的齿厚时，若为标准齿轮，则式(8.18)中的分度圆齿厚 $s = m\pi/2$；若为变位齿轮，则分度圆上的齿厚 $s = m\pi/2 + 2xm\tan\alpha$。式(8.18)中，$\alpha_K = \arccos(r_b/r_K)$，当 $r_K = r_a$ 时，计算出齿顶厚 s_a；当 $r_K = r_f$ 时，计算出齿根厚 s_f；当 $r_K = r_b$ 时，计算出基圆上的齿厚 s_b。

8.8.5 变位齿轮传动

1) 无侧隙啮合方程

若不计入齿轮的制造误差，一对变位齿轮 1、2 应作无侧隙啮合传动，即齿轮 1、2 在节圆上 $s_1' = e_2'$，$e_1' = s_2'$，且在节圆上的齿距 $p_1' = s_1' + e_1'$、$p_2' = s_2' + e_2'$ 相等。即

$$p_1' = s_1' + e_1' = p_2' = s_2' + e_2' = s_1' + s_2' \tag{8.19}$$

由式(8.18)得齿轮 1、2 节圆上的齿厚 s_1'、s_2' 分别为

$$s_1' = s_1 \cdot r_1'/r_1 - 2r_1'(\mathrm{inv}\,\alpha' - \mathrm{inv}\,\alpha)$$

$$s_2' = s_2 r_2'/r_2 - 2r_2'(\mathrm{inv}\,\alpha' - \mathrm{inv}\,\alpha)$$

由式(8.14)得齿轮 1、2 分度圆上的齿厚 s_1、s_2 分别为

$$s_1 = m\pi/2 + 2x_1 m\tan\alpha$$

$$s_2 = m\pi/2 + 2x_2 m\tan\alpha$$

由 $r_b = r\cos\alpha = r'\cos\alpha'$ 得齿轮 1、2 的节圆半径 r_1'、r_2' 分别为

$$r_1' = r_1\cos\alpha/\cos\alpha'$$

$$r_2' = r_2\cos\alpha/\cos\alpha'$$

由 $d_b = d\cos\alpha = mz\cos\alpha = (p/\pi)z\cos\alpha = d'\cos\alpha' = (p'/\pi)z\cos\alpha'$ 得齿轮 1、2 节圆上的齿距 p_1'、p_2' 分别为

$$p_1' = p_1\cos\alpha/\cos\alpha'$$

$$p_2' = p_2\cos\alpha/\cos\alpha'$$

齿轮 1、2 分度圆上的齿距为 $p_1 = p_2 = m\pi$

将以上关系代入式(8.19)得

$$\begin{aligned} m\pi\cos\alpha/\cos\alpha' = {} & (m\pi/2 + 2x_1 m\tan\alpha)\cos\alpha/\cos\alpha' - mz_1\cos\alpha/\cos\alpha'(\mathrm{inv}\,\alpha' - \\ & \mathrm{inv}\,\alpha) + (m\pi/2 + 2x_2 m\tan\alpha)\cos\alpha/\cos\alpha' - \\ & mz_2\cos\alpha/\cos\alpha'(\mathrm{inv}\,\alpha' - \mathrm{inv}\,\alpha) \end{aligned}$$

化简得

$$\operatorname{inv}\alpha' = 2(x_1 + x_2)\tan\alpha/(z_1 + z_2) + \operatorname{inv}\alpha \tag{8.20}$$

式(8.20)即为一对变位齿轮作无侧隙啮合的几何条件。由此式可以计算出一对变位齿轮无侧隙啮合传动的啮合角 α'。

2）分度圆分离系数

一对变位外啮合齿轮无侧隙啮合所对应的中心距 a' 为

$$\begin{aligned} a' &= r_1' + r_2' = r_{b1}/\cos\alpha' + r_{b2}/\cos\alpha' = r_1\cos\alpha/\cos\alpha' + r_2\cos\alpha/\cos\alpha' \\ &= a\cos\alpha/\cos\alpha' \end{aligned} \tag{8.21}$$

a' 与标准齿轮标准中心距 a 之差称为分度圆分离量，用 ym 表示，y 称为分度圆分离系数，y 为

$$ym = a' - a = a\cos\alpha/\cos\alpha' - a = 0.5m(z_1 + z_2)(\cos\alpha/\cos\alpha' - 1)$$

$$y = 0.5(z_1 + z_2)(\cos\alpha/\cos\alpha' - 1) \tag{8.22}$$

3）齿顶高变动系数

一对变位外啮合齿轮传动，若具有标准顶隙，则中心距 a'' 为

$$\begin{aligned} a'' &= r_{a1} + c^* m + r_{f2} = mz_1/2 + (h_a^* + x_1)m + c^* m + \\ &\quad mz_2/2 - (h_a^* + c^* - x_2)m = m(z_1 + z_2)/2 + (x_1 + x_2)m \end{aligned} \tag{8.23}$$

a'' 与 a' 不相等，$a'' \geqslant a'$，为了同时获得标准顶隙与无侧隙啮合，将齿轮的齿顶高减少一段 σm，σ 称为齿顶高变动系数。σ 为

$$\sigma m = a'' - a' = (x_1 + x_2)m - ym$$

$$\sigma = (x_1 + x_2) - y \tag{8.24}$$

此时的齿顶高 h_a 为

$$h_a = h_a^* m + xm - \sigma m = (h_a^* + x - \sigma)m \tag{8.25}$$

可见，变位齿轮的齿顶高比标准齿轮的齿顶高短一些。

变位齿轮传动相对于标准齿轮传动有许多特点，当 $x_1 + x_2 = 0$，$x_1 = -x_2 \neq 0$ 时，称为等移距变位齿轮传动；当 $x_1 + x_2 > 0$ 时，称为正变位齿轮传动；当 $x_1 + x_2 < 0$ 时，称为负变位齿轮传动。关于变位系数 x_1、x_2 的选取与这些传动的特点请参阅文献[21]。

8.9 斜齿圆柱齿轮传动

8.9.1 斜齿圆柱齿轮齿面的形成原理

斜齿圆柱齿轮齿面的形成原理如图 8.25 所示。在基圆柱上放置一发生面，发生面与基圆柱的交线为 BB，在发生面上放置一斜直线 KK，直线 KK 与轴线的夹角为 β_b，当发生面相对于基圆柱作纯滚动时，直线 KK 在空间留下的轨迹是一个螺旋面，该螺旋面便是斜齿圆柱齿轮的齿廓曲面。当 $\beta_b = 0$ 时，直线 KK 在空间留下的轨迹便是直齿轮的齿廓曲面。由此

可见,直齿圆柱齿轮的齿廓曲面是斜齿圆柱齿轮的齿廓曲面的特例。

当一个螺旋面的螺旋角为 β_b,另一个螺旋面的螺旋角为 $-\beta_b$,两个螺旋面的基圆柱的轴线平行时,这两个螺旋面就形成了一对斜齿轮一对齿的啮合传动。

斜齿圆柱齿轮传动的三维图如图 8.26 所示。

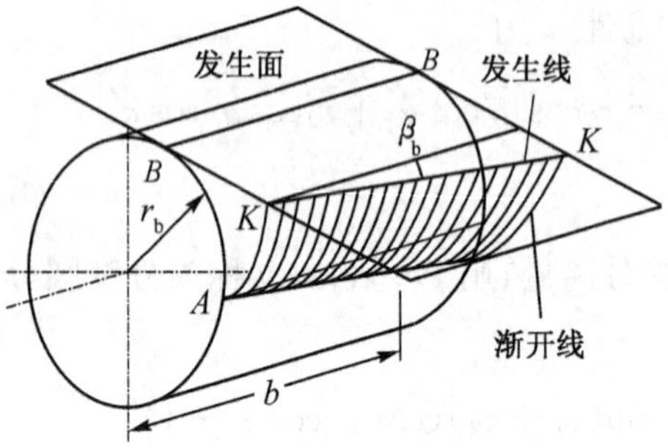

图 8.25 右旋螺旋面的形成原理图

图 8.26 斜齿圆柱齿轮的三维图

8.9.2 斜齿圆柱齿轮的几何参数

由于螺旋面在不同直径上的螺旋角不同,所以,若螺旋面绕轴线转一周,则任意直径上一点的轨迹为一条绕轴线转 2π 角的螺旋线。设该螺旋线起点与终点在轴线方向上的长度为 L_w,则斜齿圆柱齿轮在分度圆柱面上的螺旋角 β(β 的余角 λ 称为螺旋升角或导程角,$\lambda = \pi/2 - \beta$) 与基圆柱面上的螺旋角 β_b存在以下关系:

$$\tan\beta_b = \pi d_b / L_w$$

$$\tan\beta = \pi d / L_w$$

以上两式相除得

$$\beta = \arctan(d \tan\beta_b / d_b) \tag{8.26}$$

斜齿圆柱齿轮的几何参数存在法面与端面参数之分,法面是指垂直于分度圆上螺旋线的切线的平面,如图 8.27 所示。由于加工时,刀具是沿斜齿圆柱齿轮分度圆上螺旋线的切线方向进刀,所以,斜齿圆柱齿轮的法面参数与刀具的相同,为标准值,而端面参数为非标准值。若规定法面上的标准模数为 m_n、分度圆压力角为 $\alpha_n(=20°)$、齿顶高系数为 $h_{an}^*(=1)$ 以及齿根高系数为 $c_n^*(=0.25)$;同时规定端面分度圆上的模数为 m_t、分度圆压力角为 α_t、齿顶高系数为 h_{at}^* 以及顶隙系数为 c_t^*,则 m_n 与 m_t,α_n 与 α_t 可以借助于图 8.28 所示的斜齿条予以说明。在图 8.28 中,线段 a_1b_1 表示斜齿条的端面齿距 p_t,$p_t = m_t\pi$,线段 a_1c_1 表示斜齿条的法面齿距 p_n,$p_n = m_n\pi$,设斜齿条的螺旋角为 β,由图8.28 得 $p_n = p_t\cos\beta$,所以有:

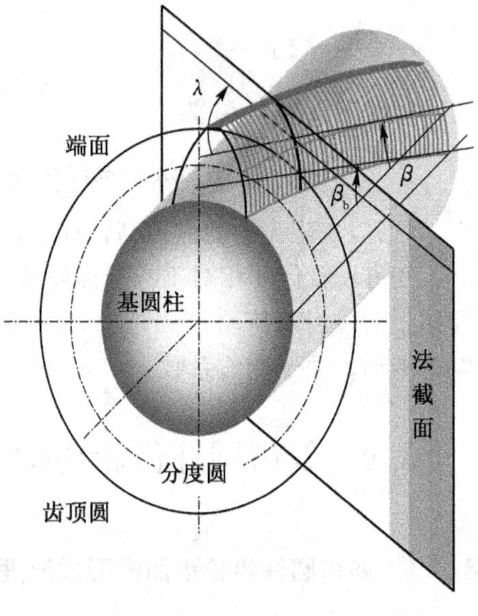

图 8.27 右旋斜齿轮

$$m_n = m_t \cos\beta \tag{8.27}$$

在图 8.28 中，$\angle abc$ 表示斜齿条的端面压力角 α_t，$\angle a'b'c$ 表示斜齿条的法面压力角 α_n，$\angle aca' = \beta$，由 $\tan\alpha_t = ac/ab$，$\tan\alpha_n = a'c/a'b' = a'c/ab$，$\cos\beta = a'c/ac$，所以有

$$\tan\alpha_t = \tan\alpha_n / \cos\beta \tag{8.28}$$

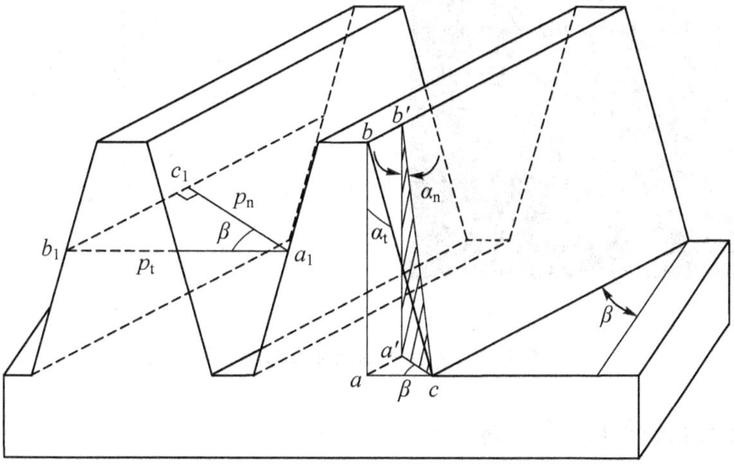

图 8.28　斜齿条的法面与端面模数及压力角

斜齿轮端面上的齿顶高系数 h_{at}^* 与法面上的齿顶高系数 h_{an}^* 通过齿顶高的大小在端面上与法面上相等联系起来；端面上的顶隙系数 c_t^* 与法面上的顶隙系数 c_n^* 也通过顶隙的大小在端面上与法面上相等联系起来，即

$$h_{an}^* m_n = h_{at}^* m_t \tag{8.29}$$

$$c_n^* m_n = c_t^* m_t \tag{8.30}$$

引入端面压力角 α_t 之后，基圆柱上的螺旋角 β_b 与分度圆柱面上的螺旋角 β 可以通过 $\tan\beta_b = \pi d_b / L_w$，$\tan\beta = \pi d / L_w$ 得到

$$\tan\beta_b = (d_b/d)\tan\beta = \cos\alpha_t \tan\beta \tag{8.31}$$

若用端面的基本参数 m_t、α_t、h_{at}^* 和 c_t^* 代替表 8.2 中的基本参数 m、α、h_a^* 和 c^*，则可以得到标准斜齿圆柱齿轮传动的几何尺寸计算公式。

8.9.3　斜齿圆柱齿轮的当量齿轮

标准斜齿圆柱齿轮的法截面齿形如图 8.29(a)所示，在法截面上，齿顶落在一个椭圆上，不同位置上的齿廓形状是不一样的，若落在椭圆短轴上的那个齿具有精确的渐开线齿形，如图 8.29(a)中的齿 A，则其余的轮齿曲线都不是渐开线。设齿 A 具有标准模数 m_n，齿 A 所在的分度圆直径为 d_V，齿 A 所对应的完整齿轮称为当量齿轮，其齿数称为当量齿数，用 z_V 表示，则 $d_V = m_n z_V$。由于椭圆的短轴长度 $b = d/2$，椭圆的长轴长度 $a = (d/2)/\cos\beta$，椭圆在短轴上的曲率半径 $\rho = a^2/b$，所以，$\rho = a^2/b = (d/2)/\cos^2\beta$，于是，当量齿数 $z_V = d_V/m_n = 2\rho/m_n = d/\cos^2\beta/m_n = m_t z/\cos^2\beta/m_n = z/\cos^3\beta$。当量齿数 z_V 不一定是整数，当量齿轮的标

准参数就是斜齿圆柱齿轮在法面上的标准参数。

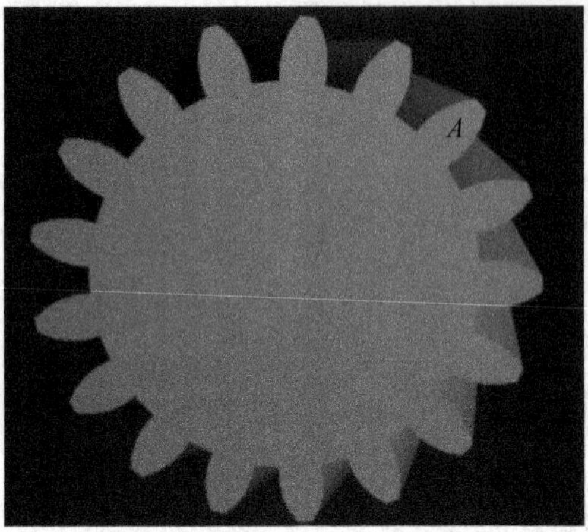

（a）

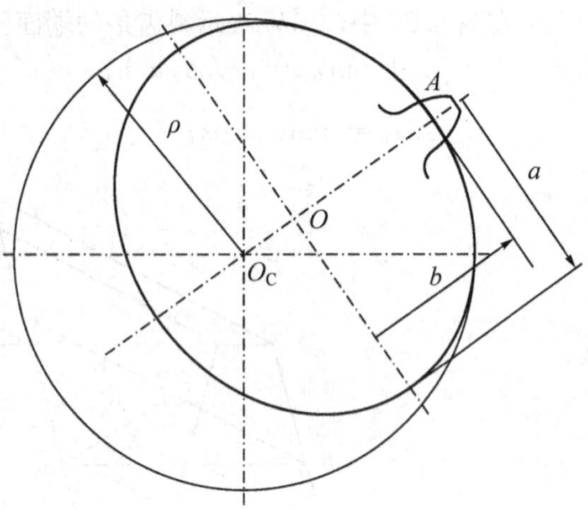

（b）

图 8.29　斜齿轮的法面截形与当量齿轮

8.9.4　斜齿圆柱齿轮传动的重合度

斜齿圆柱齿轮传动的重合度可以通过图 8.30 予以说明，图 8.30(a)为直齿圆柱齿轮传动的啮合面，B_2B_2 表示宽度为 b 的一对轮齿进入啮合的位置，B_1B_1 表示一对轮齿退出啮合的位置，B_1B_2/p_{bt}为直齿圆柱齿轮传动的重合度 ε_α，即 $\varepsilon_\alpha = L/p_{bt} = B_1B_2/p_{bt} = [z_1(\tan\alpha_{at1} - \tan\alpha_t') + z_2(\tan\alpha_{at2} - \tan\alpha_t')]/(2\pi)$。由于一对斜齿圆柱齿轮在啮合面上的接触线为一条与轴线成 β_b 夹角的斜线，所以，它不是用全齿宽进入接触，而是从一端进入啮合，然后接触宽度

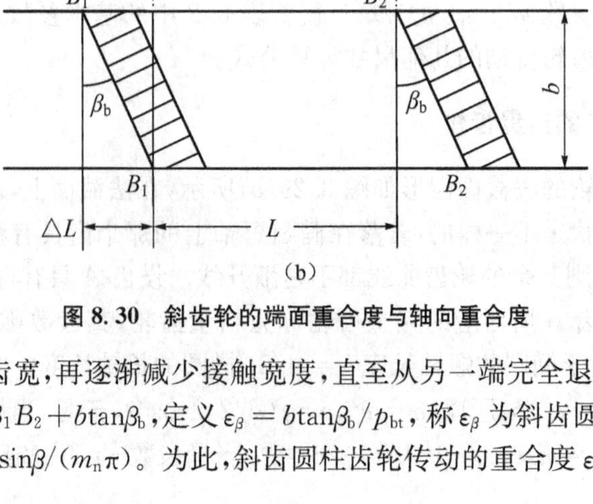

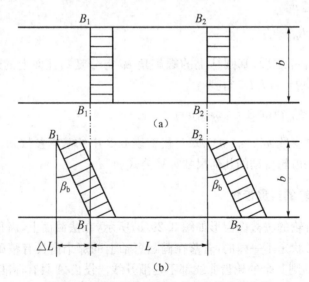

图 8.30　斜齿轮的端面重合度与轴向重合度

逐渐增大，再达到全齿宽，再逐渐减少接触宽度，直至从另一端完全退出啮合，为此，它的啮合长度为 $L + \Delta L = B_1B_2 + b\tan\beta_b$，定义 $\varepsilon_\beta = b\tan\beta_b/p_{bt}$，称 ε_β 为斜齿圆柱齿轮传动的轴向重合度，ε_β 可以转化为 $b\sin\beta/(m_n\pi)$。为此，斜齿圆柱齿轮传动的重合度 $\varepsilon_\gamma = \varepsilon_\alpha + \varepsilon_\beta$，$\varepsilon_\gamma$ 的计算

式为

$$\varepsilon_\gamma=\varepsilon_\alpha+\varepsilon_\beta=[z_1(\tan\alpha_{at1}-\tan\alpha_t{}')+z_2(\tan\alpha_{at2}-\tan\alpha_t{}')]/(2\pi)+b\sin\beta/(m_n\pi) \tag{8.32}$$

8.9.5 斜齿圆柱齿轮传动的特点

斜齿圆柱齿轮传动对比直齿圆柱齿轮传动具有以下特点：

(1) 啮合性能较好。一对斜齿圆柱齿轮啮合传动时，一对轮齿的啮合线是一条斜直线，轮齿从一端开始进入啮合，逐渐进入全齿宽，再从全齿宽逐渐减小，最后退出啮合，啮合线的最大长度为 $b/\cos\beta_b$。因而传动较平稳，振动与噪声都较小。

(2) 重合度大。由于螺旋角 β 的引入，斜齿圆柱齿轮的重合度较直齿圆柱齿轮的大 $b\tan\beta_b/p_{bt}$，所以，在单位时间内双齿对工作的时间比例较多，承载能力提高。

(3) 斜齿圆柱齿轮不产生根切的最少齿数更少，其最少齿数 $z_{min}=z_{Vmin}\cos^3\beta$。

(4) 斜齿圆柱齿轮传动的标准中心距 $a=(d_1+d_2)/2=m_t(z_1+z_2)/2=m_n(z_1+z_2)/(2\cos\beta)$，通过改变螺旋解 β，可以调节标准中心距。

(5) 斜齿圆柱齿轮啮合传动时，会产生轴向力，这是它的一个缺点。为此，应限制螺旋角 β 的取值，一般 $\beta=8°\sim20°$。

8.10 圆柱蜗杆传动

图 8.31 所示为圆柱蜗杆传动的三维图。圆柱蜗杆传动的类型较多，根据蜗杆轮齿螺旋面形状的不同，圆柱蜗杆分为阿基米德蜗杆(ZA)，法向直廓蜗杆(ZN)，渐开线蜗杆(ZI)等。蜗杆 1 的几何轴线与蜗轮的几何轴线垂直交错，过蜗杆的轴线且垂直于蜗轮轴线的剖面称为中间截面，在中间截面内，蜗杆的齿形相当于齿条，蜗轮的齿形相当于外齿轮，阿基米德蜗杆传动如图 8.32 所示。蜗轮与蜗杆的传动相当于齿轮与齿条的传动。在中间截面内，蜗杆的轴向模数 m_{a1} 等于蜗轮的端面模数 m_{t2}(为标准系列值，GB10088－1988)，蜗杆的轴向压力角 α_{a1} 等于蜗轮的端面压力角 α_{t2}(标准规定压力角 $\alpha=20°$，GB10087－1988)，蜗杆与蜗轮的螺旋方向相同。

图 8.31 圆柱蜗杆传动的三维图

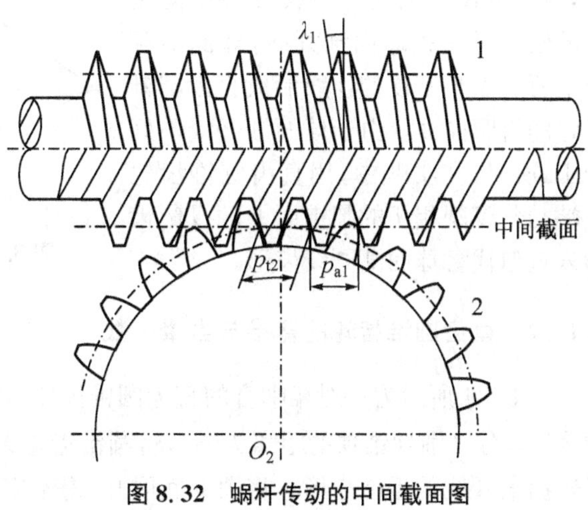

图 8.32 蜗杆传动的中间截面图

蜗杆的螺旋面在轴向的距离称为导程，用 L 表示，$L = z_1 p_{a1}$，z_1 为蜗杆的齿数，p_{a1} 为蜗杆的轴向齿距，$p_{a1} = m_{a1}\pi$，蜗杆的螺旋面在分度圆上的螺旋升角或称导程角用 λ_1 表示，λ_1 等于蜗轮在分度圆上的螺旋角 β_2。λ_1 的计算式为

$$\lambda_1 = \arctan\left(\frac{L}{\pi d_1}\right) = \arctan\left(\frac{z_1 p_{a1}}{\pi d_1}\right) = \arctan\left(\frac{z_1 m_{a1}}{d_1}\right) = \arctan\left(\frac{z_1 m}{d_1}\right) \tag{8.33}$$

由于蜗杆的齿数 z_1 较少，z_1 通常取 1，2，4，蜗轮的齿数 z_2 通常取 28～80，所以，蜗杆与蜗轮传动的传动比 $i=\omega_1/\omega_2=z_2/z_1$ 较大，通常在 28～80 之内。

定义 $z_1/\tan\lambda_1$ 为蜗杆的直径系数，用 q 表示，即 $q=z_1/\tan\lambda_1$。于是，蜗杆的分度圆直径 d_1 为

$$d_1 = mq \tag{8.34}$$

q 被规定为若干个值，取值范围为 8～18。蜗杆的分度圆直径 d_1 与模数 m 又被规定为若干组数值(GB/T10085－1988)，由强度计算确定选择哪一组。

蜗杆传动的标准中心距 a 为

$$a = r_1 + r_2 = m(q + z_2)/2 \tag{8.35}$$

蜗杆传动的特点是传动比大，传动平稳，机械效率相对较低，当 λ_1 小于啮合轮齿间的当量摩擦角时，只能由蜗杆驱动蜗轮，不能由蜗轮驱动蜗杆，具有运动传递的单向性，也称为自锁。当要求机械效率较高时，$15^\circ \leqslant \lambda_1 \leqslant 30^\circ$，此时为多头蜗杆。

8.11 直齿圆锥齿轮传动

8.11.1 直齿圆锥齿轮的形成原理

直齿圆锥齿轮的形成原理如图8.33所示。将图 8.25 所示的基圆柱换成基圆锥，当发生面相对于基圆锥作纯滚动时，直线 KK 上的任意一点 A 在空间留下的轨迹是一条球面渐开线，球面渐开线上所有点与锥顶的连线形成直齿圆锥齿轮的齿廓曲面。由于球面渐开线不好加工，所以，在实践中，用直齿圆锥齿轮大端与分度圆相切的圆锥面上的投影齿形来近似代替球面渐开线齿形。

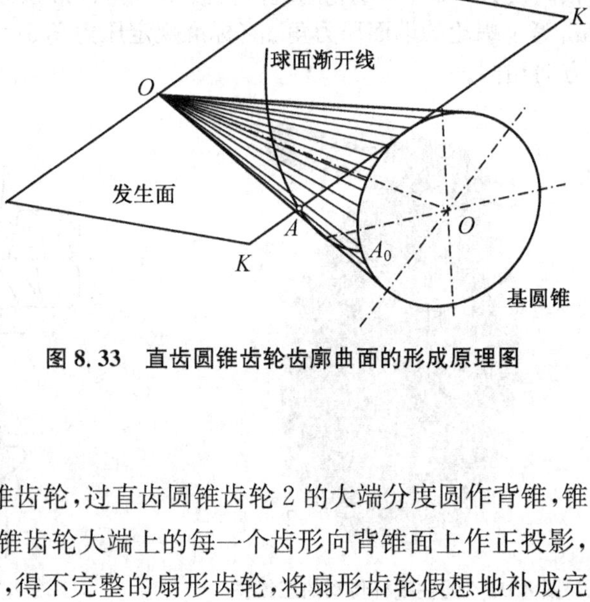

图 8.33　直齿圆锥齿轮齿廓曲面的形成原理图

8.11.2 直齿圆锥齿轮的背锥与当量齿数

图 8.34 所示为一对相啮合的直齿圆锥齿轮，过直齿圆锥齿轮 2 的大端分度圆作背锥，锥顶为 O_2，分度圆到锥顶的距离为 r_{V2}，将圆锥齿轮大端上的每一个齿形向背锥面上作正投影，得球面渐开线的近似齿形。将圆锥面展开，得不完整的扇形齿轮，将扇形齿轮假想地补成完

整的齿轮，该齿轮称为直齿圆锥齿轮的当量齿轮，当量齿轮的齿数称为当量齿数，用 z_{V2} 表示。当量齿轮的模数与压力角与圆锥齿轮大端分度圆上的模数与压力角相同。由图 8.34 得 r_{V2} 为

$$r_{V2} = r_2/\sin(\pi/2 - \delta_2) = r_2/\cos\delta_2 \tag{8.36}$$

由于 $r_{V2} = z_{V2}m/2, r_2 = z_2 m/2$，所以，得 z_{V2} 为

$$z_{V2} = z_2/\cos\delta_2 \tag{8.37}$$

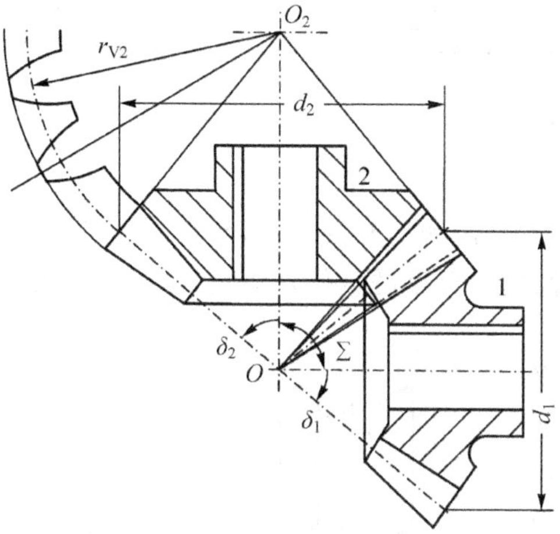

图 8.34　直齿圆锥齿轮的背锥与当量齿数

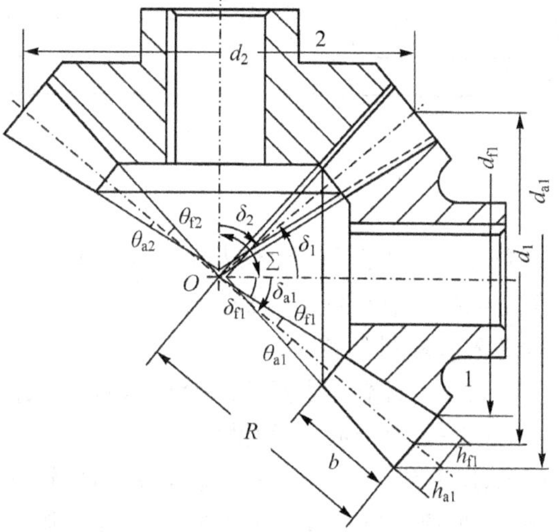

图 8.35　直齿圆锥齿轮的主要几何参数

8.11.3　直齿圆锥齿轮的几何参数计算

直齿圆锥齿轮的标准参数有模数 m(GB/T12368 - 1990)、压力角 $\alpha = 20°$、齿顶高系数 $h_a^* = 1$ 与顶隙系数 $c^* = 0.2$。直齿圆锥齿轮有两种啮合顶隙，图 8.31 所示为不等顶隙型圆锥齿轮传动，图 8.35 所示为 GB/T12369 - 1990、GB/T123670 - 1990 规定的等顶隙型直齿圆锥齿轮传动。现多采用等顶隙型传动。直齿圆锥齿轮的标准参数关系见表 8.4 所示。

表 8.4　标准直齿圆锥齿轮传动的几何尺寸($\Sigma = 90°$)

名　　称	代号	计　算　公　式	
		小　齿　轮	大　齿　轮
模数	m	由齿轮的抗弯强度确定并取标准值	由齿轮的抗弯强度确定并取标准值
压力角	α	取标准值	取标准值
大端分度圆直径	d	$d_1 = mz_1$	$d_2 = mz_2$
大端齿顶高	h_a	$h_{a1} = h_a = h_a^* m$	$h_{a2} = h_a = h_a^* m$
大端齿根高	h_f	$h_{f1} = h_f = (h_a^* + c^*)m$	$h_{f2} = h_f = (h_a^* + c^*)m$
大端齿全高	h	$h_1 = h = (2h_a^* + c^*)m$	$h_2 = h = (2h_a^* + c^*)m$
大端齿顶圆直径	d_a	$d_{a1} = d_1 + 2h_{a1}\cos\delta_1$	$d_{a2} = d_2 + 2h_{a2}\cos\delta_2$
大端齿根圆直径	d_f	$d_{f1} = d_1 - 2h_{f1}\cos\delta_1$	$d_{f2} = d_2 - 2h_{f2}\cos\delta_2$
锥距	R	$R = 0.5\,m\sqrt{z_1^2 + z_2^2}$	$R = 0.5\,m\sqrt{z_1^2 + z_2^2}$

续表

名　称	代号	计　算　公　式	
		小　齿　轮	大　齿　轮
齿顶角	θ_a	$\theta_{a1}=\arctan(h_a/R)$	$\theta_{a2}=\arctan(h_a/R)$
齿根角	θ_f	$\theta_{f1}=\arctan(h_f/R)$	$\theta_{f2}=\arctan(h_f/R)$
分度圆锥角	δ	$\delta_1=\arctan(1/i_{12})$	$\delta_2=\arctan(i_{12})$
齿顶锥角	δ_a	$\delta_{a1}=\delta_1+\theta_{f2}$（等顶隙），$\delta_{a1}=\delta_1+\theta_{a1}$（收缩顶隙）	$\delta_{a2}=\delta_2+\theta_{f1}$（等顶隙），$\delta_{a2}=\delta_2+\theta_{a2}$（收缩顶隙）
齿根锥角	δ_f	$\delta_{f1}=\delta_1-\theta_{f1}$	$\delta_{f2}=\delta_2-\theta_{f2}$
齿宽	b	$b_1=\psi_R\cdot R$	$b_2=\psi_R\cdot R$
传动比	i	$i_{12}=\omega_1/\omega_2=z_2/z_1$	

习　题

8-1　一对渐开线标准齿轮在标准中心距下传动，传动比 $i_{12}=3.6$，模数 $m=6$ mm，压力角 $\alpha=20°$，中心距 $a=345$ mm，求小齿轮的齿数 z_1，分度圆直径 d_1，基圆直径 d_{b1}，齿厚 s 与齿槽宽 e，基圆齿厚 s_{b1}。

8-2　一对渐开线标准齿轮在标准中心距下传动，如题 8-2 图所示，已知模数 $m=4$ mm，齿数如图所示，压力角 $\alpha=20°$，求中心距 a，小齿轮分度圆直径 d_1，齿顶圆直径 d_{a1}，齿根圆直径 d_{f1}，基圆直径 d_{b1}，基圆齿厚 s_{b1}。

题 8-2 图

8-3　在题 8-2 图所示的齿轮传动中，W_k 表示跨 $k=3$ 个齿的公法线，跨齿数 $k=\alpha z/180°+0.5$，α 为压力角，$\alpha=20°$，通过测量 W_k，可以检测标准齿轮分度圆上的齿厚。W_k 的计算公式为

$$W_k=(k-1)p_b+s_b=m\cos\alpha[(k-0.5)\pi+z\,\mathrm{inv}\,\alpha]$$

$\mathrm{inv}\,\alpha$ 为渐开线函数，$\mathrm{inv}\,\alpha=\tan\alpha-\alpha$。设 W_3 的测量值 $W_{3c}=30.145$ mm，试利用该式计算理论公法线长度 W_3，计算分度圆上的实际齿厚 s_{1c} 与误差 Δs_{1c}。

8-4　一对渐开线标准齿轮在标准中心距下传动，已知模数 $m=4$ mm，齿数 $z_1=21$、$z_2=72$，试求其重合度。

8-5　一对渐开线标准齿轮在标准中心距下传动，已知模数 $m=6$ mm，齿数 $z_1=23$、$z_2=64$，当中心距 $a'=263$ mm 时，试计算啮合角 α'。

8-6　一对渐开线标准斜齿轮在标准中心距下传动，已知模数 $m_n=8$ mm，齿数 $z_1=25$、$z_2=67$，螺旋角 $\beta=20°$，齿宽 $b=65$ mm，试求重合度 ε_γ。

8-7　一对渐开线变位齿轮传动，已知模数 $m=4$ mm，齿数 $z_1=23$、$z_2=79$，变位系数 $x_1=0.65$，$x_2=-0.4$，求啮合角 α'，中心距 a'，小齿轮的分度圆直径 d_1，齿顶圆直径 d_{a1}，齿根圆直径 d_{f1}，齿高 h。

8-8　一对等顶隙型直齿圆锥齿轮传动，已知模数 $m=6$ mm，齿数 $z_1=21$、$z_2=62$，齿宽 $b=45$ mm，试计算小圆锥齿轮大端分度圆直径 d_1，大端齿顶高 h_{a1}，大端齿根高 h_{f1}，大端齿全高 h_1，分度圆锥角 δ_1，大端齿顶圆直径 d_{a1}，大端齿根圆直径 d_{f1}，锥距 R，齿顶角 θ_{a1}，齿根角 θ_{f1}，齿顶锥角 δ_{a1}，齿根锥角 δ_{f1}。

8-9　一圆柱蜗杆传动，已知蜗杆的齿数 $z_1=1$，蜗轮的齿数 $z_2=42$，蜗杆的分度圆直径 $d_1=80$ mm，蜗轮的分度圆直径 $d_2=336$ mm，试计算：(1) 蜗轮的端面模数 m_{t2}与蜗杆的轴向模数 m_{a1}，(2) 蜗杆的轴向齿距 p_{a1}，(3) 导程 L，(4) 蜗杆的直径系数 q，(5) 蜗杆传动的标准中心距 a，(6) 蜗杆的导程角 λ_1。

8-10　现需要设计一对渐开线外啮合标准直齿圆柱齿轮机构。已知 $Z_1=18$，$Z_2=37$，$m=5$ mm，$\alpha=20°$，$h_a^*=1$，$c^*=0.25$，试求：

(1) 两轮的几何尺寸(d_1、d_2；d_{b1}、d_{b2}；d_{a1}、d_{a2}；d_{f1}、d_{f2})及标准中心距 a；

(2) 计算重合度 ε_α并绘出单、双齿啮合区。

8-11　当标准齿条的齿廓与被测量的外齿轮的齿廓对称相切时，两切点之间的距离 AA' 称为固定弦齿厚，以$\bar{s}_c$ 表示，固定弦至齿顶的距离称为固定弦齿高，以 h_c 表示，如题 8－11 图所示。试证明，$\bar{s}_c=s\cos^2\alpha$，$h_c=h_a-(s/4)\sin(2\alpha)$。

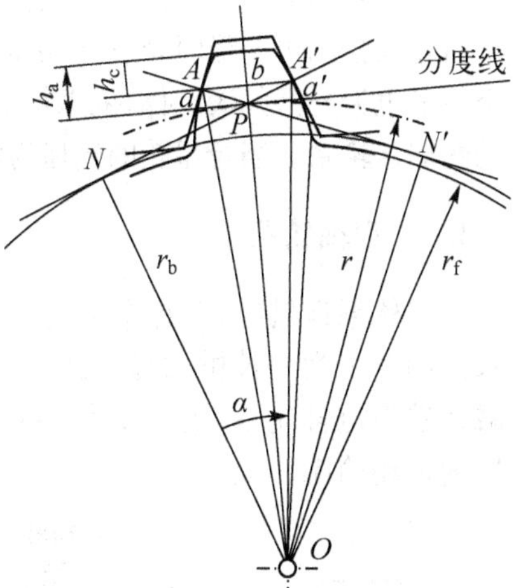

题 8-11 图

9 齿轮系及其设计

9.1 概述

齿轮机构设计简单、制造方便、传动效率相对较高,但它所能实现的传动比较小,输入输出方式相对单一。若采用三个或三个以上的齿轮组成一个传动系统,则传动的功能将大大增加。这种由一系列齿轮所组成的传动系统称为齿轮系,简称轮系。根据各个齿轮的相对运动状态不同,轮系可以分为三种基本的类型,即定轴轮系、转动行星轮周转轮系与平动行星轮周转轮系。当定轴轮系与周转轮系进一步组合、周转轮系与周转轮系进一步组合时,形成复合轮系。当一个齿轮在径向可变形时,则得到谐波齿轮传动。当行星轮为光滑的滚动体、与行星轮接触的两个轮子也为光滑的滚动体,依靠轮子之间的摩擦力(或油膜的剪切力)实现传动时,形成牵引传动的周转轮系。当行星轮的轮齿为活动的时,形成活齿传动的周转轮系。

9.1.1 定轴轮系

当轮系运转时,若每个齿轮的几何中心线相对于机架的位置是固定的,则称为定轴轮系。图 9.1 为一种桥式起重机提升机构的运动简图,其中使用了二级齿轮减速,该二级齿轮减速器为定轴轮系;图 9.2 为二级齿轮减速器的齿轮与轴的结构图;图 9.3 为二级齿轮变速器的运动简图。

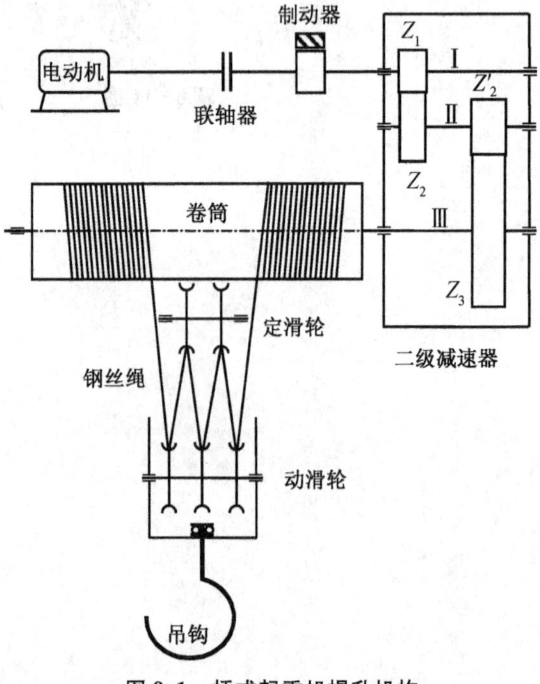

图 9.1 桥式起重机提升机构

图 9.2 二级齿轮减速器

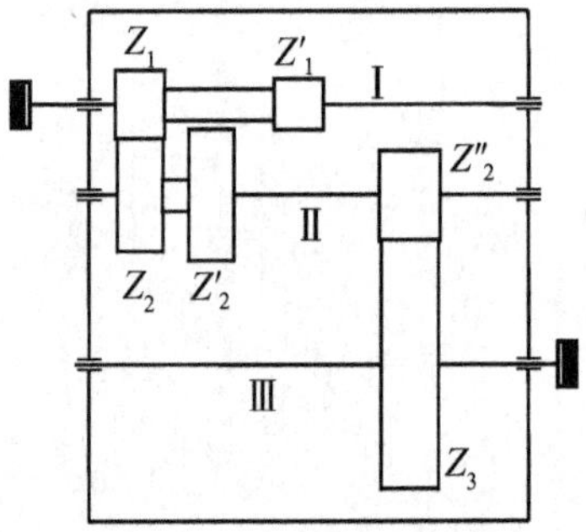

图 9.3 二级齿轮变速器

9.1.2 周转轮系

当轮系运转时，若至少有一个齿轮的几何中心线相对于机架的位置是变化的，则称为周转轮系。在图 9.4 所示的轮系中，齿轮 2 绕其自身的轴线 O_2O_2 转动，O_2O_2 又绕固定轴线 O_1O_1 转动，为此，它是一个转动行星轮周转轮系。在图 9.5 所示的轮系中，O_3ABO_4 为平行四边形机构，O_1O_2 平行且等于 O_3A，齿轮 2 相对于机架 5 作平动，为此，它是一个平动行星轮周转轮系。

对于周转轮系，当它的自由度等于 2 时，称为差动轮系；当它的自由度等于 1 时，称为行星轮系。

在周转轮系中，相对于机架作单自由度转动的构件称为基本构件，相对于机架作复合运动的构件称为行星轮。在基本构件中，支撑行星轮的构件称为系杆，用 H 表示。在图 9.4 所示的轮系中，齿轮 1、3 称为中心轮，用 K 表示。齿轮 1、3 与系杆 H 是基本构件，该轮系称为 $2K-H$ 型周转轮系。在图 9.5 所示的轮系中，齿轮 1 为中心轮，齿轮 2 为平动行星轮，行星轮与平动的连杆固联，曲柄 3、4 平行且相等，可以实现齿轮 1 到曲柄 3 的减速传动，该轮系称为平动行星轮系。

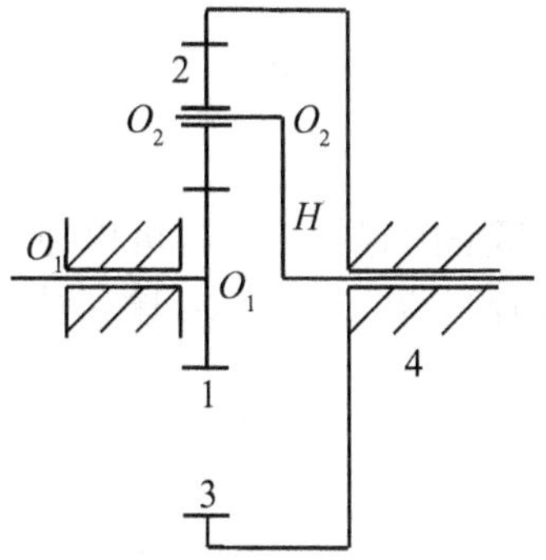

图 9.4 2K-H 型周转轮系

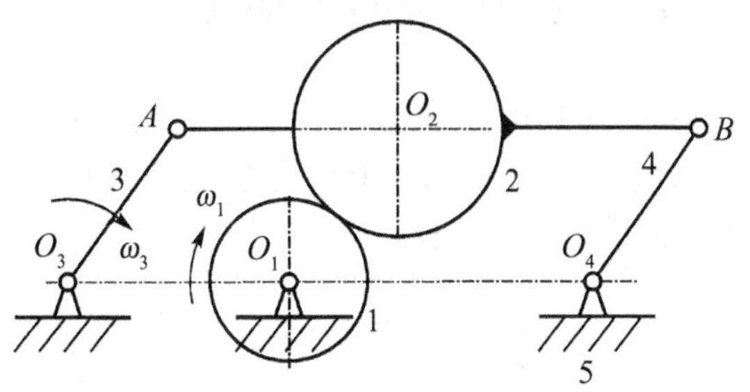

图 9.5 平动行星轮

9.1.3 复合轮系

由周转轮系组合而成的轮系或周转轮系与定轴轮系组成的轮系称为复合轮系。图 9.6 为两个周转轮系组合而成的复合轮系。图 9.7 为周转轮系与定轴轮系组成的复合轮系，其中构件 5 的外壳是卷扬滚筒，内环制造成内齿轮 5，左侧是行星轮 2 的支撑架，行星轮 2 绕其自

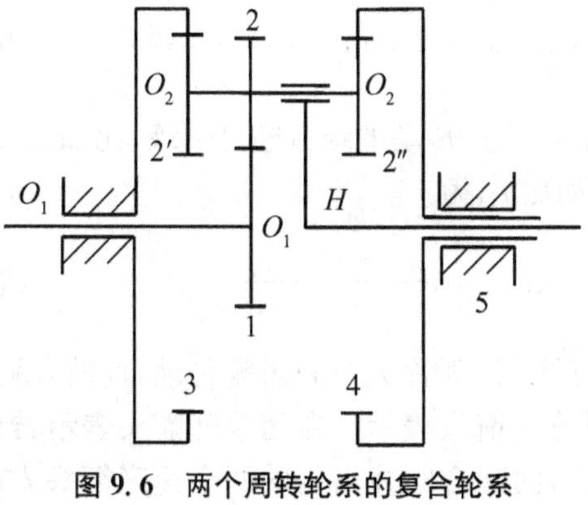

图 9.6 两个周转轮系的复合轮系

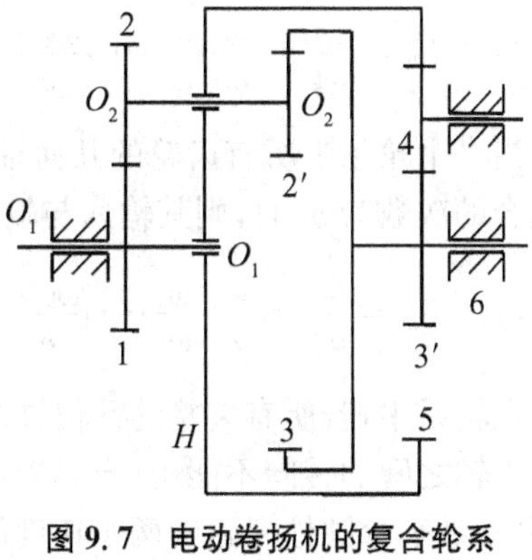

图 9.7 电动卷扬机的复合轮系

身的轴线 O_2O_2 转动，O_2O_2 又绕转动固定轴线 O_1O_1 转动。图 9.8 为周转轮系与定轴轮系组成的复合轮系，其中构件 1、2 为蜗轮蜗杆机构。在图 9.9 所示的汽车后轮传动中，圆锥齿轮 3 绕圆锥齿轮 4 上的轴线 O_4O_4 转动，圆锥齿轮 4 绕支撑架转动，为此，它也是一个复合轮系。

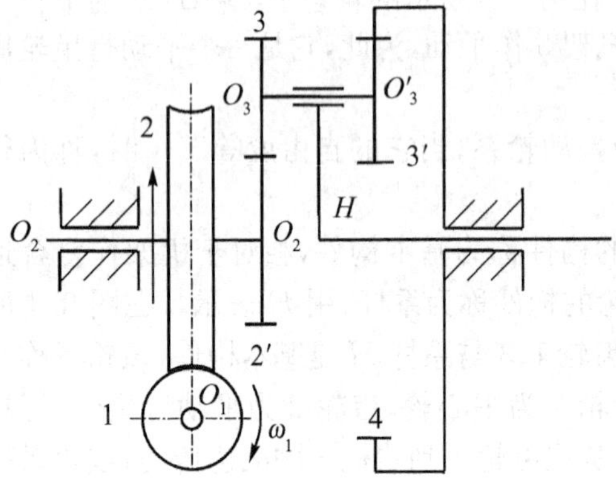

图 9.8　蜗杆与周转轮系的复合轮系

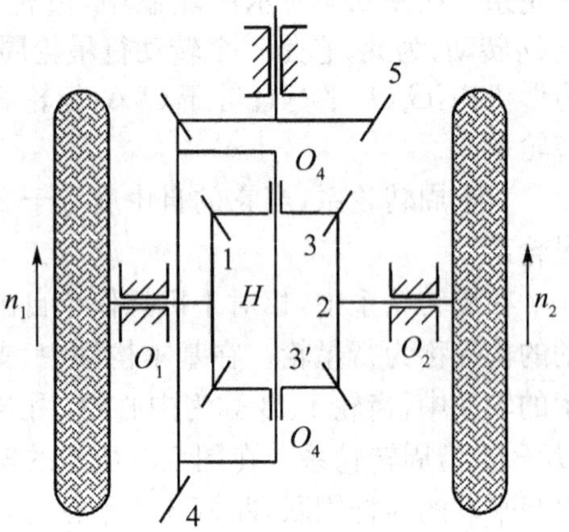

图 9.9　汽车差速器中的复合轮系

9.2　定轴轮系的传动比

在定轴轮系中，由于所有齿轮的几何中心线相对于机架都是固定的，所以，可以通过将每一级齿轮的传动比作连乘积的方式，来计算定轴轮系的传动比。在图 9.1 中，输入轴Ⅰ与输出轴Ⅲ之间的传动比 i_{13} 为

$$i_{13}=\frac{\omega_1}{\omega_3}=\frac{\omega_1}{\omega_2}\cdot\frac{\omega_2}{\omega_3}=i_{12}\cdot i_{23}=(-1)^2\frac{z_2}{z_1}\cdot\frac{z_3}{z_2}$$

式中$(-1)^2$ 的 2 表示外啮合的次数，$(-1)^2$ 表示输出轴与输入轴转向之间的关系，为正 1 时，表示两者转向相同，为−1 时，表示两者转向相反。图 9.1 所表达的二级减速器称为展开式减速器，为了使两个大齿轮的直径接近相等，以利于齿轮啮合时的润滑、减小箱体的高度，i_{12}、i_{23}应满足 $i_{12}=(1.3\sim1.4)i_{23}$。

当一个轮系中所有齿轮的几何轴线相互平行、传动的级数超过 2 级，比如为 k 级，外啮合的次数为 m 时，则其输入与输出之间的传动比 i_{1k} 为

$$i_{1k}=\frac{\omega_1}{\omega_k}=\frac{\omega_1}{\omega_2}\cdot\frac{\omega_2}{\omega_3}\cdot\cdots\cdot\frac{\omega_{k-1}}{\omega_k}=i_{12}\cdot i_{23}\cdot\cdots\cdot i_{(k-1)k}=(-1)^m\frac{z_2}{z_1}\cdot\frac{z_3}{z_2}\cdot\cdots\cdot\frac{z_k}{z_{k-1}} \tag{9.1}$$

当一个轮系中所有齿轮的几何轴线不完全相互平行、传动的级数超过 2 级，比如为 k 级，外啮合的次数为 m 时，则其输入与输出之间的传动比 i_{1k} 为

$$i_{1k}=\frac{\omega_1}{\omega_k}=\frac{\omega_1}{\omega_2}\cdot\frac{\omega_2}{\omega_3}\cdot\cdots\cdot\frac{\omega_{k-1}}{\omega_k}=i_{12}\cdot i_{23}\cdot\cdots\cdot i_{(k-1)k}=\frac{z_2}{z_1}\cdot\frac{z_3}{z_2}\cdot\cdots\cdot\frac{z_k}{z_{k-1}} \tag{9.2}$$

在轮系中，若所有齿轮的几何轴线不完全相互平行，则称为空间齿轮传动，此时，输出轴与输入轴之间的转向不能用$(-1)^m$ 表示，只能用速度箭头表示。在用速度箭头表示转向的规则中，外啮合圆柱齿轮的两个速度箭头方向相反，内啮合圆柱齿轮的两个速度箭头方向相

同，一对啮合圆锥齿轮的两个速度箭头要么同时指向啮合区要么同时离开啮合区。蜗杆传动转向判别的规则为，右旋蜗杆用右手，四指握住蜗杆，四指的指向与蜗杆的转动方向相同，拇指的相反方向即为蜗轮的转向；左旋蜗杆用左手，四指握住蜗杆，四指的指向与蜗杆的转动方向相同，拇指的相反方向即为蜗轮的转向。图 9.10 为含有右旋蜗杆的轮系，用前述规则得转向如图所示。图 9.11为含有左旋蜗杆的轮系，用前述规则得转向如图所示。图 9.12 为含有圆锥齿轮传动的轮系，用前述规则得转向如图所示。

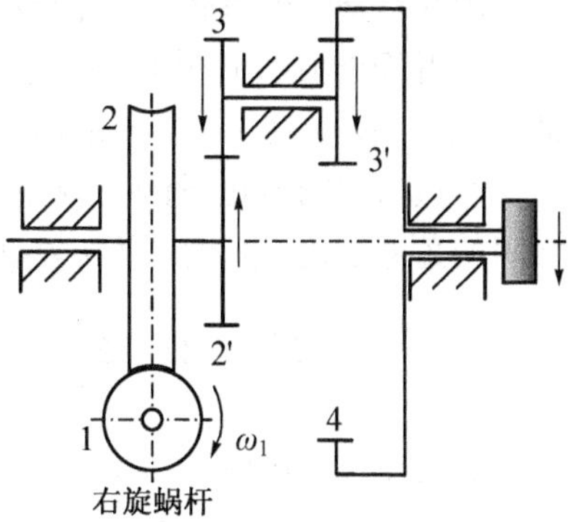

图 9.10　含右旋蜗杆的轮系

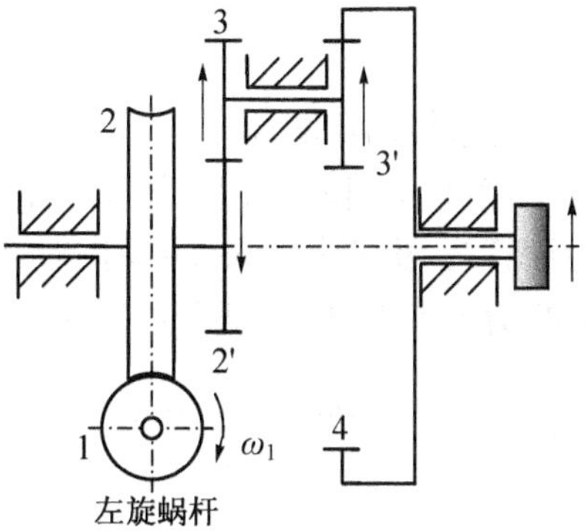

图 9.11　含左旋蜗杆的轮系

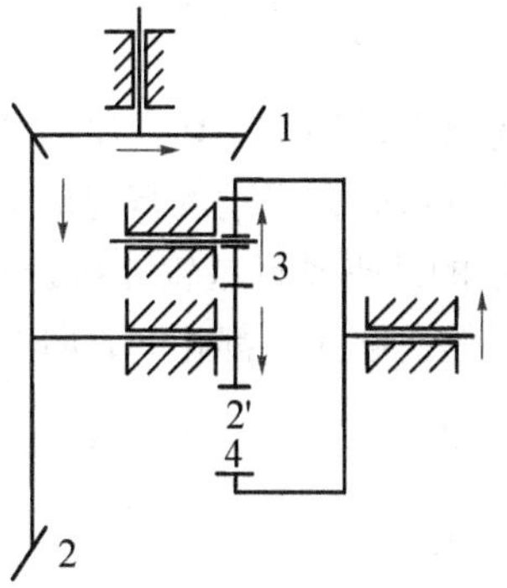

图 9.12　圆锥齿轮与齿轮组成的轮系

9.3　周转轮系的传动比

在周转轮系中，由于行星齿轮的几何中心线相对于机架是运动的，所以，周转轮系的传动比计算不能直接使用定轴轮系的传动比计算方法。为了能够使用定轴轮系的传动比计算方法，可以作以下转化。以图 9.4 所示的行星轮系为例，其运动分析简图如图 9.13 所示。由于行星轮 2 支撑在系杆 H 上，系杆 H 的角速度为 ω_H，行星轮 2 关于系杆的角速度为 $\omega_2^H = \omega_2 - \omega_H$，行星轮 2 关于机架 4 的角速度为 ω_2，中心轮 1、3 关于机架的角速度分别为 ω_1、ω_3。

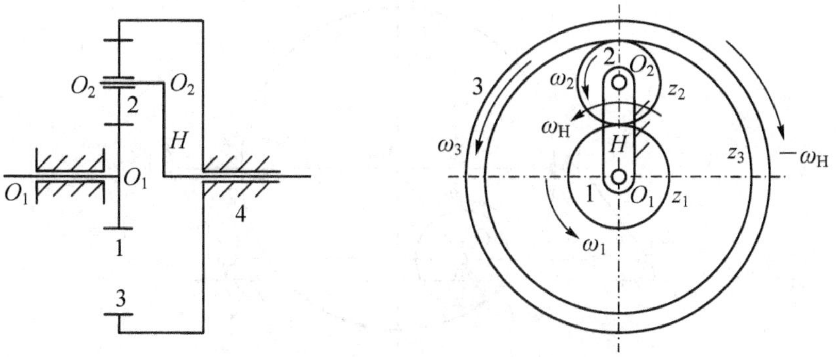

图 9.13　行星轮转动的行星轮系传动比的计算

现在给整个轮系施加一个$-\omega_H$，该做法不影响轮系的相对运动，但是，此时的系杆相对于观察者静止不动了，中心轮1、3关于系杆作“定轴运动”，此时中心轮1、3的角速度分别为$\omega_1^H=\omega_1-\omega_H$、$\omega_3^H=\omega_3-\omega_H$，行星轮2关于系杆也作“定轴运动”，角速度为$\omega_2^H=\omega_2-\omega_H$。

经过这样的转化，所有的齿轮相对于系杆都作“定轴运动”。若计算中心轮1与系杆H之间的角速度比i_{1H}，则计算方法为

$$i_{13}^H=\frac{\omega_1^H}{\omega_3^H}=\frac{\omega_1-\omega_H}{\omega_3-\omega_H}=-\frac{z_2}{z_1}\cdot\frac{z_3}{z_2}=-\frac{z_3}{z_1} \tag{9.3}$$

由于内齿轮3是固定的，$\omega_3=0$，所以

$$i_{13}^H=\frac{\omega_1^H}{\omega_3^H}=\frac{\omega_1-\omega_H}{\omega_3-\omega_H}=\frac{\omega_1-\omega_H}{0-\omega_H}=-\frac{z_3}{z_1}$$

$$i_{1H}=\frac{\omega_1}{\omega_H}=1+\frac{z_3}{z_1}$$

上述原理适用于一切行星轮作转动的周转轮系与行星轮系传动比的计算。

对于行星轮作平动的行星轮系，其基本型式如图9.14、图9.15和图9.16所示。对于图9.14所示的外平动行星轮外啮合行星轮系，其传动比的计算为，由于行星轮2作平动，其上任意一点的速度大小都相同，所以，行星轮2与中心轮1的啮合点P_{12}的速度V_{P12}为

$$V_{P12}=V_{O2}=V_A=V_B=\omega_3L_{AO3}=\omega_3m(z_1+z_2)/2=\omega_1mz_1/2$$

于是，传动比i_{13}为

$$i_{13}=\omega_1/\omega_3=(z_1+z_2)/z_1$$

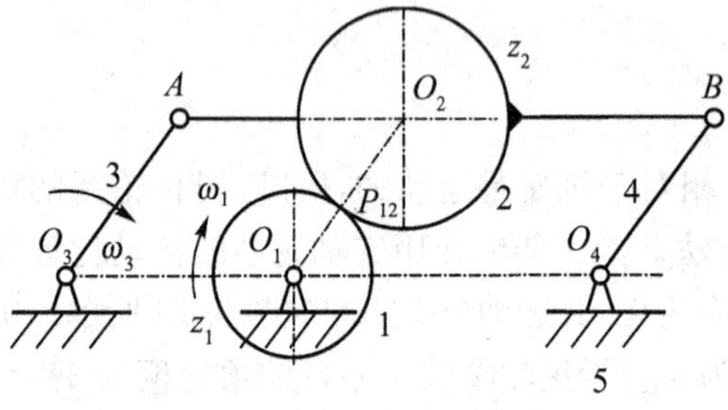

图9.14　外平动行星轮外啮合行星轮系

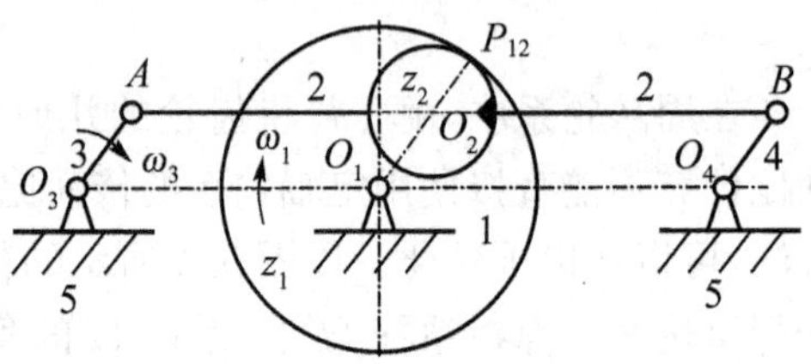

图9.15　外平动行星轮内啮合行星轮系

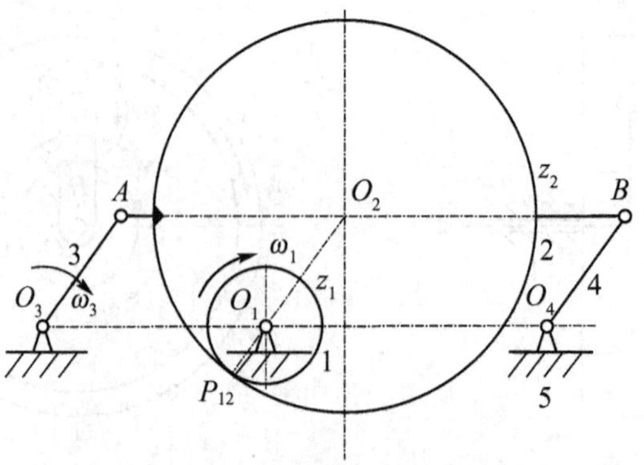

图9.16　内平动行星轮内啮合行星轮系

对于图 9.15 所示的外平动行星轮内啮合行星轮系，P_{12}点的速度 V_{P12}为

$$V_{P12}=V_{O2}=V_A=V_B=\omega_3 L_{AO3}=\omega_3 m(z_1-z_2)/2=\omega_1 m z_1/2$$

于是，传动比 i_{13}为

$$i_{13}=\omega_1/\omega_3=(z_1-z_2)/z_1$$

对于图 9.16 所示的内平动行星轮内啮合行星轮系，P_{12}点的速度 V_{P12}为

$$V_{P12}=V_{O2}=V_A=V_B=\omega_3 L_{AO3}=\omega_3 m(z_2-z_1)/2=\omega_1 m z_1/2$$

于是，传动比 i_{13}为

$$i_{13}=\omega_1/\omega_3=(z_2-z_1)/z_1$$

由此可见，对于不同类型的周转轮系，其传动比的计算方法是不一样的。

9.4 复合轮系的传动比

由于复合轮系是由两个或两个以上的周转轮系组合而成、或周转轮系与定轴轮系组合而成，所以，复合轮系传动比的计算应是首先区分出基本的周转轮系与定轴轮系，然后对基本的周转轮系与定轴轮系分别列出公式，最后化简。

［**例 9－1**］ 计算图 9.6 所示复合轮系的传动比 i_{14}。设 $z_1=36$，$z_2=28$，$z_2'=24$，$z_2''=20$，$z_3=88$，$z_4=84$。

［**解**］ 图 9.6 为两个周转轮系组合而成的复合轮系，对构件 1—2—2′—H—3、1—2—2″—H—4 组成的两个周转轮系分别列传动比的计算公式得

$$i_{13}^H=\frac{\omega_1^H}{\omega_3^H}=\frac{\omega_1-\omega_H}{\omega_3-\omega_H}=-\frac{Z_2}{Z_1}\cdot\frac{Z_3}{Z_2'}=-\frac{28}{36}\cdot\frac{88}{24}=-2.852$$

$$i_{14}^H=\frac{\omega_1^H}{\omega_4^H}=\frac{\omega_1-\omega_H}{\omega_4-\omega_H}=-\frac{Z_2}{Z_1}\cdot\frac{Z_4}{Z_2''}=-\frac{28}{36}\cdot\frac{84}{20}=-3.267$$

对第一个基本方程化简得

$$(\omega_1-\omega_H)/(0-\omega_H)=-2.852,\ \omega_H=0.259\,6\omega_1$$

将 $\omega_H=0.259\,6\omega_1$ 代入第二个基本方程得

$$(\omega_1-0.259\,6\omega_1)/(\omega_4-0.259\,6\omega_1)=-3.267$$

化简得

$$0.107\,7\omega_1=3.267\omega_4,\ i_{14}=\omega_1/\omega_4=3.267/0.107\,7=30.334$$

［**例 9－2**］ 计算图 9.7 所示复合轮系的传动比 i_{15}。已知 $z_1=24$，$z_2=33$，$z_2'=21$，$z_3=78$，$z_3'=33$，$z_4=30$，$z_5=93$。

［**解**］ 图 9.7 为周转轮系与定轴轮系组合而成的复合轮系，对构件 1—2—2′—5(H)—3 组成的周转轮系与构件 3′—4—5 组成的定轴轮系分别列传动比的计算公式得

$$i_{13}^{H}=\frac{\omega_1^H}{\omega_3^H}=\frac{\omega_1-\omega_H}{\omega_3-\omega_H}=-\frac{Z_2}{Z_1}\cdot\frac{Z_3}{Z_{2'}}=-\frac{33}{24}\cdot\frac{78}{21}=-5.107$$

$$i_{35}=\frac{\omega_3}{\omega_5}=\frac{\omega_3}{\omega_H}=-\frac{Z_4}{Z_{3'}}\cdot\frac{Z_5}{Z_4}=-\frac{Z_5}{Z_{3'}}=-\frac{93}{33}=-2.818$$

化简以上两式得

$$\omega_1-\omega_H=-5.107(\omega_3-\omega_H)$$

$$\omega_1-\omega_H=-5.107(-2.818\,1\omega_H-\omega_H)$$

$$\omega_1-\omega_H=-5.107(-3.818\omega_H)$$

$$\omega_1-\omega_H=19.498\,5\omega_H$$

$$\omega_1=20.498\,5\omega_H$$

$$i_{15}=\frac{\omega_1}{\omega_H}=\frac{\omega_1}{\omega_5}=20.498\,5$$

［例 9-3］ 计算图 9.8 所示复合轮系的传动比 i_{1H}。设 $z_1=2$，$z_2=66$，$z_2'=24$，$z_3=36$，$z_3'=20$，$z_4=80$。

［解］ 图 9.8 为周转轮系与蜗杆传动组合而成的复合轮系，对构件 $2'$—3—$3'$—H—4 组成的周转轮系与构件 1—2 组成的定轴轮系分别列传动比的计算公式得

$$i_{24}^{H}=\frac{\omega_2-\omega_H}{\omega_4-\omega_H}=-\frac{z_3}{z_{2'}}\cdot\frac{z_4}{z_{3'}}=-\frac{36}{24}\cdot\frac{80}{20}=-6,\ i_{12}=\frac{\omega_1}{\omega_2}=\frac{z_2}{z_1}=\frac{66}{2}=33$$

化简以上两式得

$$\omega_2-\omega_H=-6(0-\omega_H)=6\omega_H,\ \omega_2=7\omega_H,$$

$$i_{1H}=\frac{\omega_1}{\omega_2}\cdot\frac{\omega_2}{\omega_H}=33\times7=231$$

［例 9-4］ 求图 9.9 所示汽车后桥差速器中左右两个轮子的转速 n_1、n_2 与输入转速 $n_4(=n_H)$ 之间的关系，图 9.9 中各个构件的相对转动与绝对转动如图 9.17 所示。

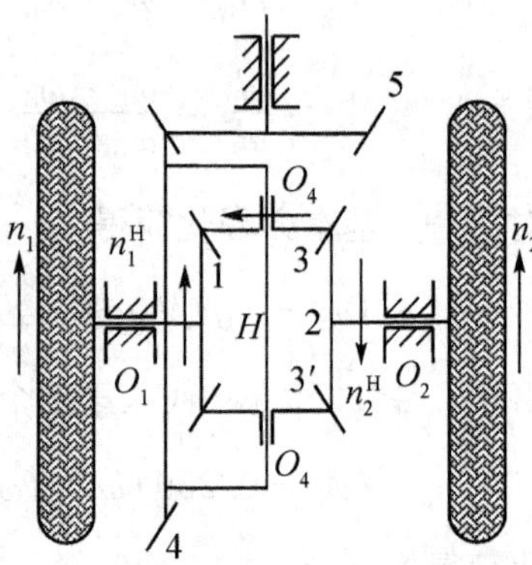

图 9.17 汽车差速器中各构件的转向

［解］ 在图 9.9 所示的复合轮系中，当系杆 H 为静止参考坐标系时，左右两个轮子的转速 n_1^H、n_2^H 之标注如图9.17所示，n_1^H 与 n_2^H 转向相反。该轮系的转速方程为

$$i_{12}^{H}=\frac{n_1^H}{n_2^H}=\frac{n_1-n_H}{n_2-n_H}=-\frac{z_3}{z_1}\cdot\frac{z_2}{z_3}=-\frac{z_2}{z_1}=-1,$$

$$n_1-n_H=-n_2+n_H,\ n_1+n_2=2n_H$$

由此可见，左右两个轮子的转速之和等于 $2n_H$，当一个轮子转得快时，另一个轮子一定转得慢。这为汽车的方向控制与对路面的自适应能力带来了极大的好处，但当一个轮子陷入

泥泞的地方时,由于该轮子与路面的摩擦力相对较小,所以,该轮子可能会出现打滑现象。解决该问题的技术路线有两条,一条是设计新型的差速器,当轮子与路面的摩擦力相对较小,该轮子出现打滑时,自行锁住;另一条是汽车的前后轮同时驱动。

[例 9-5] 图 9.17(a)所示为国产红旗轿车中的自动变速器机构简图。它由四套简单的 $2K-H$ 型周转轮系经过适当的组合而成。图中 B_1、B_2、B_3 和 C 是由液力变矩器控制的带式制动器和锥面离合器,B_r 是由司机控制的倒车用制动器。运动由Ⅰ轴输入,由Ⅱ轴输出,B_1、B_2、B_3、B_r 和 C 中只有一个起作用,从而获得 5 种输出速度,四个前进挡,一个后退挡。该种设计可以在没有齿轮进入与退出啮合的状态下实现变速与换向。试计算第一档至第五档的传动比。

[解] (1) 计算第一挡的传动比

当制动器 B_1 制动时,如图 9.18(b)所示,中心轮 $4'$ 作为输入构件,$n_{4'}=n_{\mathrm{I}}$,中心轮 $2'$ 固定不动,系杆 H_3 对外输出,$n_{H_3}=n_{\mathrm{II}}$。其传动比计算的基本公式为

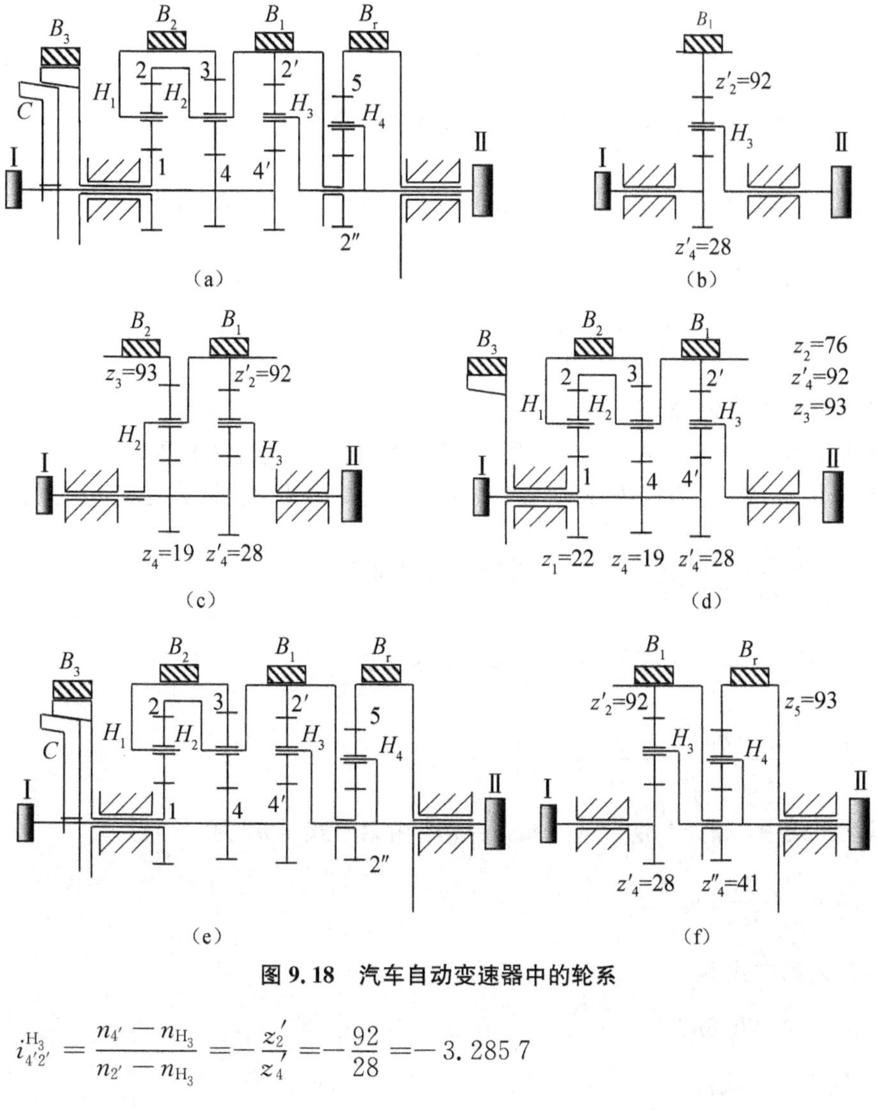

图 9.18 汽车自动变速器中的轮系

$$i_{4'2'}^{H_3}=\frac{n_{4'}-n_{H_3}}{n_{2'}-n_{H_3}}=-\frac{z_2'}{z_4'}=-\frac{92}{28}=-3.2857$$

$$\frac{n_{4'}-n_{H_3}}{0-n_{H_3}}=-\frac{z_2'}{z_4'}=-\frac{92}{28}=-3.285\,7$$

化简后得 $i_{\text{I}\,\text{II}}$ 为

$$i_{\text{I}\,\text{II}}=\frac{n_{\text{I}}}{n_{\text{II}}}=4.285\,7$$

(2) 计算第二挡的传动比

当制动器 B_2 制动时，如图 9.18(c)所示，中心轮 4、4′作为输入构件，$n_4=n_{4'}=n_{\text{I}}$，中心轮 3 固定不动，$n_3=0$，系杆 H_3 对外输出，$n_{H_3}=n_{\text{II}}$。其传动比计算的基本公式为

$$i_{4'2'}^{H_3}=\frac{n_{4'}-n_{H_3}}{n_{2'}-n_{H_3}}=-\frac{z_2'}{z_4'}=-\frac{92}{28}=-3.285\,7$$

$$i_{43}^{H_2}=\frac{n_4-n_{H_2}}{n_3-n_{H_2}}=-\frac{z_3}{z_4}=-\frac{93}{19}=-4.894\,7$$

在以上两式中，$n_{H_2}=n_{2'}$，由第一式得

$$n_{H_2}=\frac{4.285\,7n_{\text{II}}-n_{\text{I}}}{3.285\,7}$$，将 n_{H_2} 代入第二式得

$$n_{\text{II}}-\frac{4.285\,7n_{\text{II}}-n_{\text{I}}}{3.285\,7}=-4.894\,7\left(0-\frac{4.285\,7n_{\text{II}}-n_{\text{I}}}{3.285\,7}\right)$$

化简后得 $i_{\text{I}\,\text{II}}$ 为

$$i_{\text{I}\,\text{II}}=\frac{n_{\text{I}}}{n_{\text{II}}}=\frac{5.894\,7\times4.285\,7}{3.285\,7+5.894\,7}=2.751\,8$$

(3) 计算第三挡的传动比

当制动器 B_3 制动时，如图 9.18(d)所示，中心轮 4、4′作为输入构件，$n_4=n_{4'}=n_{\text{I}}$，中心轮 1 固定不动，$n_1=0$，系杆 H_3 对外输出，$n_{H_3}=n_{\text{II}}$。其传动比计算的基本公式为

$$i_{4'2'}^{H_3}=\frac{n_{4'}-n_{H_3}}{n_{2'}-n_{H_3}}=-\frac{z_2'}{z_4'}=-\frac{92}{28}=-3.285\,7$$

$$i_{43}^{H_2}=\frac{n_4-n_{H_2}}{n_3-n_{H_2}}=-\frac{z_3}{z_4}=-\frac{93}{19}=-4.894\,7$$

$$i_{12}^{H_1}=\frac{n_1-n_{H_1}}{n_2-n_{H_1}}=-\frac{z_2}{z_1}=-\frac{76}{22}=-3.454\,5$$

在以上三式中，$n_{H_2}=n_2=n_{2'}$，$n_{H_1}=n_3$，由第三式得 n_3 为

$$n_3=\frac{3.454\,5}{4.454\,5}n_2$$

将 n_3 代入第二式得

$$n_2=0.476\,5n_{\text{I}}$$

将 n_2 代入第一式得

$$i_{\text{I II}} = \frac{n_{\text{I}}}{n_{\text{II}}} = \frac{4.2857}{2.5656} = 1.6704$$

(4) 计算第四挡的传动比

当制动器 C 制动时，如图 9.18(e)所示，中心轮 1、4 和 4′作为输入构件，$n_1 = n_4 = n_{4'} = n_{\text{I}}$，系杆 H_3 对外输出，$n_{H_3} = n_{\text{II}}$。其传动比计算的基本公式为

$$i_{43}^{H_2} = \frac{n_4 - n_{H_2}}{n_3 - n_{H_2}} = -\frac{z_3}{z_4} = -\frac{93}{19} = -4.8947$$

$$i_{12}^{H_1} = \frac{n_1 - n_{H_1}}{n_2 - n_{H_1}} = -\frac{z_2}{z_1} = -\frac{76}{22} = -3.4545$$

在以上两式中，$n_{H_2} = n_2 = n_{2'}$，$n_{H_1} = n_3$，由第二式得 $n_3 = 0.2245n_{\text{I}} + 0.7755n_2$，将 n_3 代入第一式得 $n_2 = n_{\text{I}}$，由于 $n_2 = n_{\text{I}}$，所以，齿轮 2′、4′与 H_3 作为一个刚体运动，为此 $i_{\text{I II}}$ 为

$$i_{\text{I II}} = n_{\text{I}}/n_{\text{II}} = 1$$

(5) 计算倒车挡的传动比

当制动器 B_r 制动时，如图 9.18(f)所示，中心轮 4′作为输入构件，$n_{4'} = n_{\text{I}}$，系杆 H_3、H_4 对外输出，$n_{H_3} = n_{H_4} = n_{\text{II}}$，$n_5 = 0$。其传动比计算的基本公式为

$$i_{4'2'}^{H_3} = \frac{n_{4'} - n_{H_3}}{n_{2'} - n_{H_3}} = -\frac{z_2'}{z_4'} = -\frac{92}{28} = -3.2857$$

$$i_{2''5}^{H_4} = \frac{n_{2''} - n_{H_4}}{n_5 - n_{H_4}} = -\frac{z_5'}{z_2''} = -\frac{93}{41} = -2.2683$$

由第二式得 $n_{2'} = 3.2683n_{\text{II}}$，将 $n_{2'}$ 代入第一式得

$$n_{\text{I}} - n_{\text{II}} = -3.2857(3.2683 - 1)n_{\text{II}} = -7.4530n_{\text{II}}$$

于是，得倒车时的传动比 $i_{\text{I II}}$

$$i_{\text{I II}} = n_{\text{I}}/n_{\text{II}} = -6.4530$$

第一档到第五档的传动比如表 9.1 所示。

表 9.1 变速器的传动比

档位	制动器	传动比
第一档	制动器 B_1 制动(见图 9.18(b))	$i_{\text{I II}} = 4.2857$
第二档	制动器 B_2 制动(见图 9.18(c))	$i_{\text{I II}} = 2.7518$
第三档	制动器 B_3 制动(见图 9.18(d))	$i_{\text{I II}} = 1.6704$
第四档	制动器 C 制动(见图 9.18(e))	$i_{\text{I II}} = 1$
第五档	制动器 B_r 制动(见图 9.18(f))	$i_{\text{I II}} = -6.4530$

9.5 轮系的功用

轮系的功用可以概括为实现大的传动比，实现变速与换向，在较小的空间内实现大功率

传动，实现分路传动，实现运动的合成与分解，以及实现复杂的运动轨迹。

9.5.1 实现大的传动比

一对齿轮的传动比通常不超过 8，一对圆锥齿轮的传动比通常不超过 4，一对蜗轮蜗杆的传动比通常不超过 60，当把它们组成定轴轮系或周转轮系时，传动比的变化范围大大增加。

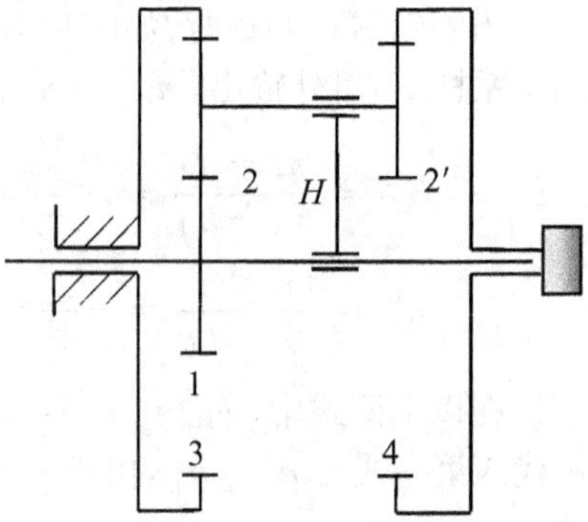

图 9.19 车床电动三爪卡盘的轮系

如图 9.10 所示的定轴轮系，设蜗轮蜗杆的传动比 $i_{12}=30$，外啮合齿轮的传动比 $i_{23}=4$，内啮合齿轮的传动比 $i_{34}=6$，则总的传动比 $i_{14}=i_{12}i_{13}i_{34}=720$。

在图 9.19 所示的车床电动三爪卡盘轮系中，$n_3=0$，设 $z_1=6$，$z_2=z_2'=25$，$z_3=57$，$z_4=56$，其传动比 i_{14} 计算如下：

$$i_{13}^{\mathrm{H}}=\frac{n_1-n_{\mathrm{H}}}{n_3-n_{\mathrm{H}}}=-\frac{z_3}{z_1}=-\frac{57}{6}$$

$$i_{14}^{\mathrm{H}}=\frac{n_1-n_{\mathrm{H}}}{n_4-n_{\mathrm{H}}}=-\frac{z_2}{z_1}\cdot\frac{z_4}{z_2'}=-\frac{25}{6}\cdot\frac{56}{25}=-\frac{56}{6},$$

化简以上两式得 $i_{14}=-588$。

可见，通过两个周转轮系的复合，可以实现相当大的传动比。

9.5.2 实现变速与换向

在图 9.3 所示的两级齿轮减速器中，通过改变滑移齿轮的位置，可以改变输出轴的转速。在图 9.18(a)所示的组合轮系中，通过改变制动器的制动状态，可以改变输出轴的转速与转向。

9.5.3 实现大功率传动

在周转轮系中，在内外中心轮之间可以均匀设置多个行星轮，如图 9.20 所示。这样，同时啮合的齿对数增多，承载能力增加。同时，各个行星轮的离心力自行抵消。

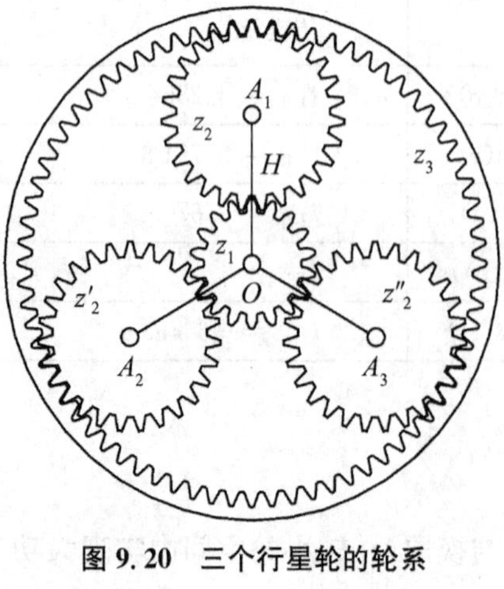

图 9.20 三个行星轮的轮系

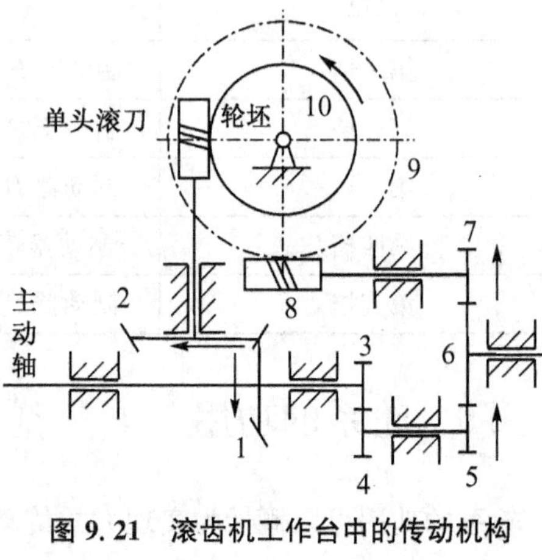

图 9.21 滚齿机工作台中的传动机构

9.5.4 实现分路传动

采用定轴轮系或复合轮系，可以实现一路输入多路输出。图 9.21 为滚齿机工作台中的传动机构，主动轴的运动通过圆锥齿轮 1、2 与齿轮 3、4 实现了两路传动，一路驱动滚刀实现切削，另一路驱动轮坯实现分齿，其中蜗杆 8 为单头的，从而切制出要求齿数 z_{10} 的齿轮来。在图 9.21 中，由于被加工齿轮 10 与传动齿轮 9 同轴同速转动，传动比 $i_{1,10}=i_{3,9}$，为此得传动比方程以及被加工齿轮的齿数 z_{10} 分别为

$$i_{1,10}=\frac{\omega_1}{\omega_{10}}=\frac{z_2}{z_1}\cdot\frac{z_{10}}{1}$$

$$i_{3,9}=\frac{\omega_3}{\omega_9}=\frac{z_4}{z_3}\cdot\frac{z_7}{z_5}\cdot\frac{z_9}{1}$$

$$z_{10}=\frac{z_4}{z_3}\cdot\frac{z_7}{z_5}\cdot\frac{z_1}{z_2}\cdot z_9$$

在图 9.18(a)所示的轿车自动变速器中，通过切换啮合齿轮的状态，可以实现分路传动。

9.5.5 实现运动的合成与分解

在图 9.17 所示的汽车后桥差速器中，来自发动机与变速箱的运动，经过自由度为 2 的差速器之后，被分解为左右两个驱动轮的运动，只要两个驱动轮的转速之和等于齿轮 4 的转速即可。至于左右两个驱动轮的实际转速，完全取决于左右两个驱动轮的气压与几何几寸、两个驱动轮与地面之间的摩擦状态以及路面的几何状态。

9.5.6 生成复杂的轨迹

在图 9.22 所示的行星轮系中，设主动件 1 的角位移为 φ，角速度为 ω_1，行星轮 2 的节圆半径为 r_2，角位移为 δ，角速度为 ω_2，转动中心 O_2 到行星轮上任意一点 P 的有向距离 O_2P 为 b，固定内齿轮 3 的节圆半径为 r_3，行星轮系的传动比为

$$i_{23}^{1}=\frac{\omega_2-\omega_1}{0-\omega_1}=\frac{\omega_2 t-\omega_1 t}{0-\omega_1 t}=\frac{\delta-\varphi}{0-\varphi}=\frac{Z_3}{Z_2}=\frac{r_3}{r_2}$$

令 $k=r_3/r_2$，由此得行星轮 2 的角位移 δ 为

$$\delta=(1-r_3/r_2)\varphi=(1-k)\varphi \tag{9.4}$$

行星轮 2 上 P 点的坐标 x_P、y_P 分别为

$$\left.\begin{aligned}x_P&=(r_3-r_2)\cos\varphi+b\cos[(1-k)\varphi]\\y_P&=(r_3-r_2)\sin\varphi+b\sin[(1-k)\varphi]\end{aligned}\right\} \tag{9.5}$$

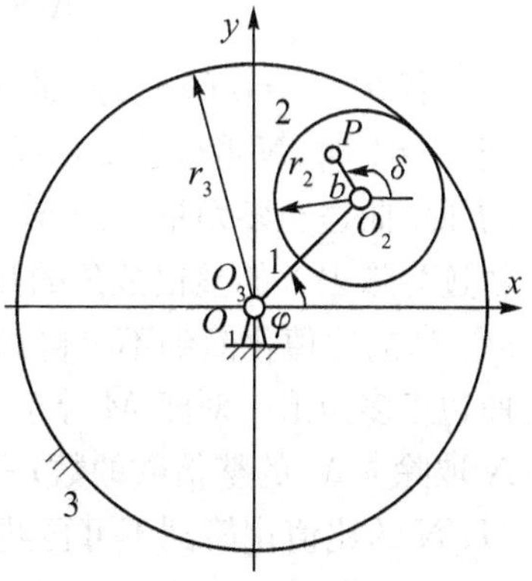

图 9.22　行星轮上点的轨迹关系图

令 P 点的坐标 x_P 关于 φ 的 1～3 阶导数在 $\varphi=0$ 的位置等于零，则得 $b=b_1=-r_2/(k-1)$；若继续令 P 点的坐标 x_P 关于 φ 的 4 阶导数在 $\varphi=0$ 的位置等于零，则得 $b=b_2=-r_2/(k-1)^3$。当 $b_1=b_2$ 时，得 $k=2$，$r_3=2r_2$，$b=-r_2$，b 取负值表示在 $\varphi=0$ 的位置，O_2P 在 x 轴上，沿 $-x$ 方向。此时

P 点的轨迹为位于 y 轴上、长度为 $2r_3$、关于 x 轴对称的一段直线。

当 $b=b_1=-r_2/(k-1)$，$k=r_3/r_2=3, 4, 5, \cdots, n$，$n$ 为大于等于 3 的正整数时，P 点的轨迹为弧角、具有一段近似直线边的规则多边形，行星轮只需公转一圈即可得到封闭的图形。若 $n=3, 4$，让 b 取不同的值，当 $b=-r_2/(k-1)$ 时，P 点的轨迹为弧角近似直边的规则三边形与规则四边形，其图形如图 9.23(a)、(b)所示；当 $r_2/(k-1)<|b|<r_2$ 时，P 点的轨迹为外凹的规则三边形与规则四边形，如图 9.23(c)、(d)所示；当 $|b|=r_2$ 时，P 点的轨迹为外凹尖角的规则三边形与规则四边形，如图 9.23(e)、(f)所示；当 $|b|>r_2$ 时，P 点的轨迹为带有结点与外凹的规则三边形与规则四边形，如图 9.23(g)、(h)所示；当 $|b|<r_2/(k-1)$ 时，P 点的轨迹为外凸的规则三边形与规则四边形，如图 9.23(i)、(j)所示。

（a）$n=3, b=-r_2/2$　（b）$n=4, b=-r_2/3$　（c）$n=3, |b|>r_2/2$　（d）$n=4, |b|>r_2/3$　（e）$n=3, |b|=r_2$

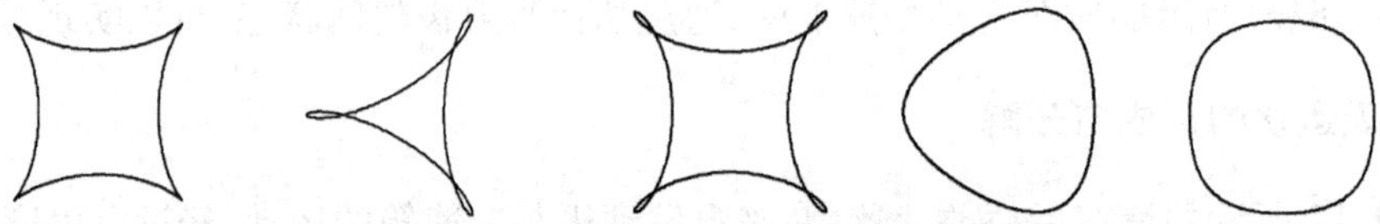

（f）$n=4, |b|=r_2$　（g）$n=3, |b|=r_2$　（h）$n=4, |b|=r_2$　（i）$n=3, |b|<r_2/2$　（j）$n=4, |b|<r_2/3$

图 9.23　k 为整数时行星轮上点的轨迹图

（a）$M=3, N=11, |b|=3r_2/8$　（b）$M=3, N=11, |b|>3r_2/8$　（c）$M=3, N=11, |b|<3r_2/8$　（d）$M=3, N=11, |b|=r_2$

图 9.24　$k=11/3$ 时行星轮上点的轨迹关系图

若 $b=-r_2/(k-1)$，将 k 表达为两个正整数 N、M 之商的形式，即 $k=r_3/r_2=N/M$。当 $M=2$ 时，N 取除去 2 的整倍数的数，则行星轮公转 2 圈，P 点的轨迹为除去 2 的整倍数角的弧角曲边正多角形。当 $M=3$ 时，N 取除去 3 的整倍数的数，则行星轮公转 3 圈，P 点的轨迹为除去 3 的整倍数角的弧角曲边正多角形。当 $M=4$ 时，N 取除去 4 的整倍数的数，将 M、N 的比值化简到不可再约，得 M' 与 N'，则行星轮公转 M' 圈，P 点的轨迹为 N' 角的弧角曲边正多角形。对于 M 等于 5 及其以上的关系依此类推。只要 M 为大于等于 3 的奇数，则 N 取除去 M 的整倍数的数；只要 M 为大于等于 4 的偶数，则 N 取除去 M 的整倍数的数，将 M、N 的比值化简到不可再约。当 $|b|>r_2/(k-1)$ 时，P 点的轨迹为外凹的规则多角形，当 $|b|<r_2/(k-1)$ 时，P 点的轨迹为外凸的规则多角形。当 $M=3$，$N=11$ 时，$|b|=3r_2/8$、$|b|>3r_2/8$、$|b|<3r_2/8$ 和 $|b|=r_2$ 的几何图形如图 9.24 所示。

若 $b=-r_2/(k-1)$，$k=r_3/r_2$ 不表达为两个正整数商的形式，但是 k 有界，比如 $k=r_3/r_2=2.888$，$b=-r_2/1.888$ 时，则行星轮公转的圈数 Q 为 $0.888\times Q$ 等于最小正整数所对应的数，即 $Q=125$，当行星轮公转 9 圈时，P 点的局部轨迹如图 9.25(a)所示；当行星轮公转

72 圈时，P 点的局部轨迹如图 9.25(b)所示。

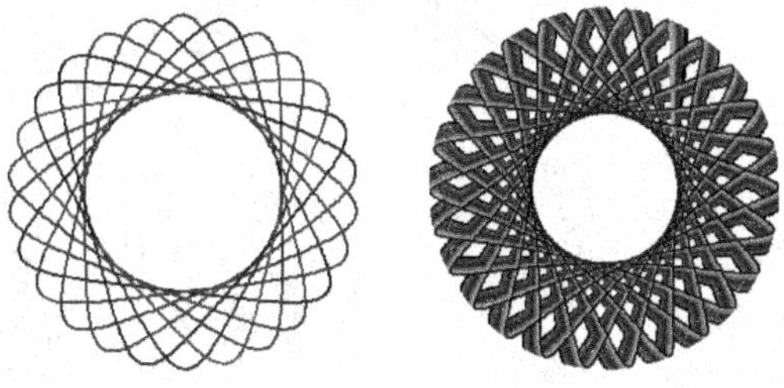

(a) $k=2.888, b=-r_2/1.888$　(b) $k=2.888, b=-r_2/1.888$

图 9.25　$Q=125$ 的规则多边形局部图

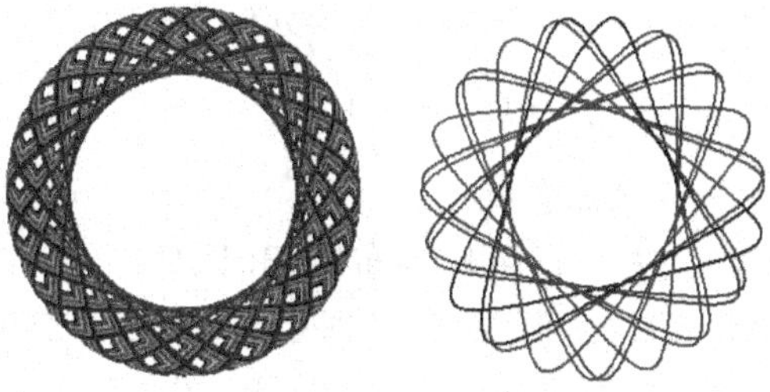

(a) $k=\pi$　(b) $k=e$

图 9.26　无规则多边形的局部图

若 $b=-r_2/(k-1)$，$k=r_3/r_2$ 不表达为两个正整数商的形式，但是 k 无界，比如 $k=r_3/r_2=\pi$，则行星轮公转的圈数为无限大。此时，在有限的区域内，图形不表现出规则性。当 $k=\pi$，$b=-r_2/(\pi-1)$，行星轮公转 72 圈时，P 点的局部轨迹如图 9.26(a)所示；当 $k=e$，$b=-r_2/(\pi-1)$，行星轮公转 11 圈时，P 点的局部轨迹如图 9.26(b)所示。

可见，通过选择不同的几何参数，行星轮上的点可以生成很多规则与不规则的几何图形[36~38]。

9.6　周转轮系的设计

周转轮系的设计需要解决类型的选择、几何条件的相关以及多个行星轮的均载等一系列问题。周转轮系的类型很多，传动比的设计范围较大，机械效率各不相同，结构的复杂程度各异，因此，应从比较中确定相对较好的类型。周转轮系(转动行星轮)是一种同轴式传动机构，周转轮系设计的几何条件相关是指它必须满足行星轮与内中心轮的中心距等于行星轮与外中心轮的中心距的几何条件；必须满足传动比的条件；多个行星轮时的装配条件以及行星轮较多时的邻接条件。多个行星轮的均载设计，是指增加每一个行星轮的自由度，以使它们能够传递相同的负载。

9.6.1　行星轮系中的齿数条件

1) 传动比条件

周转轮系的类型很多，以图 9.13 所示的 $2K-H$ 型行星轮系为例，传动比条件为

$$i_{1H}=\frac{\omega_1}{\omega_H}=1+\frac{z_3}{z_1}$$

$$z_3=(i_{1H}-1)z_1 \tag{9.6}$$

2) 同心条件

在图 9.13 所示的 $2K-H$ 型行星轮系中，同心条件是指

$$a'_{12}=a'_{23},\ a'_{12}=r'_1+r'_2,\ a'_{23}=r'_3-r'_2$$

当三个齿轮都是标准齿轮或高度变位齿轮传动时

$$r'_1=r_1,\ r'_2=r_2,\ r'_3=r_3$$

于是,同心条件为

$$m(z_1+z_2)/2=m(z_3-z_2)/2$$

$$z_2=(z_3-z_1)/2 \tag{9.7}$$

3) 装配条件

当 k 个行星轮均布装配时,如图 9.27 所示,每一个行星轮之间的夹角必须相等,即都等于 $360°/k$,以便使每一个行星轮的离心力之和为零。设内中心轮 3 固定,在第Ⅰ位置已装入第一个行星轮,此时,内、外中心轮之间的相对位置关系已被确定。为了能够装入第二个行星轮,设系杆转 $\varphi_H=360°/k$,第一个行星轮从 O_2 位置转到 O_2' 位置,由 $i_{1H}=\omega_1/\omega_H=\omega_1 t/(\omega_H t)=\varphi_1/\varphi_H$ 得中心轮 1 转过的角度 $\varphi_1=i_{1H}(360°/k)$。若中心轮 1 转过的角度 φ_1 恰好为整数 N 个齿,则内、外中心轮之间的相对位置关系又回到初始状态,在 O_2 位置又可以装入第二个行星轮,依次类推。该条件等价于以下角度关系

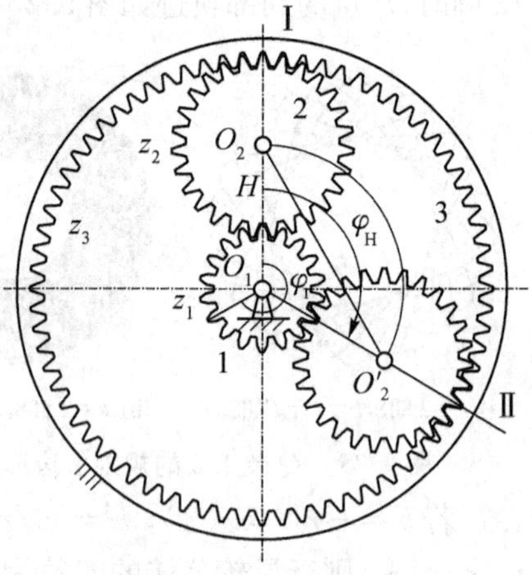

图 9.27　行星轮的均布条件

$$\varphi_1=\left(1+\frac{z_3}{z_1}\right)\frac{360°}{k}=N\frac{360°}{z_1}$$

为此,得装配条件为

$$N=\frac{z_1+z_3}{k} \tag{9.8}$$

式(9.8)表明,若要均匀地装入 k 个行星轮,那么,内外中心轮的齿数和应能被 k 整除。

4) 邻接条件

如图 9.27 所示,相邻两个行星轮之间的距离 O_2O_2' 必须大于两个行星轮的齿顶圆半径之和,即

$$2(r_1+r_2)\sin(180°/k)>2(r_2+h_a^* m)$$

$$(z_1+z_2)\sin(180°/k)>(z_2+2h_a^*) \tag{9.9}$$

9.6.2　行星轮系中的均载设计

由于制造、装配与负载的作用,周转轮系中齿轮之间的实际相对位置已不是设计时的理想位置,为了减小齿轮之间的干涉并由此引起的冲击与振动,提高承载能力与寿命,将周转轮系中的基本构件或行星轮设置为浮动的结构,实践表明,效果很好。

周转轮系中构件的浮动是指内外中心轮、行星轮或系杆的浮动,浮动是指这些构件在不平衡力的作用下可以在小范围内偏离设计位置,以达到适应各种误差、变形和实现力平衡的目的。图 9.28 所示为采用齿轮联轴器将输入扭

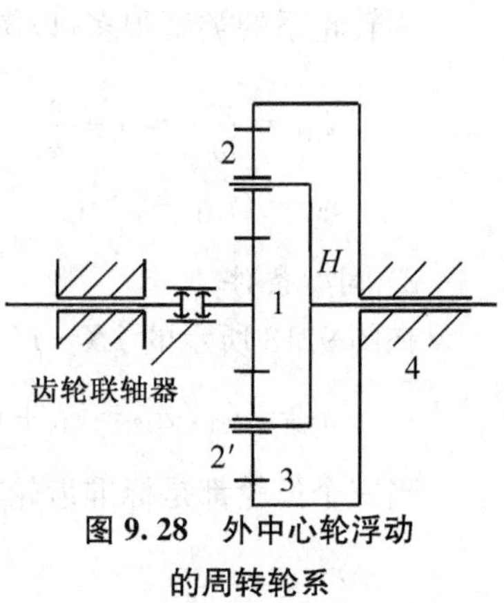

图 9.28　外中心轮浮动的周转轮系

矩传递给外中心轮 1，外中心轮 1 可以在径向浮动。图 9.29 所示为采用齿轮联轴器将内中心轮 3 与机架连接，内中心轮 3 可以在径向浮动。图 9.30 所示为采用弹性元件支撑行星轮的结构简图，此时，行星轮可以在径向浮动。

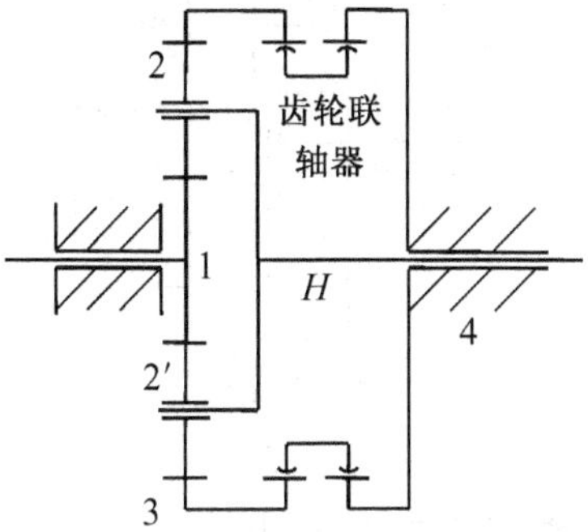

图 9.29　内中心轮浮动的周转轮系

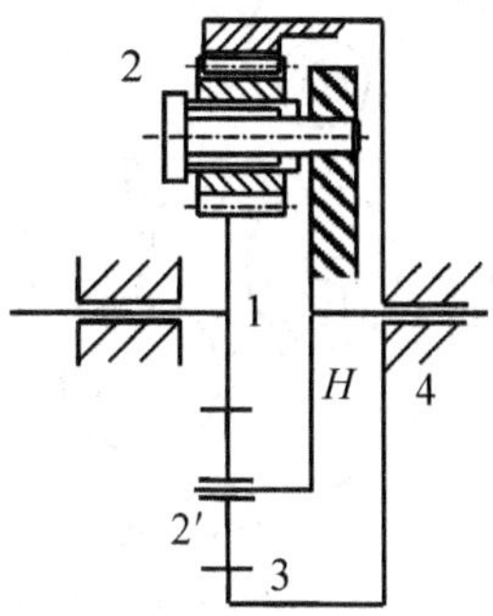

图 9.30　行星轮浮动的周转轮系

9.7　其他类型的行星传动简介

9.7.1　渐开线少齿差行星传动

若将周转轮系中的外中心轮去掉，将行星轮的齿数增加到比内中心轮的少 1～4 个，通过双万向联轴节、十字滑块联轴节或偏心轮销孔式输出机构 W 将作平面运动的行星轮的转动分量输出来，则得到渐开线少齿差行星传动机构，如图 9.31 所示。该机构的传动比 i_{HV} 计算如下：

$$i_{21}^{H}=\frac{n_2-n_H}{n_1-n_H}=\frac{n_2-n_H}{0-n_H}=\frac{z_1}{z_2}$$

$$\frac{n_2}{n_H}=1-\frac{z_1}{z_2}=\frac{z_2-z_1}{z_2}=-\frac{z_1-z_2}{z_2}$$

$$i_{HV}=i_{H2}=\frac{n_H}{n_2}=-\frac{z_2}{z_1-z_2} \tag{9.10}$$

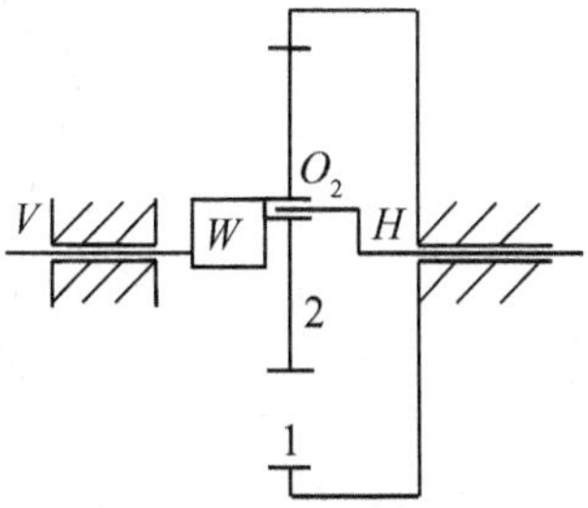

图 9.31　渐开线少齿差行星传动

式(9.10)表明，当系杆为输入时，该机构的传动比可以较大，当 $z_1-z_2=1$ 时，称为一齿差行星传动机构，其传动比 $i_{HV}=-z_2$，“−”号表示输出与输入转向相反。偏心轮销孔式输出机构如图 9.32 所示。

9.7.2　摆线针轮行星传动

若将图 9.31 所示的行星轮的齿廓做成摆线的，内齿轮的齿廓做成针轮的结构，仍然用图 9.32 所示的偏心轮销孔式输出机构将摆线齿轮的平面运动中的转动分量输出出来，则得到摆线针轮行星传动[22]，如图 9.33 所示。其传动比与式(9.10)相同。

摆线针轮行星传动的特点为：

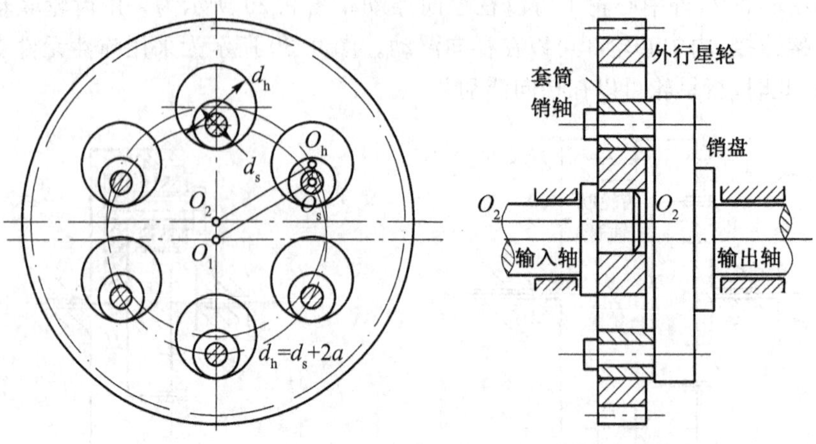

图 9.32　渐开线少齿差行星传动的孔销式输出机构

(1) 同时啮合的齿数多,重合度大,承载能力相对较高。

(2) 传动比较大,一级可达 11～100。

(3) 由于轮齿之间以相对滚动为主,机械效率较高。

(4) 由于通过等速比机构将摆线行星轮的运动输出出来,所以结构较复杂。

(5) 由于同时啮合的齿对数多,所以加工精度要求较高。

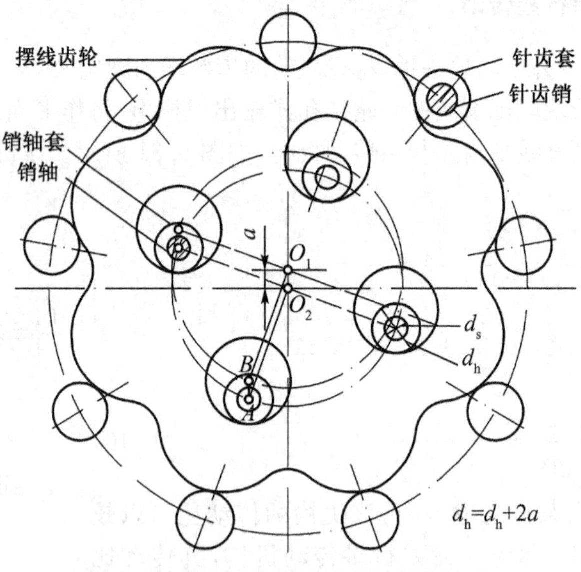

图 9.33　摆线针轮传动机构的结构简图

9.7.3　谐波齿轮传动

谐波齿轮传动是利用波发生器与柔轮、刚轮的齿数差进行变速的行星传动机构,如图 9.34 所示。它由三个基本构件组成,即柔轮 1、刚轮 2 与波发生器 H。若柔轮 1、刚轮 2 的齿数分别为 z_1、z_2,刚轮 2 固定,波发生器 H 上滚轮的数目为 2 个(称为双波),则它的传动比 i_{H1} 计算如下:

$$i_{12}^{\mathrm{H}}=\frac{n_1-n_{\mathrm{H}}}{n_2-n_{\mathrm{H}}}=\frac{n_1-n_{\mathrm{H}}}{0-n_{\mathrm{H}}}=\frac{z_2}{z_1}$$

$$i_{\mathrm{H1}}=n_{\mathrm{H}}/n_1=-z_1(z_2-z_1) \tag{9.11}$$

谐波齿轮传动的特点为

(1) 同时啮合的齿数多,承载能力相对较高。

(2) 传动比大,一级可达 100 以上。

(3) 零件数量相对较少,重量轻,结构较紧凑。

(4) 由于柔轮易发生疲劳失效,故寿命相对较短。

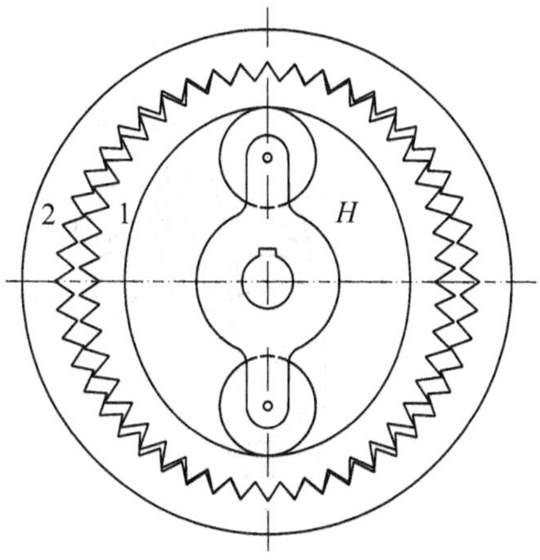

图 9.34 谐波齿轮传动

9.7.4 活齿传动

活齿传动是指轮齿相对于安装它们的构件的位置可以变动的一种传动机构[18]。活齿的形状可以是球、柱、套筒与推杆。图 9.35 为滚柱活齿传动的结构简图与传动原理图,图 9.36 为推杆活齿传动的结构简图与传动原理图。

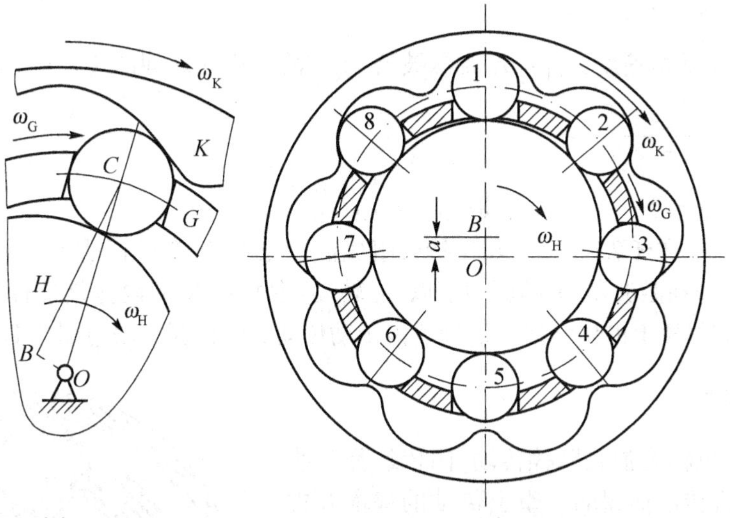

(a) (b)

图 9.35 滚柱活齿传动的结构与传动原理图

在图 9.35 中,滚柱活齿 1~8 与保持架组成活齿轮 G,激波器 H 为偏心圆,以 ω_{H} 转动,活齿轮 G 在激波器 H 驱动下以 ω_{G} 转动,中心轮 K 的内侧是滚柱活齿 1~8 在一系列位置上的包络线,它以 ω_{k} 转动。

设激波器 H、活齿轮 G 以及中心轮 K 的角速度分别为 ω_{H},ω_{G} 和 ω_{K},活齿轮 G、中心轮 K 的齿数分别为 z_{G} 与 z_{K},给活齿传动关于固定转动中心 O 点施加一个 $-\omega_{\mathrm{H}}$,则活齿轮 G、中心轮 K 关于激波器 H 作"定轴运动",此时,活齿轮 G、中心轮 K 的角速度分别为

$$\omega_{\mathrm{G}}^{\mathrm{H}}=\omega_{\mathrm{G}}-\omega_{\mathrm{H}}$$

$$\omega_{\mathrm{K}}^{\mathrm{H}}=\omega_{\mathrm{K}}-\omega_{\mathrm{H}}$$

传动比 $i_{\mathrm{GK}}^{\mathrm{H}}$ 为

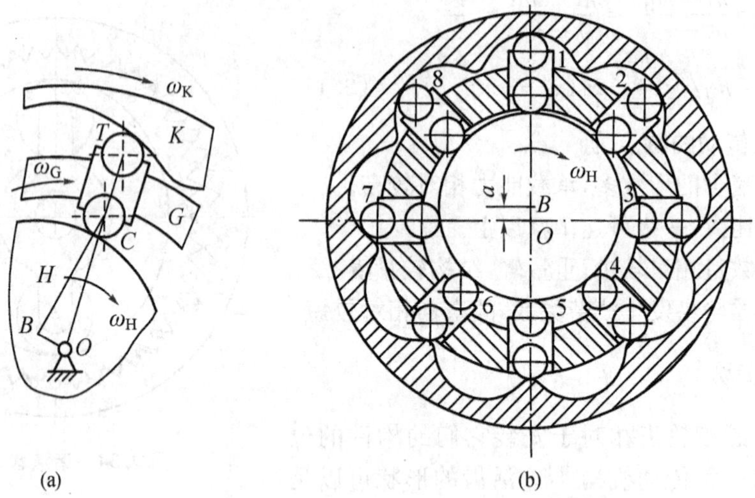

图 9.36　推杆活齿传动的结构与传动原理图

$$i_{GK}^{H}=\frac{\omega_G-\omega_H}{\omega_K-\omega_H}=\frac{z_K}{z_G} \tag{9.12}$$

若中心轮 K 的角速度 $\omega_K=0$，则激波器 H 与活齿轮 G 之间的传动比 i_{HG} 为

$$i_{HG}=\frac{z_G}{z_G-z_K} \tag{9.13}$$

在图 9.35 中，$z_G=8$，$z_K=9$，于是 $i_{HG}=\omega_H/\omega_G=-z_G=-8$，$\omega_H=-8\omega_G$。

在图 9.36 中，推杆活齿 1～8 与保持架组成活齿轮 G，每个推杆活齿由两个滚柱一个推杆组成，活齿轮 G 在激波器 H 的驱动下以 ω_G 转动，中心轮 K 的内侧是推杆活齿 1～8 外端的滚柱在一系列位置上的包络线。该种活齿传动传动比的计算方法与图 9.35 的相同。

9.7.5　牵引传动

牵引传动，也称为油式摩擦传动，因依靠弹流油膜的牵引力进行传动而得名。牵引传动的基本方式是两个光滑滚动体的对滚，在高速传动中具有平稳的工作性能。在如图 9.37 所示的中空行星轮牵引传动机构中，中心轮 1 为圆柱体，行星轮 2 为厚壁圆筒，中心轮 4 为弹性环，系杆 3 支撑行星轮的部分为厚壁圆筒。当中心轮 1、行星轮 2、中心轮 4 之间被挤压且作传动时，在它们之间的油膜在压力的作用下产生剪切力，从而传递载荷。弹性环牵引传动适合于 4×10^4 r/min 转速下的增减速传动。若忽略运动副之间的相对滑动，该种传动的传动比计算方法与如图9.13 所示的相同。

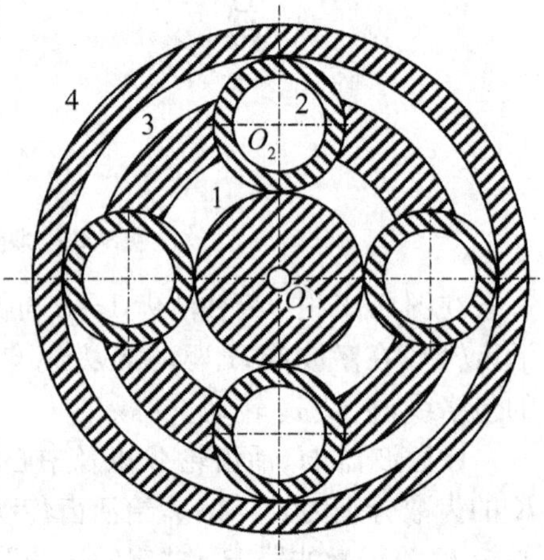

图 9.37　牵引传动机构

习　题

9－1　在题 9－1 图所示的行星轮系中，皮带轮作为系杆，已知 $z_1 = 20$，$z_2 = 18$，$z_2' = 21$，$z_3 = 17$，试求传动比 i_{1H}。

9－2　在题 9－2 图所示的电动螺丝拧紧轮系中，已知 $z_1 = z_4 = 9$，$z_3 = z_5 = 42$，若中心轮 1 的转速 $n_1 = 3\,000$ r/min，试求系杆 H_2 的转速。

9－3　在题 9－3 图所示的输送皮带减速轮系中，要求输送皮带的启动加速度不能过大，为此，采用了制动器 B_1 与离合器 B_2 联合驱动滚筒 B_3。已知 $z_1 = 30$，$z_2 = 66$，$z_2' = 32$，$z_3 = 30$，当制动器 B_1 制动，离合器 B_2 结合上时，试求传动比 i_{1H}。

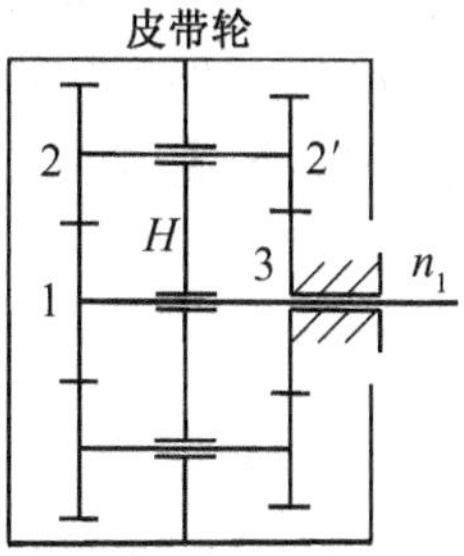

题 9－1 图

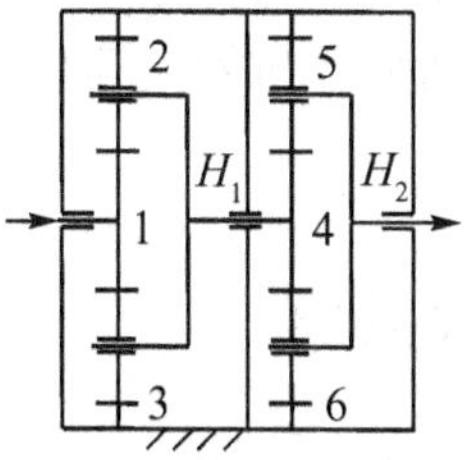

题 9－2 图

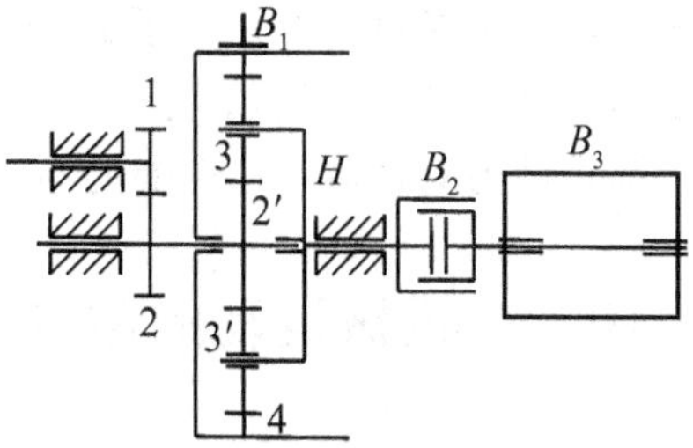

题 9－3 图

9－4　题 9－4 图所示为织机中的差动轮系，已知 $z_1 = 26$，$z_2 = 30$，$z_2' = 22$，$z_3 = 24$，$z_3' = 18$，$z_4 = 124$，$n_1 = 50 \sim 200$ r/min，$n_H = 300$ r/min，试求内齿轮 4 的转速 n_4 的变化范围。

9－5　题 9－5 图所示为建筑绞车中的行星轮系，已知 $z_1 = z_2' = 18$，$z_2 = z_3 = 42$，$z_3' = 22$，$z_5 = 150$，齿轮 1 的转速为 $n_1 = 1\,460$ r/min，当制动器 B_2 制动，制动器 B_1 不制动时，试求滚筒的转速 n_H的大小。

9－6　题 9－6 图所示为自由度等于 1($F = 3 \times 5 - 2 \times 5 - 1 \times 4 = 1$) 的两层行星轮的行星轮系，已知 $z_1 = 20$，$z_2 = 18$，$z_3 = 24$，$z_3' = 22$，$z_4 = 104$，$z_5 = 58$，试求传动比 i_{1H} 与 i_{15}。

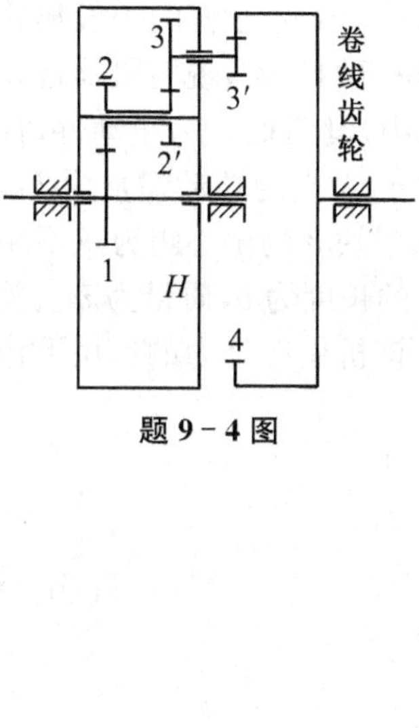

题 9－4 图

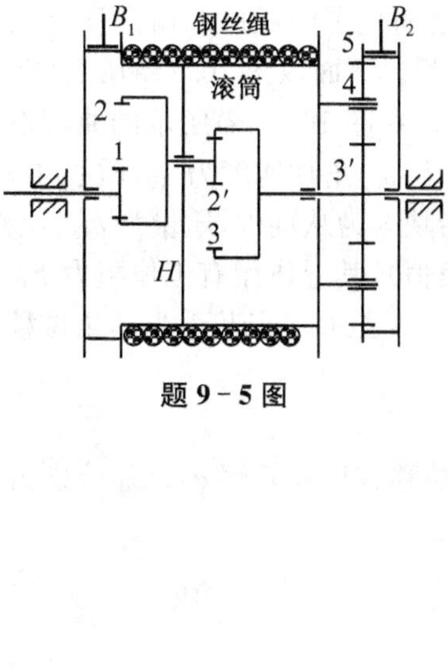

题 9－5 图

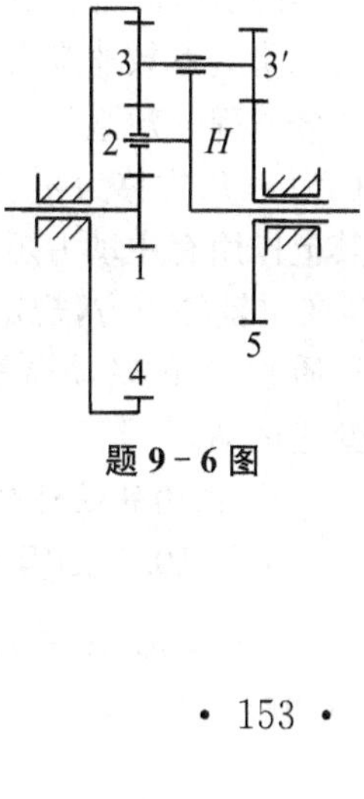

题 9－6 图

10　机械的运转及其速度波动的调节

10.1　概述

机械在工作时，其上作用有驱动力（矩）、工作阻力（矩）、重力、惯性力（矩）和摩擦力（矩），其中，驱动力矩（电机）常常是速度的函数，工作阻力常常是位移的函数。在它们的共同作用下，机器主动件的速度常常是变化的，在构件之间的相互作用力中，惯性力分量有时会超过或远远超过由外负载引起的分量。机械系统动力学，一方面研究机械在外力作用下真实运动规律的求解问题，另一方面研究如何调节机器的速度波动问题，同时研究减小或完全消除惯性力对机器工作性能的不利影响。

10.2　机械运动的微分方程及其解

对于自由度等于1的任何机器，由于描述它的运动规律只需一个独立坐标，其余构件的运动规律是机构的位置、机构的尺寸、构件的质量、构件的转动惯量与外力的函数，所以，当研究机械在外力作用下的运动规律时，只需确定该独立坐标的运动规律即可，其余构件的运动规律可以通过机构的位置方程进行求解，而无须再通过动力学方法进行求解。为了方便地达到这一目的，人为地引入一个假想构件的概念，这个假想的构件称为等效构件，等效构件具有三个特征：第一，它与机器中某个选定的构件具有相同的运动规律；第二，它的动能与整个机器的动能相等；第三，作用在它上的力或力矩所做的功率与机器上全部外力（不包括重力）所做的功率相等。这样，便把对机器运动规律的研究转化为对等效构件运动规律的研究。只要求得了等效构件的运动规律，其余构件的运动规律便可以通过对机构的位置方程及其微分方程的求解而获得，不再需要通过动力学的方法去求解了。依据这一原理，将对机器（由平面机构组成）运动微分方程组（$3n$ 个）的求解问题转化为对一个等效构件的运动微分方程的求解问题，从而大大地简化了问题的求解。该等效构件的运动微分方程的一般形式为二阶变系数非齐次微分方程。下面以图 10.1(a)所示的曲柄滑块机构为例，说明机器运动微分方程的建立与求解过程。在图 10.1(a)所示的曲柄滑块机构中，设曲柄 1 为主动件，杆长为 a，角位移为 φ_1，角速度为 ω_1，角加速度为 α_1，质心在 A 点、关于 A 点的转动惯量为 J_1，其上作用有主动力矩 M_{d1}；滑块 3 为从动件，质量为 m_3，位移为 S_3，滑块 3 的偏心距为 e（滑块 3 在 x 轴的下方，规定 e 为负值），其上作用有工作阻力 F_r；连杆 2 的长度为 b，质量为 m_2、关于质心 C_2 的转动惯量为 J_{C2}，C_2 至 C 的长度为 b_{C2}，角位移为 φ_2。该机构在外力的作用下作变速运动。

1）机构的运动分析

由图 10.1(a)得机构的位移方程及其解 φ_2、S_3 分别为

$$a\cos\varphi_1 - b\cos\varphi_2 = S_3 \tag{10.1}$$

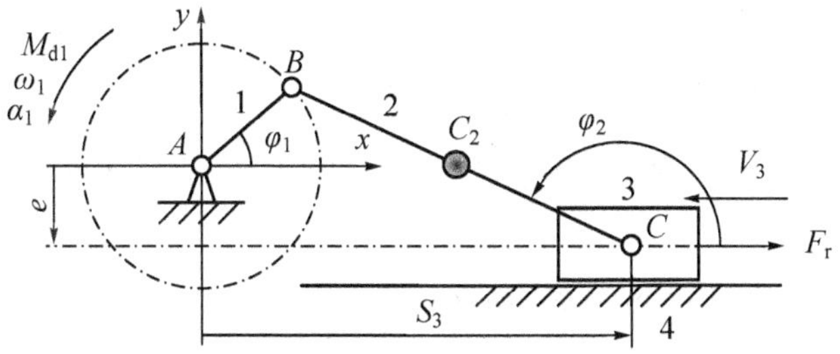

（a）曲柄滑块机构

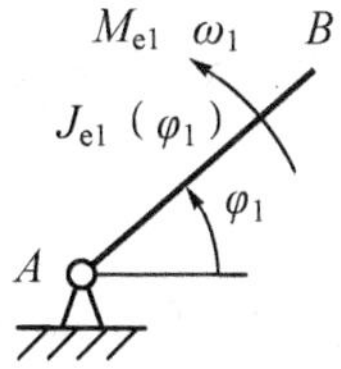

（b）等效动力学模型

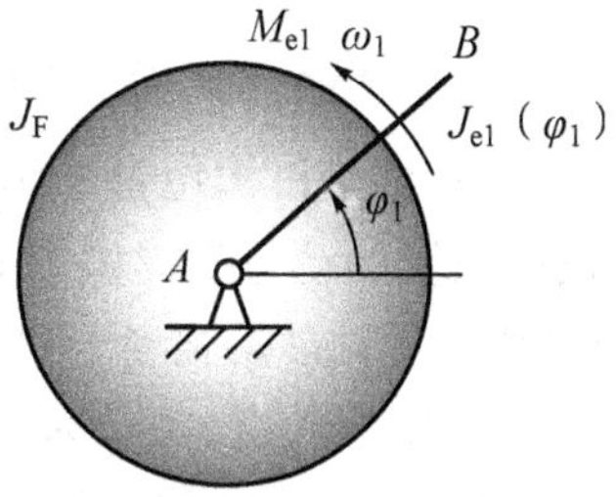

（c）等效动力学模型与飞轮调速

图 10.1　曲柄滑块机构的动力学模型

$$a\sin\varphi_1 - e = b\sin\varphi_2 \tag{10.2}$$

$$\varphi_2 = \arctan2[(a\sin\varphi_1 - e)/(-\sqrt{b^2-(a\sin\varphi_1-e)^2})] \tag{10.3}$$

$$S_3 = a\cos\varphi_1 - b\cos\varphi_2 \tag{10.4}$$

对式(10.1)、式(10.2)求关于时间 t 的 1 阶导数，令 $\mathrm{d}S_3/\mathrm{d}t = V_3$，$\mathrm{d}\varphi_2/\mathrm{d}t = \omega_2$，得速度方程及其连杆 2 的角速度 ω_2、滑块 3 的速度 V_3 分别为

$$V_3 = -a\omega_1\sin\varphi_1 + b\omega_2\sin\varphi_2 \tag{10.5}$$

$$b\omega_2\cos\varphi_2 = a\omega_1\cos\varphi_1 \tag{10.6}$$

$$\omega_2 = a\omega_1\cos\varphi_1/(b\cos\varphi_2) \tag{10.7}$$

$$V_3 = -a\omega_1\sin\varphi_1 + b\omega_2\sin\varphi_2 = -a\omega_1(\sin\varphi_1 - \cos\varphi_1\tan\varphi_2) \tag{10.8}$$

由式(10.7)得 $\omega_2/\omega_1 = a\cos\varphi_1/(b\cos\varphi_2)$、由式(10.8)得 $V_3/\omega_1 = -a(\sin\varphi_1 - \cos\varphi_1\tan\varphi_2)$，$\omega_2/\omega_1$、$V_3/\omega_1$ 都是机构位置的函数，与 ω_1 的真实大小无关。

对式(10.5)、式(10.6)求关于时间 t 的 1 阶导数，令 $\mathrm{d}^2S_3/\mathrm{d}t^2 = a_3$，$\mathrm{d}^2\varphi_2/\mathrm{d}t^2 = \alpha_2$，得加速度方程及其连杆 2 的角加速度 α_2、滑块 3 的加速度 a_3 分别为

$$a_3 = -a\alpha_1\sin\varphi_1 - a\omega_1^2\cos\varphi_1 + b\alpha_2\sin\varphi_2 + b\omega_2^2\cos\varphi_2 \tag{10.9}$$

$$b\alpha_2\cos\varphi_2 - b\omega_2^2\sin\varphi_2 = a\alpha_1\cos\varphi_1 - a\omega_1^2\sin\varphi_1 \tag{10.10}$$

$$\alpha_2 = (a\alpha_1\cos\varphi_1 - a\omega_1^2\sin\varphi_1 + b\omega_2^2\sin\varphi_2)/(b\cos\varphi_2) \tag{10.11}$$

$$a_3 = -a\alpha_1\sin\varphi_1 - a\omega_1^2\cos\varphi_1 + b\alpha_2\sin\varphi_2 + b\omega_2^2\cos\varphi_2 \tag{10.12}$$

连杆 2 上质心 C_2 的位置 x_{C2}、y_{C2}、速度 V_{xC2}、V_{yC2} 与加速度 a_{xC2}、a_{yC2} 分别为

$$x_{C2} = S + b_{C2}\cos\varphi_2 \tag{10.13}$$

$$y_{C2} = e + b_{C2}\sin\varphi_2 \tag{10.14}$$

$$V_{xC2} = V_3 - \omega_2 b_{C2}\sin\varphi_2 = -a\omega_1(\sin\varphi_1 - \cos\varphi_1\tan\varphi_2 + \cos\varphi_1\tan\varphi_2 b_{C2}/b) \tag{10.15}$$

$$V_{yC2} = \omega_2 b_{C2}\cos\varphi_2 = a\omega_1 b_{C2}\cos\varphi_1/b \tag{10.16}$$

$$a_{xC2} = a_3 - \alpha_2 b_{C2}\sin\varphi_2 - \omega_2^2 b_{C2}\cos\varphi_2 \tag{10.17}$$

$$a_{yC2} = a_2 b_{C2}\cos\varphi_2 - \omega_2^2 b_{C2}\sin\varphi_2 \tag{10.18}$$

V_{xC2}/ω_1、V_{yC2}/ω_1 都是机构位置的函数，与 ω_1 的真实大小无关。该特性为利用等效构件研究单自由度机械系统的动力学提供了必要的条件。

2) 机构的动能与等效转动惯量

已知曲柄 1 的质心在 A 点、关于 A 点的转动惯量为 J_1，连杆 2 的质量 m_2 在 C_2 点、关于质心 C_2 点的转动惯量为 J_{C2}，滑块 3 的质量为 m_3。该机构的动能 E 为

$$\begin{aligned} E &= \frac{1}{2}J_1\omega_1^2 + \frac{1}{2}m_2V_{xC2}^2 + \frac{1}{2}m_2V_{yC2}^2 + \frac{1}{2}J_{C2}\omega_2^2 + \frac{1}{2}m_3V_3^2 \\ &= \frac{1}{2}\omega_1^2\left[J_1 + m^2\left(\frac{V_{xC2}}{\omega_1}\right)^2 + m_2\left(\frac{V_{yC2}}{\omega_1}\right)^2 + J_{C2}\left(\frac{\omega_2}{\omega_1}\right)^2 + m_3\left(\frac{V_3}{\omega_1}\right)^2\right] \end{aligned} \tag{10.19}$$

引入等效转动构件的概念，该等效转动构件与曲柄 1 具有相同的运动规律，设等效转动构件关于图 10.1(a)中 A 点的等效转动惯量为 $J_{e1}(\varphi_1)$，如图 10.1(b)所示。$J_{e1}(\varphi_1)$定义为式(10.19)中右端中括号里的内容，即

$$J_e(\varphi_1) = J_1 + m_2\left(\frac{V_{xC2}}{\omega_1}\right)^2 + m_2\left(\frac{V_{yC2}}{\omega_1}\right)^2 + J_{C2}\left(\frac{\omega_2}{\omega_1}\right)^2 + m_3\left(\frac{V_3}{\omega_1}\right)^2 \tag{10.20}$$

于是，等效转动构件的动能 E 为

$$E = \frac{1}{2}\omega_1^2 \cdot J_e(\varphi_1) \tag{10.21}$$

等效转动惯量 $J_{e1}(\varphi_1)$是为了分析问题的方便而人为地引入的一个概念，它是机构位置的函数，与 ω_1 的真实大小无关，具有转动惯量的量纲，是一个假想的等效转动构件的转动惯量，它与机构具有相同的动能。

若一个机构具有 n 个可动构件，m_i 表示第 i 个构件的质量，J_{Ci}表示第 i 个构件关于质心 C_i 的转动惯量，ω_i 表示第 i 个构件的角速度，V_{xCi}、V_{yCi}表示第 i 个构件质心 C_i 位置的分速度，取机构中第一个构件的角位移作为等效转动构件的角位移，则机构的动能 E 与等效转动惯量 J_e 可以分别表示为

$$E = \frac{1}{2}\omega_1^2\sum_{i=1}^{n}\left[m_i\left(\frac{V_{xCi}}{\omega_1}\right)^2 + m_i\left(\frac{V_{yCi}}{\omega_1}\right)^2 + J_{Ci}\left(\frac{\omega_i}{\omega_1}\right)^2\right] \tag{10.22}$$

$$J_e = \sum_{i=1}^{n}\left[m_i\left(\frac{V_{xCi}}{\omega_1}\right)^2 + m_i\left(\frac{V_{yCi}}{\omega_1}\right)^2 + J_{Ci}\left(\frac{\omega_i}{\omega_1}\right)^2\right] \tag{10.23}$$

等效转动构件的动能 E 为

$$E = \frac{1}{2}\omega_1^2 \cdot J_e \tag{10.24}$$

3）机构的功率与等效力矩

已知作用在机构上的工作阻力 F_r 与驱动力矩 M_d，它们所做功的微元 dW 与功率 N 分别为

$$dW = M_{d1} \cdot \omega_1 \cdot dt - F_r \cdot |V_3| \cdot dt = \omega_1 \left(M_{d1} - F_r \frac{|V_3|}{\omega_1}\right) dt \tag{10.25}$$

$$N = M_{d1} \cdot \omega_1 - F_r \cdot |V_3| = \omega_1 \left(M_{d1} - F_r \frac{|V_3|}{\omega_1}\right) \tag{10.26}$$

引入等效力矩 M_{e1} 的概念，它作用在等效转动构件上，它对等效转动构件所做的功率等于机构中全部外力所做的功率，如图 10.1(b)所示。由式(10.26)得机构的等效力矩 M_{e1} 为

$$M_{e1} = M_{d1} - F_r \frac{|V_3|}{\omega_1} \tag{10.27}$$

在一般情况下，M_{e1} 是机构的位置、速度与时间的函数 $M_{e1}(\varphi_1, \omega_1, t)$，或是机构的位置与速度的函数 $M_{e1}(\varphi_1, \omega_1)$，或是机构位置的函数 $M_{e1}(\varphi_1)$，只有在特殊情况下才等于零。

若一个机构具有 n 个可动构件，在构件上作用有外力 F_i 或外力矩 M_i，外力 F_i 作用点的速度为 V_i，F_i 与 V_i 之间的夹角为 α_i，M_i 与 ω_i 同向时 M_i 做正功，M_i 与 ω_i 的乘积为正；M_i 与 ω_i 反向时 M_i 做负功，M_i 与 ω_i 的乘积为负，则外力对机构所做的功率 N 与等效力矩 M_{e1} 分别为

$$N = \sum_{i=1}^{n} (F_i \cdot V_i \cos\alpha_i \pm M_i \cdot \omega_i) \tag{10.28}$$

$$M_{e1} = \sum_{i=1}^{n} \left(F_i \frac{V_i}{\omega_1} \cos\alpha_i \pm M_i \frac{\omega_i}{\omega_1}\right) \tag{10.29}$$

在式(10.29)的右项中，数值为正的那些项之和称为等效驱动力矩，用 M_{ed} 表示；数值为负的那些项之和称为等效阻力矩，用 M_{er} 表示，则等效力矩 M_{e1} 又可以表示为 $M_{e1} = M_{ed} + M_{er}$。

定义了等效转动构件之后，就把对曲柄滑块机构动力学的研究转化成了对等效转动构件动力学的研究。等效转动构件的等效转动惯量由其动能与机构的动能相等而求得，等效转动构件的等效力矩由其功率与机构中所有外力的功率相等而求得。

若定义等效移动构件，其具有等效质量 m_e，作用有等效力 F_{e1}，等效移动构件的位移为 S_1、速度为 V_1，等效移动构件的运动规律与机构中序号为 1 的那个选定的移动构件的相同，则与式(10.23)、式(10.29)相对应，得等效质量 m_e、等效力 F_{e1} 分别为

$$m_e = \sum_{i=1}^{n} \left[m_i \left(\frac{V_{xCi}}{V_1}\right)^2 + m_i \left(\frac{V_{yCi}}{V_1}\right)^2 + J_{Ci} \left(\frac{\omega_1}{V_1}\right)^2 \right] \tag{10.30}$$

$$F_{e1} = \sum_{i=1}^{n} \left(F_i \frac{V_i}{V_1} \cos\alpha_i \pm M_i \frac{\omega_i}{V_1}\right) \tag{10.31}$$

等效移动构件与机构具有相同的动能与功率。

4）机械的运动微分方程及其解

在不计摩擦的情况下，外力对机构所做的功 dW 应等于机构动能的增量 dE。对于等效转动构件，等效力矩 M_{e1} 所做的功 $\mathrm{d}W = M_{e1} \cdot \omega_1 \cdot \mathrm{d}t$，等效转动惯量动能的增量 $\mathrm{d}E = \mathrm{d}(J_e \cdot \omega_1^2/2)$；对于等效移动构件，等效力 F_{e1} 所做的功 $\mathrm{d}W = F_{e1} \cdot V_1 \cdot \mathrm{d}t$，等效质量动能的增量 $\mathrm{d}E = \mathrm{d}(m_e \cdot V_1^2/2)$，为此得等效构件的能量平衡方程为

$$M_{e1} \cdot \omega_1 \cdot \mathrm{d}t = \mathrm{d}\left(\frac{1}{2} J_e \cdot \omega_1^2\right) \tag{10.32}$$

$$F_{e1} \cdot V_1 \cdot \mathrm{d}t = \mathrm{d}\left(\frac{1}{2} m_e \cdot V_1^2\right) \tag{10.33}$$

式(10.32)、式(10.33)即为单自由度机构用等效构件表示的能量平衡方程。通过式(10.32)或式(10.33)可以求解出机械在外力作用下作独立运动之构件（等效转动构件或等效移动构件）的运动规律。

对于式(10.32)所表示的机械运动微分方程，为了求解的方便，将其进一步转化为

$$\frac{\mathrm{d}(J_e\omega_1^2/2)}{\mathrm{d}t} = M_{e1}\omega_1$$

$$\frac{1}{2}\frac{\mathrm{d}J_e}{\mathrm{d}\varphi_1}\frac{\mathrm{d}\varphi_1}{\mathrm{d}t}\omega_1^2 + \frac{J_e}{2}(2\omega_1)\frac{\mathrm{d}\omega_1}{\mathrm{d}t} = M_{e1}\omega_1$$

$$\frac{\omega_1^2}{2}\frac{\mathrm{d}J_e}{\mathrm{d}\varphi_1} + J_e\frac{\mathrm{d}\omega_1}{\mathrm{d}t} = M_{e1} \tag{10.34}$$

或表达为关于 φ_1 为自变量的微分形式

$$\frac{\omega_1^2}{2}\frac{\mathrm{d}J_e}{\mathrm{d}\varphi_1} + J_e\omega_1\frac{\mathrm{d}\omega_1}{\mathrm{d}\varphi_1} = M_{e1} \tag{10.34$'$}$$

式(10.34′)所表示的机械运动微分方程，除了特殊的情况之外，一般不能通过直接积分的方法求解出机构中指定构件的运动规律，只能通过数值方法进行求解。

为了采用数值方法进行求解，设 M_{e1} 是机构位置与速度的函数，$M_{e1} = M_{e1}\{\varphi_1(i), \omega_1[\varphi_1(i)]\}$，$J_e$ 是机构位置的函数，$J_e = J_e[\varphi_1(i)]$，将连续变量 φ_1、ω_1 转化为离散变量，即 $\varphi_1 = \varphi_1(i)$，$\omega_1 = \omega_1[\varphi_1(i)]$，于是，微分形式的式(10.34′)被转化为差分形式的差分方程为

$$\frac{\omega_1^2[\varphi_1(i)]}{2}\frac{\Delta J_e[\varphi_1(i)]}{\Delta\varphi_1} + J_e[\varphi_1(i)] \cdot \omega_1[\varphi_1(i)]\frac{\Delta\omega_1}{\Delta\varphi_1} = M_{e1}\{\varphi_1(i), \omega_1[\varphi_1(i)]\} \tag{10.35}$$

将式(10.35)中各个变量的增量取为 $\varphi_1(i+1)$ 位置与 $\varphi_1(i)$ 位置的数值差，于是，式(10.35)进一步改写为

$$\begin{aligned}&\frac{\omega_1^2[\varphi_1(i)]}{2}\frac{J_e[\varphi_1(i+1)]-J_e[\varphi_1(i)]}{\Delta\varphi_1} + J_e[\varphi_1(i)] \cdot \omega_1[\varphi_1(i)]\frac{\omega_1[\varphi_1(i+1)]-\omega_1[\varphi_1(i)]}{\Delta\varphi_1}\\ &\quad = M_{e1}\{\varphi_1(i), \omega_1[\varphi_1(i)]\} \quad i = 1, 2, 3, \cdots, n\end{aligned} \tag{10.36}$$

为此,推出求解 $\omega_1[\varphi_1(i)]$的迭代格式为

$$\omega_1[\varphi_1(i+1)]=\frac{M_{e1}\{\varphi_1(i),\omega_1[\varphi_1(i)]\}\times\Delta\varphi_1-0.5\omega_1^2[\varphi_1(i)]\{J_e[\varphi_1(i+1)]-J_e[\varphi_1(i)]\}+J_e[\varphi_1(i)]\times\omega_1^2[\varphi_1(i)]}{J_e[\varphi_1(i)]\times\omega_1[\varphi_1(i)]} \tag{10.37}$$

式(10.37)称为机器动力学求解的直接方法,只要 ω_1 关于时间的变化比较平滑,求解的精度是比较高的。

关于 $\omega_1[\varphi_1(i)]$的初值 $\omega_1[\varphi_1(1)]$与求解历程,可以区分为三种情况。

第一情况,ω_1 的初值 $\omega_1[\varphi_1(1)]=0$,ω_1 的终值 $\omega_1[\varphi_1(n)]=\omega_{1m}$,$\omega_{1m}$为等效构件角速度的平均值。该条件表明,机器从静止开始运动,机器经历着加速启动的过程,直至达到稳定变速运转;数值迭代计算时,只要 $\omega_1[\varphi_1(i)]$出现周期性,就可以停止迭代计算。

第二情况,ω_1 的初值 $\omega_1[\varphi_1(1)]=\omega_{1m}$,则表明机器工作在稳定变速运转状态;数值迭代计算时,只在 M_{e1}与 J_e 的最小公周期内进行数值迭代计算即可。

第三情况,ω_1 的初值 $\omega_1[\varphi_1(1)]=\omega_{1m}$,$\omega_1$ 的终值 $\omega_1[\varphi_1(n)]=0$,则表明机器处于制动状态。

一旦确定了 $\omega_1[\varphi_1(i)]$的初值 $\omega_1[\varphi_1(1)]$,即可计算 $\varphi_1(i)$位置上的 $\omega_1[\varphi_1(i)]$的数值,$i=2, 3, 4, \cdots, n$,$n=\varphi_T/(\Delta\varphi_1)$,$\varphi_T$ 为等效构件在一个周期内的角位移,$\Delta\varphi_1$ 为等效构件的角位移增量,$\varphi_1(i)$的计算公式为 $\varphi_1(i)=0+i(\Delta\varphi_1)$,$i=2, 3, 4, \cdots, n$。

式(10.37)的具体计算过程如下。

第一步,计算 M_{e1}对应于 $\varphi_1(i)$位置与 $\omega_1[\varphi_1(i)]$角速度下的 $M_{e1}\{\varphi_1(i), \omega_1[\varphi_1(i)]\}$。

第二步,计算 J_e 对应于 $\varphi_1(i)$、$\varphi_1(i+1)$位置上的 $J_e[\varphi_1(i)]$与 $J_e[\varphi_1(i+1)]$,$J_e[\varphi_1(i+1)]$ 由式(10.3)~式(10.8)、式(10.13)~式(10.16)、式(10.20)计算,此时,曲柄 1 的角位移 $\varphi_1(i+1)=0+(i+1)(\Delta\varphi_1)$。

第三步,计算 $\varphi_1(i+1)$ 位置上的 $\omega_1[\varphi_1(i+1)]$。

当 i 取遍 2, 3, 4, …, n 时,即可求出等效转动构件在一个周期 φ_T 内的 ω_1 数值。

若想提高求解的计算精度,可以采用龙格-库塔(Runge-Kutta)方法或其他方法。下面给出二阶龙格-库塔方法的迭代格式。

令 $\omega_1'=d\omega_1/d\varphi_1$、$f(M_{e1}, J_e, J'_e, \omega_1)=[M_{e1}-(\omega_1^2/2)(dJ_e/d\varphi_1)]/(J_e\omega_1)$,于是,式(10.34′)转化为 ω_1 关于 φ_1 的导数形式,即

$$\omega_1'=f(M_{e1}, J_e, J'_e, \omega_1)=\frac{M_{e1}[\varphi_1(i)]-\frac{1}{2}\omega_1^2[\varphi_1(i)]\frac{dJ_e[\varphi_1(i)]}{d\varphi_1}}{J_e[\varphi_1(i)]\times\omega_1[\varphi_1(i)]} \tag{10.38}$$

将连续变量 φ_1 在第 i 个位置上的数值转化为离散变量 $\varphi_1(i)$在第 i 个位置上的数值,即 $\varphi_1=\varphi_1(i)$,设 $M_{e1}=M_{e1}[\varphi_1(i)]$,$J_e=J_e[\varphi_1(i)]$,仅仅考虑 $M_{e1}=M_{e1}[\varphi_1(i)]$ 增量的影响,令 K_1、K_2 分别为

$$K_1=f\{M_{e1}[\varphi_1(i)],J_e[\varphi_1(i)],J'_e[\varphi_1(i)],\omega_1[\varphi_1(i)]\}$$

$$=\frac{M_{e1}[\varphi_1(i)]-\frac{1}{2}\omega_1^2[\varphi_1(i)]\frac{dJ_e[\varphi_1(i)]}{d\varphi_1}}{J_e[\varphi_1(i)]\times\omega_1[\varphi_1(i)]} \tag{10.39}$$

$$K_2 = f\{M_{e1}[\varphi_1(i)+\frac{\Delta\varphi_1}{2}], J_e[\varphi_1(i)], J'_e[\varphi_1(i)], \omega_1[\varphi_1(i)]+\frac{\Delta\varphi_1}{2}K_1\}$$

$$= \frac{M_{e1}[\varphi_1(i)+\frac{\Delta\varphi_1}{2}] - \frac{1}{2}\{\omega_1[\varphi_1(i)]+\frac{\Delta\varphi_1}{2}K_1\}^2 \frac{\mathrm{d}J_e[\varphi_1(i)]}{\mathrm{d}\varphi_1}}{J_e[\varphi_1(i)]\times\{\omega_1[\varphi_1(i)]+\frac{\Delta\varphi_1}{2}K_1\}} \tag{10.40}$$

于是，得到 $\omega_1[\varphi_1(i)]$的迭代格式为

$$\omega_1[\varphi_1(i+1)] = \omega_1[\varphi_1(i)] + K_2\times(\Delta\varphi_1) \tag{10.41}$$

式(10.39)～式(10.41)为等效转动构件或曲柄 1 运动的差分方程。

式中，$\Delta\varphi_1$ 为曲柄 1 角位移 φ_1 的增量，设 M_{e1} 与 J_e 的最小公周期为 φ_T，于是，$\Delta\varphi_1 = \varphi_T/n$，$n$ 为在一个周期内的计算点数。

$M_{e1}[\varphi_1(i)]$、$J_e[\varphi_1(i)]$与 $\omega_1[\varphi_1(i)]$为对应于 $\varphi_1(i)$位置时，M_{e1}、J_e 与 ω_1 的数值，$M_{e1}[\varphi_1(i)]$、$J_e[\varphi_1(i)]$由以上对应的公式计算。

$M_{e1}[\varphi_1(i)+0.5(\Delta\varphi_1)]$ 为对应于 $\varphi_1(i)+0.5(\Delta\varphi_1)$ 位置时，M_{e1}的数值，即

$$M_{e1}[\varphi_1(i)+0.5(\Delta\varphi_1)] = M_{d1}[\varphi_1(i)+0.5(\Delta\varphi_1)] - F_r[\varphi_1(i)+0.5(\Delta\varphi_1)]\frac{|V_3[\varphi_1(i)+0.5(\Delta\varphi_1)]|}{\omega_1[\varphi_1(i)+0.5(\Delta\varphi_1)]} \tag{10.27$'$}$$

$\omega_1[\varphi_1(i+1)]$为 ω_1 在 $\varphi_1(i+1)=\varphi_1(i)+\Delta\varphi_1$ 位置上的数值，是一个待求量。

$J'_e[\varphi_1(i)]$为 $J_e[\varphi_1(i)]$关于 φ_1 的导数，对式(10.20)求关于 φ_1 的导数得

$$J'_e[\varphi_1(i)] = \frac{\mathrm{d}J_e[\varphi_1(i)]}{\mathrm{d}\varphi_1} = \frac{2m_2V_{xC2}}{\omega_1^3}\left(a_{xC2}-\alpha_1\frac{V_{xC2}}{\omega_1}\right)+\frac{2m_2V_{yC2}}{\omega_1^3}\left(a_{yC2}-\alpha_1\frac{V_{yC2}}{\omega_1}\right)+ \frac{2J_2\omega_2}{\omega_1^3}\left(\alpha_2-\alpha_1\frac{\omega_2}{\omega_1}\right)+\frac{2m_3V_3}{\omega_1^3}(a_3-\alpha_1\frac{V_3}{\omega_1}) \tag{10.42}$$

式(10.42)中，α_1 是等效构件的角加速度，α_1 的初值可以选为 $\alpha_1[\varphi_1(1)] = M_{e1}[\varphi_1(1)]/J_e[\varphi_1(1)]$，在其后的计算中，$\alpha_1(i)$可以近似取为 $\alpha_1[\varphi_1(i)] = \omega_1[\varphi_1(i-1)]\times\{\omega_1[\varphi_1(i)]-\omega_1[\varphi_1(i-1)]\}/(\Delta\varphi_1)$，$i=2, 3, 4, \cdots, n$。

式(10.42)中，连杆 2 的角速度 ω_2、角加速度 α_2、质心 C_2 点的速度与加速度，滑块 3 的速度 V_3 与加速度 a_3 都为对应于 $\varphi_1(i)$位置上的数值，由式(10.1)～式(10.18)计算。

$\varphi_1(i)$的计算格式为 $\varphi_1(i) = 0+(\Delta\varphi_1)i = 0+\frac{\varphi_T}{n}i$，$i=1, 2, 3, \cdots, n$。

当 ω_1 关于 φ_1 的数值关系被求解出来，可以进一步求出 ω_1 关于时间 t 的数值关系，此时时间 t 的增量 $\Delta t(i) = \Delta\varphi_1/\omega_1[\varphi_1(i)]$，时间历程 $t(i) = \sum_{j=0}^{i}\Delta\varphi_1/\omega_1[\varphi_1(i)]$，于是得到 $\omega_1[\varphi_1(i)]$与 $t(i)$一一对应的数组。

当 ω_1 关于 φ_1 的数值关系被求解出来，ω_1 的变化量要么在允许的范围，要么超过了允许的范围。若 ω_1 的变化量超过了允许的范围，可以在机器中增加一个圆盘，称为飞轮，其转动惯量用 J_F表示，此时，机器的角速度变化范围可以被控制在要求的指标之内。若飞轮的角位移也为 φ_1，如图 10.1(c)所示，则式(10.37)转化为

$$\omega_1[\varphi_1(i+1)]=$$

$$\frac{M_{e1}\{\varphi_1(i),\omega_1[\varphi_1(i)]\}\times\Delta\varphi_1-0.5\omega_1^2[\varphi_1(i)]\times\{J_e[\varphi_1(i+1)]-J_e[\varphi_1(i)]\}+\{J_e[\varphi_1(i)]+J_F\}\times\omega_1^2[\varphi_1(i)]}{\{J_e[\varphi_1(i)]+J_F\}\times\omega_1[\varphi_1(i)]} \tag{10.37'}$$

式(10.39)、式(10.40)分别转化为

$$K_1=\frac{M_{e1}[\varphi_1(i)]-\{\omega_1^2[\varphi_1(i)]/2\}\times\{\mathrm{d}J_e[\varphi_1(i)]/\mathrm{d}\varphi_1\}}{\{J_e[\varphi_1(i)]+J_F\}\times\omega_1[\varphi_1(i)]} \tag{10.39'}$$

$$K_2=\frac{M_{e1}\left[\varphi_1(i)+\frac{\Delta\varphi_1}{2}\right]-\frac{1}{2}\{\omega_1[\varphi_1(i)]+\frac{\Delta\varphi_1}{2}K_1\}^2\frac{\mathrm{d}J_e[\varphi_1(i)]}{\mathrm{d}\varphi_1}}{\left\{J_e[\varphi_1(i)]+J_F\right\}\times\left\{\omega_1[\varphi_1(i)]+\frac{\Delta\varphi_1}{2}K_1\right\}} \tag{10.40'}$$

通过选择不同的 J_F，可以使 ω_1 的变化范围控制在设计要求之内。

若机器的等效转动惯量 J_e 为常量，如各种电梯、矿山提升机与工厂的行车，则式(10.34)简化为

$$J_e\frac{\mathrm{d}\omega_1}{\mathrm{d}t}=M_{e1} \tag{10.43}$$

由于等效力矩 $M_{e1}=M_{ed}+M_{er}$ 在通常情况下是一个较复杂的函数，所以，式(10.43)一般难以直接积分求解。若 M_{ed} 为 ω_1 的函数，如各种交流电机与直流电机，在额定工作点附近，将 M_{ed} 近似表达为 $M_{ed}=a+b\omega_1+c\omega_1^2$，其中，$a$、$b$、$c$ 分别为常数；假定 M_{er} 近似为常数，取 $M_{er}=-C_r$，则式(10.43)可以进一步变换为

$$J_e\frac{\mathrm{d}\omega_1}{M_{ed}+M_{er}}=J_e\frac{\mathrm{d}\omega_1}{(a-C_r)+b\omega_1+c\omega_1^2}=\mathrm{d}t \tag{10.44}$$

式(10.44)的积分解为

$$\int_{\omega_1(1)}^{\omega_1(n)}\frac{\mathrm{d}\omega_1}{(a-C_r)+b\omega_1+c\omega_1^2}=\frac{2}{\sqrt{4(a-C_r)c-b^2}}\arctan\left[\frac{2c\omega_1+b}{\sqrt{4(a-C_r)c-b^2}}\right]\Bigg|_{\omega_1(t_0)}^{\omega_1(t_n)}=\frac{1}{J_e}t\Bigg|_{t_0}^{t_n} \tag{10.45}$$

若机器的等效转动惯量 J_e 为常量，如矿山上的风机等，同时等效力矩 $M_{e1}=M_{ed}+M_{er}=0$，则由式(10.43)可知，机器将作等速运转。由此可见，机器作等速运转的条件是十分苛刻的。不过，机器速度波动的程度是可以被调节的。

[例 10-1] 在图 10.1(a)所示的曲柄滑块机构中，已知曲柄 1 的杆长 $a=0.100$ m，转动惯量 $J_1=1.05$ kgm²；连杆 2 的杆长 $b=0.350$ m，$C_2C=b_{C2}=0.45b$，质量 $m_2=160$ kg，转动惯量 $J_2=1.15$ kgm²；偏心距 $e=-0.15a$，滑块 3 的质量 $m_3=180$ kg，加入飞轮的转动惯量 $J_F=8$ kgm²。

当 $V_3\leqslant 0$ 时，滑块 3 上的工作阻力 $F_r=100[2+\sin(2\varphi)]$N，当 $V_3>0$ 时，$F_r=0$。曲柄 1 上的驱动力矩 $M_{d1}=6.366$ Nm。

试求 (1) 当 $i=1$ 时，令 $\varphi_1(1)=0°$，ω_1 的初值 $\omega_1[\varphi_1(1)]=10$ rad/s，角位移 φ_1 的增

量 $\Delta\varphi_1 = \pi/180°$，不加飞轮时，分别采用直接方法与龙格－库塔方法求 ω_1 关于 φ_1 的曲线关系，$0 \leqslant \varphi_1 \leqslant 4\pi$。

(2) 当 $i=1$ 时，令 $\varphi_1(1) = 0°$，ω_1 的初值 $\omega_1[\varphi_1(1)] = 10$ rad/s，角位移 φ_1 的增量 $\Delta\varphi_1 = \pi/180°$，加飞轮时，分别采用直接方法与龙格－库塔方法求 ω_1 关于 φ_1 的曲线关系，$0 \leqslant \varphi_1 \leqslant 4\pi$。

[解] 采用直接方法，不加飞轮时，经以上公式计算与式(10.37)的求解，得曲柄 1 的角速度 $\omega_1 = \omega_1[\varphi_1(i)]$ 如图 10.2(a)中的曲线 1 所示；加飞轮时，经以上公式计算与式(10.37′)的求解，得曲柄 1 的角速度 $\omega_1 = \omega_1[\varphi_1(i)]$ 如图 10.2(a)中的曲线 2 所示。

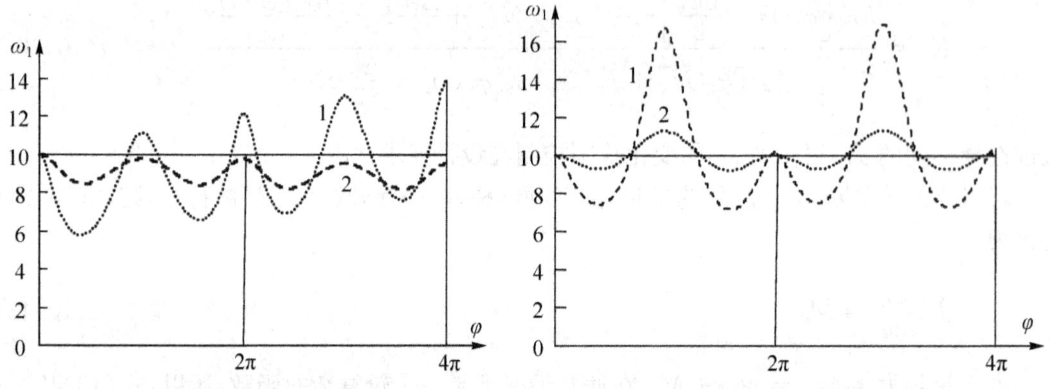

(a) 直接方法　　(b) 二阶龙格－库塔方法

图 10.2　曲柄滑块机构的动力学曲线

采用龙格-库塔方法，不加飞轮时，经以上公式计算与式(10.39)～式(10.41)的求解，得曲柄 1 的角速度 $\omega_1 = \omega_1[\varphi_1(i)]$ 如图 10.2(b)中的曲线 1 所示；加飞轮时，经以上公式计算与式(10.39′)、式(10.40′)、式(10.41)的求解，得曲柄 1 的角速度 $\omega_1 = \omega_1[\varphi_1(i)]$ 如图 10.2(b)中的曲线 2 所示。

由图 10.2(b)可见，加飞轮后，角速度 ω_1 的变化量明显减小。

10.3　稳定运转状态下机械的周期性速度波动及其调节

作用在机器上的驱动力和阻力是多种多样的，它们作用的结果，机器的速度作周期性或非周期性变化的运动。由于速度作非周期性变化的机器速度波动调节的问题超出了本书的研究范围，所以，本书只研究速度作周期性变化的机器速度波动的调节原理。

1) 周期性速度波动产生的原因

由于等效力矩 $M_{e1} = M_{ed} + M_{er}$ 常常表现为机构的位置与速度的函数 $M_{e1}(\varphi_1, \omega_1)$，等效转动惯量 J_e 一般表现为机构位置的函数 $J_{e1}(\varphi_1)$，M_{e1} 与 J_e 或者没有周期性，或者具有不同的周期，所以，机构中与等效构件具有相同运动规律的那一个构件，其速度一般不为常数。M_{ed} 与 $-M_{er}$ 的一般变化情况如图 10.3(a)所示。

由图 10.3(a)可见，当 $M_{ed} > -M_{er}$ 时，外力对机器做正功，称为盈功，机器的速度增加；当 $M_{ed} < -M_{er}$ 时，外力对机器做负功，称为亏功，机器的速度减小。若机器的速度变化为周期性的，其周期为 φ_T，则 M_{ed} 与 M_{er} 在一个周期 φ_T 内所做功的大小相等，符号相反，即

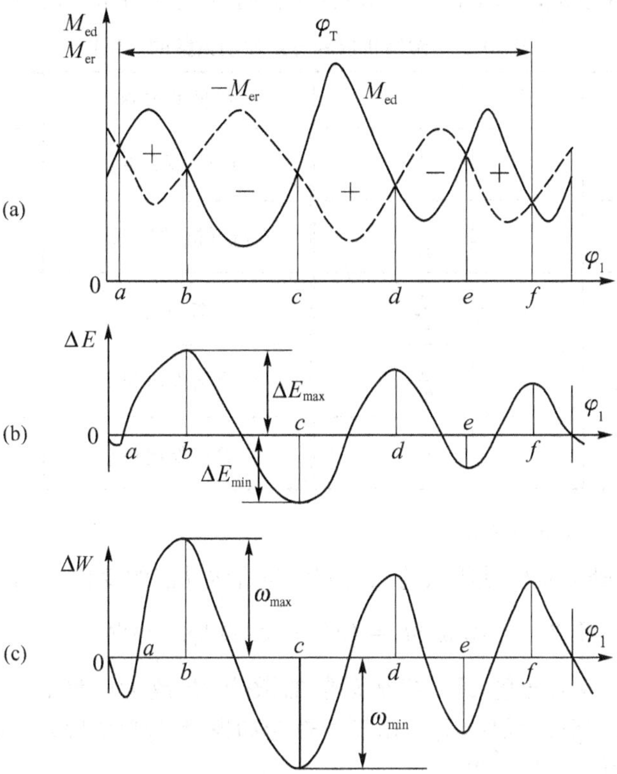

图 10.3　机械的动能和功与等效力矩的关系

$$\int_{\varphi_a}^{\varphi_f}(M_{ed}+M_{er})\mathrm{d}\varphi_1=0$$

事实上，$M_{ed}+M_{er}\neq 0$ 以及 J_e不为常数是机器产生速度波动的根本原因。机器动能的变化 ΔE 与外力功的变化 ΔW 如图 10.3(b)、(c)所示，当动能 E 的变化达到最大值 ΔE_{max}时，机器的速度常常达到最大值 ω_{max}；当动能 E 的变化达到最小值 ΔE_{min}时，机器的速度常常达到最小值 ω_{min}。

2）周期性速度波动程度的衡量指标

如果一个周期内角速度的变化如图 10.4 所示，其最大、最小角速度分别为 ω_{max}和 ω_{min}，则一个周期内角速度的平均值 ω_m应为

$$\omega_m=\frac{1}{\varphi_T}\int_0^{\varphi_T}\omega\mathrm{d}\varphi_1 \tag{10.46}$$

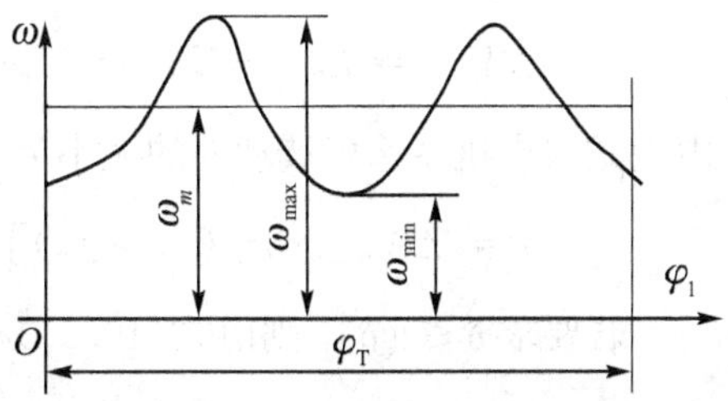

图 10.4　一个周期内角速度曲线

实际应用中，角速度的平均值 ω_m取如下简单的形式

$$\omega_m=(\omega_{max}+\omega_{min})/2 \tag{10.47}$$

为了全面地衡量角速度的变化情况，定义 $\delta=(\omega_{max}-\omega_{min})/\omega_m$，称为速度波动系数，以反映速度变化的相对大小。不同类型机械的许用速度波动系数[δ]是不同的，表 10.1 列出了一

些常用机械的许用速度波动系数$[\delta]$。在设计机械时,应使机械的速度波动系数$\delta \leqslant [\delta]$。

表 10.1 常用机械的速度波动系数的许用值

机械的名称	$[\delta]$	机械的名称	$[\delta]$
碎石机	$\frac{1}{5} \sim \frac{1}{20}$	水泵、鼓风机	$\frac{1}{30} \sim \frac{1}{50}$
冲床、剪床	$\frac{1}{7} \sim \frac{1}{10}$	造纸机、织布机	$\frac{1}{40} \sim \frac{1}{50}$
轧压机	$\frac{1}{10} \sim \frac{1}{25}$	纺纱机	$\frac{1}{60} \sim \frac{1}{100}$
汽车、拖拉机	$\frac{1}{20} \sim \frac{1}{60}$	直流发电机	$\frac{1}{100} \sim \frac{1}{200}$
金属切削机床	$\frac{1}{30} \sim \frac{1}{40}$	交流发电机	$\frac{1}{2\,000} \sim \frac{1}{3\,000}$

3) 周期性速度波动的调节原理

由式(10.32)得外力对机械所做的微元$\mathrm{d}W$与机械动能的变化量$\mathrm{d}E$之间的关系为

$$\mathrm{d}E = \mathrm{d}(J_e \omega_1^2/2) = M_{e1}\omega_1 \mathrm{d}t = (M_{ed} + M_{er})\mathrm{d}\varphi_1 = \mathrm{d}W \tag{10.48}$$

将功的微分$\mathrm{d}W$改为增量ΔW,机械动能的微分$\mathrm{d}E$改为增量ΔE,当ΔW达到最大值ΔW_{max}时,ΔE近似达到最大值ΔE_{max}(由于等效转动惯量J_e为变数)。为此,将式(10.48)积分,令ΔW达到最大值ΔW_{max},得

$$\Delta W_{max} = E_{max} - E_{min} = \int_{\varphi_b}^{\varphi_c} (M_{ed} + M_{er})\mathrm{d}\varphi_1 \tag{10.49}$$

设$\varphi_1 = \varphi_b$时,$\omega_1 = \omega_{1max}$;$\varphi_1 = \varphi_c$时,$\omega_1 = \omega_{1min}$,如图 10.3(b)、(c)所示。

为了调节速度波动的大小,可以在机械上安装一个飞轮,飞轮的角位移可以为φ_1,也可以为其他的角位移,此处飞轮的角位移取为φ_1,飞轮的转动惯量为J_F,其几何结构为由轮毂、轮辐与轮缘三部分组成。设ΔW_{max}已经求出,J_e取机械的等效转动惯量在一个周期内的平均值,则由式(10.49)得

$$\Delta W_{max} = E_{max} - E_{min} = (J_e + J_F)(\omega_{1max}^2 - \omega_{1min}^2)/2 = (J_e + J_F)\omega_{1m}^2 \times \delta \tag{10.50}$$

由上式求出机械速度波动δ的大小为

$$\delta = \Delta W_{max}/[\omega_{1m}^2(J_e + J_F)] \tag{10.51}$$

若要求$\delta \leqslant [\delta]$,则由式(10.51)得飞轮的转动惯量$J_F$的设计式为

$$J_F \geqslant \Delta W_{max}/(\omega_{1m}^2[\delta]) - J_e \tag{10.52}$$

由式(10.52)可见:

(1) J_F与$[\delta]$成反比,当$[\delta]$较小时,飞轮的转动惯量J_F将很大,这是不很合适的,因此,$[\delta]$不应选得太小。

(2) J_F与ω_{1m}^2成反比,为了减小J_F,飞轮应安装在机器中速度较高的轴上。

(3) J_F与ΔW_{max}成正比,为了减小J_F,应使作用在机械上的外力的变化量不至于过大。

[**例 10－2**] 已知作用在某机械上的关于主动轴的等效驱动力矩 $M_{ed}=5\ 000+800\sin(2\varphi)$ Nm，关于主动轴的等效阻力矩 $M_{er}=-5\ 000-500\sin\varphi$ Nm，主动轴的平均转速 $n_1=220$ r/min，许用速度波动系数 $[\delta]=0.08$；该机械关于主动轴的等效转动惯量 $J_{e1}(\varphi)$ 的平均值 $J_{e1}=15$ kgm^2，$J_{e1}(\varphi)$的周期为 2π。求应加在主动轴上的飞轮转动惯量 J_F。

[**解**] 第一步，确定等效驱动力矩 $M_{ed}(\varphi)$、等效阻力矩 $M_{er}(\varphi)$与等效转动惯量 $J_{e1}(\varphi)$的公周期为 2π。

第二步，计算等效力矩 $M_{e1}=M_{ed}+M_{er}$ 在一个周期内的功 W_T，即

$$W_T=\int_0^{2\pi}[M_{ed}(\varphi)+M_{er}(\varphi)]d\varphi=\int_0^{2\pi}[800\sin(2\varphi)-500\sin\varphi]d\varphi=$$

$$-400\cos(4\pi)+500\cos(2\pi)-100=0$$

$W_T=0$ 表明，机器的角速度变化为周期性的。

第三步，计算主动轴的平均角速度 $\omega_{1m}=2\pi n_1/60=2\pi\times 220/60=23.04$ rad/s。

第四步，由 $M_{ed}(\varphi)=-M_{er}(\varphi)$，得等效驱动力矩曲线与等效阻力矩曲线的交点所对应的主动轴的转角分别为 $\varphi_a=0^\circ$，$\varphi_b=71.79^\circ$，$\varphi_c=180^\circ$，$\varphi_d=288.21^\circ$ 和 $\varphi_e=360^\circ$，如图 10.5(a)所示。

第五步，计算 $M_{e1}=M_{ed}+M_{er}$ 在$[0,\ 71.79^\circ]$、$[71.79^\circ,\ 180^\circ]$、$[180^\circ,\ 288.21^\circ]$ 和 $[288.21^\circ,\ 360^\circ]$ 区间内所做的功 W_1、W_2、W_3 与 W_4 分别为

$$W=\int_0^{\varphi}[M_{ed}(\varphi)+M_{er}(\varphi)]d\varphi=\int_0^{\varphi}[800\sin(2\varphi)-500\sin\varphi]d\varphi$$
$$=-400\cos(2\varphi)+500\cos\varphi-100$$

$$W_1=\int_0^{71.79}[800\sin(2\varphi)-500\sin\varphi]d\varphi=[-400\cos(2\varphi)+500\cos\varphi]\Big|_0^{71.79}$$
$$=378.125\ \text{Nm}$$

$$W_2=\int_{71.79}^{180}[800\sin(2\varphi)-500\sin\varphi]d\varphi=[-400\cos(2\varphi)+500\cos\varphi]\Big|_{71.79}^{180}$$
$$=-1\ 378.125\ \text{Nm}$$

$$W_3=\int_{180}^{288.21}[800\sin(2\varphi)-500\sin\varphi]d\varphi=[-400\cos(2\varphi)+500\cos\varphi]\Big|_{180}^{288.21}$$
$$=1\ 378.125\ \text{Nm}$$

$$W_4=\int_{288.21}^{360}[800\sin(2\varphi)-500\sin\varphi]d\varphi=[-400\cos(2\varphi)+500\cos\varphi]\Big|_{288.21}^{360}$$
$$=-378.125\ \text{Nm}$$

等效驱动力矩 M_e 在一个周期内所做功 W 的曲线如图 10.5(b)所示。

第六步，计算一个周期内功的累计量，令计算始点的功 W_0 为 0，则

$$W_0+W_1=378.125\ \text{Nm}$$

$$W_0+W_1+W_2=-1\ 000\ \text{Nm}$$

$$W_0+W_1+W_2+W_3=378.125\ \text{Nm}$$

$$W_0 + W_1 + W_2 + W_3 + W_3 = 0 \text{ Nm}$$

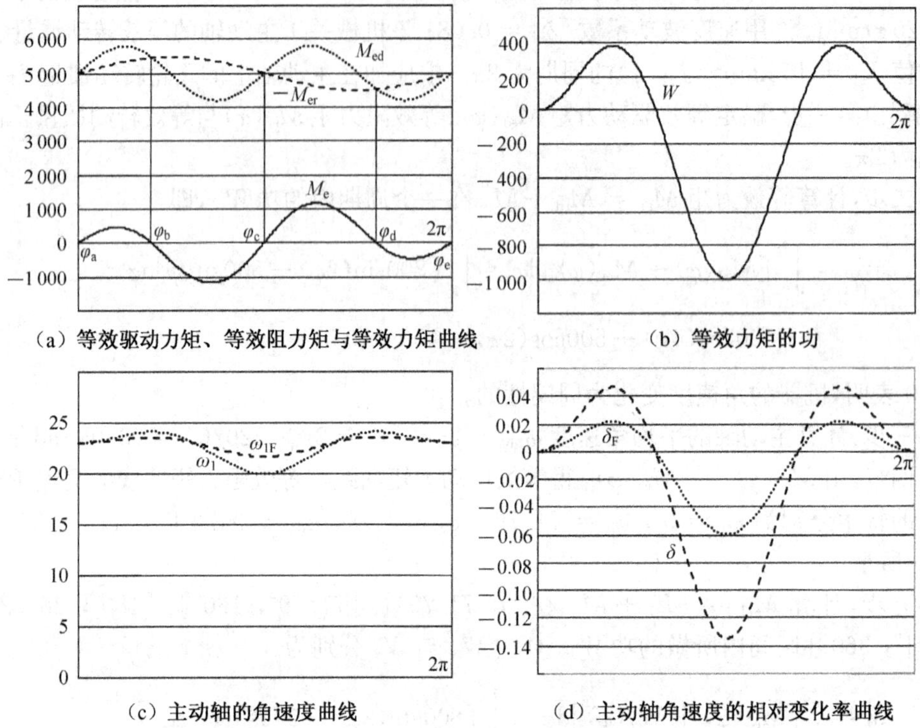

图 10.5　主动轴上的力矩、功与角速度曲线

第七步,判别出最大盈功 W_{max},即

$$W_{max} = 378.125 \text{ Nm}$$

第八步,判别出最小亏功 W_{min},即

$$W_{min} = -1\,000 \text{ Nm},$$

第九步,计算最大盈亏功 ΔW_{max},即

$$\Delta W_{max} = 378.125 - (-1\,000) = 1\,378.125 \text{ Nm}$$

最后,由 $J_F \geqslant \Delta W_{max}/(\omega_{1m}^2[\delta]) - J_e$ 计算飞轮的转动惯量 J_F 为

$J_F \geqslant 1\,378.125/(23.04^2 \times 0.08) - 15 = 17.45 \text{ kgm}^2$,取 $J_F = 17.45 \text{ kgm}^2$。

飞轮的结构设计略。

由于 M_{e1} 为可积函数,所以,应用式(10.43)得

$J_e \dfrac{d\omega_1}{dt} = 800\sin(2\varphi) - 500\sin\varphi$, 将 dt 转化为 $d\varphi$ 得

$J_e\omega_1 \dfrac{d\omega_1}{d\varphi} = 800\sin(2\varphi) - 500\sin\varphi$, 分离变量得

$$J_e\omega_1 d\omega_1 = [800\sin(2\varphi) - 500\sin\varphi]d\varphi$$

积分得 $\int_{\omega_{1m}}^{\omega_1} J_e\omega_1 \mathrm{d}\omega_1 = \int_0^{\varphi}[800\sin(2\varphi)-500\sin\varphi]\mathrm{d}\varphi$，为此得主动轴的角速度 ω_1、增加飞轮的转动惯量 J_F时的角速度 ω_{1F}分别为

$$\omega_1 = \sqrt{[-400\cos(2\varphi)+500\cos\varphi-100+0.5J_e\omega_{1m}^2]/(0.5J_e)}$$

$$\omega_{1F} = \sqrt{[-400\cos(2\varphi)+500\cos\varphi-100+0.5(J_e+J_F)\omega_{1m}^2]/[0.5(J_e+J_F)]}$$

主动轴的角速度 ω_1、ω_{1F}关于 φ 的曲线关系如图 10.5(c)所示。

令 $\delta=(\omega_1-\omega_{1m})/\omega_{1m}$、$\delta_F=(\omega_{1F}-\omega_{1m})/\omega_{1m}$，$\delta$ 与δ_F关于 φ 的曲线关系如图 10.5(d)所示。无飞轮的转动惯量 J_F时，$\delta_{max}=0.18$；有飞轮的转动惯量 J_F时，$\delta_{Fmax}=0.08$。显然，飞轮起到了减小速度波动的目的。

[例 10-3] 作用在某一机器主动轴上的等效阻力矩 $-M_{er}$ 如图 10.6 所示，主动轴上的等效驱动力矩 M_{ed}近似为一常数，主动轴的平均转速 $n_1=100$ r/min，速度不均匀系数 $\delta=0.055$，该机器关于主动轴的等效转动惯量的平均值 $J_e=2$ kgm^2，$J_e(\varphi)$的周期为 2π。求安装在该机器主动轴上的飞轮转动惯量 J_F 的大小。

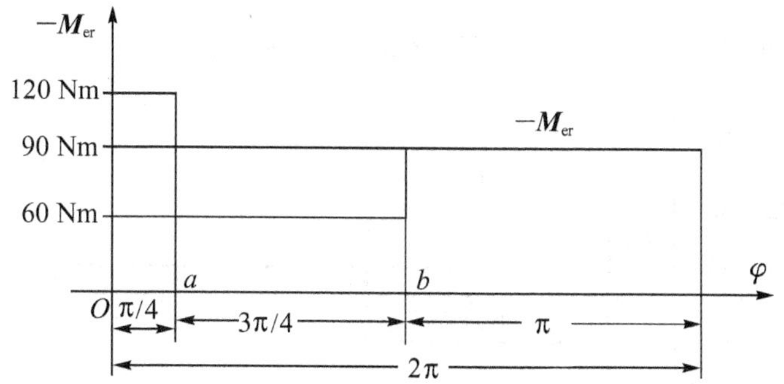

图 10.6 等效阻力矩曲线图

[解] 首先，计算 ω_{1m}，即

$$\omega_{1m}=2\pi n_1/60=2\pi\times100/60=10.472 \text{ rad/s}$$

其次，由等效阻力矩 $|-M_{er}(\varphi_1)|$ 在一个周期内所做的功等于等效驱动力矩 M_{ed}所做的功，计算等效驱动力矩 M_{ed}为

$$M_{ed}=(120\times\pi/4+60\times3\pi/4+90\times\pi)/(2\pi)=82.5 \text{ Nm}$$

M_{ed}如图 10.7 所示。

由于等效力矩 M_{e1}为分段函数，所以，当 $0\leqslant\varphi\leqslant\pi/4$ 时，$M_{e1}=82.5-120=-37.5$ Nm；当 $\pi/4\leqslant\varphi\leqslant\pi$ 时，$M_{e1}=82.5-60=22.5$ Nm；当 $\pi\leqslant\varphi\leqslant2\pi$ 时，$M_{e1}=82.5-90=-7.5$ Nm。

再次，计算[0, π/4]，[π/4, π]，[π, 2π]区间内外力所做的功，即

$$W_1=(M_{ed}+M_{er})\times\pi/4=(82.5-120)\times\pi/4=-29.452 \text{ Nm}$$

$$W_2=(M_{ed}+M_{er})\times3\pi/4=(82.5-60)\times3\pi/4=53.014 \text{ Nm}$$

$W_3=(M_{ed}+M_{er})\times\pi=(82.5-90)\times\pi=-23.562\ \text{Nm}$

计算功的累计量,令 $W_0=0$,得

$$W_0+W_1=-29.452\ \text{Nm}$$

$$W_0+W_1+W_2=-29.452+53.014=23.562\ \text{Nm}$$

$$W_0+W_1+W_2+W_3=-29.452+53.014+(-23.562)=0$$

为此,最大盈功为

$$W_{max}=23.562\ \text{Nm}$$

最小亏功为

$$W_{min}=-29.452\ \text{Nm}$$

最大盈亏功为

$$\Delta W_{max}=23.562-(-29.452)=53.014\ \text{Nm}$$

最后,由 $J_F\geqslant\Delta W_{max}/(\omega_{1m}^2[\delta])-J_e$ 计算飞轮的转动惯量 J_F 为

$$J_F\geqslant 53.014/(10.472^2\times 0.055)-2=6.790\ \text{kgm}^2。$$

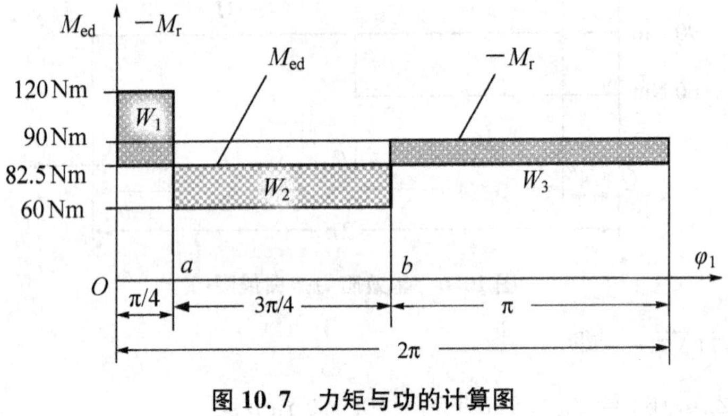

图 10.7 力矩与功的计算图

由于 M_{e1} 为可积的分段函数,所以,应用式(10.43)得

$$J_e\omega_1\frac{d\omega_1}{d\varphi}=\begin{cases}-37.5 & 0\leqslant\varphi\leqslant\pi/4\\ 22.5 & \pi/4\leqslant\varphi\leqslant\pi\\ -7.5 & \pi\leqslant\varphi\leqslant 2\pi\end{cases}$$

分离变量得

$$J_e\omega_1 d\omega_1=\begin{cases}-37.5d\varphi & 0\leqslant\varphi\leqslant\pi/4\\ 22.5d\varphi & \pi/4\leqslant\varphi\leqslant\pi\\ -7.5d\varphi & \pi\leqslant\varphi\leqslant 2\pi\end{cases}$$

积分得

$\omega_1=\sqrt{[-37.5\times\varphi+0.5J_e\omega_{1m}^2]/(0.5J_e)}$,$\varphi$ 的取值区间为 $0\leqslant\varphi\leqslant\pi/4$,在区间的终

点，ω_{1a}为

$$\omega_{1a}=\sqrt{[-37.5\times\pi/4+0.5J_e\omega_{1m}^2]/(0.5J_e)}=8.956\ \text{rad/s};$$

$\omega_1=\sqrt{[22.5\times\varphi+0.5J_e\omega_{1a}^2]/(0.5J_e)}$，$\varphi$ 的取值区间为 $0\leqslant\varphi\leqslant 3\pi/4$，在区间的终点，$\omega_{1b}$为

$$\omega_{1b}=\sqrt{[22.5\times 3\pi/4+0.5J_e\omega_{1a}^2]/(0.5J_e)}=11.542\ \text{rad/s};$$

$\omega_1=\sqrt{[-7.5\times\varphi+0.5J_e\omega_{1b}^2]/(0.5J_e)}$，$\varphi$ 的取值区间为 $0\leqslant\varphi\leqslant\pi$。

当增加飞轮时，对应区间上的 ω_{1F} 与 ω_{1aF}、ω_{1bF}分别为

$\omega_{1F}=\sqrt{[-37.5\times\varphi+0.5(J_e+J_F)\omega_{1m}^2]/[0.5(J_e+J_F)]}$，$\varphi$ 的取值区间为 $0\leqslant\varphi\leqslant\pi/4$，在区间的终点，$\omega_{1aF}$为

$$\omega_{1aF}=\sqrt{[-37.5\times\pi/4+0.5(J_e+J_F)\omega_{1m}^2]/[0.5(J_e+J_F)]}=10.147\ \text{rad/s};$$

$\omega_{1F}=\sqrt{[22.5\times\varphi+0.5(J_e+J_F)\omega_{1aF}^2]/[0.5(J_e+J_F)]}$，$\varphi$ 的取值区间为 $0\leqslant\varphi\leqslant 3\pi/4$，在区间的终点，$\omega_{1bF}$为

$$\omega_{1bF}=\sqrt{[22.5\times 3\pi/4+0.5(J_e+J_F)\omega_{1aF}^2]/[0.5(J_e+J_F)]}=10.725\ \text{rad/s};$$

$\omega_{1F}=\sqrt{[-7.5\times\varphi+0.5(J_e+J_F)\omega_{1bF}^2]/[0.5(J_e+J_F)]}$，$\varphi$ 的取值区间为 $0\leqslant\varphi\leqslant\pi$。

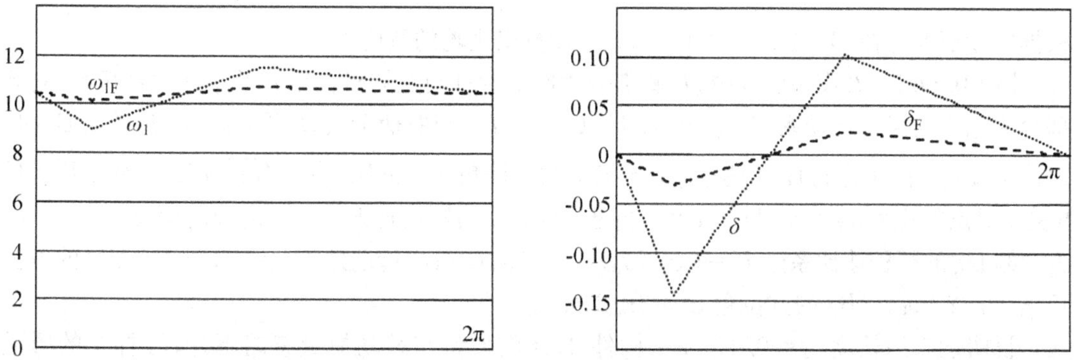

(a) 主动轴的角速度曲线　　(b) 主动轴角速度的相对变化率曲线

图 10.8　主动轴的角速度与角速度的相对变化率曲线

主动轴的角速度 ω_1、ω_{1F}关于 φ 的曲线关系如图 10.8(a)所示。

令 $\delta=(\omega_1-\omega_{1m})/\omega_{1m}$、$\delta_F=(\omega_{1F}-\omega_{1m})/\omega_{1m}$，$\delta$ 与 δ_F 关于 φ 的曲线关系如图 10.8(b)所示。无飞轮的转动惯量 J_F 时，$\delta_{max}=0.247$；有飞轮的转动惯量 J_F 时，$\delta_{Fmax}=0.055$。显然，飞轮起到了减小速度波动的目的。

飞轮的结构如图 10.9 所示。飞轮由轮缘 A、轮辐 B 和轮毂 C 组成，图 10.9(a)的轮辐为板状，图 10.9(b)的轮辐为筋板。飞轮的转动惯量主要集中在轮缘上，设飞轮的重量为 G(N)，轮缘的外径为 D_1、内径为 D_2，中径 $D=(D_1+D_2)/2$、宽度为 b，长度的单位为 m，则飞轮的转动惯量 J_F(kgm^2)约为

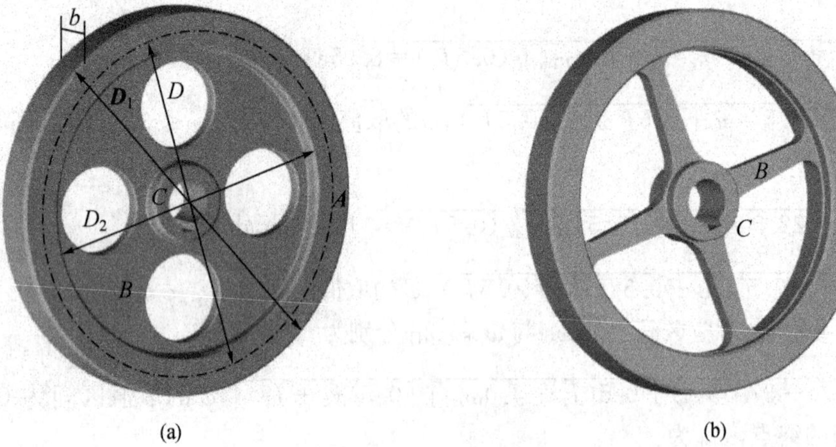

图 10.9　飞轮的结构

$$J_F \approx \frac{1}{2}\frac{G}{g}\left[\left(\frac{D_1}{2}\right)^2+\left(\frac{D_2}{2}\right)^2\right]=\frac{G}{8g}(D_1^2+D_2^2) \tag{10.53}$$

设飞轮材料的密度为 $\gamma(\mathrm{N/m^3})$，则飞轮的重量 G 约为

$$G=(\pi D)[(D_1-D_2)/2]b\gamma=\pi(D_1+D_2)(D_1-D_2)b\gamma/4 \tag{10.54}$$

当计算出飞轮的转动惯量 J_F 时，将式(10.54)代入式(10.53)，得飞轮的结构尺寸关系为

$$J_F \approx \pi b\gamma(D_1^2-D_2^2)(D_1^2+D_2^2)/(32g) \tag{10.55}$$

根据实际情况选择 D_1 与 D_2，由式(10.55) 计算出飞轮的宽度 b。

[**例 10-4**]　在图 10.10 中，左侧部分为曲柄导杆与正切机构串联的平面六杆机构，右侧部分为电机与齿轮传动系统。令 $q=AB/AC=r_1/d_1$，当曲柄 1 从 B_2 沿 ω_1 方向转动到 B_1 时，对应从动件 5 的工作行程，行程为 H，导杆 3 的半摆角 $\theta_B=\arctan[q/\sqrt{(1-q^2)}]$，移动从动件 5 关于 C 点的距离 $d_2=0.5H/\tan\theta_B$，当已知曲柄 1 的杆长 r_1 时，A、C 之间的距离 $d_1=r_1/\sin\theta_B$。该机构的行程速比系数 $K=(\pi+2\theta_B)/(\pi-2\theta_B)$，最小传动角 $\gamma_{min}=\pi/2-\theta_B$，$AB_1$ 的方位角 $\varphi_s=\pi/2+\theta_B$，AB_2 的方位角 $\varphi_x=3\pi/2-\theta_B$。

设曲柄 1 的长度 $r_1=0.100$ m；构件 2、4 的质量与转动惯量忽略不计；导杆 3 的质量 $m_3=360$ kg，质心在 C 点，关于 C 点的转动惯量 $J_C=1.04\ \mathrm{kgm^2}$；移动从动件 5 的质量 $m_5=150$ kg。机架 6 上 d_1 的长度 $d_1=0.200$ m，d_2 的长度 $d_2=0.160$ m，为此 $q=r_1/d_1=0.5$，$\theta_B=30°$，$H=2d_2\tan\theta_B=2\times0.160\tan30°=0.18475$ m。

φ_1 的初值 $\varphi_1(1)=0°$，ω_1 的初值 $\omega_1[\varphi_1(1)]=10$ rad/s。

在图 10.10 中，右侧部分为电机与齿轮传动系统，齿轮 a 的轴通过联轴器与三相异步电动机的输出轴连接，齿轮 a 与齿轮 b 啮合，齿轮 b' 与齿轮 c 啮合，齿轮 b 与齿轮 b' 为双联齿轮，齿轮 c 与曲柄 1 同轴同速转动。

电动机的额定功率 $P_e=4$ kW，额定转速 $n_e=960$ r/min，电动机转子的转动惯量 $J_D=0.01\ \mathrm{kgm^2}$，齿轮减速系统的总传动比 $i=n_e/n_1=\omega_e/\omega_1=10$，电动机与齿轮减速部分转化到曲柄 1 上 A 点的等效转动惯量 $J_A=2.56\ \mathrm{kgm^2}$。

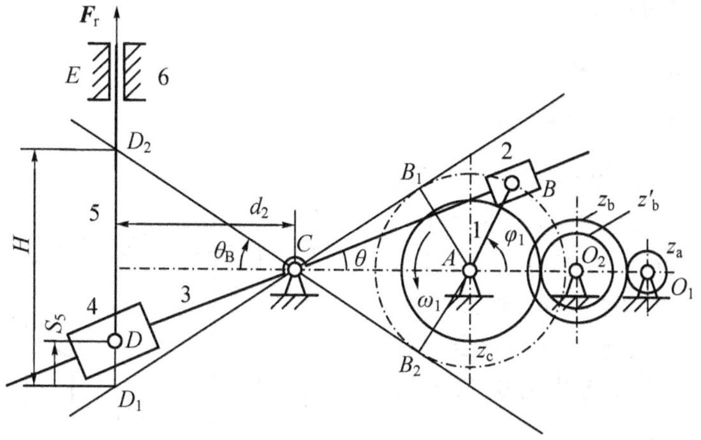

图 10.10　曲柄导杆与正切机构串联的平面六杆机构以及传动系统

当 $V_5 \leqslant 0$ 时，工作阻力 $F_r = 1\ 350$ N；当 $V_5 > 0$ 时，$F_r = 0$。

试建立该机构系统的动力学微分方程，给出求解 ω_1 的迭代格式。

［解］　首先分析机构的运动学参数，在图 10.10 中，杆 1、2、3 与 6 组成曲柄导杆机构，当曲柄 1 的角位移为 φ_1、角速度为 ω_1、角加速度为 α_1 时，导杆机构的位置方程、导杆 3 的角位移 θ、滑块 2 相对于 3 导杆 3 的位移 r_{23} 分别为

$$\left.\begin{aligned} d_1 + r_1\cos\varphi_1 &= r_{23}\cos\theta \\ r_1\sin\varphi_1 &= r_{23}\sin\theta \end{aligned}\right\} \tag{10.56}$$

$$\theta = \arctan[q\sin\varphi_1/(1+q\cos\varphi_1)] \tag{10.57}$$

$$r_{23} = \sqrt{d_1^2 + r_1^2 + 2d_1 r_1\cos\varphi_1} \tag{10.58}$$

对式(10.56)求关于时间 t 的 1 阶导数，得速度方程、导杆 3 的角速度 ω_3、滑块 2 相对于 3 导杆 3 的速度 V_{23} 分别为

$$\left.\begin{aligned} V_{23}\cos\theta - r_{23}\omega_3\sin\theta &= -r_1\omega_1\sin\varphi_1 \\ V_{23}\sin\theta + r_{23}\omega_3\cos\theta &= r_1\omega_1\cos\varphi_1 \end{aligned}\right\} \tag{10.59}$$

$$\omega_3 = r_1\omega_1\cos(\theta-\varphi_1)/r_{23} \tag{10.60}$$

$$V_{23} = r_1\omega_1\sin(\theta-\varphi_1) \tag{10.61}$$

对式(10.60)、式(10.61)求关于时间 t 的 1 阶导数，得导杆 3 的角加速度 α_3、滑块 2 相对于 3 导杆 3 的加速度 a_{23} 分别为

$$\alpha_3 = [r_1 r_{23}\alpha_1\cos(\theta-\varphi_1) - r_1 r_{23}\omega_1(\omega_3-\omega_1)\sin(\theta-\varphi_1) - V_{23}r_1\omega_1\cos(\theta-\varphi_1)]/r_{23}^2 \tag{10.62}$$

$$a_{23} = r_1\alpha_1\sin(\theta-\varphi_1) + r_1\omega_1(\omega_3-\omega_1)\cos(\theta-\varphi_1) \tag{10.63}$$

在图 10.10 中，杆 3、4、5 与 6 组成正弦机构，当导杆 3 的运动已知时，滑块 5 的位移 S_5、速度 V_5 与加速度 a_5 分别为

$$S_5 = 0.5H - d_2 \tan\theta \tag{10.64}$$

$$V_5 = -d_2\omega_3/\cos^2\theta \tag{10.65}$$

$$a_5 = -d_2(\alpha_3\cos\theta + 2\omega_3^2\sin\theta)/\cos^3\theta \tag{10.66}$$

其次分析机构的动力学参数，电动机的额定角速度 $\omega_e = 2n_e\pi/60 = 100.531\ \mathrm{rad/s}$，额定力矩 $M_{ed} = 9.55\times10^3 P_e/n_e = 9.55\times10^3\times4/960 = 39.792\ \mathrm{Nm}$，最大力矩 $M_{max} = \lambda_m\cdot M_{ed}$，$\lambda_m$ 为电动机的额定过载倍数，$\lambda_m = 2$。电动机的输出力矩 M 与转差率 s 的函数关系为

$$M = 2M_{max}/(s/s_m + s_m/s) \tag{10.67}$$

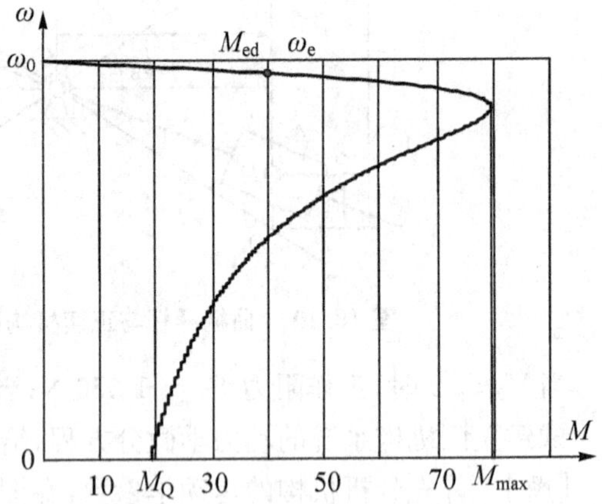

图 10.11 电动机的力矩与角速度

式(10.67)中，s 为电动机的转差率，$s = (n_0 - n)/n_0 = (\omega_0 - \omega)/\omega_0$，$n_0$、$\omega_0$ 为电动机的同步转速与同步角速度，$n_0 = 1\,000\ \mathrm{r/min}$，$\omega_0 = 2n_0\pi/60 = 104.720\ \mathrm{rad/s}$；$s_m$ 为对应于额定转差率 s_e 的函数，即 $s_m = s_e(\lambda_m + \sqrt{\lambda_m - 1})$，$s_e = (n_0 - n_e)/n_0 = (\omega_0 - \omega_e)/\omega_0 = (1\,000 - 960)/1\,000 = 0.04$，为此，$s_m = 0.12$。由式(10.67)得启动力矩 $M_Q = 2\times2\times39.792/(1/0.12 + 0.12) = 18.829\ \mathrm{Nm}$。电动机的输出力矩 M 与角速度 ω 的函数关系为

$$M = \frac{2M_{max}}{\dfrac{\omega_0 - \omega}{\omega_0 s_m} + \dfrac{\omega_0 s_m}{\omega_0 - \omega}} \tag{10.68}$$

式(10.68)所对应的曲线如图 10.11 所示。

现在把电动机的输出力矩 M 与角速度 ω 转化到曲柄 1 上，曲柄 1 上的力矩用 M_1 表示，角速度用 ω_1 表示，则曲柄 1 的角速度 $\omega_1 = \omega/i$，M_1 与 ω_1 的函数关系为

$$M_1 = \frac{2M_{max}i}{\dfrac{\omega_0/i - \omega_1}{\omega_0 s_m/i} + \dfrac{\omega_0 s_m/i}{\omega_0/i - \omega_1}}\ \mathrm{Nm} \tag{10.69}$$

ω_1 对应于电动机额定角速度 ω_e 时的角速度 $\omega_{1e} = \omega_e/i = 10.053\ \mathrm{rad/s}$，$\omega_1$ 在电动机处于同步角速度时的角速度 $\omega_{10} = \omega_0/i = 10.472\ \mathrm{rad/s}$，$\omega_1$ 的变化区间为 $0 \leqslant \omega_1 < \omega_{10}$。

该机构关于曲柄 1 的等效转动惯量 J_e 为

$$J_e = J_A + J_C\left(\frac{\omega_3}{\omega_1}\right)^2 + m_5\left(\frac{V_5}{\omega_1}\right)^2 \tag{10.70}$$

该机构关于曲柄 1 的等效力矩 M_{e1} 为

$$M_{e1} = M_1 + F_r\cdot V_5/\omega_1 \tag{10.71}$$

由于 M_1 是 ω_1 的函数，$F_r \cdot V_5/\omega_1$ 是 φ_1 的函数，所以，M_{e1}是曲柄 1 的角位置 φ_1 与角速度 ω_1 的函数，即 $M_{e1} = M_{e1}(\varphi_1, \omega_1)$。

然后，建立机构的动力学微分方程，机构的动力学微分方程为

$$\frac{\omega_1^2}{2}\frac{\mathrm{d}J_e}{\mathrm{d}\varphi_1} + J_e\omega_1\frac{\mathrm{d}\omega_1}{\mathrm{d}\varphi_1} = M_{e1} \tag{10.72}$$

最后，采用龙格-库塔(Runge-Kutta)方法对式(10.72)进行求解。下面给出二阶龙格-库塔方法的迭代格式。

令 $J'_e = \mathrm{d}J_e/\mathrm{d}\varphi_1$、$\omega_1' = \mathrm{d}\omega_1/\mathrm{d}\varphi_1$，$f(M_{e1}, J_e, J'_e, \omega_1) = \left(M_{e1} - \frac{\omega_1^2}{2}\frac{\mathrm{d}J_e}{\mathrm{d}\varphi_1}\right)/(J_e \cdot \omega_1)$，于是式(10.72)转化为

$$\omega_1' = f(M_{e1}, J_e, J'_e, \omega_1) \tag{10.73}$$

式(10.73)是关于 ω_1 的 1 阶微分方程，变量为 $M_{e1} = M_{e1}(\varphi_1, \omega_1)$、$J_e = J_e(\varphi_1)$、$J'_e = J'_e(\varphi_1)$，只要 $f(M_{e1}, J_e, J'_e, \omega_1)$适当光滑，给予了初值，就可以得到 ω_1 的数值解。

为了求解式(10.73)，将连续变量 φ_1 在第 i 个位置上的数值转化为离散变量 $\varphi_1(i)$在第 i 个位置上的数值，即 $\varphi_1 = \varphi_1(i)$；将连续函数 ω_1 转化为离散数值 $\omega_1[\varphi_1(i)]$；将连续函数 $M_{e1}(\varphi_1, \omega_1)$转化为离散数值 $M_{e1}\{[\varphi_1(i)], \omega_1[\varphi_1(i)]\}$；将连续函数 $J_e(\varphi_1)$、$J'_e(\varphi_1)$转化为离散数值 $J_e[\varphi_1(i)]$、$J'_e[\varphi_1(i)]$。于是，式(10.73)转化为 $\omega_1[\varphi_1(i)]$关于 $\varphi_1(i)$的导数形式，即

$$\begin{aligned}\omega_1'[\varphi_1(i)] &= f\{M_{e1}\{[\varphi_1(i)],\omega_1[\varphi_1(i)]\}, J_e[\varphi_1(i)], J'_e[\varphi_1(i)], \omega_1[\varphi_1(i)]\} \\ &= \frac{M_{e1}\{[\varphi_1(i)],\omega_1[\varphi_1(i)]\} - \frac{\omega_1^2[\varphi_1(i)]}{2}\frac{\mathrm{d}J_e[\varphi_1(i)]}{\mathrm{d}\varphi_1}}{J_e[\varphi_1(i)] \times \omega_1[\varphi_1(i)]}\end{aligned} \tag{10.74}$$

由于 $M_{e1}\{[\varphi_1(i)], \omega_1[\varphi_1(i)]\}$为双变量的函数，当应用二阶龙格-库塔公式对式(10.74)进行求解时，两个变量的增量都给予考虑。令 K_1、K_2 分别为

$$\begin{aligned}K_1 &= f\{M_{e1}\{[\varphi_1(i)],\omega_1[\varphi_1(i)]\}, J_e[\varphi_1(i)], J'_e[\varphi_1(i)], \omega_1[\varphi_1(i)]\} \\ &= \frac{M_{e1}\{\varphi_1(i),\omega_1[\varphi_1(i)]\} - \frac{\omega_1^2[\varphi_1(i)]}{2}\frac{\mathrm{d}J_e[\varphi_1(i)]}{\mathrm{d}\varphi_1}}{J_e[\varphi_1(i)] \times \omega_1[\varphi_1(i)]}\end{aligned} \tag{10.75}$$

$$\begin{aligned}K_2 = f\Big\{&M_{e1}\{\varphi_1(i) + \frac{\Delta\varphi_1}{2}, \omega_1[\varphi_1(i)] + \frac{\Delta\varphi_1}{2}K_1\}, J_e\Big[\varphi_1(i) + \frac{\Delta\varphi_1}{2}\Big], \\ &J'_e[\varphi_1(i) + \frac{\Delta\varphi_1}{2}], \omega_1[\varphi_1(i)] + \frac{\Delta\varphi_1}{2}K_1\Big\}\end{aligned}$$

$$= \frac{M_{e1}\left\{\varphi_1(i) + \frac{\Delta\varphi_1}{2}, \omega_1[\varphi_1(i)] + \frac{\Delta\varphi_1}{2}K_1\right\} - \frac{1}{2}\left\{\omega_1[\varphi_1(i)] + \frac{\Delta\varphi_1}{2}K_1\right\}^2 \frac{\mathrm{d}J_e[\varphi_1(i) + \frac{\Delta\varphi_1}{2}]}{\mathrm{d}\varphi_1}}{J_e[\varphi_1(i) + \frac{\Delta\varphi_1}{2}] \times \left\{\omega_1[\varphi_1(i)] + \frac{\Delta\varphi_1}{2}K_1\right\}} \tag{10.76}$$

于是，得到 $\omega_1[\varphi_1(i)]$的迭代格式为

$$\omega_1[\varphi_1(i+1)] = \omega_1[\varphi_1(i)] + K_2 \times (\Delta\varphi_1) \quad i = 1,\ 2,\ 3,\ \cdots,\ n \tag{10.77}$$

式(10.75)～式(10.77)为等效转动构件或曲柄 1 运动的差分方程。

式(10.75)～式(10.77)中，$\Delta\varphi_1$ 为曲柄 1 角位移 φ_1 的增量，M_{e1} 与 J_e 的最小公周期为 2π，于是，$\Delta\varphi_1 = 2\pi/n$，n 为在一个周期内的计算点数，取 $n = 360$。

式(10.75)中，$M_{e1}\{[\varphi_1(i)],\ \omega_1[\varphi_1(i)]\}$为 M_{e1}对应于 $\varphi_1(i)$位置、ω_1 在 $\varphi_1(i)$位置上的角速度 $\omega_1[\varphi_1(i)]$的数值，即

$$M_{e1}\{[\varphi_1(i)],\omega_1[\varphi_1(i)] = M_1\{\omega_1[\varphi_1(i)]\} + F_r \cdot V_5[\varphi_1(i)]/\omega_1[\varphi_1(i)] \tag{10.78}$$

式(10.78)中，$M_1\{\omega_1[\varphi_1(i)]\}$为 M_1 对应于 $\omega_1[\varphi_1(i)]$角速度下的数值，即

$$M_1\{\omega_1[\varphi_1(i)]\} = \frac{2M_{\max} i}{\dfrac{\omega_0/i - \omega_1[\varphi_1(i)]}{\omega_0 s_m/i} + \dfrac{\omega_0 s_m/i}{\omega_0/i - \omega_1[\varphi_1(i)]}} \quad \text{Nm} \tag{10.79}$$

式(10.78)中，$V_5[\varphi_1(i)]/\omega_1[\varphi_1(i)]$为 V_5/ω_1 在 $\varphi_1(i)$位置上的数值，由式(10.57)～式(10.65)计算。

式(10.75)中，$J_e[\varphi_1(i)]$为 J_e 对应于 $\varphi_1(i)$位置上的数值，即

$$J_e[\varphi_1(i)] = J_A + J_C\left\{\frac{\omega_3[\varphi_1(i)]}{\omega_1[\varphi_1(i)]}\right\}^2 + m_5\left\{\frac{V_5[\varphi_1(i)]}{\omega_1[\varphi_1(i)]}\right\}^2 \tag{10.80}$$

$\omega_3[\varphi_1(i)]/\omega_1[\varphi_1(i)]$为 ω_3/ω_1 在 $\varphi_1(i)$位置上的数值，由式(10.57)～式(10.60)计算。

式(10.75)中，$J'_e[\varphi_1(i)]$为 J'_e 对应于 $\varphi_1(i)$位置上的数值；对式(10.70)求关于连续变量 φ_1 的导数得连续函数 J'_e、求关于离散变量 $\varphi_1(i)$的导数得离散函数 $J'_e[\varphi_1(i)]$分别为

$$J'_e = \frac{dJ_e}{d\varphi_1} = \frac{2J_C\omega_3}{\omega_1^3}\left(\alpha_3 - \alpha_1\frac{\omega_3}{\omega_1}\right) + \frac{2m_5V_5}{\omega_1^3}\left(a_5 - \alpha_1\frac{V_5}{\omega_1}\right) \tag{10.81}$$

$$\begin{aligned} J'_e[\varphi_1(i)] = \frac{dJ_e[\varphi_1(i)]}{d\varphi_1} &= \frac{2J_C\omega_3[\varphi_1(i)]}{\omega_1^3[\varphi_1(i)]}\left\{\alpha_3[\varphi_1(i)] - \alpha_1[\varphi_1(i)]\frac{\omega_3[\varphi_1(i)]}{\omega_1[\varphi_1(i)]}\right\} + \\ &\quad \frac{2m_5V_5[\varphi_1(i)]}{\omega_1^3[\varphi_1(i)]}\left\{a_5[\varphi_1(i)] - \alpha_1[\varphi_1(i)]\frac{V_5[\varphi_1(i)]}{\omega_1[\varphi_1(i)]}\right\} \end{aligned} \tag{10.82}$$

在以上公式中，$\omega_3[\varphi_1(i)]$、$\alpha_3[\varphi_1(i)]$、$\alpha_1[\varphi_1(i)]$、$V_5[\varphi_1(i)]$、$a_5[\varphi_1(i)]$为 ω_3、α_3、α_1、V_5、a_5 对应于 $\varphi_1(i)$位置上的数值，由对应的公式求解。

式(10.76)中，$J_e\left[\varphi_1(i)+\dfrac{\Delta\varphi_1}{2}\right]$为 J_e 对应于 $\varphi_1(i)+\dfrac{\Delta\varphi_1}{2}$位置上的数值，令 $J_{e\Delta} = J_e\left[\varphi_1(i)+\dfrac{\Delta\varphi_1}{2}\right]$；即

$$J_{e\Delta} = J_A + J_C\left\{\frac{\omega_3\left[\varphi_1(i)+\dfrac{\Delta\varphi_1}{2}\right]}{\omega_1[\varphi_1(i)] + \dfrac{\Delta\varphi_1}{2}K_1}\right\}^2 + m_5\left\{\frac{V_5\left[\varphi_1(i)+\dfrac{\Delta\varphi_1}{2}\right]}{\omega_1[\varphi_1(i)] + \dfrac{\Delta\varphi_1}{2}K_1}\right\}^2 \tag{10.83}$$

式(10.83)中，$\omega_3\left[\varphi_1(i)+\dfrac{\Delta\varphi_1}{2}\right]$为 ω_3 在 $\varphi_1(i)+\dfrac{\Delta\varphi_1}{2}$位置上的数值。令 $\varphi_{1\Delta} = \varphi_1(i) + \dfrac{\Delta\varphi_1}{2}$、

$\theta_\Delta = \theta + \dfrac{\Delta\theta}{2}$、$r_{23\Delta} = r_{23} + \dfrac{\Delta r_{23}}{2}$、$\omega_{3\Delta} = \omega_3[\varphi_1(i) + \dfrac{\Delta\varphi_1}{2}]$，于是，由式(10.57)、式(10.58)、式(10.60)得 $\omega_3\left[\varphi_1(i) + \dfrac{\Delta\varphi_1}{2}\right]$ 的求解方程为

$$\theta_\Delta = \arctan[q\sin\varphi_{1\Delta}/(1 + q\cos\varphi_{1\Delta})] \tag{10.84}$$

$$r_{23\Delta} = \sqrt{d_1^2 + r_1^2 + 2d_1 r_1 \cos\varphi_{1\Delta}} \tag{10.85}$$

$$\omega_{3\Delta} = \omega_3\left[\varphi_1(i) + \frac{\Delta\varphi_1}{2}\right] = r_1\left\{\omega_1[\varphi_1(i)] + \frac{\Delta\varphi_1}{2}K_1\right\}\cos(\theta_\Delta - \varphi_{1\Delta})/r_{23\Delta} \tag{10.86}$$

$V_5[\varphi_1(i) + \dfrac{\Delta\varphi_1}{2}]$ 为 V_5 在 $\varphi_1(i) + \dfrac{\Delta\varphi_1}{2}$ 位置上的数值，令 $V_{5\Delta} = V_5[\varphi_1(i) + \dfrac{\Delta\varphi_1}{2}]$，于是，由式(10.65)得 $V_5[\varphi_1(i) + \dfrac{\Delta\varphi_1}{2}]$的求解方程为

$$V_{5\Delta} = V_5[\varphi_1(i) + \frac{\Delta\varphi_1}{2}] = -d_2\omega_{3\Delta}/\cos^2(\theta_\Delta) \tag{10.87}$$

式(10.76)中，$\mathrm{d}\left\{J_e\left[\varphi_1(i) + \dfrac{\Delta\varphi_1}{2}\right]\right\}/\mathrm{d}\varphi_1$ 为 J'_e 对应于 $\varphi_1(i) + \dfrac{\Delta\varphi_1}{2}$ 位置上的数值，令 $J'_e[\varphi_1(i) + \dfrac{\Delta\varphi_1}{2}] = \mathrm{d}\left\{J_e\left[\varphi_1(i) + \dfrac{\Delta\varphi_1}{2}\right]\right\}/\mathrm{d}\varphi_1$，由式(10.82)得 $J'_e\left[\varphi_1(i) + \dfrac{\Delta\varphi_1}{2}\right]$ 为

$$\begin{aligned}
J'_e\left[\varphi_1(i)+\frac{\Delta\varphi_1}{2}\right] &= \frac{\mathrm{d}J_e\left[\varphi_1(i)+\frac{\Delta\varphi_1}{2}\right]}{\mathrm{d}\varphi_1} \\
&= \frac{2J_C\omega_3\left[\varphi_1(i)+\frac{\Delta\varphi_1}{2}\right]}{\left\{\omega_1[\varphi_1(i)]+\frac{\Delta\varphi_1}{2}K_1\right\}^3}\left\{\alpha_3\left[\varphi_1(i)+\frac{\Delta\varphi_1}{2}\right]-\alpha_1\left[\varphi_1(i)+\frac{\Delta\varphi_1}{2}\right]\right. \\
&\quad \left.\frac{\omega_3\left[\varphi_1(i)+\frac{\Delta\varphi_1}{2}\right]}{\omega_1[\varphi_1(i)]+\frac{\Delta\varphi_1}{2}K_1}\right\}+\frac{2m_5V_5\left[\varphi_1(i)+\frac{\Delta\varphi_1}{2}\right]}{\left\{\omega_1[\varphi_1(i)]+\frac{\Delta\varphi_1}{2}K_1\right\}^3}\left\{a_5\left[\varphi_1(i)+\frac{\Delta\varphi_1}{2}\right]-\right. \\
&\quad \left.\alpha_1\left[\varphi_1(i)+\frac{\Delta\varphi_1}{2}\right]\frac{V_5\left[\varphi_1(i)+\frac{\Delta\varphi_1}{2}\right]}{\omega_1[\varphi_1(i)]+\frac{\Delta\varphi_1}{2}K_1}\right\}
\end{aligned} \tag{10.88}$$

式(10.88)中，$\alpha_1\left[\varphi_1(i) + \dfrac{\Delta\varphi_1}{2}\right]$、$\alpha_3\left[\varphi_1(i) + \dfrac{\Delta\varphi_1}{2}\right]$、$a_5\left[\varphi_1(i) + \dfrac{\Delta\varphi_1}{2}\right]$ 为 α_1、α_3、a_5 对应于 $\varphi_1(i) + \dfrac{\Delta\varphi_1}{2}$ 位置上的数值，令 $\alpha_{1\Delta} = \alpha_1\left[\varphi_1(i) + \dfrac{\Delta\varphi_1}{2}\right]$，$\alpha_{1\Delta}$的近似计算式为

$$\alpha_{1\Delta} = \alpha_1\left[\varphi_1(i) + \frac{\Delta\varphi_1}{2}\right] = \frac{\left\{w_1[\varphi_1(i)] + \frac{\Delta\varphi_1}{2}K_1\right\} - w_1[\varphi_1(i)]}{\frac{\Delta\varphi_1}{2}}\frac{\frac{\Delta\varphi_1}{2}}{\frac{\Delta t}{2}} = K_1\omega_1[\varphi_1(i)] \tag{10.89}$$

令 $\alpha_{3\Delta}=\alpha_3\left[\varphi_1(i)+\dfrac{\Delta\varphi_1}{2}\right]$，由式(10.62)得 $\alpha_{3\Delta}$ 为

$$\alpha_{3\Delta}=\alpha_3\left[\varphi_1(i)+\frac{\Delta\varphi_1}{2}\right]=\{r_1\cdot r_{23\Delta}\cdot\alpha_{1\Delta}\cos(\theta_\Delta-\varphi_{1\Delta})-$$

$$r_1\cdot r_{23\Delta}\left\{\omega_1[\varphi_1(i)]+\frac{\Delta\varphi_1}{2}K_1\right\}\left\{\omega_{3\Delta}-\left\{\omega_1[\varphi_1(i)]+\frac{\Delta\varphi_1}{2}K_1\right\}\right\}\sin(\theta_\Delta-\varphi_{1\Delta})-$$

$$V_{23\Delta}\cdot r_1\left\{\omega_1[\varphi_1(i)]+\frac{\Delta\varphi_1}{2}K_1\right\}\cos(\theta_\Delta-\varphi_{1\Delta})\}/r_{23\Delta}^2 \qquad (10.90)$$

式(10.90)中，$V_{23\Delta}$ 为 V_{23} 对应于 $\varphi_1(i)+\dfrac{\Delta\varphi_1}{2}$ 位置上的数值，由式(10.61)得 $V_{23\Delta}$ 为

$$V_{23\Delta}=V_{23}\left[\varphi_1(i)+\frac{\Delta\varphi_1}{2}\right]=r_1\left\{\omega_1[\varphi_1(i)]+\frac{\Delta\varphi_1}{2}K_1\right\}\sin[\theta_\Delta-\varphi_{1\Delta}] \qquad (10.91)$$

式(10.88)中，令 $a_{5\Delta}=a_5\left[\varphi_1(i)+\dfrac{\Delta\varphi_1}{2}\right]$，由式(10.66)得 $a_{5\Delta}$ 为

$$a_{5\Delta}=a_5\left[\varphi_1(i)+\frac{\Delta\varphi_1}{2}\right]=-d_2(\alpha_{3\Delta}\cos\theta_\Delta+2\omega_{3\Delta}^2\sin\theta_\Delta)/\cos^3\theta_\Delta \qquad (10.92)$$

$\varphi_1(i)$的计算格式为 $\varphi_1(i)=0+(\Delta\varphi_1)(i-1)=0+\dfrac{2\pi}{n}(i-1)$，$i=1，2，3，\cdots，n$。

式(10.82)中，α_1 的初值 $\alpha_1(1)=\alpha_1[\varphi_1(1)]$ 可以取为

$$\alpha_1[\varphi_1(1)]=M_{e1}\{[\varphi_1(1)],\ \omega_1[\varphi_1(1)]\}/J_e[\varphi_1(1)] \qquad (10.93)$$

在其后的计算中，$\alpha_1(i)$可以近似取为

$$\alpha_1(i)=\omega_1[\varphi_1(i-1)]\{\omega_1[\varphi_1(i)]-\omega_1[\varphi_1(i-1)]\}/(\Delta\varphi_1)\quad i=2,3,4,\cdots,n \qquad (10.94)$$

式(10.76)中，$M_{e1}\left\{\varphi_1(i)+\dfrac{\Delta\varphi_1}{2},\ \omega_1[\varphi_1(i)]+\dfrac{\Delta\varphi_1}{2}K_1\right\}$为 M_{e1} 对应于 $\varphi_1(i)+\dfrac{\Delta\varphi_1}{2}$ 位置、ω_1 在 $\varphi_1(i)+\dfrac{\Delta\varphi_1}{2}$ 位置上的角速度 $\omega_1[\varphi_1(i)]+\dfrac{\Delta\varphi_1}{2}K_1$ 的数值，即

$$M_{e1}\left\{\varphi_1(i)+\frac{\Delta\varphi_1}{2},\ \omega[\varphi_1(i)]+\frac{\Delta\varphi_1}{2}k_1\right\}$$

$$=M_1\left\{\omega_1[\varphi_1(i)]+\frac{\Delta\varphi_1}{2}K_1\right\}+F_r\cdot V_{5\Delta}/\left\{\omega_1[\varphi_1(i)]+\frac{\Delta\varphi_1}{2}K_1\right\} \qquad (10.95)$$

式(10.95)中，$M_1\left\{\omega_1[\varphi_1(i)]+\dfrac{\Delta\varphi_1}{2}K_1\right\}$为 M_1 对应于 $\omega_1[\varphi_1(i)]+\dfrac{\Delta\varphi_1}{2}K_1$ 角速度的数值，即

$$M_1\left\{\omega_1[\varphi_1(i)]+\frac{\Delta\varphi_1}{2}K_1\right\}=$$

$$\frac{2M_{\max}i}{\dfrac{\omega_0/i-\left\{\omega_1[\varphi_1(i)]+\dfrac{\Delta\varphi_1}{2}K_1\right\}}{\omega_0 s_m/i}+\dfrac{\omega_0 s_m/i}{\omega_0/i-\left\{\omega_1[\varphi_1(i)]+\dfrac{\Delta\varphi_1}{2}K_1\right\}}}\ \text{Nm} \qquad (10.96)$$

若在机器中增加一个飞轮，其转动惯量用 J_F 表示，此时，机器的角速度变化范围可以被控制在要求的指标之内。若飞轮的角位移也为 φ_1，令式(10.75)～式(10.77)中的 $K_1 = K_{1F}$、$K_2 = K_{2F}$，$\omega_1 = \omega_{1F}$，则式(10.75)～式(10.77)转化为

$$K_{1F} = f\{M_{e1}\{[\varphi_1(i)],\ \omega_1[\varphi_1(i)]\},\ J_e[\varphi_1(i)] + J_F,\ J'_e[\varphi_1(i)],\ \omega_1[\varphi_1(i)]\}$$
$$= \frac{M_{e1}\{\varphi_1(i), \omega_1[\varphi_1(i)]\} - \dfrac{\omega_1^2[\varphi_1(i)]}{2}\dfrac{dJ_e[\varphi_1(i)]}{d\varphi_1}}{\{J_e[\varphi_1(i)] + J_F\} \times \omega_1[\varphi_1(i)]} \tag{10.97}$$

$$K_{2F} = f\left\{M_{e1}\varphi_1(i) + \frac{\Delta\varphi_1}{2},\ \omega_1[\varphi_1(i)] + \frac{\Delta\varphi_1}{2}K_{1F}\right\},\ J_e\left[\varphi_1(i) + \frac{\Delta\varphi_1}{2}\right] + J_F,$$
$$J'_e\left[\varphi_1(i) + \frac{\Delta\varphi_1}{2}\right], \omega_1[\varphi_1(i)] + \frac{\Delta\varphi_1}{2}K_{1F}\bigg\} =$$

$$\frac{M_{e1}\left\{\varphi_1(i) + \dfrac{\Delta\varphi_1}{2},\ \omega_1[\varphi_1(i)] + \dfrac{\Delta\varphi_1}{2}K_{1F}\right\} - \dfrac{1}{2}\left\{\omega_1[\varphi_1(i)] + \dfrac{\Delta\varphi_1}{2}K_{1F}\right\}^2 \dfrac{dJ_e\left[\varphi_1(i) + \dfrac{\Delta\varphi_1}{2}\right]}{d\varphi_1}}{\left\{J_e\left[\varphi_1(i) + \dfrac{\Delta\varphi_1}{2}\right] + J_F\right\} \times \left\{\omega_1[\varphi_1(i)] + \dfrac{\Delta\varphi_1}{2}K_{1F}\right\}} \tag{10.98}$$

于是，得到 ω_{1F} 的迭代格式为

$$\omega_{1F}[\varphi_1(i+1)] = \omega_{1F}[\varphi_1(i)] + K_{2F} \times (\Delta\varphi_1) \quad i = 1,\ 2,\ 3,\ \cdots,\ n \tag{10.99}$$

式(10.97)～式(10.99)中，所有变量的计算公式与式(10.75)～式(10.77)中的相同，通过选择不同的 J_F，可以使 ω_{1F} 的变化范围控制在设计要求之内。

若对式(10.74)直接求解，不加飞轮转动惯量 J_F 时，令 $\omega_{1dir} = \omega_1$，得 ω_{1dir} 的迭代格式为

$$\omega_{1dir}[\varphi_1(i+1)] =$$
$$\frac{M_{e1}\{\varphi_1(i), \omega_1[\varphi_1(i)]\}(\Delta\varphi_1) - 0.5\omega_1^2[\varphi_1(i)] \times \{J_e[\varphi_1(i+1)] - J_e[\varphi_1(i)]\} + J_e[\varphi_1(i)] \times \omega_1^2[\varphi_1(i)]}{J_e[\varphi_1(i)] \times \omega_1[\varphi_1(i)]} \tag{10.100}$$

增加飞轮转动惯量 J_F 时，令 $\omega_{1Fdir} = \omega_1$，得 ω_{1Fdir} 的迭代格式为

$$\omega_{1Fdir}[\varphi_1(i+1)] =$$
$$\frac{M_{e1}\{\varphi_1(i), \omega_1[\varphi_1(i)]\}(\Delta\varphi_1) - 0.5\omega_1^2[\varphi_1(i)] \times \{J_e[\varphi_1(i+1)] - J_e[\varphi_1(i)]\} + \{J_e[\varphi_1(i)] + J_F\} \times \omega_1^2[\varphi_1(i)]}{\{J_e[\varphi_1(i)] + J_F\} \times \omega_1[\varphi_1(i)]} \tag{10.101}$$

式(10.100)～式(10.101)中，所有变量的计算公式同前。

采用龙格-库塔法所求得的 ω_{1L} 与直接法求解的 ω_{1dir} 关于 φ_1(i)的曲线如图 10.12(a)所示；当加入飞轮转动惯量 $J_F = 10\ kgm^2$ 时，采用龙格一库塔法所求得的 ω_{1FL} 与直接法求解的 ω_{1Fdir} 关于 φ_1(i)的曲线如图 10.12(b)所示。

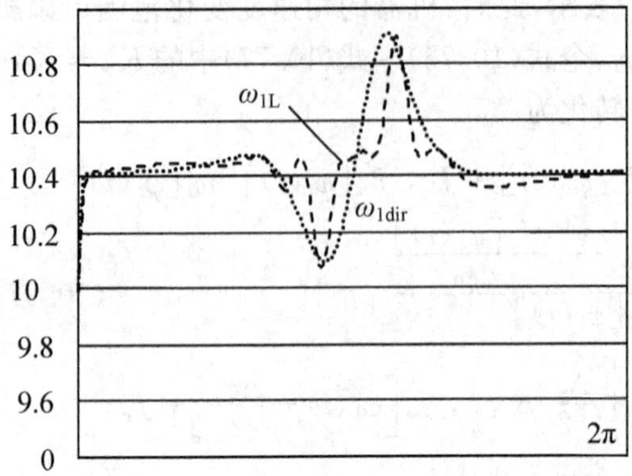

(a) ω_{1L} 与 ω_{1dir} 关于 φ_1 的曲线

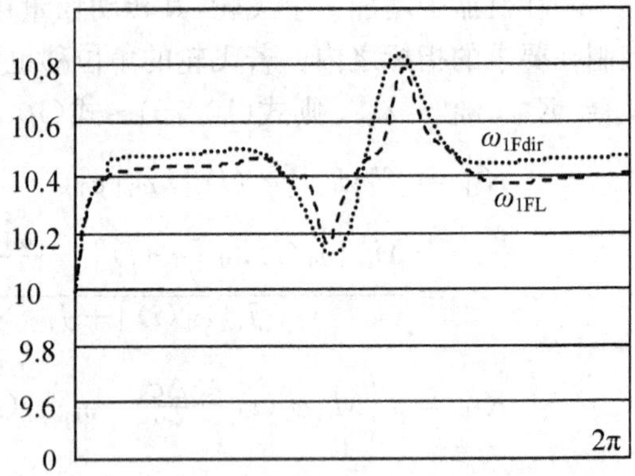

(b) ω_{1FL} 与 ω_{1Fdir} 关于 φ_1 的曲线

图 10.12 主动轴上的角速度曲线

习 题

10-1 题 10-1 图(a)为一偏置曲柄滑块机构。偏心距 $e=-0.15$ m；曲柄 1 是圆盘上的一条线，杆长 $a=0.35$ m，圆盘的质心在 A 点，质量 $m_1=80$ kg，转动惯量 $J_1=0.07\ \text{kgm}^2$，角速度 ω_1 的平均值 $\omega_{1m}=16$ rad/s，连杆 2 的杆长 $b=1.05$ m，关于质心 C_2 的转动惯量 $J_{C2}=0.25\ \text{kgm}^2$，$DC_2=b_{C2}=0.65$ m，质量 $m_2=100$ kg，滑块 3 的质量 $m_3=120$ kg。当滑块 3 的速度 $V_3\leqslant 0$ 时，滑块 3 上的工作阻力 $\boldsymbol{F}_r=8\,000$ N；当 $V_3>0$ 时，$\boldsymbol{F}_r=0$，如图(b)所示。若以曲柄 1 的角位移 φ_1 作为等效构件的角位移，安装在曲柄 1 轴上的飞轮转动惯量 $J_F=100\ \text{kgm}^2$，忽略构件的等效转动惯量。试求：

(1) 机构关于 A 点的等效转动惯量 J_{e1}；

(2) 作用在等效构件上的等效阻力矩 $\boldsymbol{M}_{er1}$；

(3) 若驱动力矩为常数，求驱动力矩 $\boldsymbol{M}_{d1}$ 的大小；

(4) 求最大盈亏功 ΔW_{max}；

(5) 求曲柄 1 的速度波动不均匀系数 δ。

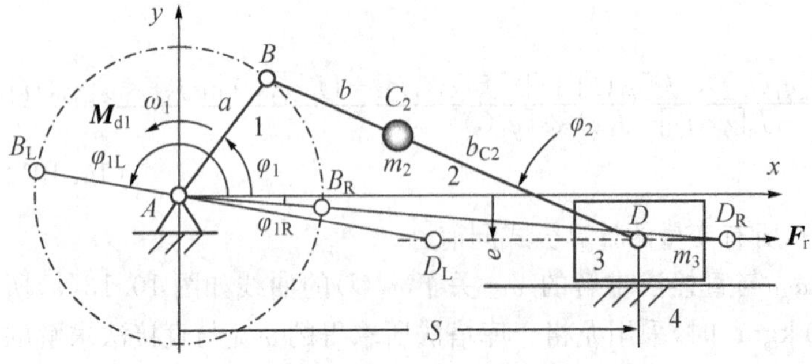

(a)

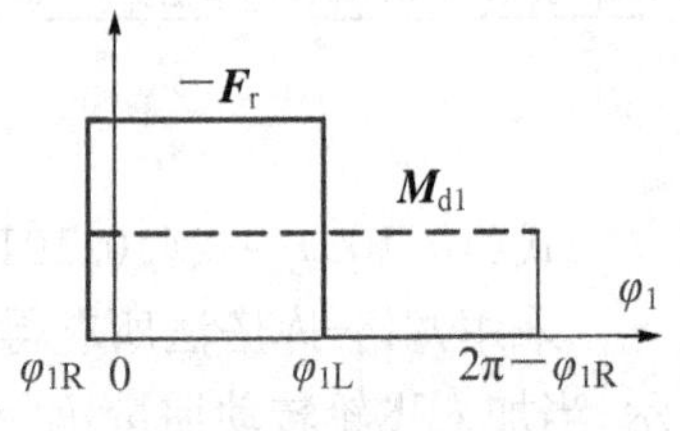

(b)

题 10-1 图

10-2　题10-2图为转化到多缸发动机曲轴上的等效驱动力矩 M_{ed} 和等效阻力矩 $\boldsymbol{M}_{er}$ 在一个运动循环内的变化曲线，等效阻力矩为常数，其等效驱动力矩曲线与阻抗力矩线所围成的各块面积依次为 $A_1=+680$、$A_2=-420$、$A_3=+490$、$A_4=-620$、$A_5=+290$、$A_6=-490$、$A_7=+360$ 及 $A_8=-290\ mm^2$，该图的比例尺为 $\mu_M=120$ Nm/mm，$\mu_\varphi=0.01$ rad/mm。设曲轴的平均转速为 $n_1=600$ r/min，其他构件的转动惯量忽略不计。若要求速度不均匀系数为 $\delta=0.015$，求在曲轴上应安装飞轮的转动惯量 J_F 的大小。

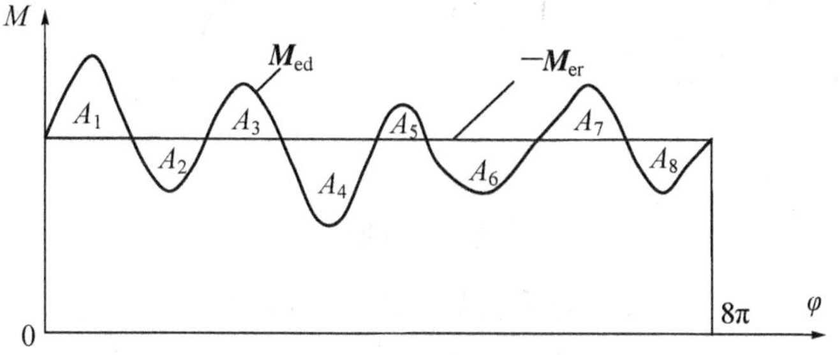

题 10-2 图

10-3　作用在某一机器从动件上的等效阻力矩 $\boldsymbol{M}_{er}$ 如题10-3图所示，等效驱动力矩 $\boldsymbol{M}_{ed}$ 近似为一常数，从动件的平均转速 $n=240$ r/min，从动件的不均匀系数 $\delta=0.026$，关于该从动件的等效转动惯量的平均值 $J_{eP}=2\ kgm^2$，求安装在该从动件上的飞轮转动惯。

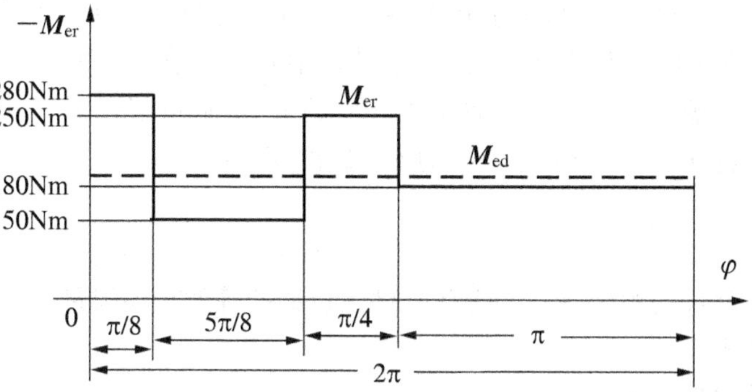

题 10-3 图

10-4　题10-4图(a)为一齿轮机构与余弦机构组合的平面六杆机构，已知齿轮1的齿数 $Z_1=24$，转动惯量 $J_1=0.08\ kgm^2$，角速度 ω_1 的平均值 $\omega_{1m}=25.133$ rad/s；齿轮2的齿数 $Z_2=52$，转动惯量 $J_2=0.15\ kgm^2$；齿轮2上的 C 点到转动中心 B 点的距离 $b_2=0.200$ m。滑块3及其销轴的质量 $m_3=40$ kg，滑块4的质量 $m_4=120$ kg。当滑块4的速度 $V_4\leqslant 0$ 时，工作阻力 $\boldsymbol{F}_r=3\,000$ N；当滑块4的速度 $V_4>0$ 时，$\boldsymbol{F}_r=0$。设驱动力矩 $\boldsymbol{M}_{d1}$ 为常数。

试求：

(1) 机构以齿轮1的角位移 φ_1 为等效构件角位移的等效转动惯量 J_{e1}；

(2) 求驱动力矩 $\boldsymbol{M}_{d1}$；

(3) 求等效力矩 $\boldsymbol{M}_{e1}$，其图形如图(b)所示；

(4) 求最大盈亏功 $\triangle W_{max}$；

(5) 无飞轮时，求齿轮 1 的速度波动不均匀系数 δ。

(6) 有飞轮时，设 $J_F = 10\ \text{kgm}^2$，求齿轮 1 的速度波动不均匀系数 δ_F。

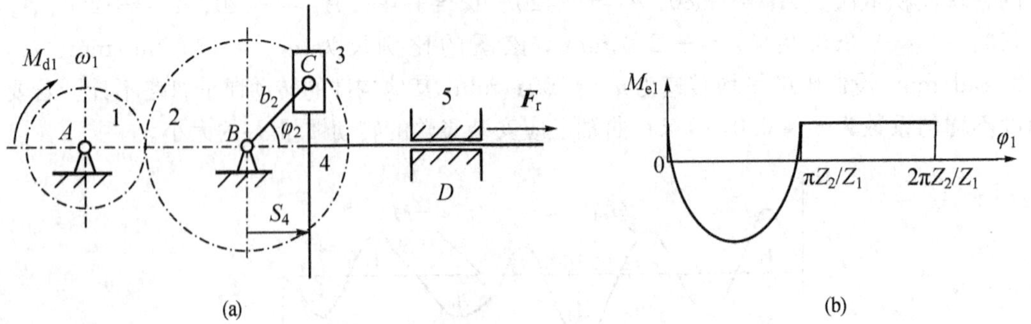

题 10-4 图

10-5 题 10-5 图为一行星轮系，已知 $Z_1 = 30$，$J_1 = 0.04\ \text{kgm}^2$；$Z_2 = 24$，$m_2 = 80\ \text{kg}$，$J_2 = 0.03\ \text{kgm}^2$；$Z_3 = 78$，$J_H = 0.05\ \text{kgm}^2$，齿轮的模数 $m = 8\ \text{mm}$；作用在从动件 H 上的阻力矩 $\boldsymbol{M}_r = 100\ \text{Nm}$。当取中心轮 1 的角位移作为等效构件的角位移时，求等效转动惯量 J_{e1} 和等效阻力矩 $\boldsymbol{M}_{er1}$。

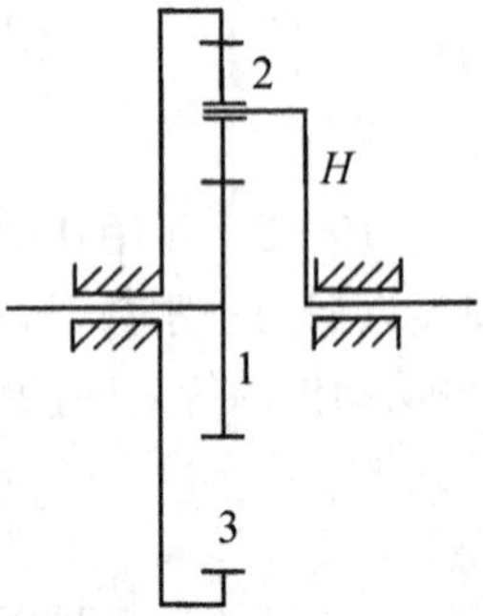

题 10-5 图

10-6 题 10-6 图为四槽槽轮机构，设中心距 $L=360$ mm，主动杆 1 的长度 $R=L\cos45°$，驱动力矩 $M_d = 5$ Nm，阻力矩 $M_r = 20$ Nm，主动杆及其锁止弧（相当于飞轮）关于转动中心 O_1 的转动惯量 $J_1 = 1.2\ \text{kgm}^2$，槽轮 3 关于转动中心 O_3 的转动惯量 $J_3 = 0.25\ \text{kgm}^2$，在槽轮开始运动时，主动杆 1 的角速度 $\omega_{10} = 150.8\ \text{rad/s}$。

试求：

(1) 机构以主动杆的角位移 φ 为等效构件角位移的等效转动惯量 J_{e1}；

(2) 求等效力矩 M_{e1}；

(3) 求最大盈亏功 $\triangle W_{max}$；

(4) 求主动杆 1 的速度波动不均匀系数 δ。

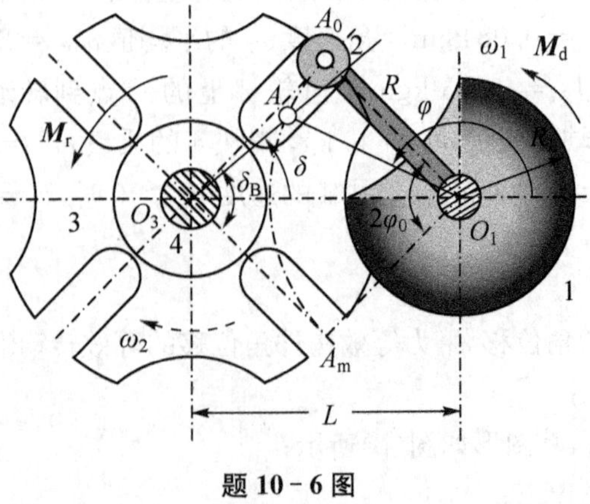

题 10-6 图

11 机械的平衡

11.1 概述

机械的平衡,一是要解决机械中各个构件的惯性力之和为零的问题,称为机构的平衡;二是要消除定轴转动副中惯性力的问题,称为回转构件的平衡,也称为转子的平衡。在一般情况下,机械的惯性力之和不为零,机械工作于非平衡状态;运动副不仅承受工作阻力所产生的支反力、还承受构件的惯性力与惯性力矩产生的支反力、以及重力产生的支反力。机械的平衡,就是研究机械中各构件的惯性力之和为零、或达到最小以及消除回转构件中惯性力的原理与方法。

在平面机构组成的机械中,存在四类构件,相对静止的机架,作定轴转动的构件,作往复移动的构件和作平面运动的构件。对于作定轴转动的构件,若其中心惯性主轴与转动轴线不重合,则其上各质点产生的惯性力与惯性力矩之和不为零或不同时为零,这些力会在转动副中产生附加的动压力。对于作往复移动的构件,其惯性力必然由运动副来平衡。对于作平面运动的构件,一般情况下,既产生惯性力,又产生惯性力矩,这些力也会在运动副中产生附加的动压力。为此,消除或减少机械中的惯性力,以提高机械的承载能力、降低机械产生的振动与噪音是机械设计中的一项十分重要的工作。

11.2 平面连杆机构的平衡

研究平面连杆机构惯性力平衡的方法较多,此处仅介绍线性独立向量法,此方法的基本出发点是使机构的总质心保持静止。具体做法是列出机构总质心的位置向量表达式,设法使与时间相关的向量之前的系数为零,则机构总质心的位置将不随时间而变化,从而机构的惯性力达到了平衡。下面以铰链四杆机构、曲柄滑块机构为例,介绍平面连杆机构惯性力完全平衡的线性独立向量法。

11.2.1 铰链四杆机构惯性力的平衡

在图 11.1 所示的铰链四杆机构中,设三个活动构件的质量分别为 m_1、m_2 和 m_3,质心位置分别为 S_1、S_2 和 S_3,它们的总质量为

$$M = m_1 + m_2 + m_3$$

其尺寸与方位如图所示。该机构活动构件的总质心 S 点的向量方程为

$$r_s = (m_1 r_{s1} + m_2 r_{s2} + m_3 r_{s3}) / M \tag{11.1}$$

S_1、S_2 和 S_3 点的矢量表达式分别为

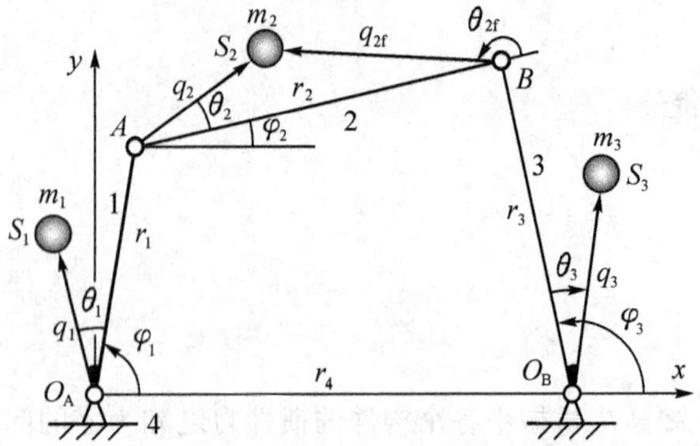

图 11.1 铰链四杆机构惯性力的计算简图

$$\boldsymbol{r}_{S1} = q_1 e^{i(\varphi_1+\theta_1)} \tag{11.2}$$

$$\boldsymbol{r}_{S2} = r_1 e^{i\varphi_1} + q_2 e^{i(\varphi_2+\theta_2)} \tag{11.3}$$

$$\boldsymbol{r}_{S3} = r_4 e^{i0} + q_3 e^{i(\varphi_3-\theta_3)} \tag{11.4}$$

将它们代入式(11.1),得总质心 S 点的向量方程为

$$r_S = [m_1 q_1 e^{i(\varphi_1+\theta_1)} + m_2(r_1 e^{i\varphi_1} + q_2 e^{i(\varphi_2+\theta_2)}) + m_3(r_4 e^{i0} + q_3 e^{i(\varphi_3-\theta_3)})]/M$$

$$r_S = (m_1 q_1 e^{i\vartheta_1} e^{i\varphi_1} + m_2 r_1 e^{i\varphi_1} + m_2 q_2 e^{i\vartheta_2} e^{i\varphi_2} + m_3 r_4 + m_3 q_3 e^{-i\vartheta_3} e^{i\varphi_3})/M \tag{11.5}$$

式中 $e^{i\varphi_1}$、$e^{i\varphi_2}$ 和 $e^{i\varphi_3}$ 都是时间的函数,但它们不相互独立,受杆长四边形的约束,即

$$r_1 e^{i\varphi_1} + r_2 e^{i\varphi_2} = r_4 e^{i0} + r_3 e^{i\varphi_3} \tag{11.6}$$

将式 (11.6)中的 $e^{i\varphi_2} = (r_4 e^{i0} + r_3 e^{i\varphi_3} - r_1 e^{i\varphi_1})/r_2$ 代入式(11.5),得 $\boldsymbol{r}_S$ 为

$$\boldsymbol{r}_S = [m_1 q_1 e^{i\vartheta_1} e^{i\varphi_1} + m_2 r_1 e^{i\varphi_1} + m_2 q_2 e^{i\vartheta_2}(r_4 + r_3 e^{i\varphi_3} - r_1 e^{i\varphi_1})/r_2 + m_3 r_4 + m_3 q_3 e^{-i\vartheta_3} e^{i\varphi_3}]/M$$

$$\boldsymbol{r}_S = [(m_1 q_1 e^{i\vartheta_1} + m_2 r_1 - m_2 q_2 r_1/r_2 e^{i\vartheta_2}) e^{i\varphi_1} + (m_2 q_2 r_3/r_2 e^{i\vartheta_2} + m_3 q_3 e^{-i\vartheta_3}) e^{i\varphi_3} + m_3 r_4 + m_2 q_2 r_4/r_2 e^{i\vartheta_2}]/M \tag{11.7}$$

令式(11.7)中 $e^{i\varphi_1}$ 与 $e^{i\varphi_3}$ 之前的系数等于零,即

$$(m_1 \cdot q_1) e^{i\vartheta_1} + m_2 \cdot r_1 - (m_2 \cdot q_2 \cdot r_1/r_2) e^{i\vartheta_2} = 0 \tag{11.8}$$

$$(m_2 \cdot q_2 \cdot r_3/r_2) e^{i\vartheta_2} + (m_3 \cdot q_3) e^{-i\vartheta_3} = 0 \tag{11.9}$$

则总质心 S 点的向量方程简化为

$$r_S = (m_2 \cdot q_2 \cdot r_4/r_2 e^{i\vartheta_2} + m_3 \cdot r_4)/M \tag{11.10}$$

式(11.10)表明,此时,总质心 S 为静止点,既没有速度也没有加速度,机构的惯性力之和为零。式(11.8)、式(11.9)为铰链四杆机构惯性力平衡的几何条件。

为了计算方便,由图 11.1 得 $q_2 e^{i\vartheta_2} = r_2 + q_{2f} e^{i\vartheta_{2f}}$,将该几何条件代入式(11.8)中,得

$$m_1 \cdot q_1 e^{i\vartheta_1} - m_2 (r_1/r_2) q_{2f} e^{i\vartheta_{2f}} = 0 \tag{11.11}$$

式(11.9)、式(11.11)进一步写为

$$m_1 q_1 = m_2 (r_1/r_2) q_{2f} \qquad \theta_1 = \theta_{2f} \tag{11.12}$$

$$m_2 q_2 r_3/r_2 = m_3 q_3 \qquad \theta_3 = \pi - \theta_2 \tag{11.13}$$

若机构原始的质量 m_1、m_2 和 m_3及分布不满足以上条件,则可以在杆 1、2 和 3 上重新安装附加质量,以使上式成立。

11.2.2 曲柄滑块机构惯性力的平衡

在图 11.2 所示的偏置曲柄滑块机构中,曲柄 1 的杆长为 a,连杆 2 的杆长为 b,滑块 3 的偏心距为 h(滑块 3 在 x 轴下方取值为负),设三个活动构件的质量分别为 m_1、m_2 和 m_3,质心位置分别为 C_1、C_2 和 C_3,$AC_1 = a_1$,$BC_2 = b_2$,它们的总质量 $M = m_1 + m_2 + m_3$。设 C_1、C_2 和 C_3 到坐标原点的向径分别为 $\boldsymbol{r}_{C1}$、$\boldsymbol{r}_{C2}$与 $\boldsymbol{r}_{C3}$,该机构活动构件的总质心 C 点的向量方程为

$$\boldsymbol{r}_C = (m_1 \cdot \boldsymbol{r}_{C1} + m_2 \cdot \boldsymbol{r}_{C2} + m_3 \cdot \boldsymbol{r}_{C3})/M \tag{11.14}$$

$\boldsymbol{r}_{C1}$、$\boldsymbol{r}_{C2}$与 $\boldsymbol{r}_{C3}$的复数矢量表达式分别为

$$\boldsymbol{r}_{C1} = a_1 e^{i(\varphi+\pi)} \tag{11.15}$$

$$\boldsymbol{r}_{C2} = a e^{i\varphi} + b_2 e^{i(\delta+\pi)} \tag{11.16}$$

$$\boldsymbol{r}_{C3} = a e^{i\varphi} + b e^{i(\delta+\pi)} \tag{11.17}$$

将它们代入式(11.14),得总质心 C 点的向量方程为

$$\begin{aligned} r_C &= \{m_1 a_1 e^{i(\varphi+\pi)} + m_2[a e^{i\varphi} + b_2 e^{i(\delta+\pi)}] + m_3[a e^{i\varphi} + b e^{i(\delta+\pi)}]\}/M \\ &= (-m_1 a_1 e^{i\varphi} + m_2 a e^{i\varphi} - m_2 b_2 e^{i\delta} + m_3 a e^{i\varphi} - m_3 b e^{i\delta})/M \\ &= [(-m_1 a_1 + m_2 a + m_3 a) e^{i\varphi} - (m_2 b_2 + m_3 b) e^{i\delta}]/M \end{aligned} \tag{11.18}$$

令式(11.18)中 $e^{i\varphi}$与 $e^{i\delta}$之前的系数等于零,即

$$-m_1 a_1 + m_2 a + m_3 a = 0 \tag{11.19}$$

$$m_2 b_2 + m_3 b = 0 \tag{11.20}$$

为此,得偏置曲柄滑块机构惯性力完全平衡的质量与几何条件为

$$b_2 = -m_3 b/m_2 \tag{11.21}$$

$$a_1 = (m_2 + m_3) a/m_1 \tag{11.22}$$

式(11.21)中的 b_2 为负,表明质心 C_2 在 C_3B 的延长线上,式(11.21)同时表明 m_2 与 m_3 的合质心在转动副 B 的几何中心上;式(11.22)表明 m_2 与 m_3 的合质心再与 m_1 组成合质心,总的质心 C 在转动副 A 的几何中心上,为一个静止的点,如图 11.3 所示。

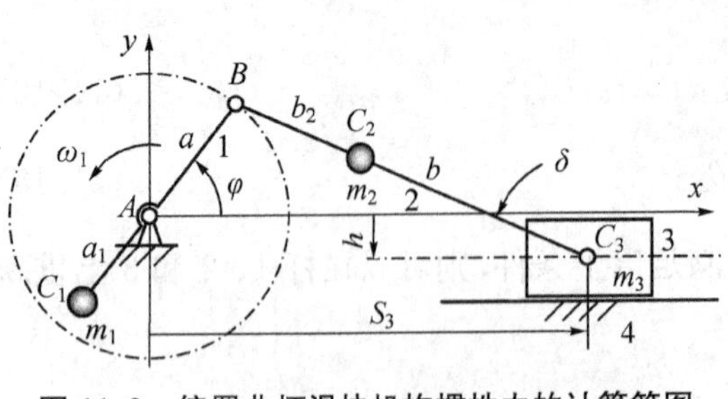

图 11.2　偏置曲柄滑块机构惯性力的计算简图

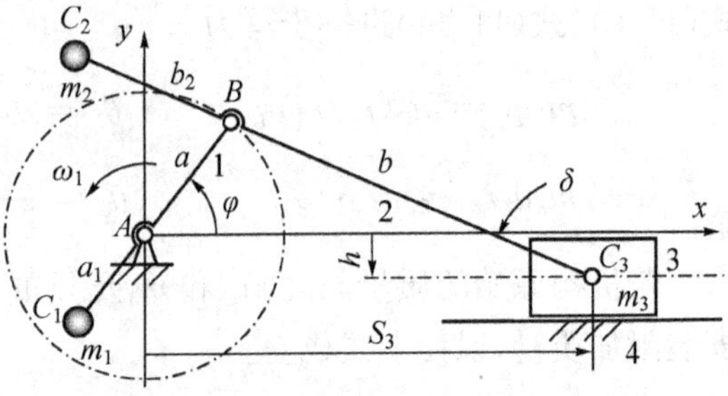

图 11.3　偏置曲柄滑块机构惯性力完全平衡图

[例 11-1]　在图 11.3 所示的偏置曲柄滑块机构中，若 $a = 0.150\ \text{m}$，$a_1 = 0.100\ \text{m}$，$h = -0.25a$，$b = 0.450\ \text{m}$，$m_2 = 80\ \text{kg}$，$m_3 = 100\ \text{kg}$，当曲柄滑块机构的惯性力完全平衡时，求曲柄 1 应该具有的质量 m_1。

[解]　由式(11.21)得 $b_2 = -m_3 b/m_2 = -100 \times 0.450/80 = -0.5625\ \text{m}$。

由式(11.22)得 $m_1 = (m_2 + m_3)a/a_1 = (80 + 100) \times 0.150/0.100 = 270\ \text{kg}$。

当曲柄滑块机构的惯性力得到完全平衡时，曲柄 1 上的质量为 270 kg，显然，惯性力达到完全平衡所应增加的质量是较大的，由于 b_2 的存在(图 11.3 所示)，结构尺寸也比较大。不过，在实际设计中，可以只增加较小的质量，使平面连杆机构的惯性力达到部分平衡，从而减轻机器的重量、减小机器的尺寸。

下面以图 11.4 所示的对心曲柄滑块机构为例，介绍平面连杆机构惯性力部分平衡的方法。

设曲柄 1 为主动件，杆长为 a，以 ω_1 作匀速运转；连杆 2 的杆长为 b，质心 C_2 到 B 点的长度为 b_2；滑块 3 为从动件。则滑块 3 的位移 S_3、速度 V_3 和加速度 a_3 分别为

$$S_3 = a\cos\varphi + \sqrt{b^2 - a^2\sin^2\varphi} = a\cos\varphi + b\sqrt{1 - (a\sin\varphi/b)^2}$$
$$\approx a\cos\varphi + b[1 - a^2/(2b^2)\sin^2\varphi] \tag{11.23}$$

$$V_3 = -a\omega_1[\sin\varphi + a/(2b)\sin(2\varphi)] \tag{11.24}$$

$$a_3 = -a\omega_1^2[\cos\varphi + (a/b)\cos(2\varphi)] \tag{11.25}$$

滑块 3 的惯性力 F_{I3} 为

$$F_{I3} = -m_3 a_3 = m_3 a\omega_1^2[\cos\varphi + (a/b)\cos(2\varphi)] \tag{11.26}$$

若 $a/b \leqslant 1/3$，则 $m_3 a\omega_1^2(a/b)\cos(2\varphi)$ 项比 $m_3 a\omega_1^2\cos\varphi$ 项小得多，略去不计，为此，F_{I3} 的主项为

$$F_{I3} \approx -m_3 a_3 = m_3 a\omega_1^2\cos\varphi \tag{11.27}$$

若在曲柄 1 上增加一个惯性力部分平衡的质量 m_f，位置在 C_1 点，相位角为 $\varphi+\pi$，其大小满足下式

$$m_f\omega_1^2 a_1\cos(\varphi + \pi) + m_3 a\omega_1^2\cos\varphi = 0 \tag{11.28}$$

则得惯性力部分平衡的质量 m_f 为

$$m_f = m_3 a/a_1 \tag{11.29}$$

于是,滑块 3 的惯性力在水平方向可以得到部分平衡。

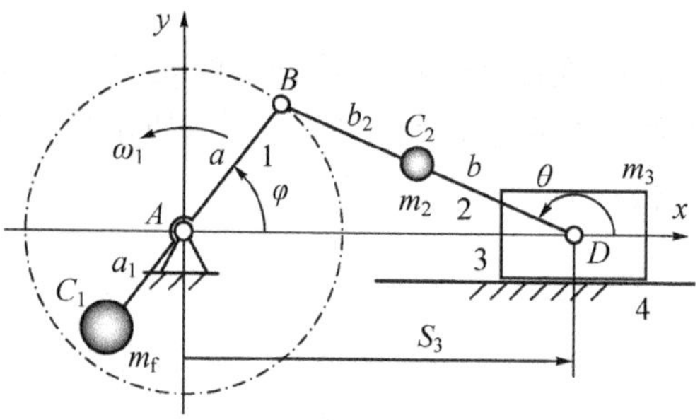

图 11.4　曲柄滑块机构惯性力部分平衡的计算简图

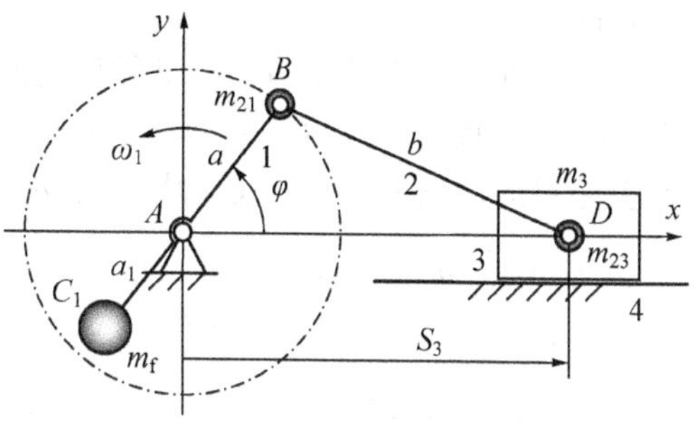

图 11.5　曲柄滑块机构惯性力部分平衡的计算简图

在图 11.4 中,当滑块 3 的惯性力在水平方向得到部分平衡时,曲柄滑块机构在水平方向与垂直方向的剩余惯性力 F_x、F_y 分别为

$$F_x = -m_f a_{xC1} - m_2 a_{xC2} - m_3 a_3 \tag{11.30}$$

$$F_y = -m_f a_{yC1} - m_2 a_{yC2} \tag{11.31}$$

式(11.30)中,a_{xC1}、a_{xC2} 为质量 m_f、m_2 在水平方向的加速度;a_{yC1}、a_{yC2} 为质量 m_f、m_2 在垂直方向的加速度。a_{xC1}、a_{yC1} 分别为 $a_{xC1} = -a_1\omega_2^2\cos(\varphi+\pi)$,$a_{yC1} = -a_1\omega_1^2\sin(\varphi+\pi)$;$a_{xC2}$、$a_{yC2}$ 分别为

$$\theta = \arctan2[a\sin\varphi/(-\sqrt{b^2-(a\sin\varphi)^2})] \tag{11.32}$$

$$\omega_2 = a\omega_1\cos\varphi/(b\cos\theta) \tag{11.33}$$

$$a_2 = \omega_1^2[-a\sin\varphi + b(\omega_2/\omega_1)^2\sin\theta]/(b\cos\theta) \tag{11.34}$$

$$a_{xC2} = a_3 - \alpha_2(b-b_2)\sin\theta - \omega_2^2(b-b_2)\cos\theta \tag{11.35}$$

$$a_{yC2} = \alpha_3(b-b_2)\cos\theta - \omega_2^2(b-b_2)\sin\theta \tag{11.36}$$

[例 11-2]　在图 11.4 所示的曲柄滑块机构中,若除了滑块 3 无偏心距之外,其余的参数与图 11.3 相同,求曲柄 1 上应该具有的惯性力部分平衡的质量 m_f。

[解]　由式(11.29)得曲柄 1 上应该具有的惯性力部分平衡的质量 $m_f = m_3 a/a_1 = 100\times0.150/0.100 = 150$ kg。

显然,$m_f = 150$ kg 与例 11-1 中的 $m_1 = 270$ kg 相比,小了很多。当然,m_f 只对滑块 3 的惯性力进行了部分平衡,对连杆 2 的惯性力没有考虑,因而,平衡效果没有惯性力完全平衡的好。

连杆 2 的惯性力也是可以给予部分平衡的,如图 11.4 中的连杆 2,将连杆 2 在 C_2 点的质量 m_2 按照一定的原理,转移一部分 m_{23} 到运动副 D 上,从而使 D 处的质量为 m_3+m_{23},如图 11.5 所示。再对 m_3+m_{23} 进行惯性力的部分平衡,这样,就考虑了连杆 2 的惯性力的部分平衡问题了。当然,连杆 2 的质量 m_2 转移到运动副 B 上的那一部分 m_{21} 就没办法考虑了。

一个质量可以用两个集中质量来替代,称为质量替代,质量替代分为质量静替代与质量动替代。质量静替代是指质量替代前后的质心位置不变,该种质量替代的效果是构件原来的惯性力与替代之后的惯性力相同;质量动替代是指质量替代前后的质心位置不变,转动惯量也不变，该种质量替代的效果是构件原来的惯性力、惯性力矩与替代之后的惯性力、惯性力矩相同。

首先研究一个质量用两个质量静替代的计算公式，在图 11.6 中，连杆 2 的长度为 b，质心在 C_2 点，质量为 m_2，$BC_2=b_2$，现在把 m_2 转移到 B、D 两点，设 B 点上分得的质量为 m_{21}，D 点上分得的质量为 m_{23}，于是，得 m_{21}、m_{23} 的计算公式为

$$\left.\begin{aligned} m_{21}+m_{23}&=m_2 \\ m_{21}b_2-m_{23}(b-b_2)&=0 \end{aligned}\right\} \tag{11.37}$$

$$\left.\begin{aligned} m_{21}&=m_2(b-b_2)/b \\ m_{23}&=m_2b_2/b \end{aligned}\right\} \tag{11.38}$$

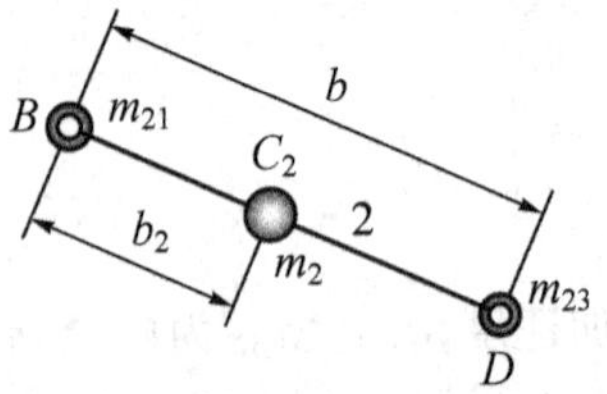

图 11.6　质量静替代的计算简图

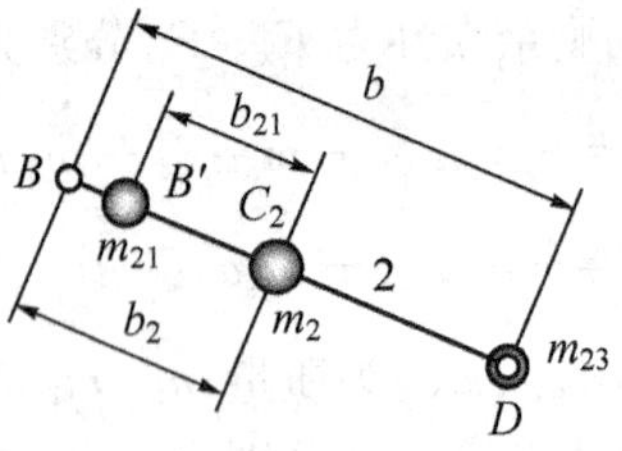

图 11.7　质量动替代的计算简图

其次研究一个质量用两个质量动替代的计算公式，在图 11.7 中，连杆 2 的长度为 b，质心在 C_2 点，质量为 m_2，现在把 m_2 转移到 B'、D 两点，$C_2B'=b_{21}$，设 B'点上分得的质量为 m_{21}，D 点上分得的质量为 m_{23}，于是，得 m_{21}、m_{23} 的计算公式为

$$\left.\begin{aligned} m_{21}+m_{23}&=m_2 \\ m_{21}b_{21}-m_{23}(b-b_2)&=0 \\ m_{21}b_{21}^2+m_{23}(b-b_2)^2&=J_{C2} \end{aligned}\right\} \tag{11.39}$$

$$\left.\begin{aligned} m_{23}&=m_2b_{21}/[(b-b_2)+b_{21}] \\ m_{21}&=m_2(b-b_2)/[(b-b_2)+b_{21}] \\ b_{21}&=J_{C2}/[m_2(b-b_2)] \end{aligned}\right\} \tag{11.40}$$

显然，质量动替代中的一个位置可以任意选择，另一个位置（如 b_{21}）是不能任意选择的。

[例 11-3]　在图 11.4 所示的曲柄滑块机构中，若 $m_3=100\ \text{kg}$，$b=0.450\ \text{m}$，$b_2=0.200\ \text{m}$，$m_2=80\ \text{kg}$，$a=0.150\ \text{m}$，$a_1=0.100\ \text{m}$，考虑连杆 2 的质量静替代 m_{23}后，求曲柄 1 上应该具有的惯性力部分平衡的质量。

[解]　由式(11.38)得连杆 2 的质量 m_2 转移到 D 点上的质量 $m_{23}=m_2b_2/b=m_2=80\times0.200/0.450=35.5\ \text{kg}$，从而使 D 处的质量 $m_3+m_{23}=100+35.5=135.5\ \text{kg}$。由式(11.29)得曲柄 1 上应该具有的惯性力部分平衡的质量 $m_f=(m_3+m_{23})a/a_1=135.5\times0.150/0.100=203.3\ \text{kg}$。

此时的 203.3 kg 也比 270 kg 小一些，这时，连杆 2 的惯性力在水平方向也得到了部分的平衡。

[例 11-4]　在图 11.4 所示的曲柄滑块机构中，若 $m_3=100\ \text{kg}$，$b=0.450\ \text{m}$，$b_2=$

0.200 m，$m_2 = 80\,\text{kg}$，$J_{C2} = 1.35\,\text{kg}\cdot\text{m}^2$，$a = 0.150\,\text{m}$，$a_1 = 0.100\,\text{m}$，考虑连杆 2 的质量动替代 m_{23}后，求曲柄 1 上应该具有的惯性力部分平衡的质量。

[解] 由式(11.40)得连杆 2 上的 $b_{21} = J_{C2}/[m_2(b - b_2)] = 1.35/[80(0.450 - 0.200)] = 0.0675\,\text{m}$，$m_{23} = m_2 b_{21}/[(b-b_2)+b_{21}] = 80\times0.0675/(0.450-0.200+0.0675) = 17\,\text{kg}$。从而使 D 处的质量 $m_3 + m_{23} = 100 + 17 = 117\,\text{kg}$。由式(11.29)得曲柄 1 上应该具有的惯性力部分平衡的质量 $m_f = (m_3 + m_{23})a/a_1 = 117\times0.150/0.100 = 175.5\,\text{kg}$。

此时的 175.5 kg 比 270 kg 小了不少，这时，连杆 2 的惯性力在水平方向也得到了部分平衡，同时，惯性力矩的效应也得到了减小。

为了反映惯性力部分平衡后的效果，给出了图 11.8。图 11.8(a)中，曲线 1 为例 11－2 中 $m_f = 150\,\text{kg}$ 时，水平方向的剩余惯性力 F_{x1}(N)曲线；曲线 2 为例 11－3 中 $m_f = 203.3\,\text{kg}$ 时，水平方向的剩余惯性力 F_{x2}(N)曲线；曲线 3 为例 11－4 中 $m_f = 175.5\,\text{kg}$ 时，水平方向的剩余惯性力 F_{x3}(N)曲线。图 11.8(b)中，曲线 1 为例 11－2 中 $m_f = 150\,\text{kg}$ 时，垂直方向的剩余惯性力 F_{y1}(N)曲线；曲线 2 为例 11－3 中 $m_f = 203.3\,\text{kg}$ 时，垂直方向的剩余惯性力 F_{y2}(N)曲线；曲线 3 为例 11－4 中 $m_f = 175.5\,\text{kg}$ 时，垂直方向的剩余惯性力 F_{y3}(N)曲线。

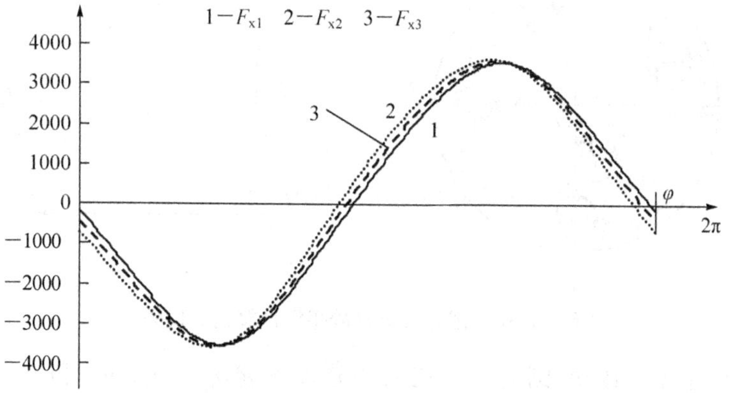

(a) 曲柄滑块机构惯性力部分平衡后水平方向的剩余惯性力

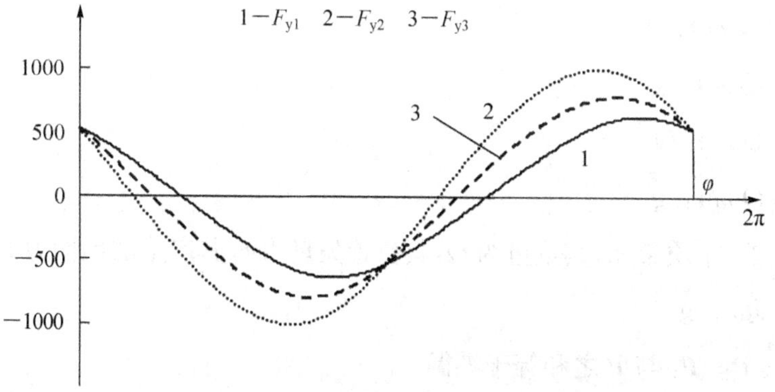

(b) 曲柄滑块机构惯性力部分平衡后垂直方向的剩余惯性力

图 11.8 曲柄滑块机构惯性力部分平衡的效果图

11.3 圆盘类零件的静平衡

盘类零件是指其厚度 B 与直径 D 之比小于 0.2 的圆盘类零件，在机械设计中应用较多，如齿轮、凸轮、飞轮、皮带轮、链轮、叶轮等，如图 11.3 所示。

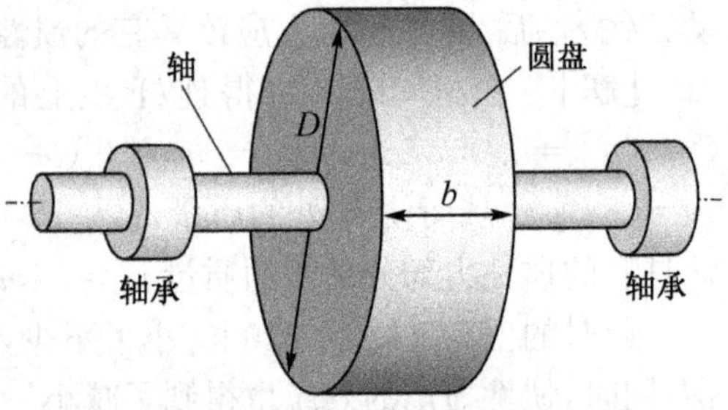

图 11.9 圆盘类零件

11.3.1 圆盘类零件的静平衡原理与计算

圆盘类零件静平衡的原理为：圆盘类零件上所有质点的离心力之矢量和为零。

静平衡的方法为：通过在零件的适当位置增加质量或减少质量的办法来达到惯性力的平衡。以图 11.10(a)所示的圆盘为例，说明圆盘类零件静平衡的计算方法。

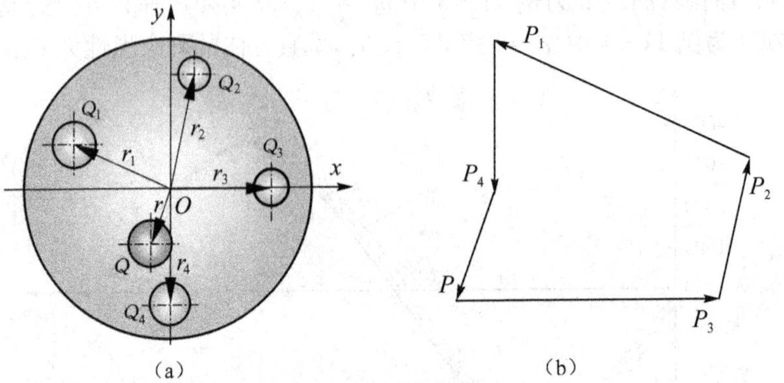

图 11.10 圆盘类零件静平衡计算的原理图

设圆盘以角速度 ω 转动，圆盘上存在四个分布质量 m_1、m_2、m_3 和 m_4，其重量分别为 Q_1、Q_2、Q_3 和 Q_4，其位置矢量分别为 $\boldsymbol{r}_1$、$\boldsymbol{r}_2$、$\boldsymbol{r}_3$ 和 $\boldsymbol{r}_4$，其惯性力 $\boldsymbol{P}_1$、$\boldsymbol{P}_2$、$\boldsymbol{P}_3$ 和 $\boldsymbol{P}_4$ 分别为

$$\boldsymbol{P}_1 = Q_1\omega^2\boldsymbol{r}_1/\mathrm{g}$$

$$\boldsymbol{P}_2 = Q_2\omega^2\boldsymbol{r}_2/\mathrm{g}$$

$$\boldsymbol{P}_3 = Q_3\omega^2\boldsymbol{r}_3/\mathrm{g}$$

$$\boldsymbol{P}_4 = Q_4\omega^2\boldsymbol{r}_4/\mathrm{g}$$

设在圆盘上增加一个质量 m，其重量为 Q，其位置矢量为 $\boldsymbol{r}$，其产生的惯性力 $\boldsymbol{P}$ 为

$$\boldsymbol{P} = Q\omega^2 r/\mathrm{g}$$

由 $\boldsymbol{P}_1$、$\boldsymbol{P}_2$、$\boldsymbol{P}_3$、$\boldsymbol{P}_4$ 与 $\boldsymbol{P}$ 之和等于零得

$$\boldsymbol{P}_1 + \boldsymbol{P}_2 + \boldsymbol{P}_3 + \boldsymbol{P}_4 + \boldsymbol{P} = 0 \tag{11.41}$$

或表达为重量 Q_1、Q_2、Q_3、Q_4 和 Q 与向径的形式

$$Q_1\boldsymbol{r}_1 + Q_2\boldsymbol{r}_2 + Q_3\boldsymbol{r}_3 + Q_4\boldsymbol{r}_4 + Q\boldsymbol{r} = 0 \tag{11.41$'$}$$

或表达为质量 m_1、m_2、m_3、m_4 和 m 与向径的形式

$$m_1\boldsymbol{r}_1+m_2\boldsymbol{r}_2+m_3\boldsymbol{r}_3+m_4\boldsymbol{r}_4+m\boldsymbol{r}=0 \tag{11.41''}$$

选择作图比例尺 μ_P=力的大小(N)/图上的长度(mm)，根据式(11.41)作力多边形，如图 11.10(b)所示。由图 11.10(b)得惯性力 $\boldsymbol{P}$ 的大小，由此得 Q 与 $\boldsymbol{r}$ 的大小与相位。若在 Q 的位置上无法增加一个质量，可以在 Q 的相反方向减少一个质量，其静平衡的效果是一样的。

式(11.41′)称为静平衡的重径积方程，式(11.41″)称为静平衡的质径积方程，它们在解决静平衡的计算上与式(11.41)等价。

由于式(11.41)与 ω 无关，所以，寻找不平衡的质量和位置与圆盘是否转动无关，为此，称圆盘类零件惯性力的平衡为静平衡。

11.3.2 圆盘类零件的静平衡实验

事实上，圆盘上的分布质量是难以观察到的，以上的做法也是无法进行的。此时，圆盘惯性力的静平衡只能通过实验的方法予以解决。

圆盘类零件静平衡的实验方法可以通过图 11.11 予以说明。将圆盘装于芯轴上，放在水平支撑上，若圆盘存在不平衡质量，它将发生摆动。当圆盘停止摆动时，在圆盘的正上方 r_1 处试着增加一块质量 m_1，看圆盘是否摆动。若它还是摆动且停止后 m_1 仍然在正上方，则在 m_1 的位置继续增加质量 m_2；若摆动后 m_1 在正下方，则将 m_1 的质量减少 m_3，继续以上过程，直到圆盘不摆动为止。由此确定圆盘的不平衡质量与位置。

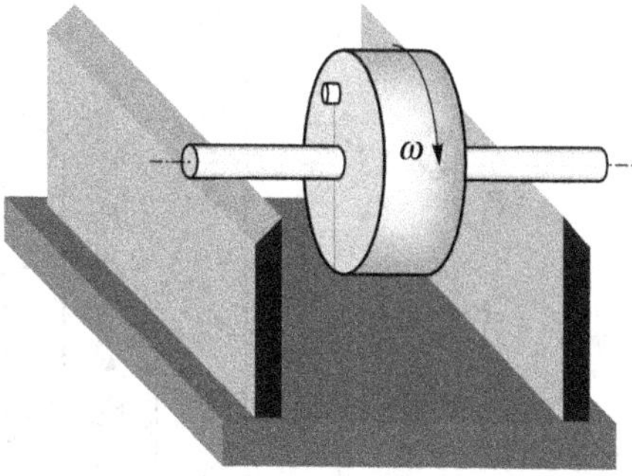

图 11.11 圆盘类零件的静平衡实验

对于一些圆盘类零件，若无法直观找到圆盘上的不平衡质量与位置，则只有通过实验的办法来找出圆盘的不平衡质量与位置。

11.4 刚性转子的动平衡

对于轴向尺寸 L 与直径 D 之比大于 0.2 的刚性转子，由于其上所有质点的离心力之矢量和、离心力关于任意一点的力矩之和不一定同时为零，所以，当它转动时，会在支撑中产生附加的动压力。即使其上所有质点的离心力之矢量和等于零，如图 11.12 所示，由于惯性力 $\boldsymbol{P}$ 产生力偶 $\boldsymbol{P}\cdot L$，所以，依然会在支撑中产生附加的动压力。

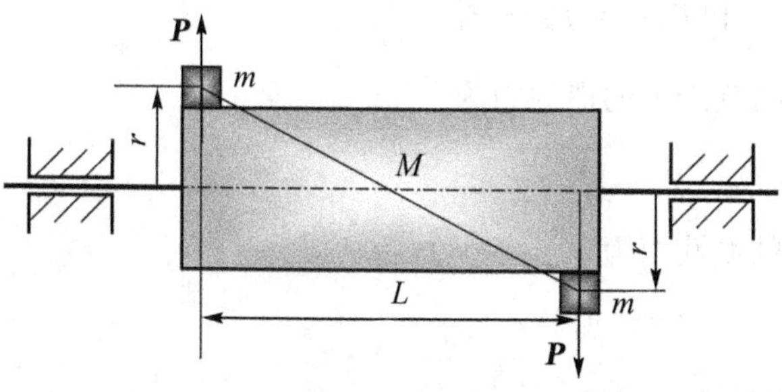

图 11.12 存在附加动压力的刚性转子

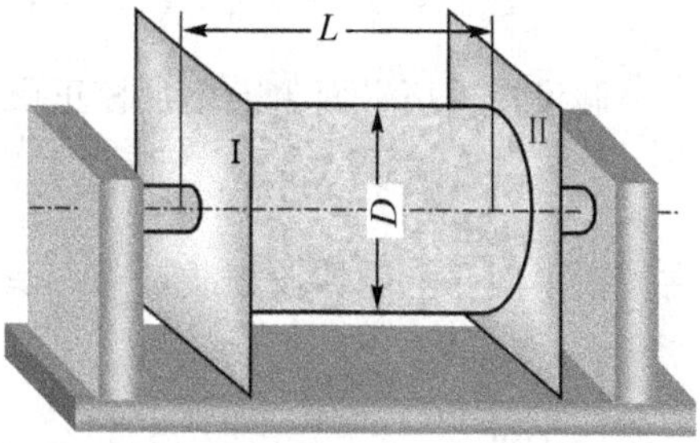

图 11.13 刚性转子的动平衡图

11.4.1 刚性转子的动平衡原理与计算

刚性转子的动平衡原理为:刚性转子上所有质点的离心力之矢量和为零,离心力关于任意一点的力矩之和等于零。

刚性转子的动平衡计算过程为,将刚性转子上每一个不平衡质量产生的惯性力分解到选定的两个校正平面上,通过在两个校正平面上增加质量或减少质量的办法,使两个校正平面上的惯性力达到平衡,从而实现刚性转子的动平衡。

下面以图 11.13 所示的刚性转子为例,说明刚性转子的动平衡计算过程。

假设在图 11.13 所示的刚性转子的三个位置上存在不平衡质量 m_1、m_2 和 m_3,如图 11.14(a)所示,它们产生的惯性力分别为

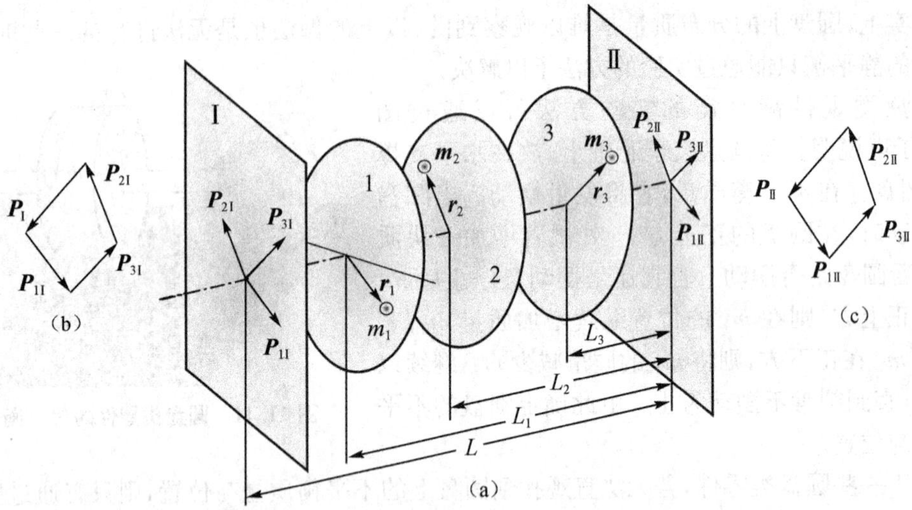

图 11.14 刚性转子的动平衡计算原理图

$$\boldsymbol{P}_1 = m_1\omega^2\boldsymbol{r}_1,\ \boldsymbol{P}_2 = m_2\omega^2\boldsymbol{r}_2 \text{ 和 } \boldsymbol{P}_3 = m_3\omega^2\boldsymbol{r}_3$$

它们在校正平面Ⅰ上的分量分别为

$$\boldsymbol{P}_{1Ⅰ} = \boldsymbol{P}_1 \cdot L_1/L,\ \boldsymbol{P}_{2Ⅰ} = \boldsymbol{P}_2 \cdot L_2/L \text{ 和 } \boldsymbol{P}_{3Ⅰ} = \boldsymbol{P}_3 \cdot L_3/L$$

在校正平面上Ⅱ的分量分别为

$$\boldsymbol{P}_{1Ⅱ} = \boldsymbol{P}_1 - \boldsymbol{P}_{1Ⅰ},\ \boldsymbol{P}_{2Ⅱ} = \boldsymbol{P}_2 - \boldsymbol{P}_{2Ⅰ},\text{和 } \boldsymbol{P}_{3Ⅱ} = \boldsymbol{P}_3 - \boldsymbol{P}_{3Ⅰ}。$$

假设在校正平面Ⅰ上增加校正质量 $m_Ⅰ$,其产生的惯性力为

$$\boldsymbol{P}_Ⅰ = m_Ⅰ\omega^2\boldsymbol{r}_Ⅰ$$

在校正平面Ⅱ上增加校正质量 $m_Ⅱ$,其产生的惯性力为

$$\boldsymbol{P}_Ⅱ = m_Ⅱ\omega^2\boldsymbol{r}_Ⅱ$$

令校正平面Ⅰ、Ⅱ上的惯性力之和分别等于零,即

$$\boldsymbol{P}_{\mathrm{I}} + \boldsymbol{P}_{1\mathrm{I}} + \boldsymbol{P}_{2\mathrm{I}} + \boldsymbol{P}_{3\mathrm{I}} = 0 \tag{11.42}$$

$$\boldsymbol{P}_{\mathrm{II}} + \boldsymbol{P}_{1\mathrm{II}} + \boldsymbol{P}_{2\mathrm{II}} + \boldsymbol{P}_{3\mathrm{II}} = 0 \tag{11.43}$$

选择作图比例尺 μ_F=力的大小(N)/图上的长度(mm)，其矢量多边形如图 11.14(b)、(c)所示。$\boldsymbol{P}_{\mathrm{I}}$、$\boldsymbol{P}_{\mathrm{II}}$ 的大小等于图上长度乘以比例尺 μ_F，由 $\boldsymbol{P}_{\mathrm{I}} = m_{\mathrm{I}}\boldsymbol{r}_{\mathrm{I}}\omega^2$ 得校正平面Ⅰ上的质径积为 $m_{\mathrm{I}}\boldsymbol{r}_{\mathrm{I}}$；由 $\boldsymbol{P}_{\mathrm{II}} = m_{\mathrm{II}}\boldsymbol{r}_{\mathrm{II}}\omega^2$ 得校正平面Ⅱ上的质径积为 $m_{\mathrm{II}}\boldsymbol{r}_{\mathrm{II}}$。

由以上分析可见，无论刚性转子上存在多少个不平衡质量，通过以上方法，总可以在选定的两个校正平面上实现它的动平衡，从而，当转子转动时，支撑上没有惯性力与惯性力矩产生的附加分量。

11.4.2 刚性转子的动平衡实验

由于刚性转子上的不平衡质量是难以发现的，所以，实现刚性转子动平衡的一般做法是进行刚性转子的动平衡实验。

刚性转子动平衡实验机的结构简图如图 11.15 所示。当刚性转子被转动时，刚性转子上的不平衡质量将在两端的支撑上产生惯性力，其水平分量分别为 $\boldsymbol{P}_{\mathrm{I}} = m_{\mathrm{I}}\omega^2\boldsymbol{r}_{\mathrm{I}}\cos\theta_{\mathrm{I}}$ 和 $\boldsymbol{P}_{\mathrm{II}} = m_{\mathrm{II}}\omega^2\boldsymbol{r}_{\mathrm{II}}\cos\theta_{\mathrm{II}}$，该惯性力 $\boldsymbol{P}_{\mathrm{I}}$、$\boldsymbol{P}_{\mathrm{II}}$ 将在左、右两个支撑上分别产生水平振动。为了获得两个校正平面上应增加或减少的质量的大小与相位，首先，通过传感器拾取支撑上的水平位移信号，即将不平衡质量产生的惯性力转化为电信号，设置一个基准信号作为判断惯性力所在的相位，其次，通过分离与解算电路使左、右两个校正平面上的惯性力相互独立并转化为两个校正平面上应增加或减少的质量的大小与相位，再经过信号放大、选频、A/D 变换以及标定等过程，最后，通过数码管或显示器将左右两个校正平面上应增加或减少的质量的大小与相位显示出来。

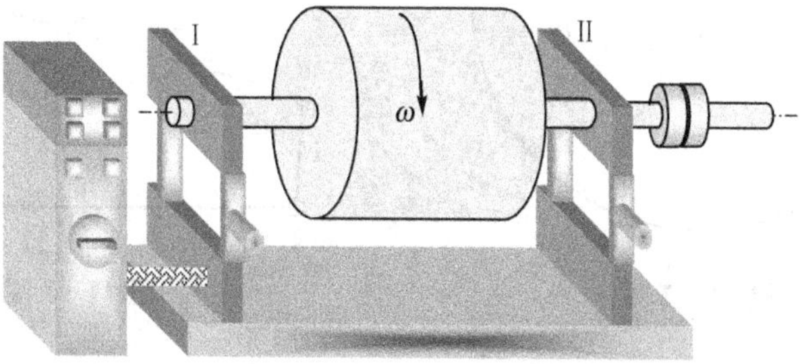

图 11.15 刚性转子的动平衡实验机结构简图

习 题

11-1 题 11-1 图(a)为一偏置曲柄滑块机构。偏心距 $e = -0.15$ m；曲柄 1 的杆长 $a = 0.35$ m，质心在 A 点，转动惯量 $J_A = 0.08$ kgm²，角速度 $\omega_1 = 18$ rad/s；连杆 2 的杆长 $b = 1.05$ m，关于质心 C_2 的转动惯量 $J_{C2} = 0.45$ kgm²，$b_2 = BC_2 = 0.5$ m，质量 $m_2 = 60$ kg；滑块 3 的质量 $m_3 = 100$ kg。

(1) 若对机构的惯性力作完全平衡，求应加在曲柄 1 上的平衡质量 m_{f1}(取 $r_1 = 0.3$ m)

以及连杆 2 上的平衡质量 m_{f2}(取 $r_2 = 0.4b$ m)，如题 11－1 图(b)所示。

(2) 若对机构惯性力的水平分量作部分平衡，求应加在曲柄 1 上的平衡质量 m_{f1}(取 $r_1 = 0.3$ m)。

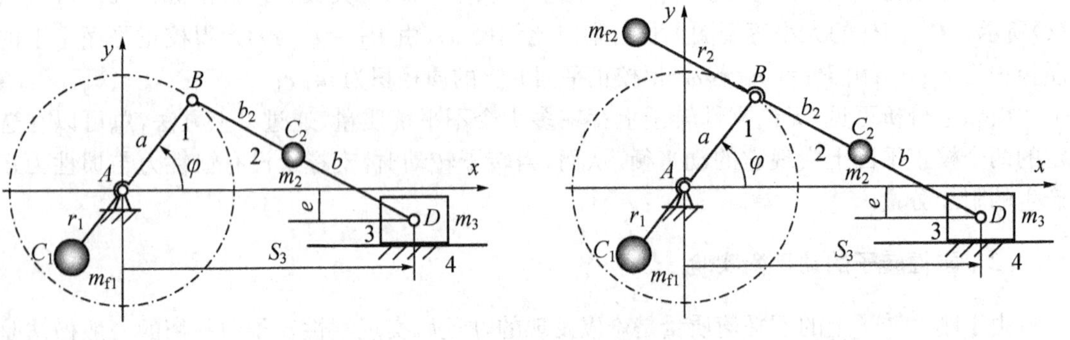

(a) (b)

题 11－1 图

11－2　题 11－2 图为等厚圆盘中，在 A 处有一偏心凸出圆柱体，质量 $m_A = 2$ kg，其凸出厚度与圆盘等厚，其直径 $d_1 = 15$ mm，$r_A = 160$ mm。在结构上要求在 B、C 处开两个圆孔以达到静平衡的目的，已知 $r_B = r_C = 140$ mm，求这两个圆孔的直径 d_B、d_C 的大小。

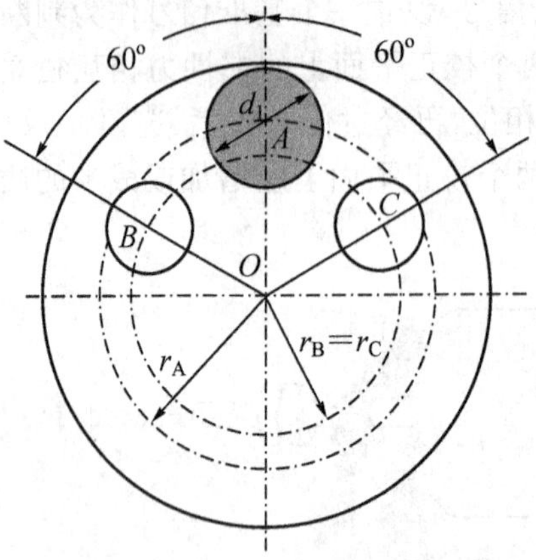

题 11－2 图

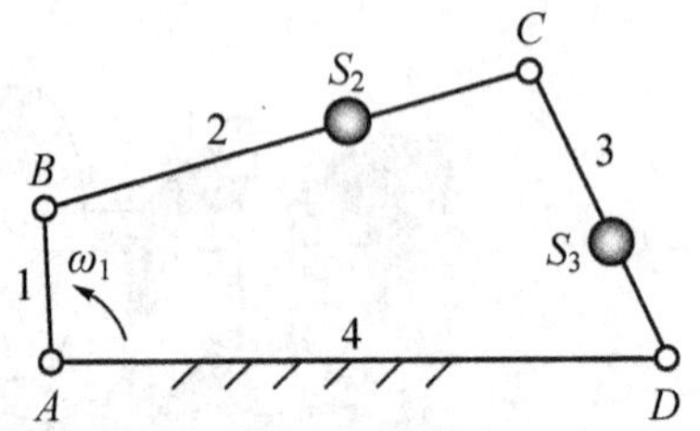

题 11－3 图

11－3　在题 11－3 图示的铰链四杆机构中，已知 $L_{AB} = 48$ mm，$L_{BC} = 160$ mm，$L_{CD} = 105$ mm，$L_{AD} = 200$ mm，各构件的质量分别为 $m_1 = 10$ kg，质心在 A 点；$m_2 = 36$ kg，$L_{BS2} = 90$ mm；$m_3 = 25$ kg，$L_{DS3} = 80$ mm。如在曲柄 AB 和摇杆 CD 上设置配重，$r_{f1} = 50$ mm $r_{f3} = 80$ mm，使机构的惯性力达到完全平衡，求配重的大小和位置。

11－4　题 11－4 图为凸轮轴，三个凸轮相互错开 120°，其质量均为 6 kg，质心到转动中心的距离 $r = 16$ mm，若选择Ⅰ、Ⅱ两个平面为动平衡校正平面，$r_{\text{Ⅰ}} = r_{\text{Ⅱ}} = 32$ mm，求所加平衡质量的大小与相位。

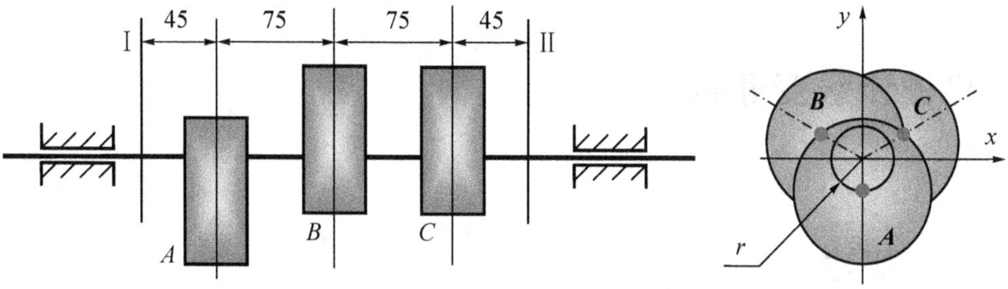

题 11－4 图

11－5　题 11－5 图为曲轴上安装 A 和 B 两个飞轮，已知曲柄的长度 $e=200\,\text{mm}$，曲柄在距转动中心为 e 处的不平衡质量 $m=400\,\text{kg}$。若在 A 和 B 两个飞轮上安装两个平衡质量 m_A、m_B，其距轴线 OO 的距离均为 $r=500\,\text{mm}$，求应加平衡质量 m_A、m_B 的大小与相位。

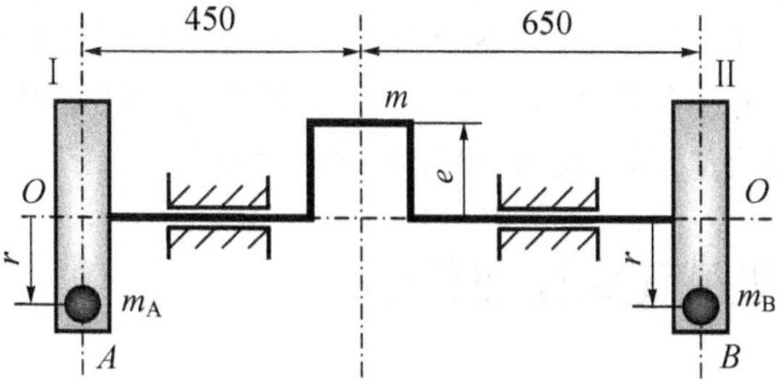

题 11－5 图

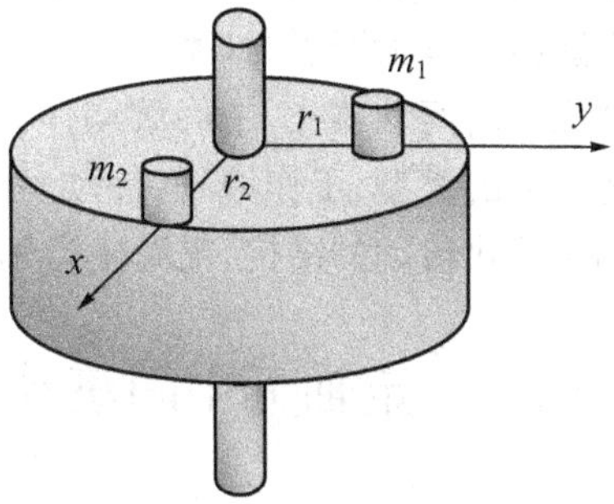

题 11－6 图

11－6　题 11－6 图所示的圆盘上存在两个不平衡质量，$m_1=1\,\text{kg}$，$r_1=50\,\text{mm}$；$m_2=1.2\,\text{kg}$，$r_2=80\,\text{mm}$，m_1 与 m_2 之间的夹角为 $90°$。圆盘的转速 $n=1\,460\,\text{r/min}$，若不进行静平衡，求支撑上附加动压力的 $\boldsymbol{P}_\Sigma$ 大小。

11－7　题 11－7 图为一个刚性转子，在四个位置上存在不平衡质量，$m_1=10\,\text{kg}$、$r_1=150\,\text{mm}$、$\theta_1=0°$，$m_2=15\,\text{kg}$、$r_2=140\,\text{mm}$、$\theta_2=90°$、$y_2=200\,\text{mm}$，$m_3=20\,\text{kg}$、$r_3=200\,\text{mm}$、$\theta_3=180°$、$y_3=400\,\text{mm}$，$m_4=10\,\text{kg}$、$r_4=160\,\text{mm}$、$\theta_4=270°$、$y_4=600\,\text{mm}$。设增加平衡质量的校正平面为两个端面，平衡质量所在的半径 $r_{\text{I}}=r_{\text{II}}=200\,\text{mm}$，求平衡质量 $m_{\Sigma\text{I}}$ 与 $m_{\Sigma\text{II}}$ 的大小及其相位 $\varphi_{\Sigma\text{I}}$ 与 $\varphi_{\Sigma\text{II}}$。

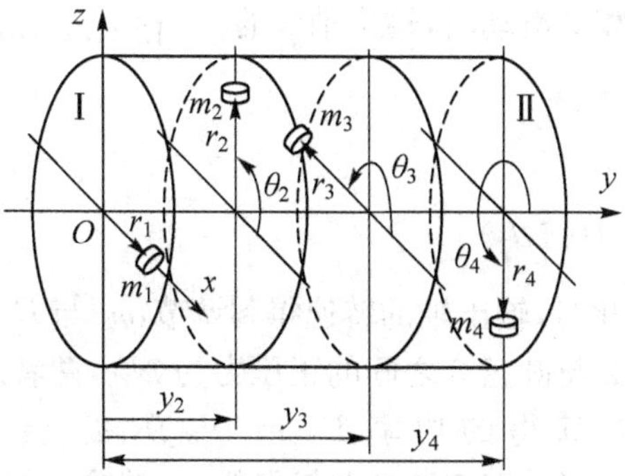

题 11－7 图

12 机械无级变速机构

12.1 概述

无级变速传动是一种输出转速在一定范围内可以调节的独立工作单元,无级变速传动分为电力无级变速传动、液力无级变速传动和机械无级变速传动。电力无级变速的原理是改变电机的磁通、电压、电流或频率;液力无级变速传动的原理是改变液体的体积或液流的路径;机械无级变速传动的原理是改变某一构件的位置或尺寸。从传动原理上划分,机械无级变速传动分为牵引力(摩擦力)式与机构传动式。从结构上划分,机械无级变速传动分为定轴无中间滚动体式,中间滚动体定轴式和行星运动中间滚动体式。本书仅介绍机械无级变速传动的类型、工作原理、传动特性与应用。在某些生产工艺中,采用机械无级变速传动有利于简化传动的结构,提高生产率与产品质量,节约能源,便于实现自动控制。

12.2 定轴无中间滚动体式机械无级变速传动

12.2.1 正交轴无级传动

定轴无中间滚动体式机械无级变速传动是结构相对简单的一种牵引力式无级变速器。图 12.1 为一种正交轴结构的移动滚轮平盘式无级变速器,通过滑键或花键将滚轮 2 装于输入轴 1 上,输入轴 1 向下压滚轮 2,滚轮 2 与输出轴 3 上的圆盘之间产生摩擦力,滚轮 2 在水平方向由调速机构改变位置(如螺旋机构)。设输入轴 1 的转速为 ω_1,输出轴 3 的转速为 ω_3,滚轮 2 的位置为 R_3,滚轮 2 的直径为 d_2,滚轮 2 与圆盘 3 之间无相对滑动时,输出轴 3 的转速 ω_3 与传动比 i_{13} 分别为

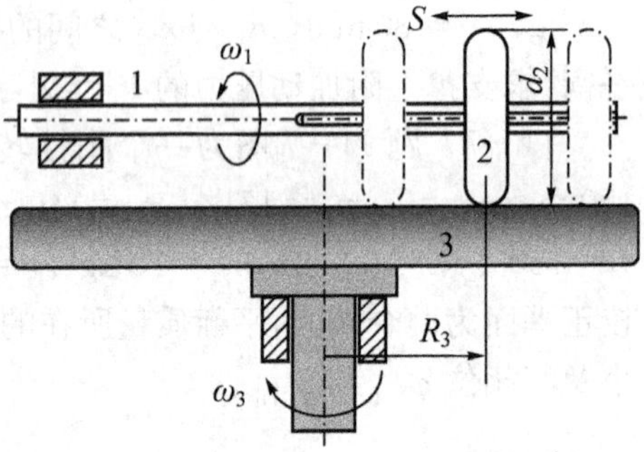

图 12.1 移动滚轮平盘式无级变速器

$$\omega_3 = 0.5d_2\omega_1/R_3 \tag{12.1}$$

$$i_{13} = \omega_1/\omega_3 = R_3/(0.5d_2) \tag{12.2}$$

当 R_3 在一定范围内变化时,输出轴的转速得到调节,ω_3 与 R_3 成反比关系。

当轴 1 主动时,设滚轮 2 与圆盘 3 之间的正压力为 N_{23},两者之间的摩擦系数为 f,摩擦力 $F_{23} = N_{23}f$,则圆盘 3 获得的功率 $P_3 = N_{23}fR_3\omega_3 = N_{23}fR_3(0.5d_2\omega_1)/R_3 = 0.5N_{23}fd_2\omega_1$,不论 R_3 如何变化,即滚轮 2 在任何位置,其输出的功率 P_3 不变,称为恒功率型无级传动。当轴 1 主动时,圆盘 3 获得的转矩 $T_3 = N_{23}fR_3$,T_3 与 R_3 成正比。

当圆盘 3 主动时，轴 1 获得的功率 $P_1 = N_{23}f(0.5d_2\omega_1) = N_{23}f(0.5d_2)R_3/(0.5d_2)\omega_3 = N_{23}fR_3\omega_3$，$P_1$ 与 R_3、ω_3 成正比。当圆盘 3 主动时，轴 1 获得的转矩 $T_1 = 0.5d_2N_{23}f$，不论 R_3 如何变化，即滚轮 2 在任何位置，轴 1 所得到的转矩 T_1 不变，称为恒转矩型无级传动。

该种无级变速器传递的功率可达 4 kW，机械效率在 0.8～0.85 之间，传动比在0.2～2.0之间。

12.2.2 相交轴锥盘环锥式无级传动

图 12.2 为一种相交轴锥盘环锥式无级变速器。锥盘 2 的半锥角为 θ，通过滑键或花键将锥盘 2 装于输入轴 1 上，输入轴 1 向下压锥盘 2，锥盘 2 与输出轴 3 上的内圆环端面之间产生摩擦力，促使输出轴 3 转动。锥盘 2 在其轴线方向由调速机构改变位置（如螺旋机构），设位置的改变量为 S，同时，输入轴 1 在垂直于自身轴线的方向上也产生附加的径向位移 a，$a = S\tan\theta$。当输入轴 1 的转速为 ω_1，锥盘 2 的初始接触半径为 R_2，对应于位置改变量 S 后的接触半径 $R_{2t} = R_2 - S\tan\theta$，锥盘 2 与输出轴 3 上的内圆环端面之间无相对滑动时，输出轴 3 的转速 ω_3 与传动比 i_{13} 分别为

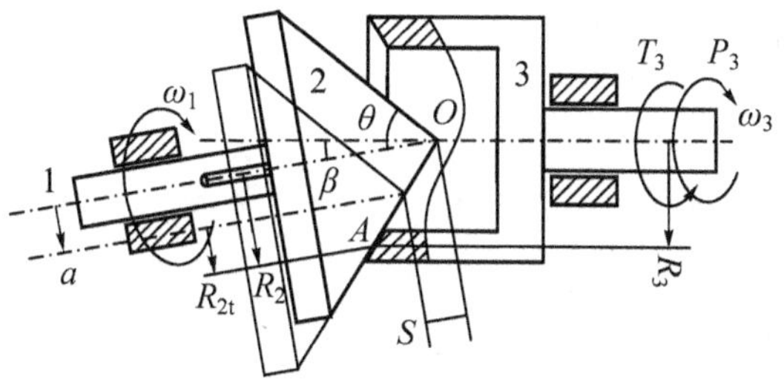

图 12.2 锥盘环锥式无级变速器

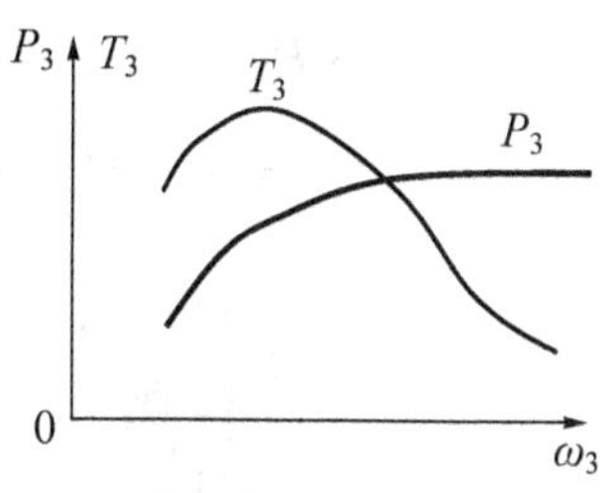

图 12.3 锥盘环锥式无级变速器的机械特征

$$\omega_3 = (R_2 - S\tan\theta)\omega_1/R_3 \tag{12.3}$$

$$i_{13} = \omega_1/\omega_3 = R_3/(R_2 - S\tan\theta) \tag{12.4}$$

当 S 在一定范围内变化时，输出轴的转速得到调节。

该种无级变速器传递的功率可达 11 kW，机械效率在 0.5～0.92 之间，传动比在 0.25～1.15 之间。设 P_3、T_3 分别表示输出轴 3 的功率与轴

征如图 12.3 所示。

12.2.3 光轴斜盘式无级传动

图 12.4 为一种光轴斜盘式无级变速器。它将输入转动转化为输出的往复移动。光轴 1 只单向转动不沿轴向移动，三个轴承的内圆环以倾角为 β 压紧在光轴上，三个轴承的外圆环通过构件 2 连接在一起，当光轴 1 转动时，三个轴承带动构件 2 以及框架 3 沿一个方向移动，当移动一段距离时，三个轴承的倾角被改变为

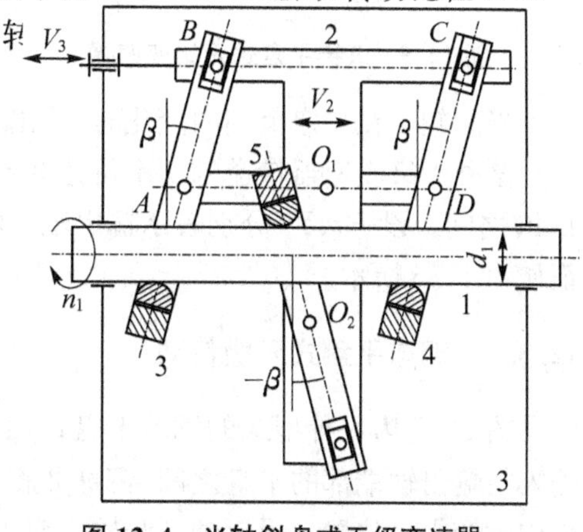

图 12.4 光轴斜盘式无级变速器

反方向的(换向装置未示出),于是框架 3 沿相反方向移动,如此反复,输出构件便作往复移动。当三个轴承的倾角为 β 时,输出构件的移动速度 V_2 为

$$V_2 = \pi d_1 n_1 \tan\beta / 60\,000 \quad (\mathrm{m/s}) \tag{12.5}$$

式中 d_1 为光轴 1 的直径,单位为 mm, n_1 为光轴 1 的转速,单位为 r/min。

当 β 被调节时,输出构件的移动速度得到调节。该种无级变速器主要用于电缆机械中。

12.3 定轴有中间滚动体式无级变速传动

12.3.1 滚锥平盘式无级传动

图 12.5 为一种型式的滚锥平盘式无级变速器。输入轴 1 的转速为 ω_1,滚锥 2 被压紧在输入与输出轴端部的平盘之间,滚锥 2 作定轴转动,滚锥 2 的位置由调节机构实现。设滚轮 2 与输入端盘的接触点到输入轴的距离为 R_1,滚轮 2 与输入端盘的接触半径 r_a;滚轮 2 与输出端盘的接触点到输出轴的距离为 R_3,滚轮 2 与输出端盘的接触半径 r_b,滚轮 2 与两个端盘之间无相对滑动,则输出轴 3 的转速 ω_3 与传动比 i_{13} 分别为

$$\omega_3 = (r_b \cdot R_1)\omega_1 / (r_a \cdot R_3) \tag{12.6}$$

$$i_{13} = \omega_1 / \omega_3 = r_a \cdot R_3 / (r_b \cdot R_1) \tag{12.7}$$

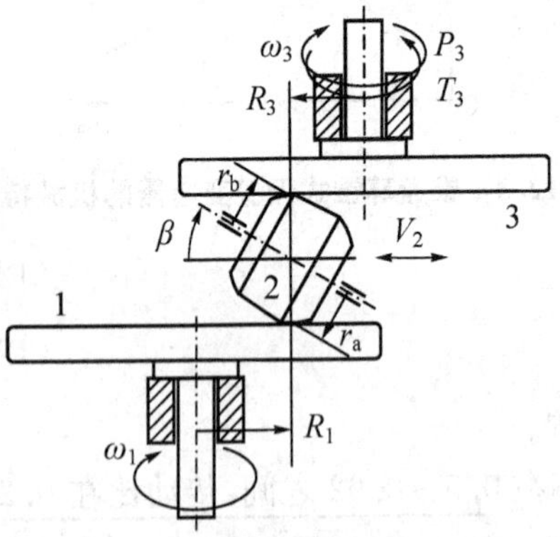

图 12.5 滚锥平盘式无级变速器

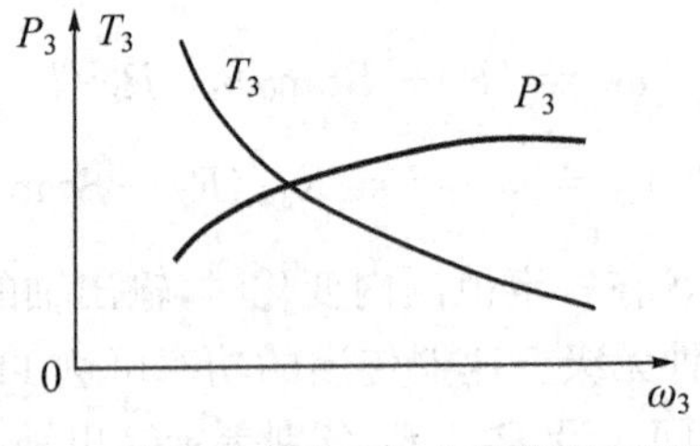

图 12.6 滚锥平盘式无级变速器的机械特征

当滚轮 2 在一定范围内变化时,输出轴的转速得到调节。

该种无级变速器传递的功率可达 3 kW,机械效率在 0.77～0.92 范围,传动比在 0.17～1.46 之间。设 P_3、T_3 分别表示输出轴 3 的功率与转矩,则滚锥平盘式无级变速器的机械特征如图 12.6 所示。

12.3.2 钢球平盘式无级传动

图 12.7 为一种型式的钢球平盘式无级变速器。输入轴 1 的转速为 ω_1,钢球 2 被压紧在输入与输出轴端部的平盘之间,钢球 2 相对于自身的机架 4 作定轴转动,钢球 2 由位置调节机构改变水平位置。设钢球 2 与输入盘的接触点到输入轴的距离为 R_1,钢球 2 与输出盘的

接触点到输出轴的距离为 R_3，输入与输出轴之间的中心距为 a，$a = R_1 + R_3$，a 为定值，钢球 2 与圆盘之间无相对滑动，则输出轴 3 的转速 ω_3 与传动比 i_{13} 分别为

$$\omega_3 = R_1 \cdot \omega_1 / R_3 = R_1 \cdot \omega_1 / (a - R_1) \tag{12.8}$$

$$i_{13} = \omega_1 / \omega_3 = R_3 / R_1 = (a - R_1) / R_1 \tag{12.9}$$

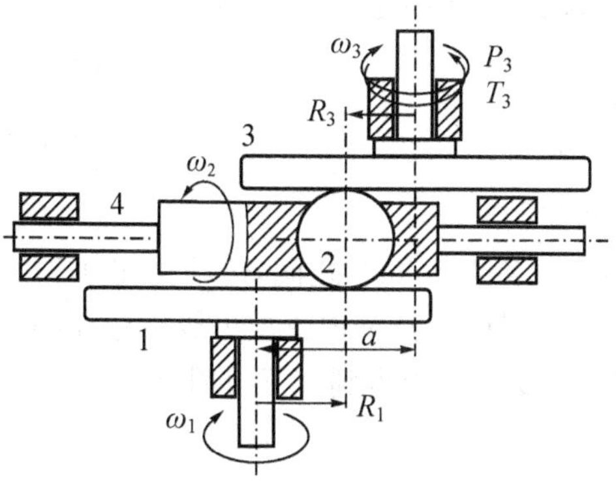

图 12.7　钢球平盘式无级变速器

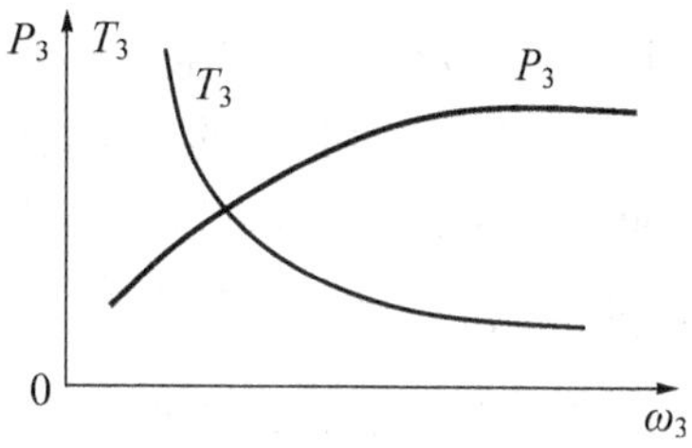

图 12.8　钢球平盘式无级变速器的机械特征

当钢球 2 在一定范围内变化时，输出轴的转速得到调节。

该种无级变速器传递的功率可达 3 kW，机械效率小于 0.8，传动比在 0.05～1.5 之间。设 P_3、T_3 分别表示输出轴 3 的功率与转矩，则钢球平盘式无级变速器的机械特征如图 12.8 所示。

12.3.3　钢环分离锥盘式无级传动

图 12.9(a)、(b)为一种型式的钢环分离锥盘式无级变速器在不同传动比时的结构简图。

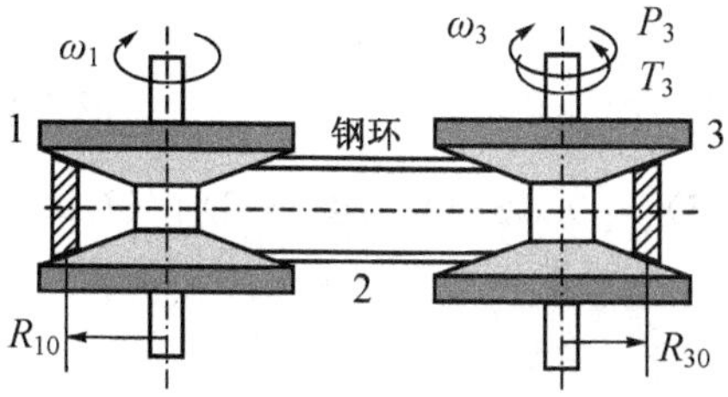

(a)

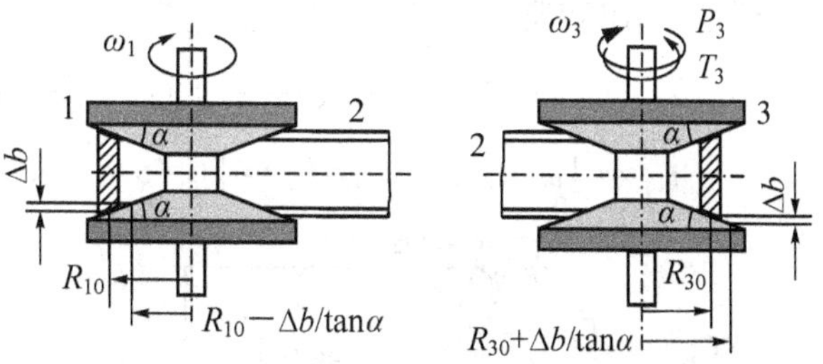

(c)　　(a)

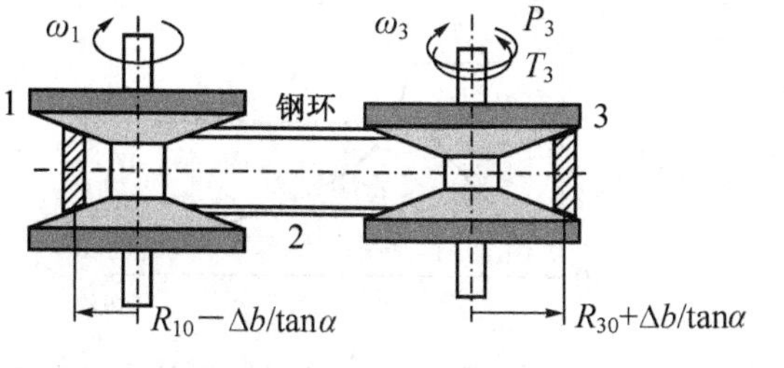

(b)

图 12.9　钢环分离锥盘式无级变速器

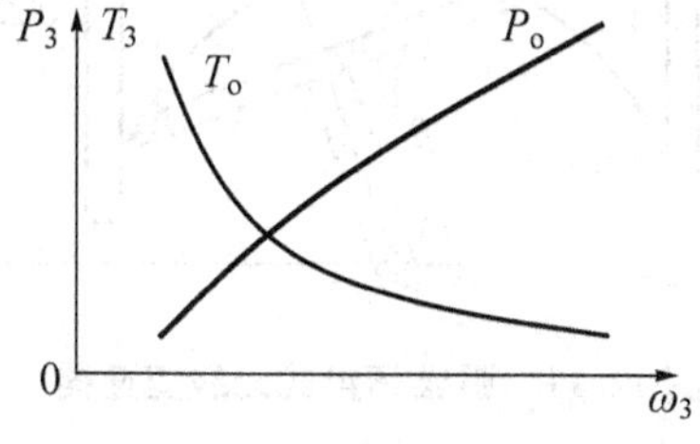

图 12.10　钢环分离锥盘式无级变速器的机械特征

输入轴 1 的转速为 ω_1，钢环 2 被涨紧在输入与输出轴上的 V 型槽之间，V 型槽的夹角为 2α，钢环可以是整体式的，也可以是一节一节装配式的。设钢环 2 与输入锥盘的初始接触点到输入轴的距离为 R_{10}，钢环 2 与输出锥盘的初始接触点到输出轴的距离为 R_{30}，如图 12.9(a)所示。当输入锥盘向外张开一段距离 Δb 时，如图 12.9(c)所示，R_{10} 减小到 $R_{10}-\Delta b/\tan\alpha$；与此过程相对应，输出锥盘向内缩小 Δb 的距离，R_{30} 增大到 $R_{30}+\Delta b/\tan\alpha$，如图 12.9(d)所示。设钢环 2 与两个锥盘之间无相对滑动，则输出轴 3 的转速 ω_3 与传动比 i_{13} 分别为

$$\omega_3 = (R_{10} - \Delta b/\tan\alpha)\omega_1/(R_{30} + \Delta b/\tan\alpha) \tag{12.10}$$

$$i_{13} = \omega_1/\omega_3 = (R_{30} + \Delta b/\tan\alpha)/(R_{10} - \Delta b/\tan\alpha) \tag{12.11}$$

当 Δb 在一定范围内变化时，输出轴的转速得到调节。

该种无级变速器传递的功率可达 10 kW，机械效率在 0.75～0.9 之间，传动比在 0.31～3.2 之间。设 P_3、T_3 分别表示输出轴 3 的功率与转矩，则钢环分离锥盘式无级变速器的机械特征如图 12.10 所示。该种型式的无级变速器在汽车变速箱中得到广泛应用[19]。

12.3.4 弧锥环盘式无级传动

图 12.11 为一种型式的弧锥环盘式无级变速器。输入轴 1 的转速为 ω_1，环盘 2 被压紧在输入与输出轴的弧锥上，环盘 2 的圆弧半径为 R，两段圆弧的中点 A、B 关于圆心 O 的张角为 2θ，环盘 2 关于转动中心 O 的偏转角为 δ，两弧锥 1、3 与环盘 2 的接触点 A、B 所对应的节径分别为 d_{1t}、d_{2t}，设环盘 2 与两弧锥 1、3 之间无相对滑动，由图 12.11 得 R、θ、δ、d_{1t}、d_{2t} 以及两环盘的中心距 a 之间的几何关系为

$$0.5d_{1t} + R\sin\theta\sin\delta + R\cos\theta\cos\delta = 0.5a \tag{12.12}$$

$$0.5d_{3t} - R\sin\theta\sin\delta + R\cos\theta\cos\delta = 0.5a \tag{12.13}$$

于是，输出转速 ω_3 与传动比 i_{13} 分别为

$$\omega_3 = -[0.5a - R\cos(\theta - \delta)]/[0.5a - R\cos(\theta + \delta)]\omega_1 \tag{12.14}$$

$$i_{13} = |\omega_1/\omega_3| = d_{3t}/d_{1t} = [0.5a - R\cos(\theta + \delta)]/[0.5a - R\cos(\theta - \delta)] \tag{12.15}$$

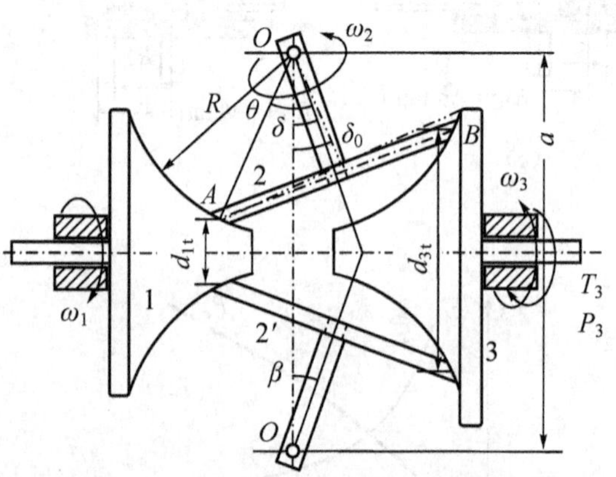

图 12.11 弧锥环盘式无级变速器

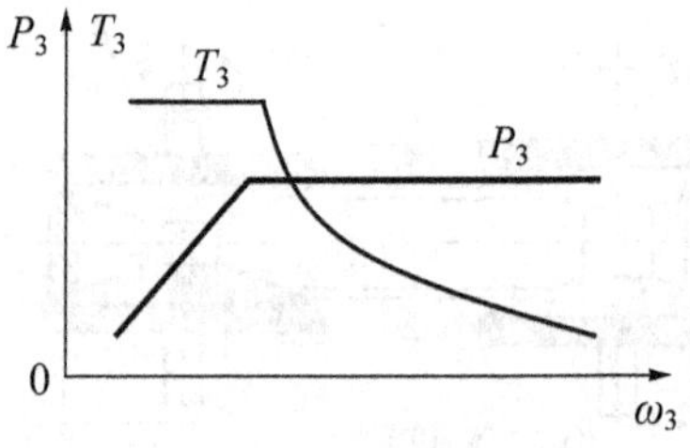

图 12.12 弧锥环盘式无级变速器的机械特征

当 δ 在$[-\delta_0, \delta_0]$之间变化时，输出轴的转速得到调节。该种无级变速器传递的功率可

达 10 kW，机械效率在 0.90～0.95 之间，传动比在 0.22～2.2 之间。设 P_3、T_3 分别表示输出轴 3 的功率与转矩，则弧锥环盘式无级变速器的机械特征如图 12.12 所示。

12.3.5 菱锥式无级传动

图 12.13(a)为一种型式的菱锥式无级变速器。输入轴 1 的转速为 ω_1，菱锥 2 被压紧在输入与输出轴端部的环状空间之间，菱锥 2 的轴线与输入轴 1 的轴线之间的夹角为 α，菱锥 2 绕自身的轴线转动，菱锥 2 的水平位置由位置调节机构进行调节。设菱锥 2 与输入轴环的接触点到输入轴线的距离为 0.5 d_1，菱锥 2 的接触半径为 r_{21}；菱锥 2 与输出环的接触点到输出轴线的距离为 0.5 d_3，菱锥 2 的接触半径为 r_{23}。由图 12.13(b)的尺寸关系得 r_{21}、r_{23} 的函数式分别为 $r_{21}=(L-b-H)\tan\delta$，$r_{23}=b\tan\delta$，L、H 为结构常数，b 为自变量。设菱锥 2 作无相对滑动的相对滚动，菱锥 2 与输入轴环之间的速度关系为 $0.5d_1\omega_1=\omega_2 r_{21}$，菱锥 2 与输出环之间的速度关系为 $0.5d_3\omega_3=\omega_2 r_{23}$，则输出轴 3 的转速 ω_3 与传动比 i_{13} 分别为

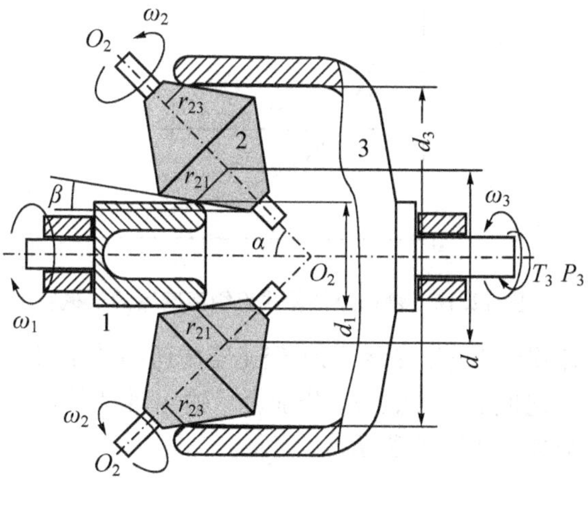

(a)

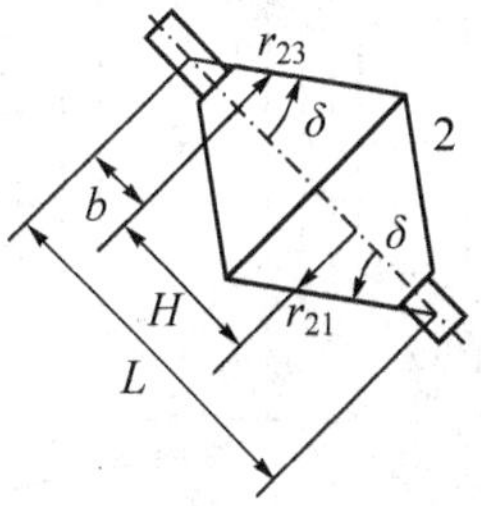

(b)

图 12.13 菱锥式无级变速器

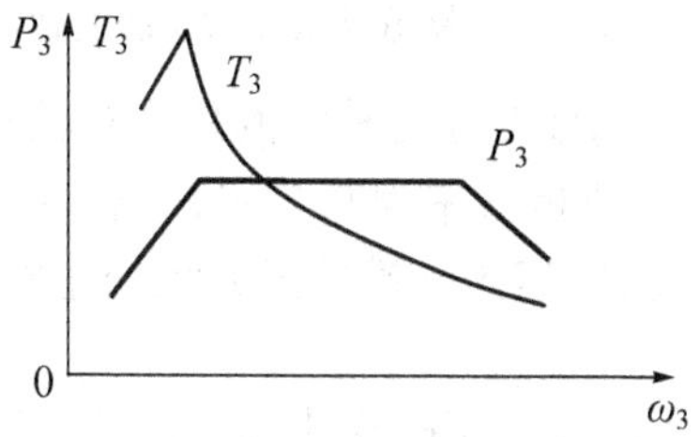

图 12.14 菱锥式无级变速器的机械特征

$$\omega_3=-(r_{23}\cdot d_1)\omega_1/(r_{21}\cdot d_3)=-b\cdot d_1\omega_1/[(L-H-b)d_3] \tag{12.16}$$

$$i_{13}=|\omega_1/\omega_3|=|-(L-H-b)d_3/(b\cdot d_1)| \tag{12.17}$$

当菱锥 2 在水平方向移动(在垂直方向也产生附加的移动)时，输出轴的转速得到调节。该种无级变速器传递的功率可达 37 kW，机械效率为 0.8～0.93，传动比在 0.8～7 之间。设 P_3、T_3 分别表示输出轴 3 的功率与转矩，则菱锥式无级变速器的机械特征如图 12.14 所示。

12.3.6 钢球外锥轮式无级传动

图 12.15 为一种型式的钢球外锥轮式无级变速器。输入轴 1 的转速为 ω_1，直径为 d_2 的钢球 2 被压紧在输入与输出轴的锥面上，接触点分别为 A_1、A_3，两个锥面的顶角都为 2β，钢球 2 的转动轴线与输入、输出轴线成 α 角，α 的大小由位置调节机构调节，α 为调速的自变量。设输入锥与钢球 2 的接触点 A_1 到输入轴线的距离为 0.5 d_1，钢球 2 的接触半径为 r_{21}，r_{21} 垂

直于自身的转动轴线；输出锥与钢球 2 的接触点 A_3 到输出轴线的距离为 $0.5d_3$，$d_3=d_1$，钢球 2 的接触半径为 r_{23}，r_{23} 垂直于自身的转动轴线。由图 12.15 得 $r_{21}=0.5d_2\cos(\beta+\alpha)$，$r_{23}=0.5d_2\cos(\beta-\alpha)$，设钢球 2 作无相对滑动的纯滚动，输入锥与钢球 2 之间的速度关系为 $0.5d_1\omega_1=\omega_2 r_{21}=0.5\omega_2 d_2\cos(\beta+\alpha)$，输出锥与钢球 2 之间的速度关系为 $0.5d_3\omega_3=\omega_2 r_{23}=0.5\omega_2 d_2\cos(\beta-\alpha)$，则输出轴 3 的转速 ω_3 与传动比 i_{13} 分别为

$$\omega_3=(d_1\cdot r_{23})\omega_1/(d_3\cdot r_{21})=d_1\omega_1\cos(\beta-\alpha)/[d_3\cos(\beta+\alpha)] \tag{12.18}$$

$$i_{13}=\omega_1/\omega_3=r_{21}\cdot d_3/(r_{23}\cdot d_1)=d_3\cos(\beta+\alpha)/[d_1\cos(\beta-\alpha)] \tag{12.19}$$

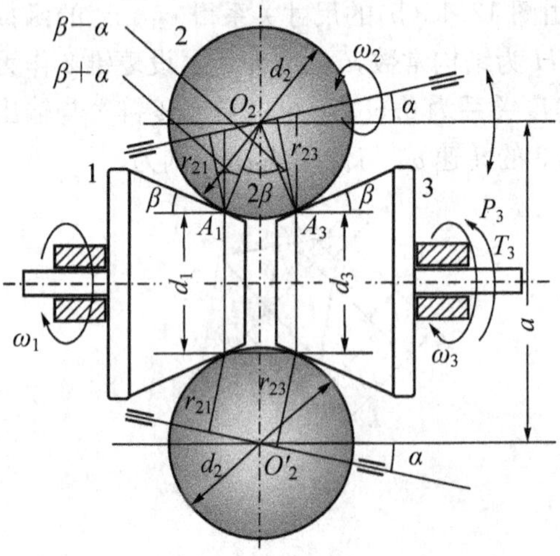

图 12.15　钢球外锥轮式无级变速器

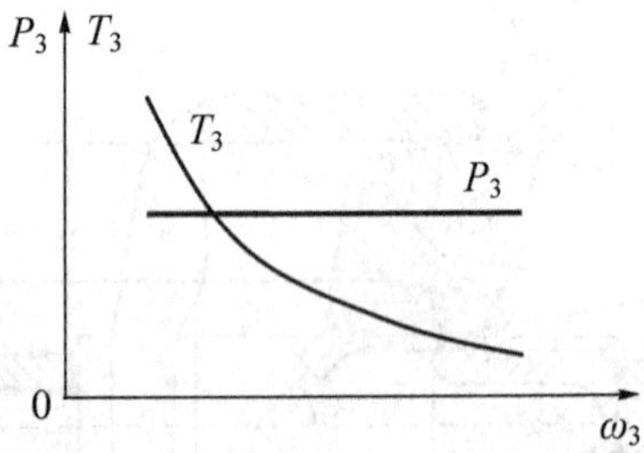

图 12.16　钢球外锥轮式无级变速器的机械特征

当钢球 2 改变轴线的角度时，输出轴的转速得到调节。该种无级变速器传递的功率可达 11 kW，机械效率为 0.8～0.9，传动比在 0.3～3 之间。设 P_3、T_3 分别表示输出轴 3 的功率与转矩，则钢球外锥轮式无级变速器的机械特征如图 12.16 所示。

12.4　行星式无级变速传动

行星式牵引无级变速器利用光滑行星轮与内、外中心轮之间的牵引力来实现运动与动力的传递，通过改变行星轮或内、外中心轮的工作半径来实现无级变速传动。

12.4.1　转臂输出式无级传动

转臂输出式无级变速器如图 12.17(a)所示。输入轴 1 的角速度为 ω_1，光滑行星锥轮 2 以倾斜 β 角安装在行星架(转臂)H 上，行星锥轮 2 的外侧与内锥轮 3 相互压紧，内锥轮 3 的轴向位置可调但不转动，行星锥轮 2 的内侧与转动的外锥轮 1 相互压紧。设行星锥轮 2 相对于转臂 H 的角速度为 $\boldsymbol{\omega}_{2H}$，相对于内锥轮 3 的角速度 $\boldsymbol{\omega}_2$，相对于外锥轮 1 的角速度 $\boldsymbol{\omega}_{21}$；转臂 H 的角速度为 $\boldsymbol{\omega}_H$，外锥轮 1 相对于转臂 H 的角速度为 $\boldsymbol{\omega}_{1H}$。由于角速度矢量 $\boldsymbol{\omega}_1$、$\boldsymbol{\omega}_2$、$\boldsymbol{\omega}_H$，$\boldsymbol{\omega}_{21}$；$\boldsymbol{\omega}_{2H}$ 与 $\boldsymbol{\omega}_{1H}$ 存在 $\boldsymbol{\omega}_1=\boldsymbol{\omega}_H+\boldsymbol{\omega}_{1H}$，$\boldsymbol{\omega}_2=\boldsymbol{\omega}_H+\boldsymbol{\omega}_{2H}$，$\boldsymbol{\omega}_{2H}=\boldsymbol{\omega}_2-\boldsymbol{\omega}_H=\boldsymbol{\omega}_{21}+\boldsymbol{\omega}_{1H}$ 的关系，所以，它们构成的速度图形如图 12.17(b)所示。当外锥轮 1 为主动件、转臂 H 为从动件时，由图 12.17(b)得以下速度关系。

对△OAB 应用正弦定理得

$$\frac{\omega_2-\omega_H}{\sin[\pi-(\alpha_2+\beta)]}=\frac{\omega_H}{\sin\alpha_2} \tag{12.20}$$

对△OBC 应用正弦定理得

$$\frac{\omega_1-\omega_H}{\sin\alpha_1}=\frac{\omega_2-\omega_H}{\sin(\beta-\alpha_1)} \tag{12.21}$$

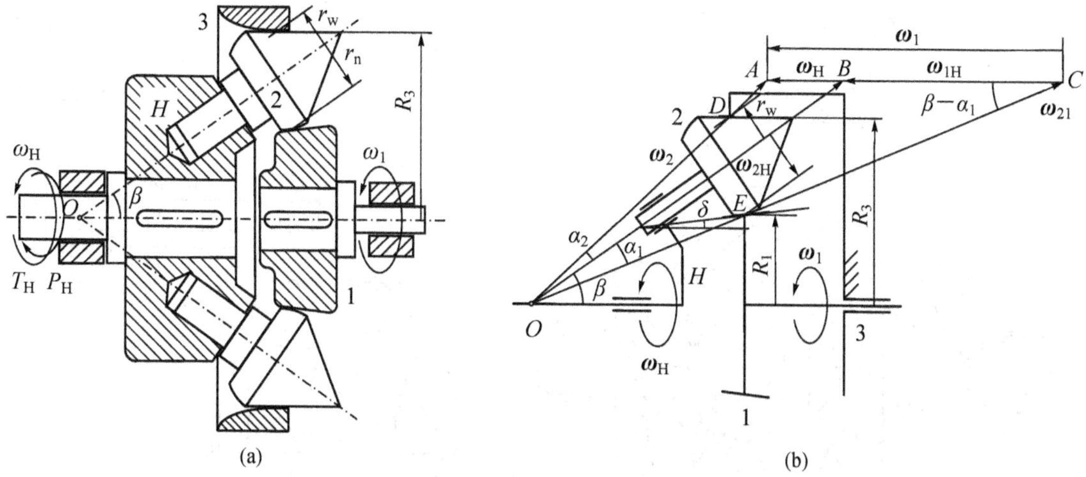

图 12.17 转臂输出式无级变速器与运动分析简图

结合图 12.17(b)化简式(12.20)得

$$\frac{\omega_2-\omega_H}{\omega_H}=\frac{\sin(\alpha_2+\beta)}{\sin\alpha_2}=\frac{OD\sin(\alpha_2+\beta)}{OD\sin\alpha_2}=\frac{R_3}{r_w}$$

$$\omega_2=\left(1+\frac{R_3}{r_w}\right)\omega_H \tag{12.22}$$

结合图 12.17(b)化简式(12.21)得

$$\frac{\omega_1-\omega_H}{\omega_2-\omega_H}=\frac{\sin\alpha_1}{\sin(\beta-\alpha_1)}=\frac{OE\sin\alpha_1}{OE\sin(\beta-\alpha_1)}=\frac{r_n}{R_1}$$

$$\omega_1=\omega_H+\frac{r_n}{R_1}(\omega_2-\omega_H) \tag{12.23}$$

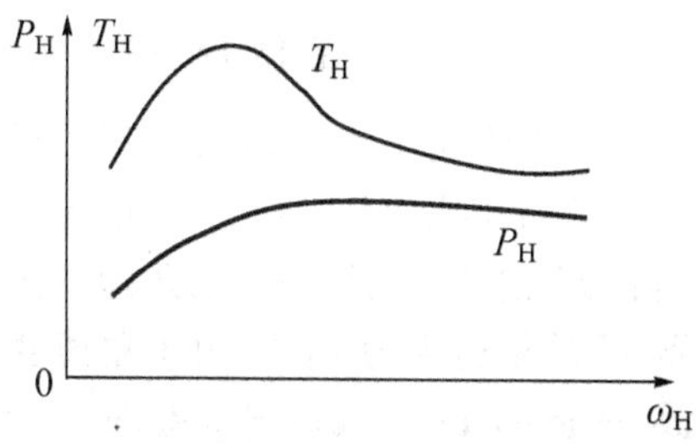

图 12.18 转臂输出式无级变速器的机械特征

由式(12.22)、式(12.23)得输入轴 1、输出转臂 H 之间的传动比 i_{1H} 为

$$i_{1H}=\frac{\omega_1}{\omega_H}=\frac{r_n\cdot R_3+r_w\cdot R_1}{r_w\cdot R_1} \tag{12.24}$$

当改变内锥轮 3 的轴向位置时，转臂的转速得到调节。该种无级变速器传递的功率可达 15 kW，机械效率为 0.6～0.8，传动比在 4～16 之间。设 P_H、T_H 分别表示转臂 H 的功率与转矩，则转臂输出式无级变速器的机械特征如图 12.18 所示。

12.4.2 转臂输出式封闭行星锥轮无级传动

转臂输出式封闭行星锥轮无级变速器如图 12.19(a)所示。输入轴 1 的角速度为 ω_1，光滑锥轮 2 以倾斜 β 角安装在机架 5 上，内侧与主动中心轮 1 压紧，外侧与转动中心轮 3 压紧；光滑行星锥轮 4 以倾斜 β 角安装在行星架(转臂) H 上，内侧与主动中心轮 1′ 压紧，外侧与转动中心轮 3 压紧，中心轮 3 的轴向位置可以调节，以达到调速的目的。设定轴转动的光滑锥轮 2 的角速度为 ω_2、中心轮 3 的角速度为 ω_3，由图 12.19(a)得它们之间的运动关系分别为

$$\omega_2 = R_1\omega_1/r_{21} \tag{12.25}$$

$$\omega_3 = -\frac{R_1}{r_{21}}\frac{r_{23}}{R_3}\omega_1 \tag{12.26}$$

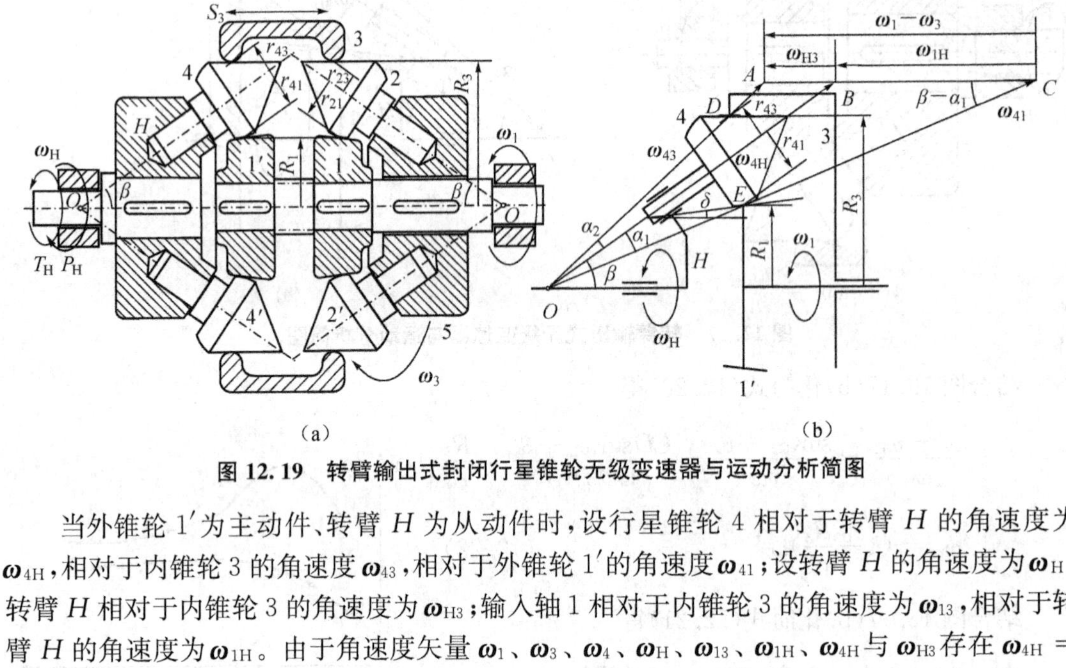

图 12.19 转臂输出式封闭行星锥轮无级变速器与运动分析简图

当外锥轮 1′为主动件、转臂 H 为从动件时，设行星锥轮 4 相对于转臂 H 的角速度为 $\boldsymbol{\omega}_{4H}$，相对于内锥轮 3 的角速度 $\boldsymbol{\omega}_{43}$，相对于外锥轮 1′的角速度 $\boldsymbol{\omega}_{41}$；设转臂 H 的角速度为 $\boldsymbol{\omega}_H$，转臂 H 相对于内锥轮 3 的角速度为 $\boldsymbol{\omega}_{H3}$；输入轴 1 相对于内锥轮 3 的角速度为 $\boldsymbol{\omega}_{13}$，相对于转臂 H 的角速度为 $\boldsymbol{\omega}_{1H}$。由于角速度矢量 $\boldsymbol{\omega}_1$、$\boldsymbol{\omega}_3$、$\boldsymbol{\omega}_4$、$\boldsymbol{\omega}_H$、$\boldsymbol{\omega}_{13}$、$\boldsymbol{\omega}_{1H}$、$\boldsymbol{\omega}_{4H}$ 与 $\boldsymbol{\omega}_{H3}$ 存在 $\boldsymbol{\omega}_{4H} = \boldsymbol{\omega}_{41} + \boldsymbol{\omega}_{1H}$，$\boldsymbol{\omega}_{43} = \boldsymbol{\omega}_{4H} + \boldsymbol{\omega}_{H3}$，$\boldsymbol{\omega}_{43} = \boldsymbol{\omega}_{41} + \boldsymbol{\omega}_{13}$ 的关系，所以，它们构成的速度图形如图 12.19(b)所示。

对△OAB 应用正弦定理得

$$\frac{\omega_H - \omega_3}{\sin\alpha_2} = \frac{\omega_4 - \omega_H}{\sin[\pi - (\alpha_2 + \beta)]} = \frac{\omega_4 - \omega_H}{\sin(\alpha_2 + \beta)} \tag{12.27}$$

对△OBC 应用正弦定理得

$$\frac{\omega_1 - \omega_H}{\sin\alpha_1} = \frac{\omega_4 - \omega_H}{\sin(\beta - \alpha_1)} \tag{12.28}$$

对△OAC 应用正弦定理得

$$\frac{\omega_1 - \omega_3}{\sin(\alpha_1 + \alpha_2)} = \frac{\omega_4 - \omega_3}{\sin(\beta - \alpha_1)} \tag{12.29}$$

结合图 12.19(a)与式(12.26)、式(12.27)～式(12.29)得传动比 i_{1H} 为

$$\frac{\omega_H-\omega_3}{\omega_4-\omega_H}=\frac{\sin\alpha_2}{\sin(\beta+\alpha_2)}=\frac{OD\sin\alpha_2}{OD\sin(\beta+\alpha_2)}=\frac{r_{43}}{R_3}$$

$$\frac{\omega_1-\omega_H}{\omega_4-\omega_H}=\frac{\sin\alpha_1}{\sin(\beta-\alpha_1)}=\frac{OE\sin\alpha_1}{OE\sin(\beta-\alpha_1)}=\frac{r_{41}}{R_1}$$

$$\frac{\omega_1-\omega_H}{\omega_H-\omega_3}=\frac{r_{41}}{R_1}\cdot\frac{R_3}{r_{43}}$$

$$\omega_1-\omega_H=\frac{r_{41}}{R_1}\cdot\frac{R_3}{r_{43}}(\omega_H-\omega_3)=\frac{r_{41}}{R_1}\cdot\frac{R_3}{r_{43}}\left(\omega_H+\frac{r_{23}}{r_{21}}\cdot\frac{R_1}{R_3}\omega_1\right)$$

$$\omega_1-\omega_H=\frac{r_{41}}{R_1}\cdot\frac{R_3}{r_{43}}\omega_H+\frac{r_{23}}{r_{21}}\cdot\frac{r_{41}}{r_{43}}\omega_1$$

$$\left(1-\frac{r_{23}}{r_{21}}\cdot\frac{r_{41}}{r_{43}}\right)\omega_1=\left(1+\frac{r_{41}}{R_1}\cdot\frac{R_3}{r_{43}}\right)\omega_H$$

$$i_{1H}=\frac{\omega_1}{\omega_H}=\left(1+\frac{r_{41}}{R_1}\cdot\frac{R_3}{r_{43}}\right)\Big/\left(1-\frac{r_{23}}{r_{21}}\cdot\frac{r_{41}}{r_{43}}\right)$$

$$i_{1H}=\frac{\omega_1}{\omega_H}=\frac{R_1\cdot r_{43}+R_3\cdot r_{41}}{R_1\cdot r_{43}}\Big/\left(\frac{r_{21}\cdot r_{43}-r_{23}\cdot r_{41}}{r_{21}\cdot r_{23}}\right)$$

$$i_{1H}=\frac{\omega_1}{\omega_H}=\frac{r_{21}}{R_1}\frac{R_1\cdot r_{43}+R_3\cdot r_{41}}{r_{21}\cdot r_{43}-r_{23}\cdot r_{41}}\tag{12.30}$$

当改变内环 3 的轴向位置时，转臂的转速得到调节。该种无级变速器传递的功率可达 4 kW，机械效率约为 0.6。

12.4.3 内锥轮输出式行星无级传动

内锥轮输出式无级变速器如图 12.20(a)所示。输入轴 1(外锥轮 1)的转速为 $\boldsymbol{\omega}_1$，行星锥轮 2 以倾角 α 安装在行星架(转臂)H 上，行星锥轮 2 的上侧与轴向位置可调但不转动的内锥轮 3 相互压紧、行星锥轮 2 的左侧与输出内锥轮 4 相互压紧，行星锥轮 2 的下侧与转动的外锥轮 1 相互压紧。当外锥轮 1 为主动件、内锥轮 4 为从动件时，设行星锥轮 2 相对于不转动内锥轮 3 的角速度为 $\boldsymbol{\omega}_2$，行星锥轮 2 相对于转臂 H 的角速度为 $\boldsymbol{\omega}_{2H}$，相对于内锥轮 4 的角速度 $\boldsymbol{\omega}_{24}$，相对于外锥轮 1 的角速度 $\boldsymbol{\omega}_{21}$；设转臂 H 的角速度为 $\boldsymbol{\omega}_H$；外锥轮 1 相对于转臂 H 的角速度为 $\boldsymbol{\omega}_{1H}$；输出内锥轮 4 的角速度为 $\boldsymbol{\omega}_4$。由于角速度矢量 $\boldsymbol{\omega}_1$、$\boldsymbol{\omega}_2$、$\boldsymbol{\omega}_4$、$\boldsymbol{\omega}_H$、$\boldsymbol{\omega}_{21}$、$\boldsymbol{\omega}_{1H}$、$\boldsymbol{\omega}_{24}$ 与 $\boldsymbol{\omega}_{2H}$ 存在 $\boldsymbol{\omega}_2=\boldsymbol{\omega}_{24}+\boldsymbol{\omega}_4=\boldsymbol{\omega}_{2H}+\boldsymbol{\omega}_H=\boldsymbol{\omega}_{21}+\boldsymbol{\omega}_1$ 与 $\boldsymbol{\omega}_{2H}=\boldsymbol{\omega}_{21}+\boldsymbol{\omega}_{1H}$ 的关系，所以，它们构成的速度图形如图 12.20(b)所示。

对△OCD 应用正弦定理

$$\frac{\omega_2-\omega_H}{\sin(\alpha-\beta)}=\frac{\omega_1-\omega_H}{\sin\beta}\tag{12.31}$$

对△OBC 应用正弦定理得

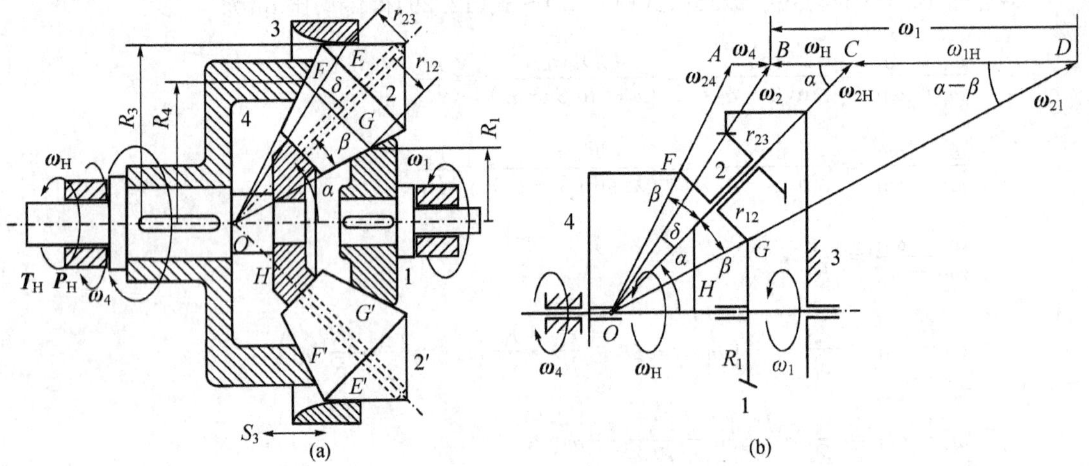

图 12.20　内锥轮输出式无级变速器与运动分析简图

$$\frac{\omega_2 - \omega_H}{\sin(\alpha + \delta)} = \frac{\omega_H}{\sin\delta} \tag{12.32}$$

结合图 12.20(a)与式(12.31)、式(12.32)，得转臂 H 的角速度 ω_H 与输入角速度 ω_1 的函数关系为

$$\frac{\omega_1 - \omega_H}{\omega_H} = \frac{\sin(\alpha + \delta)}{\sin\delta}\frac{\sin\beta}{\sin(\alpha - \beta)} = \frac{OE\sin(\alpha + \delta)}{OE\sin\delta}\frac{OF\sin\beta}{OG\sin(\alpha - \beta)} = \frac{R_3}{r_{23}}\frac{r_{12}}{R_1} \tag{12.33}$$

$$\omega_H = \omega_1/(1 + \frac{R_3}{r_{23}}\frac{r_{12}}{R_1}) = \frac{r_{23}R_1}{r_{23}R_1 + r_{12}R_3}\omega_1 \tag{12.33′}$$

由式(12.32)得行星锥轮 2 的角速度 ω_2 与输入角速度 ω_1 的函数关系为

$$\begin{aligned}\omega_2 &= [1 + \frac{\sin(\alpha + \delta)}{\sin\delta}]\omega_H = [1 + \frac{OE\sin(\alpha + \delta)}{OE\sin\delta}]\omega_H = [1 + \frac{R_3}{r_{23}}]\omega_H \\ &= \frac{r_{23} + R_3}{r_{23}}\frac{r_{23}R_1}{r_{23}R_1 + r_{12}R_3}\omega_1\end{aligned} \tag{12.34}$$

对△OAC 应用正弦定理得

$$\frac{\omega_H - \omega_4}{\sin\beta} = \frac{\omega_2 - \omega_H}{\sin(\alpha + \beta)} \tag{12.35}$$

结合图 12.20(a)与式(12.35)得内锥轮 4 与转臂 H、行星锥轮 2 之间的角速度关系为

$$\begin{aligned}\omega_4 &= [1 + \frac{\sin\beta}{\sin(\alpha + \beta)}]\omega_H - \frac{\sin\beta}{\sin(\alpha + \beta)}\omega_2 \\ &= [1 + \frac{OF\sin\beta}{OF\sin(\alpha + \beta)}]\omega_H - \frac{OF\sin\beta}{OF\sin(\alpha + \beta)}\omega_2 = \frac{R_4 + r_{12}}{R_4}\omega_H - \frac{r_{12}}{R_4}\omega_2\end{aligned} \tag{12.36}$$

将式(12.33′)、式(12.34)代入式(12.36)，得内锥轮 4 的角速度 ω_4 与输入角速度 ω_1 的函数关系为

$$\omega_4=\frac{R_4+r_{12}}{R_4}\frac{r_{23}R_1}{r_{23}R_1+r_{12}R_3}\omega_1-\frac{r_{12}}{R_4}\frac{r_{23}+R_3}{r_{23}}\frac{r_{23}R_1}{r_{23}R_1+r_{12}R_3}\omega_1 \tag{12.37}$$

由式(12.37)得传动比 i_{14} 为

$$i_{14}=\frac{\omega_1}{\omega_4}=1/\left[\frac{R_4+r_{12}}{R_4}\frac{r_{23}R_1}{r_{23}R_1+r_{12}R_3}-\frac{r_{12}}{R_4}\frac{R_1(r_{23}+R_3)}{r_{23}R_1+r_{12}R_3}\right] \tag{12.38}$$

由图 12.20(a)得知传动比 i_{14} 为负值,输出轴的转向与输入轴的转向相反。

12.4.4 环锥行星式无级传动

环锥输出式无级变速器如图 12.21(a)所示。输入轴 1 的转速为 $\boldsymbol{\omega}_1$,行星锥轮 2 以倾角 α 安装在行星架(转臂)H 上,行星锥轮 2 的上侧与轴向位置可调但不转动的内锥轮 3 相互压紧、行星锥轮 2 的左侧与输出内锥轮 4 相互压紧,行星锥轮 2 的下侧与转动的外锥轮 1 相互压紧。当外锥轮 1 为主动件、内锥轮 4 为从动件时,设行星锥轮 2 相对于不转动内锥轮 3 的角速度为 $\boldsymbol{\omega}_2$,行星锥轮 2 相对于转臂 H 的角速度为 $\boldsymbol{\omega}_{2H}$,相对于内锥轮 4 的角速度 $\boldsymbol{\omega}_{24}$,相对于外锥轮 1 的角速度 $\boldsymbol{\omega}_{21}$;设转臂 H 的角速度为 $\boldsymbol{\omega}_H$;外锥轮 1 相对于转臂 H 的角速度为 $\boldsymbol{\omega}_{1H}$。由于角速度矢量 $\boldsymbol{\omega}_1$、$\boldsymbol{\omega}_2$、$\boldsymbol{\omega}_4$、$\boldsymbol{\omega}_{21}$、$\boldsymbol{\omega}_{1H}$、$\boldsymbol{\omega}_{24}$ 与 $\boldsymbol{\omega}_{2H}$ 存在 $\boldsymbol{\omega}_2=\boldsymbol{\omega}_{24}+\boldsymbol{\omega}_4=\boldsymbol{\omega}_{2H}+\boldsymbol{\omega}_H=\boldsymbol{\omega}_{21}+\boldsymbol{\omega}_1$ 与 $\boldsymbol{\omega}_{2H}=\boldsymbol{\omega}_{21}+\boldsymbol{\omega}_{1H}$ 的关系,所以,它们构成的速度图形如图 12.21(b)所示。

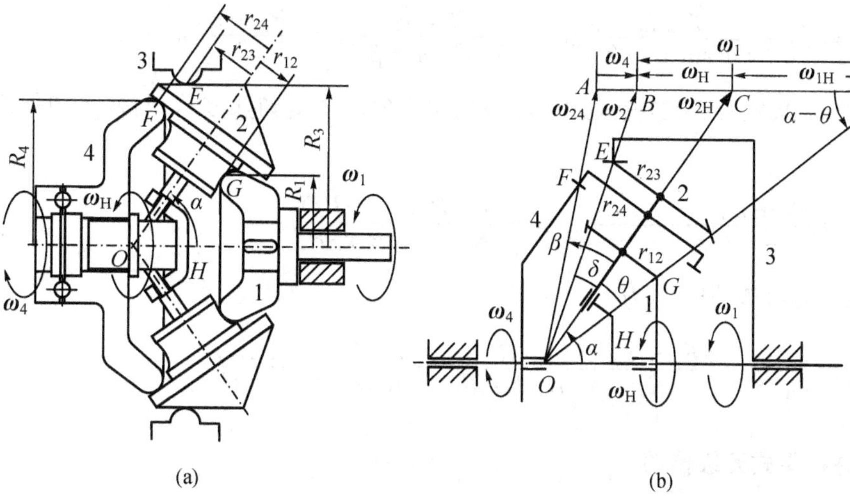

图 12.21 环锥行星式无级变速器与运动分析简图

对△OCD 应用正弦定理

$$\frac{\omega_2-\omega_H}{\sin(\alpha-\theta)}=\frac{\omega_1-\omega_H}{\sin\theta} \tag{12.39}$$

对△OBC 应用正弦定理得

$$\frac{\omega_2-\omega_H}{\sin(\alpha+\delta)}=\frac{\omega_H}{\sin\delta} \tag{12.40}$$

结合图 12.21(a)与式(12.39)、式(12.40),得转臂 H 的角速度 ω_H 与输入角速度 ω_1 的函数关系为

$$\frac{\omega_1-\omega_H}{\omega_H}=\frac{\sin(\alpha+\delta)}{\sin\delta}\frac{\sin\theta}{\sin(\alpha-\theta)}=\frac{OE\sin(\alpha+\delta)}{OE\sin\delta}\frac{OG\sin\theta}{OG\sin(\alpha-\theta)}=\frac{R_3}{r_{23}}\frac{r_{12}}{R_1} \tag{12.41}$$

$$\omega_H=\omega_1/(1+\frac{R_3}{r_{23}}\frac{r_{12}}{R_1})=\frac{r_{23}R_1}{r_{23}R_1+r_{12}R_3}\omega_1 \tag{12.41'}$$

由式(12.41)得行星锥轮 2 的角速度 ω_2 与输入角速度 ω_1 的函数关系为

$$\begin{aligned}\omega_2&=[1+\frac{\sin(\alpha+\delta)}{\sin\delta}]\omega_H=[1+\frac{OE\sin(\alpha+\delta)}{OE\sin\delta}]\omega_H\\&=[1+\frac{R_3}{r_{23}}]\omega_H=\frac{r_{23}+R_3}{r_{23}}\frac{r_{23}R_1}{r_{23}R_1+r_{12}R_3}\omega_1\end{aligned} \tag{12.42}$$

对△OAC 应用正弦定理得

$$\frac{\omega_H-\omega_4}{\sin\beta}=\frac{\omega_2-\omega_H}{\sin(\alpha+\beta)} \tag{12.43}$$

结合图 12.21(a)与式(12.43)得内锥轮 4 与转臂 H、行星锥轮 2 之间的角速度关系为

$$\begin{aligned}\omega_4&=[1+\frac{\sin\beta}{\sin(\alpha+\beta)}]\omega_H-\frac{\sin\beta}{\sin(\alpha+\beta)}\omega_2\\&=[1+\frac{OF\sin\beta}{OF\sin(\alpha+\beta)}]\omega_H-\frac{OF\sin\beta}{OF\sin(\alpha+\beta)}\omega_2=\frac{R_4+r_{24}}{R_4}\omega_H-\frac{r_{24}}{R_4}\omega_2\end{aligned} \tag{12.44}$$

将式(12.41′)、式(12.42)代入式(12.44)，得内锥轮 4 的角速度 ω_4 与输入角速度 ω_1 的函数关系为

$$\omega_4=\frac{R_4+r_{24}}{R_4}\frac{r_{23}R_1}{r_{23}R_1+r_{12}R_3}\omega_1-\frac{r_{24}}{R_4}\frac{R_1(r_{23}+R_3)}{r_{23}R_1+r_{12}R_3}\omega_1 \tag{12.45}$$

由式(12.45)得传动比 i_{14} 为

$$i_{14}=\frac{\omega_1}{\omega_4}=1/[\frac{R_4+r_{24}}{R_4}\frac{r_{23}R_1}{r_{23}R_1+r_{12}R_3}-\frac{r_{24}}{R_4}\frac{R_1(r_{23}+R_3)}{r_{23}R_1+r_{12}R_3}] \tag{12.46}$$

12.4.5 钢球行星式无级传动

钢球行星式无级变速器的工作原理如图 12.22(a)所示。输入轴 1 的转速为 $\boldsymbol{\omega}_1$，半径为 r_2 的行星钢球 2 与输入轴 1 上的凹弧面的接触点为 b、与输入轴 1 上的锥面的接触点为 c，与不转动调速环 3 的接触点为 d，与从动轮 4 的凹弧面的接触点为 a。钢球 2 相对于输入轴 1 的角速度为 $\boldsymbol{\omega}_{21}$，$\boldsymbol{\omega}_{21}$的转动轴线为相对瞬心 b、c 的连线，点 b、c 的连线与轴线 O_1O_1 的交点为 O_J，O_J 为钢球 2 的绝对瞬心；钢球 2 的绝对角速度为 $\boldsymbol{\omega}_2$，$\boldsymbol{\omega}_2$ 的转动轴线为绝对瞬心 d 与 O_J 的连线；钢球 2 的公转角速度(行星架 H 的角速度)为 $\boldsymbol{\omega}_H$；自转角速度为 $\boldsymbol{\omega}_{2H}$，$\boldsymbol{\omega}_{2H}$的转动轴线为其几何中心 O_2 与 O_J 的连线。主动件 1 上锥面的工作半径为 r_{12}、凹弧面的工作半径为 r'_{12}，主动件 1 的角速度为 $\boldsymbol{\omega}_1$；不转动调速环的工作半径为 r_{23}；从动轮 4 的工作半径为 r_{24}，角速度为 $\boldsymbol{\omega}_4$。$\boldsymbol{\omega}_1$、$\boldsymbol{\omega}_2$、$\boldsymbol{\omega}_4$、$\boldsymbol{\omega}_H$、$\boldsymbol{\omega}_{21}$、$\boldsymbol{\omega}_{24}$与 $\boldsymbol{\omega}_{2H}$存在 $\boldsymbol{\omega}_2=\boldsymbol{\omega}_1+\boldsymbol{\omega}_{21}=\boldsymbol{\omega}_4+\boldsymbol{\omega}_{41}=\boldsymbol{\omega}_H+\boldsymbol{\omega}_{2H}$ 的关系，所以，它们构成的速度图形如图 12.22(b)所示。在图 12.22(a)中，过钢球 2 与从动轮

4、主动件 1 的接触点 a、b、c 作绝对瞬心 dO_J 的垂线，得垂足分别为 a'、b'、c'，线段 aa'、bb'、cc'的长度分别为

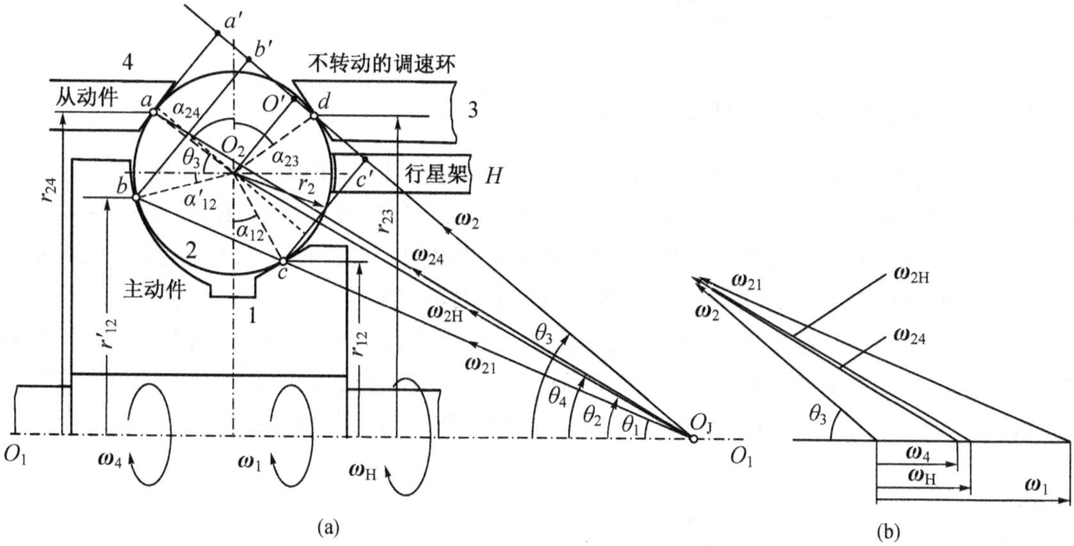

图 12.22　钢球行星式无级变速器的工作原理与速度分析简图

$$aa' = r_2[\cos(\alpha_{23} - \theta_3) + r_2\sin[\alpha_{24} - (\pi/2 - \theta_3)] \tag{12.47}$$

$$cc' = r_2\cos(\alpha_{23} - \theta_3) + r_2\sin[(\pi/2 - \theta_3) - \alpha_{12}] \tag{12.48}$$

$$bb' = r_2\cos(\alpha_{23} - \theta_3) + r_2\sin(\alpha'_{12} + \theta_3) \tag{12.49}$$

钢球 2 与主动件 1 在接触点 b 具有相同的线速度，即 $V_{b1} = V_{b2}$；钢球 2 与主动件 1 在接触点 c 具有相同的线速度，即 $V_{c1} = V_{c2}$。由此得钢球 2 的角速度 ω_2 为

$$\omega_2 \cdot bb' = \omega_1 \cdot r'_{12} \tag{12.50}$$

$$\omega_2 = \omega_1 \cdot r'_{12}/bb' \tag{12.51}$$

$$\omega_2 \cdot cc' = \omega_1 \cdot r_{12} \tag{12.52}$$

$$\omega_2 = \omega_1 \cdot r_{12}/cc' \tag{12.53}$$

由式(12.51)、式(12.53)得几何关系为

$$r'_{12}/bb' = r_{12}/cc' \tag{12.54}$$

由钢球 2 与从动件 4 在 a 点具有相同的线速度 $V_{a1} = V_{a4}$，得从动件 4 的角速度 ω_4 为

$$\omega_4 \cdot r_{24} = \omega_2 \cdot aa' = \omega_1 \cdot r'_{12} \cdot aa'/bb' \tag{12.55}$$

$$\omega_4 = \omega_2 \cdot aa'/r_{24} = \omega_1 \cdot r'_{12} \cdot aa'/(bb' \cdot r_{24}) \tag{12.56}$$

于是，该机构的传动比 i_{14} 为

$$i_{14} = \omega_1/\omega_4 = bb' \cdot r_{24}/(aa' \cdot r'_{12}) \tag{12.57}$$

该机构的传动比 i_{14} 与结构参数 α_{12}、α'_{12}、α_{23}、α_{24}、θ_3、r_2、r_{12}、r'_{12}、r_{24} 有关，对于一个变

速器，α_{23}、α_{24}、r_2 为固定值，当 r_{12}、r'_{12} 的数值被调节时，传动比 i_{14} 得到调节。

12.5 脉动无级变速传动

12.5.1 曲柄摇杆式脉动无级传动

脉动无级变速器是由多套连杆机构与单向超越离合器组合而成的一种变速器，图 12.23(a)为其中的一种型式，一个摇杆 4 的运动曲线如图 12.23(b)所示。在图 12.23(a)中，若曲柄 1 的长度 a 被调节，则摇杆 4 的摆角与角速度 ω_4 都发生变化，通过单向超越离合器，输出角速度 ω_7 变成单向间歇的运动。若在输入轴与输出轴之间安装 Z 套相位差为 $2\pi/Z$ 的图 12.23(a)所示的机构，这些机构在输出方向上瞬时角速度最大的那一套对外做功，即几个单向超越离合器交替、重叠地起作用，则输出角速度 ω_7 变成单向脉动的运动。当 $Z=3$ 时，其运动曲线如图 12.23(c)所示，其中 ab、bc、cd 段构成输出轴的角速度曲线。

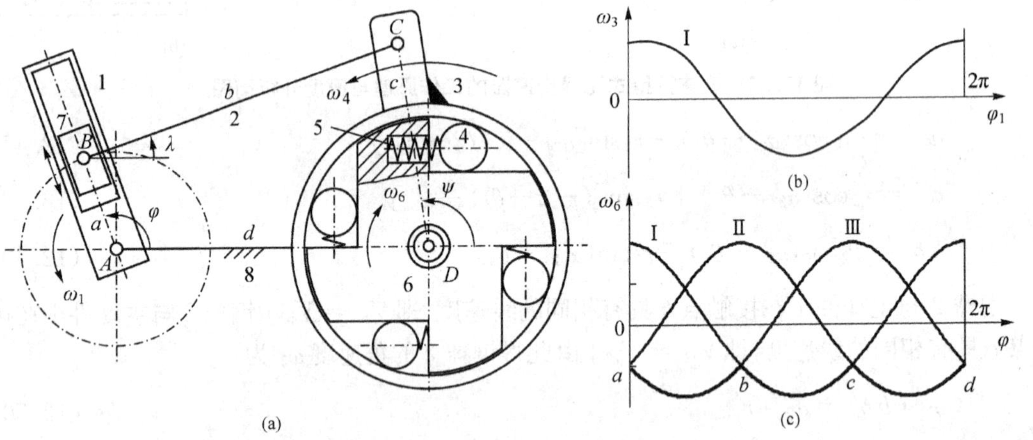

图 12.23 曲柄摇杆式脉动无级变速器的工作原理与输出曲线图

12.5.2 曲柄摇块摇杆式脉动无级传动

图 12.24(a)为曲柄摇块摇杆式脉动无级变速器的机构简图，一个摇杆 6 的运动曲线如图 12.24(b)所示。通过调节滑块 5 在机架 8 上的位置，则摇杆 6 的摆角与角速度 ω_6 都发生变化(图 12.24(b))，通过单向超越离合器，输出角速度 ω_9 变成单向间歇的运动。若在输入轴与输出轴之间安装 Z 套相位差为 $2\pi/Z$ 的图 12.24(a)所示的机构，这些机构在输出方向上瞬时角速度最大的那一套对外做功，即几个单向超越离合器交替、重叠地起作用，则输出角速度 ω_9 变成单向脉动的运动。当 $Z=3$ 时，其运动曲线如图 12.24(c)所示，其中 ab、bc、cd 段构成输出轴的角速度曲线。

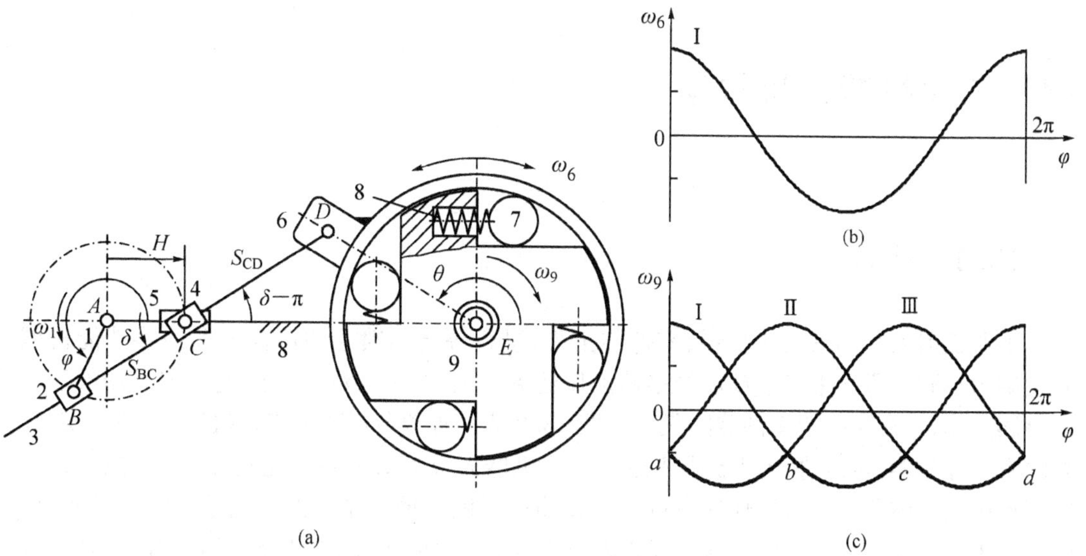

图 12.24　曲柄摇块摇杆式脉动无级变速器的工作原理与输出曲线图

13 工业机器人机构学

13.1 概述

工业机器人是用来搬运材料、零件与工具，进行焊接与喷涂的可再编程的多功能机械，通过调用不同的程序来完成预设的多种工作任务。图 13.1 为汽车生产线上的机器人群，它们协同工作，完成整个汽车的装配任务。图 13.2 为一种关节形式的工业机器人，通过安装不同的末端操作器，可以进行焊接或喷涂。工业机器人最显著的特点是可编程性、拟人化、通用性和机电一体化。可编程性使它可以通过编程而做多种工作。拟人化是指它在结构上可以类似于人。通用性是指它的末端操作器可以完成多种操作，更换操作器后，可以做的工作更多。机电一体化是指它由机构、液压元件、电器元件、电子元件、光学元件以及计算机组成。它可以是开环控制的，也可以是闭环控制的，还可以是示教再现的。根据工作需要，它可以具有听觉、视觉、触觉或接近觉等。

图 13.1　汽车生产线上的工业机器人

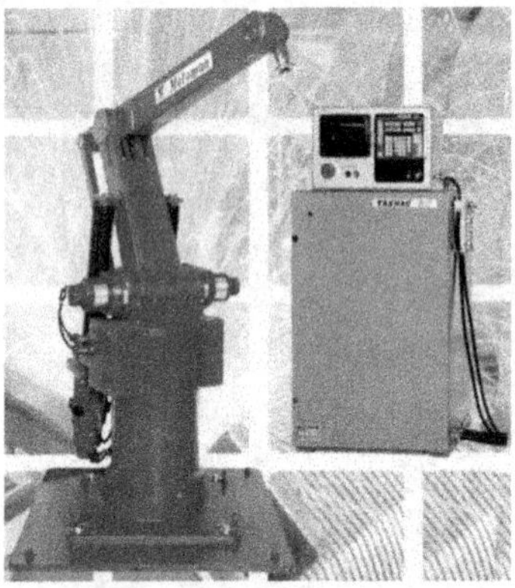

图 13.2　转动关节工业机器人

13.2 工业机器人的组成

工业机器人由三大部分六个子系统组成。三大部分是机械部分、传感部分和控制部分。六个系统是驱动系统、机构与结构系统、感觉系统、机器人与环境交互系统、人机交互系统和控制系统。

1）驱动系统

驱动系统是使机器人的各个关节产生相对运动的动力系统。驱动系统可以是液压的、气动的或电力的系统，也可以是它们的组合。原动机的速度常常是较高的、输出力矩往往是较低的，为此，总是使用同步带、链条、轮系或谐波减速器中的一个或多个作为减速环节。

2）机构与结构系统

工业机器人的机械部分由三部分组成，即机身、手臂和末端操作器。机身可以是固定的，也可以是移动的。手臂进一步划分为上臂和下臂。上臂与机身形成肩关节，上臂与下臂形成肘关节，下臂与末端操作器形成腕关节，如图 13.3 所示。末端操作器可以具有一个相对自由度，如图 13.4 所示；也可以具有两个或两个以上的自由度如图 13.5 所示。

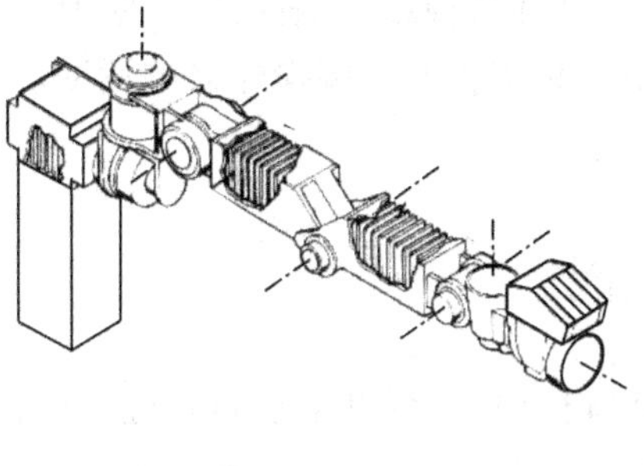

(a)

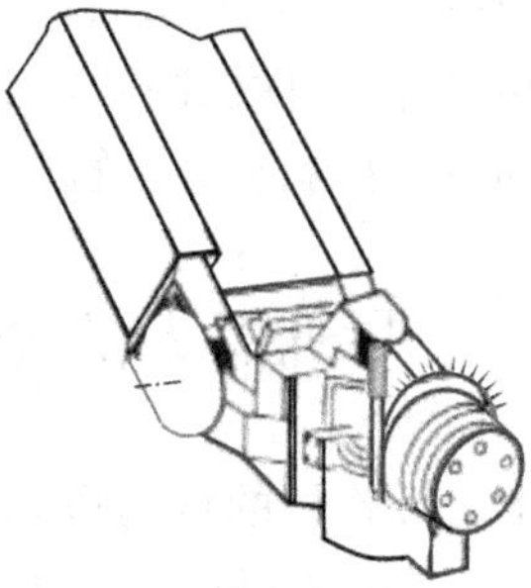

(b)

图 13.3 腕关节

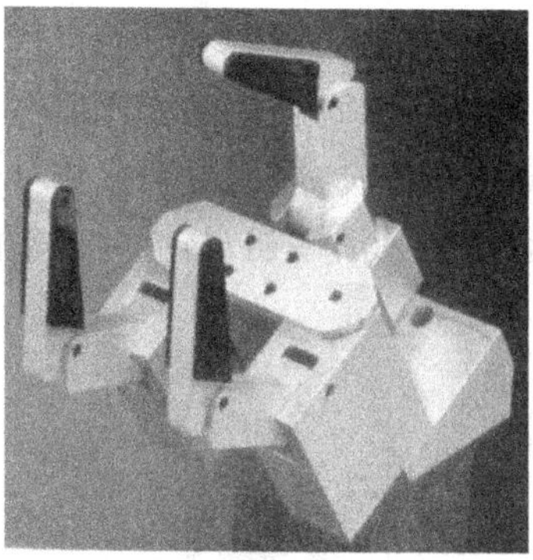

图 13.4 单自由度末端操作器

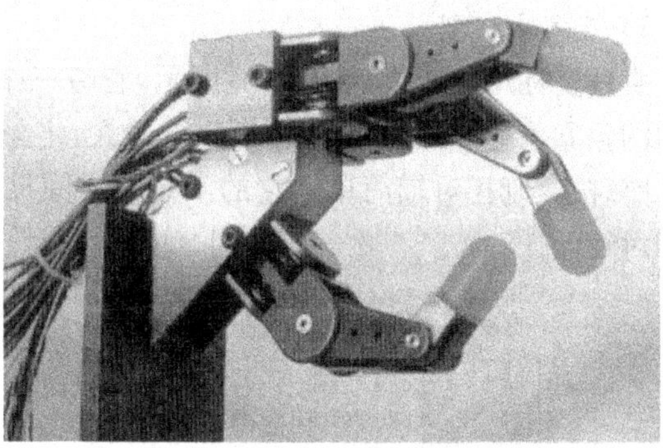

图 13.5 多自由度末端操作器

3）感觉系统

机器人的感觉系统划分为内部传感器模块和外部传感器模块，以获取机器人的内部与外部的多种信息。内部传感器，如检测各个关节的相对位移的传感器，可以是旋转变压器、感应同步器或光电编码盘。外部传感器，如接触觉传感器，用来判别末端操作器是否与目标对象接触，根据接触觉传感器的输出，机器人可以搜索目标对象的相对位置。压觉传感器，用来检测末端操作器与目标对象接触面之间的压力的大小。滑觉传感器，用来检测末端操作器与目标对象接触面之间的相对滑移的大小。力觉传感器，用来检测机器人自身的内部力以及机器人与目标对象接触时的相互作用力。接近觉传感器，用来检测末端操作器与目标对象之间的相对位置或距离。还有光觉传感器、气味传感器等。

4）机器人与环境交互系统

工业机器人与环境交互系统是机器人与外部设备联系与协调的一个子系统。工业机器人与外部设备可以集成为一个功能单元，如加工单元、装配单元和焊接单元等；也可以是机器人群，如图 13.1 所示的汽车生产线。

5）人机交互系统

人机交互系统是操作人员对机器人实施过程控制的一个子系统。它由指令给定装置与信息显示装置组成。

6）控制系统

控制系统是对机器人实施作业控制的一个子系统。通过指令程序和传感器的反馈信号，控制机器人去执行规定的动作。若机器人不利用传感器的反馈信号，则称为开环控制系统；若机器人利用传感器的反馈信号，则称为闭环控制系统。根据控制原理，机器人的控制区分为程序控制，适应性控制和人工智能控制。根据控制末端操作器的运动形式，机器人的控制又区分为点位控制和连续轨迹控制。

13.3 工业机器人的分类与性能

工业机器人操作机的机构可以是平面开链机构，也可以是空间开链机构。其运动副称为关节，有移动关节 P、转动关节 R 等。若关节是独立驱动的，则称为主动关节，否则，称为从动关节。在工业机器人操作机的机构中，主动关节的数目称为操作机的自由度。工业机器人按照手臂运动的形式可以分为以下四种类型。

1）直角坐标型

直角坐标型操作机如图 13.6 所示，它有三个移动关节（PPP），可使末端操作器作三个方向的独立位移。该种型式的工业机器人，定位精度较高，空间轨迹规划与求解相对较容易，计算机控制相对较简单。它的不足是空间尺寸较大，运动的灵活性相对较差，运动的速度相对较低。

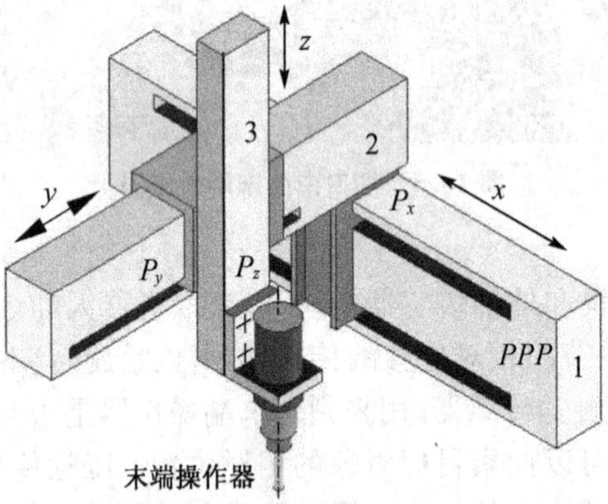

图 13.6 直角坐标型操作机

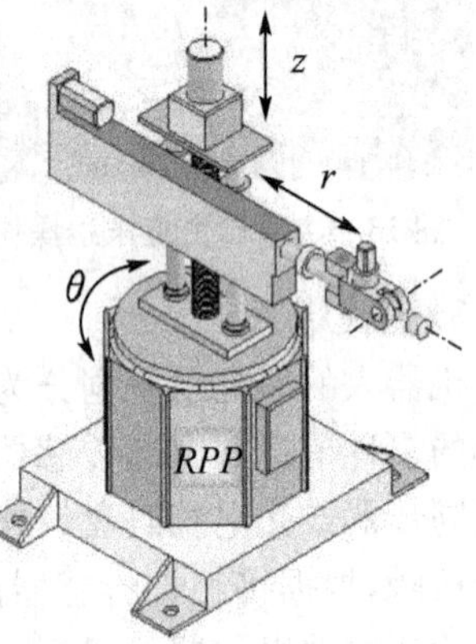

图 13.7 圆柱坐标型操作机

2）圆柱坐标型

圆柱坐标型操作机如图 13.7 所示，它有两个移动关节和一个转动关节（PPR）组成，末端操作器的安装轴线之位姿由（z, r, θ）坐标予以表示。该种型式的工业机器人，空间尺寸较小，工作范围较大，末端操作器可获得较高的运动速度。它的缺点是末端操作器离 z 轴愈远，其切向线位移的分辨精度就愈低。

3）球坐标型

球坐标型操作机如图 13.8 所示，它有两个转动关节和一个移动关节（RRP）组成，末端操作器的安装轴线之位姿由（θ, φ, r）坐标予以表示。该种型式的工业机器人，空间尺寸较小，工作范围较大。

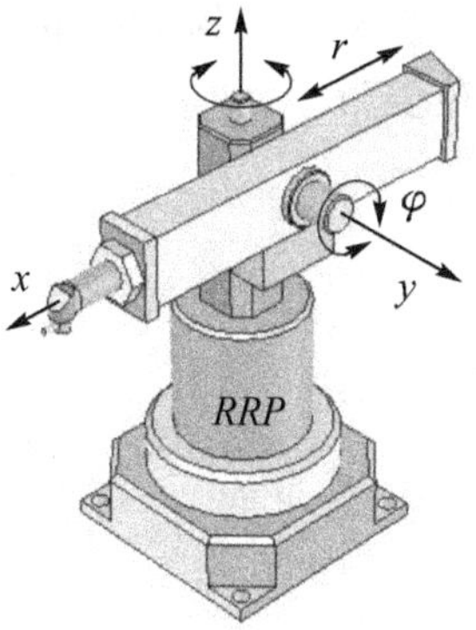

图 13.8 球坐标型操作机

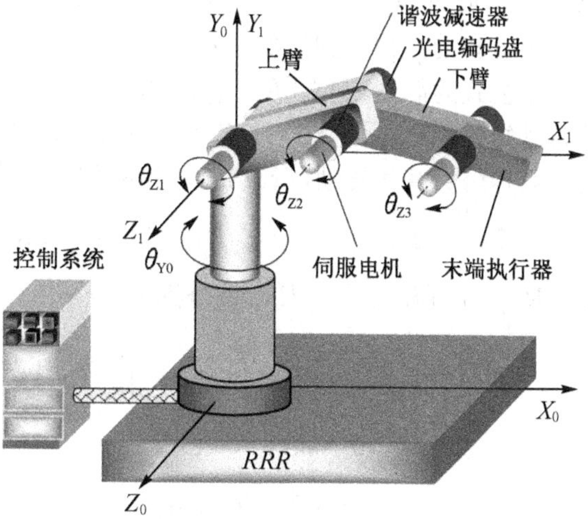

图 13.9 关节型操作机

4) 关节型

关节型操作机如图 13.9 所示，它有三个转动关节（RRR），即机身上部相对于下部的转动 θ_{Y0}，肩关节的转动 θ_{Z1} 和肘关节的转动 θ_{Z2}。腕关节的转动 θ_{Z3} 属于末端操作器的自由度。该种结构的工业机器人，空间尺寸相对较小，工作范围相对较大，还可以绕过机座周围的障碍物，是目前应用较多的一种机型。

13.4 工业机器人的运动学基础

工业机器人是由若干个关节所联系起来的一种开链，其一端固结在机座上，另一端安装有末端操作器。确定工业机器人末端操作器安装轴线的方位，确定末端操作器的位姿与位移，确定工业机器人的操作对象，即目标物体的位姿与位移，构成了工业机器人运动学基础应该研究的一部分工作。下面分别介绍以上内容的数学基础。

13.4.1 目标物体的空间转动矩阵

图 13.10 表示一个通过坐标原点的矢量 $\boldsymbol{V}_1$ 绕通过坐标原点的单位矢量 $\boldsymbol{u}$ 转动 φ 角到达 $\boldsymbol{V}_2$，要求确定 $\boldsymbol{V}_2$ 的位姿。为了确定矢量 $\boldsymbol{V}_1$ 绕通过坐标原点的单位矢量 $\boldsymbol{u}$ 转动 φ 角到达 $\boldsymbol{V}_2$ 的位姿，将它作如下转动，以便利用通过坐标原点的矢量绕坐标轴转动的公式。①将矢量 $\boldsymbol{u}$ 绕 y 轴转动 $-\beta$ 角，使其位于 yoz 平面上，位置为 $\boldsymbol{u}'$，此时的矢量 $\boldsymbol{V}_1$ 到达 $\boldsymbol{V}'$；②将矢量 $\boldsymbol{u}'$ 绕 x 轴转动 γ 角，使其到达 z 轴上，位置为 $\boldsymbol{u}''$，此时的矢量 $\boldsymbol{V}_1$ 到达 $\boldsymbol{V}''$；③将矢量 $\boldsymbol{V}''$ 绕 z 轴转动 φ 角，使其到达 $\boldsymbol{V}'''$；④将矢量 $\boldsymbol{u}''$ 绕 x 轴

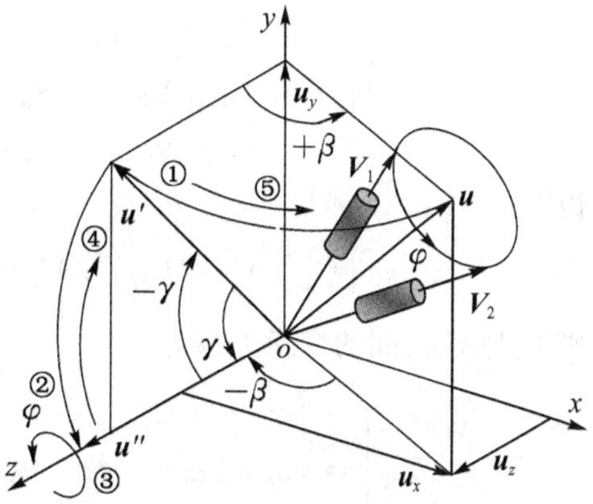

图 13.10 目标物体的空间转动

转动$-\gamma$角，使其返回到$\boldsymbol{u}'$，此时的矢量$\boldsymbol{V}'''$到达$\boldsymbol{V}''''$；⑤将矢量$\boldsymbol{u}'$绕y轴转动β角，使其返回到原位置$\boldsymbol{u}$，此时的矢量$\boldsymbol{V}''''$到达$\boldsymbol{V}_2$。以上变换所得到的$\boldsymbol{V}_2$，即为矢量$\boldsymbol{V}_1$绕通过坐标原点的单位矢量$\boldsymbol{u}$转动φ角后到达的位置。

为了公式的简洁，定义$[R_{-\beta,\mathrm{y}}]$、$[R_{+\gamma,\mathrm{x}}]$、$[R_{+\varphi,\mathrm{z}}]$、$[R_{-\gamma,\mathrm{x}}]$、$[R_{+\beta,\mathrm{y}}]$分别表示以上顺序的转动矩阵，$[R_{\varphi,\boldsymbol{u}}]_{3\times3}$表示矢量$\boldsymbol{V}_1$绕通过坐标原点的单位矢量$\boldsymbol{u}$转动$\varphi$角的矩阵，由于是相对于固定坐标系作转动，所以，转动矩阵依次左乘，则矢量$\boldsymbol{V}_2$的位姿为

$$V_2=[R_{\varphi,\mathrm{u}}]_{3\times3}V_1=[R_{+\beta,\mathrm{y}}][R_{-\gamma,x}][R_{+\varphi,\mathrm{z}}][R_{+\gamma,\mathrm{x}}][R_{-\beta,\mathrm{y}}]V_1 \tag{13.1}$$

式中，$[R_{+\gamma,\mathrm{x}}]$，$[R_{+\beta,\mathrm{y}}]$，$[R_{+\varphi,\mathrm{z}}]$分别为

$$[R_{\gamma,\mathrm{x}}]=\begin{bmatrix}1 & 0 & 0\\ 0 & \cos\gamma & -\sin\gamma\\ 0 & \sin\gamma & \cos\gamma\end{bmatrix} \tag{13.2}$$

$$[R_{\beta,\mathrm{y}}]=\begin{bmatrix}\cos\beta & 0 & \sin\beta\\ 0 & 1 & 0\\ -\sin\beta & 0 & \cos\beta\end{bmatrix} \tag{13.3}$$

$$[R_{\varphi,\mathrm{z}}]=\begin{bmatrix}\cos\varphi & -\sin\varphi & 0\\ \sin\varphi & \cos\varphi & 0\\ 0 & 0 & 1\end{bmatrix} \tag{13.4}$$

当将$[R_{+\gamma,\mathrm{x}}]$，$[R_{+\beta,\mathrm{y}}]$，$[R_{+\varphi,\mathrm{z}}]$写成四维形式时，第四行与第四列处的元素为1，其余的元素为0。$[R_{+\gamma,\mathrm{x}}]$，$[R_{+\beta,\mathrm{y}}]$，$[R_{+\varphi,\mathrm{z}}]$又称为关于坐标轴的旋转算子。

由于$u_{\mathrm{y}}=\sin\gamma$，$\sin\beta=u_{\mathrm{x}}/\sqrt{u_{\mathrm{x}}^2+u_{\mathrm{z}}^2}$，$\cos\beta=u_{\mathrm{z}}/\sqrt{u_{\mathrm{x}}^2+u_{\mathrm{z}}^2}$，$\cos\gamma=\sqrt{u_{\mathrm{x}}^2+u_{\mathrm{z}}^2}$

所以

$$u_{\mathrm{x}}=\cos\gamma\sin\beta,\ u_{\mathrm{z}}=\cos\gamma\cos\beta$$

令

$$V\varphi=1-\cos\varphi,\ S\varphi=\sin\varphi,\ C\varphi=\cos\varphi$$

则式(13.1)中的$[R_{\varphi,\mathrm{u}}]_{3\times3}$简化为

$$[R_{\varphi,\mathrm{u}}]_{3\times3}=\begin{bmatrix}u_{\mathrm{x}}^2V\varphi+C\varphi & u_{\mathrm{x}}u_yV\varphi-u_{\mathrm{z}}S\varphi & u_{\mathrm{x}}u_{\mathrm{z}}V\varphi+u_yS\varphi\\ u_{\mathrm{x}}u_yV\varphi-u_{\mathrm{z}}S\varphi & u_y^2V\varphi+C\varphi & u_yu_{\mathrm{z}}V\varphi-u_{\mathrm{x}}S\varphi\\ u_{\mathrm{x}}u_{\mathrm{z}}V\varphi+u_yS\varphi & u_yu_{\mathrm{z}}V\varphi+u_{\mathrm{x}}S\varphi & u_{\mathrm{z}}^2V\varphi+C\varphi\end{bmatrix} \tag{13.5}$$

设

$$V_2=[V_{2\mathrm{x}}\quad V_{2\mathrm{y}}\quad V_{2\mathrm{z}}]^{\mathrm{T}},\ V_1=[V_{1\mathrm{x}}\quad V_{1\mathrm{y}}\quad V_{1\mathrm{z}}]^{\mathrm{T}}$$

则$\boldsymbol{V}_2$与$\boldsymbol{V}_1$之间的变换关系为

$$\begin{bmatrix}V_{2\mathrm{x}}\\ V_{2\mathrm{y}}\\ V_{2\mathrm{z}}\end{bmatrix}=\begin{bmatrix}u_{\mathrm{x}}^2V\varphi+C\varphi & u_{\mathrm{x}}u_yV\varphi-u_{\mathrm{z}}S\varphi & u_{\mathrm{x}}u_{\mathrm{z}}V\varphi+u_yS\varphi\\ u_{\mathrm{x}}u_yV\varphi-u_{\mathrm{z}}S\varphi & u_y^2V\varphi+C\varphi & u_yu_{\mathrm{z}}V\varphi-u_{\mathrm{x}}S\varphi\\ u_{\mathrm{x}}u_{\mathrm{z}}V\varphi+u_yS\varphi & u_yu_{\mathrm{z}}V\varphi+u_{\mathrm{x}}S\varphi & u_{\mathrm{z}}^2V\varphi+C\varphi\end{bmatrix}\begin{bmatrix}V_{1\mathrm{x}}\\ V_{1\mathrm{y}}\\ V_{1\mathrm{z}}\end{bmatrix} \tag{13.6}$$

若用齐次坐标表示，则$[R_{\varphi,\,u}]_{3\times3}$扩展为$[R_{\varphi,\,u}]_{4\times4}$。$[R_{\varphi,\,u}]_{4\times4}$的第4行第4列的元素为1，其余的元素都为零。

将式(13.5)改写为齐次坐标形式，$[R_{\varphi,\,u}]_{4\times4}$中的对应元素进一步简化为如下符号

$$[R_{\varphi,\,u}]_{4\times4}=\begin{bmatrix}N_x & M_x & Q_x & 0\\ N_y & M_y & Q_y & 0\\ N_z & M_z & Q_z & 0\\ 0 & 0 & 0 & 1\end{bmatrix} \tag{13.7}$$

当式(13.7)中的每一个元素为已知时，利用式(13.5)中的元素与式(13.7)中的前3行3列元素对应相等，即可求出矢量$\boldsymbol{V}_1$绕矢量$\boldsymbol{u}$转动的转角φ和矢量$\boldsymbol{u}$的姿态。

$$\sin\varphi=\pm\frac{1}{2}\sqrt{(M_z-Q_y)^2+(Q_x-N_z)^2+(N_y-M_x)^2} \tag{13.8}$$

$$\tan\varphi=\pm\left[\frac{\sqrt{(M_z-Q_y)^2+(Q_x-N_z)^2+(N_y-M_x)^2}}{N_x+M_y+Q_z-1}\right] \tag{13.9}$$

$$u_x=\frac{M_z-Q_y}{2\sin\varphi}\qquad u_y=\frac{Q_x-N_z}{2\sin\varphi}\qquad u_z=\frac{N_y-M_x}{2\sin\varphi} \tag{13.10}$$

当$\varphi=0\sim180^\circ$时，取“+”号。

［例13-1］ 图13.11为单臂操作机械手，手臂相对于机身拥有一个转动自由度，手腕相对于手臂拥有一个转动自由度。已知手腕上的坐标系$oxyz$相对于机身坐标系$OXYZ$的位姿矩阵$\boldsymbol{SW}$为

$$\boldsymbol{SW}=\begin{bmatrix}0 & 1 & 0 & 2\\ 1 & 0 & 0 & 6\\ 0 & 0 & -1 & 2\\ 0 & 0 & 0 & 1\end{bmatrix}$$

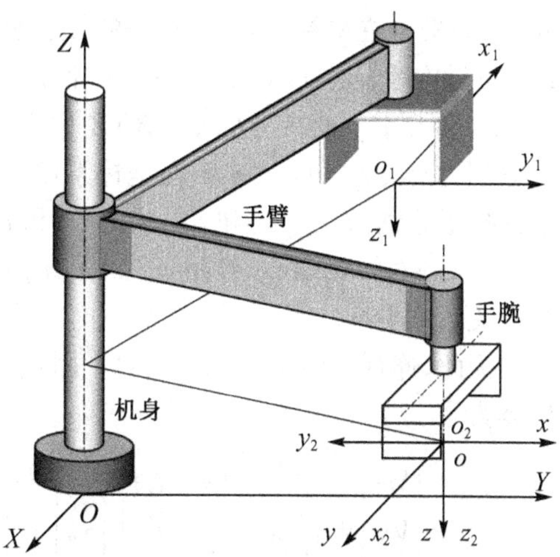

图13.11　单臂操作机械手

$\boldsymbol{SW}$中前三行前三列的元素表示手腕坐标系的姿态，$[2,\ 6,\ 2]^T$表示手腕坐标系原点的位置。

(1) 若手臂相对于机身坐标系$OXYZ$的Z轴转动$+90^\circ$，则坐标系$oxyz$转到坐标系$o_1x_1y_1z_1$。

(2) 若手臂相对于机身不动，手腕上的坐标系$oxyz$相对于手臂上的z轴转动$+90^\circ$，则坐标系$oxyz$转到坐标系$o_2x_2y_2z_2$。试写出以上两种转动的矩阵$\boldsymbol{SW}_1$、$\boldsymbol{SW}_2$。

［解］ (1) 从坐标系$oxyz$到坐标系$o_1x_1y_1z_1$的矩阵变换$[R_{+90^\circ,\,z}]$是相对于固定坐标系$OXYZ$进行的，因此，$[R_{+90^\circ,\,z}]$左乘$\boldsymbol{SW}$得坐标系$o_1x_1y_1z_1$在固定坐标系$OXYZ$的位姿矩阵$\boldsymbol{SW}_1$为

$$SW_1=[R_{+90°,z}]SW=\begin{bmatrix}0&-1&0&0\\1&0&0&0\\0&0&1&0\\0&0&0&1\end{bmatrix}\begin{bmatrix}0&1&0&2\\1&0&0&6\\0&0&-1&2\\0&0&0&1\end{bmatrix}=\begin{bmatrix}-1&0&0&-6\\0&1&0&2\\0&0&-1&2\\0&0&0&1\end{bmatrix}$$

(2) 从坐标系 $oxyz$ 到坐标系 $o_2x_2y_2z_2$ 的矩阵变换$[R_{+90°,z}]$是相对于动坐标系进行的，因此，$[R_{+90°,z}]$右乘 **SW** 得 $o_2x_2y_2z_2$ 坐标系在固定坐标系 $OXYZ$ 的位姿矩阵 SW_2 为

$$SW_2=SW[R_{+90°,z}]=\begin{bmatrix}0&1&0&2\\1&0&0&6\\0&0&-1&2\\0&0&0&1\end{bmatrix}\begin{bmatrix}0&-1&0&0\\1&0&0&0\\0&0&1&0\\0&0&0&1\end{bmatrix}=\begin{bmatrix}1&0&0&2\\0&-1&0&6\\0&0&-1&2\\0&0&0&1\end{bmatrix}$$

13.4.2 坐标系之间的空间变换矩阵

设在一个连杆上固定坐标系 $o'xyz$，该坐标系的原点 o' 相对于固定坐标系 $OXYZ$ 原点 O 的矢量为 $\boldsymbol{P}$，其上有一通过坐标原点 o' 的单位矢量 $\boldsymbol{v}$，如图 13.12 所示。现在求单位矢量 $\boldsymbol{v}$ 在固定坐标系 $OXYZ$ 中的矢量 $\boldsymbol{V}(V_X, V_Y, V_Z)$。

设单位矢量 $\boldsymbol{v}$ 在坐标系 $o'xyz$ 中的投影分别为 v_x、v_y 和 v_z；矢量 $\boldsymbol{P}$ 在坐标系 $OXYZ$ 中的投影分别为 P_X，P_Y 和 P_Z；x 轴在坐标系 $OXYZ$ 中 X、Y 和 Z 上的投影分别为 t_{xX}、t_{xY} 和 t_{xZ}；y 轴在坐标系 $OXYZ$ 中 X、Y 和 Z 上的投影分别为 t_{yX}、t_{yY} 和 t_{yZ}；z 轴在坐标系 $OXYZ$ 中 X、Y 和 Z 上的投影分别为 t_{zX}、t_{zY} 和 t_{zZ}。t_{xX}、t_{xY} 和 t_{xZ} 的表达式分别为 $t_{xX}=\cos(x, X)$，$t_{xY}=\cos(x, Y)$，$t_{xZ}=\cos(x, Z)$，其余的关系式类推。

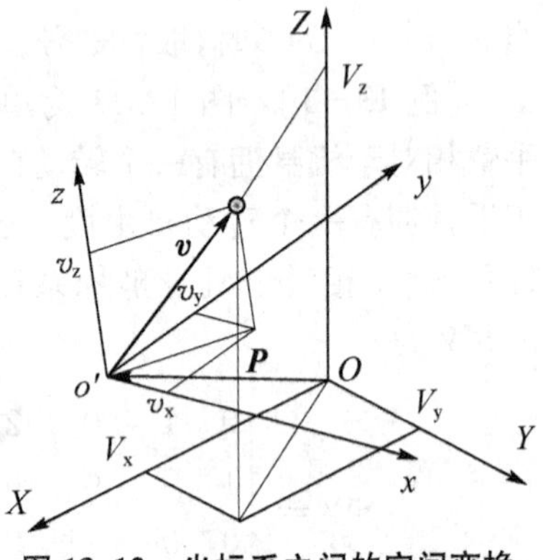

图 13.12 坐标系之间的空间变换

为此，连杆坐标系 $o'xyz$ 相对于固定坐标系 $OXYZ$ 的位姿为

$$\begin{bmatrix}V_X\\V_Y\\V_Z\end{bmatrix}=\begin{bmatrix}t_{xX}&t_{yX}&t_{zX}\\t_{xY}&t_{yY}&t_{zY}\\t_{xZ}&t_{yZ}&t_{zZ}\end{bmatrix}\begin{bmatrix}v_x\\y_y\\v_z\end{bmatrix}+\begin{bmatrix}P_X\\P_Y\\P_Z\end{bmatrix}\tag{13.11}$$

为了计算机求解方便，将上式改写为齐次坐标形式：

$$V=\begin{bmatrix}V_X\\V_Y\\V_Z\\1\end{bmatrix}=\begin{bmatrix}t_{xX}&t_{yX}&t_{zX}&P_X\\t_{xY}&t_{yY}&t_{zY}&P_X\\t_{xZ}&t_{yZ}&t_{zZ}&P_X\\0&0&0&1\end{bmatrix}\begin{bmatrix}v_x\\v_y\\v_z\\1\end{bmatrix}=T(4\times4)\begin{bmatrix}v_x\\v_y\\v_z\\1\end{bmatrix}\tag{13.12}$$

式(13.12)中定义的 $T(4\times4)$，称为空间两个坐标系之间的齐次变换，也是刚体或连杆在另一坐标系中位姿的描述。

13.4.3 目标物体的齐次坐标表示

在如图 13.13(a)所示的坐标系 $OXYZ$ 中放置一个楔块，在楔块上设置坐标系 $oxyz$，其上的特征点为 A_1，A_2，A_3，A_4，A_5 和 A_6。这些特征点在自身坐标系 $oxyz$ 中的坐标分别为 $A_1(1, 0, 0)$，$A_2(-1, 0, 0)$，$A_3(-1, 0, 2)$，$A_4(1, 0, 2)$，$A_5(1, 4, 0)$，$A_6(-1, 4, 0)$。用齐次坐标 $W_{xyz}(4\times6)$ 表示这些点在自身坐标系 $oxyz$ 中的位置为

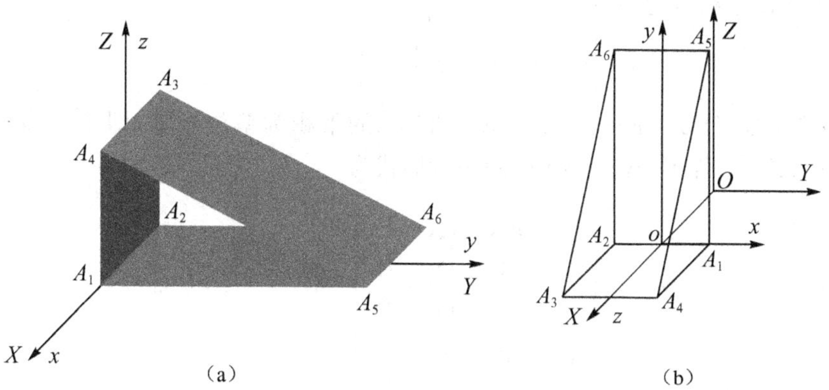

图 13.13 目标物体的齐次坐标

$$W_{xyz}(4\times6)=\begin{bmatrix}1&-1&-1&1&1&-1\\0&0&0&0&4&4\\0&0&2&2&0&0\\1&1&1&1&1&1\end{bmatrix}\tag{13.13}$$

若让楔块绕 Z 轴转过 90°，用 $[R_{+90°,Z}]$ 表示该转动；再绕 Y 轴转过 90°，用 $[R_{+90°,Y}]$ 表示该转动；最后沿 X 轴方向平移 4，用 $T_r[4, 0, 0, 1]^T$ 表示该移动，则楔块到达如图 13.13(b)所示的位置。以上的变换用 $T[xyz\rightarrow XYZ]$ 表示，$T[xyz\rightarrow XYZ]=T_r[4, 0, 0, 1]^T[R_{+90°,Y}]_{4\times4}[R_{+90°,Z}]_{4\times4}$ 为

$$T[xyz\rightarrow XYZ]=T_r[4, 0, 0, 1]^T[R_{+90°,Y}][R_{+90°,Z}]=\begin{bmatrix}0&0&1&4\\1&0&0&0\\0&1&0&0\\0&0&0&1\end{bmatrix}$$

此时，楔块上的特征点在 $OXYZ$ 坐标系中的齐次坐标 $W_{XYZ}(4\times6)$ 为

$$W_{XYZ}(4\times6)=T_r[4, 0, 0, 1]^T[R_{+90°,Y}]_{4\times4}[R_{+90°,Z}]_{4\times4}W_{xyz}(4\times6)=$$

$$\begin{bmatrix}0&0&1&4\\1&0&0&0\\0&1&0&0\\0&0&0&1\end{bmatrix}\begin{bmatrix}1&-1&-1&1&1&-1\\0&0&0&0&4&4\\0&0&2&2&0&0\\1&1&1&1&1&1\end{bmatrix}=\begin{bmatrix}4&4&6&6&4&4\\1&-1&-1&1&1&-1\\0&0&0&0&4&4\\1&1&1&1&1&1\end{bmatrix}\tag{13.14}$$

由图 13.13(b)也可以得到坐标系 $OXYZ$ 在坐标系 $oxyz$ 中的齐次坐标。已知 X 轴在坐标系 $oxyz$ 中的方位为 $[0, 0, 1, 0]^T$，Y 轴在坐标系 $oxyz$ 中的方位为 $[1, 0, 0, 0]^T$，Z 轴在坐标系 $oxyz$ 中的方位为 $[0, 1, 0, 0]^T$，坐标系 $OXYZ$ 的原点 O 在坐标系 $oxyz$ 中的位置为 $[0, 0, -4, 1]^T$。为此，坐标系 $OXYZ$ 在坐标系 $oxyz$ 中的位姿矩阵 $\boldsymbol{T}[XYZ\rightarrow xyz]$ 为

$$\boldsymbol{T}[XYZ \rightarrow xyz] = \begin{bmatrix} 0 & 1 & 0 & 0 \\ 0 & 0 & 1 & 0 \\ 1 & 0 & 0 & -4 \\ 0 & 0 & 0 & 1 \end{bmatrix}$$

可以证明，$\boldsymbol{T}[XYZ\rightarrow xyz]$ 与 $\boldsymbol{T}[xyz\rightarrow XYZ]$ 的乘积为单位矩阵，即 $\boldsymbol{T}[XYZ \rightarrow xyz] = \boldsymbol{T}^{-1}[xyz \rightarrow XYZ]$。若 $\boldsymbol{T}[xyz\rightarrow XYZ]$ 的一般形式为

$$\boldsymbol{T}[xyz \rightarrow XYZ] = \begin{bmatrix} N_X & M_X & Q_X & P_X \\ N_Y & M_Y & Q_Y & P_Y \\ N_Z & M_Z & Q_Z & P_Z \\ 0 & 0 & 0 & 1 \end{bmatrix} \tag{13.15}$$

则 $\boldsymbol{T}[xyz\rightarrow XYZ]$ 的逆变换矩阵 $\boldsymbol{T}[XYZ\rightarrow xyz]$ 为

$$\boldsymbol{T}[XYZ \rightarrow xyz] = \boldsymbol{T}^{-1}[xyz \rightarrow XYZ] = \begin{bmatrix} N_X & N_Y & N_Z & -P\cdot N \\ M_X & M_Y & M_Z & -P\cdot M \\ Q_X & Q_Y & Q_Z & -P\cdot Q \\ 0 & 0 & 0 & 1 \end{bmatrix} \tag{13.16}$$

式(13.15)中的第一列矢量 $\boldsymbol{N} = [N_X, N_Y, N_Z]^T$，第二列矢量 $\boldsymbol{M} = [M_X, M_Y, M_Z]^T$，第三列矢量 $\boldsymbol{Q} = [Q_X, Q_Y, Q_Z]^T$ 以及第四列矢量 $\boldsymbol{P} = [P_X, P_Y, P_Z]^T$。$-\boldsymbol{P}$ 与 $\boldsymbol{N}$、$\boldsymbol{M}$ 和 $\boldsymbol{Q}$ 分别作点积，组成式(13.16)第四列前三行的位置矢量。式(13.15)与式(13.16)组成互逆变换对。

13.4.4 刚体的空间位移矩阵

在如图 13.14 所示的坐标系 $OXYZ$ 中，一个连杆上有两点，初始位置为 $\boldsymbol{p}_1\boldsymbol{q}_1$，位移后的位置为 $\boldsymbol{pq}$，$\boldsymbol{p}_1$ 点的位置矢量为 R，$\boldsymbol{p}_1$ 点沿一单位矢量 $\boldsymbol{u}$ 位移 s 的同时绕 $\boldsymbol{u}$ 转动 φ 角，现在确定 $\boldsymbol{q}$ 点相对于 $\boldsymbol{q}_1$ 点的位置。

设已知 $p_1 = [p_{1X}, p_{1Y}, p_{1Z}]^T$，$q_1 = [q_{1X}, q_{1Y}, q_{1Z}]^T$，则 $q = [q_X, q_Y, q_Z]^T$ 的矢量表达式与矩阵表达式分别为

$$[\boldsymbol{q} - (\boldsymbol{p}_1 + s\boldsymbol{u})] = [R_{\varphi, u}](\boldsymbol{q}_1 - \boldsymbol{p}_1) \tag{13.17}$$

$$\boldsymbol{q} = [R_{\varphi, u}]\boldsymbol{q}_1 + \boldsymbol{p}_1 + s\boldsymbol{u} - [R_{\varphi, u}]\boldsymbol{p}_1 \tag{13.18}$$

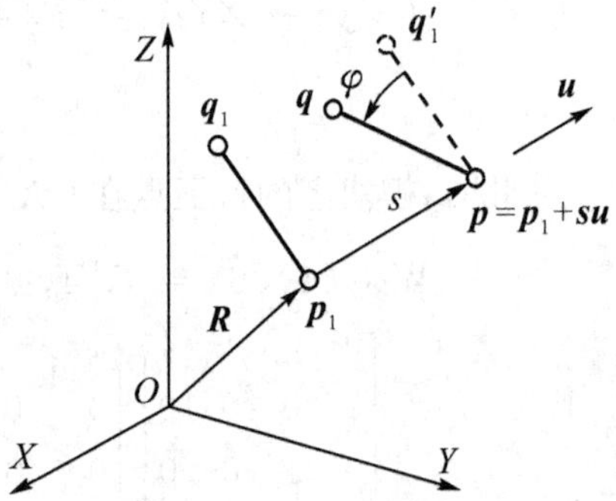

图 13.14 刚体的空间位移

$$\begin{bmatrix} q_X \\ q_Y \\ q_Z \\ 1 \end{bmatrix} = \begin{bmatrix} [R_{\varphi,u}]_{3\times3} & (p_1 + su - [R_{\varphi,u}]p_1) \\ 0 \quad 0 \quad 0 & 1 \end{bmatrix} \begin{bmatrix} q_{1X} \\ q_{1Y} \\ q_{1Z} \\ 1 \end{bmatrix} \tag{13.19}$$

式(13.19)中的$[R_{\varphi,u}]_{3\times3}$同式(13.5)。式(13.19)右端左侧的矩阵称为刚体的有限螺旋位移矩阵。

13.4.5 欧拉角表示的变换矩阵

在图 13.15(a)所示的固定坐标系 $OXYZ$ 中放置矢量 $\boldsymbol{U}$，其初始位置为 $\boldsymbol{U}_1$，坐标系 $OX'Y'Z'$是由 $OXYZ$ 绕 Z 轴转 ψ 角度而得到的位置，此时，矢量 $\boldsymbol{U}_1$ 转到 $\boldsymbol{U}_2$ 的位置；坐标系 $OX''Y''Z''$是由 $OX'Y'Z'$绕 X'轴转 θ 角度而得到的位置，此时，矢量 $\boldsymbol{U}_2$转到 $\boldsymbol{U}_3$的位置；矢量 $\boldsymbol{U}_3$ 再绕 Z''转动 φ 角而到达 $\boldsymbol{U}_4$的位置。在以上的相对转动中，每次都是相对于动坐标系进行的，而不是相对于固定坐标系进行的。ψ、θ 和 φ 称为欧拉角，该变换称为欧拉变换$[E_{\psi,\theta,\varphi}]$，$[E_{\psi,\theta,\varphi}]$的表达式为 $[E_{\psi,\theta,\varphi}] = [R_{\varphi,Z''}][R_{\theta,X'}][R_{\psi,Z}]$，其中 $X' = [R_{\psi,Z}]X$，$Z'' = [R_{\theta,X'}][R_{\psi,Z}]Z$。

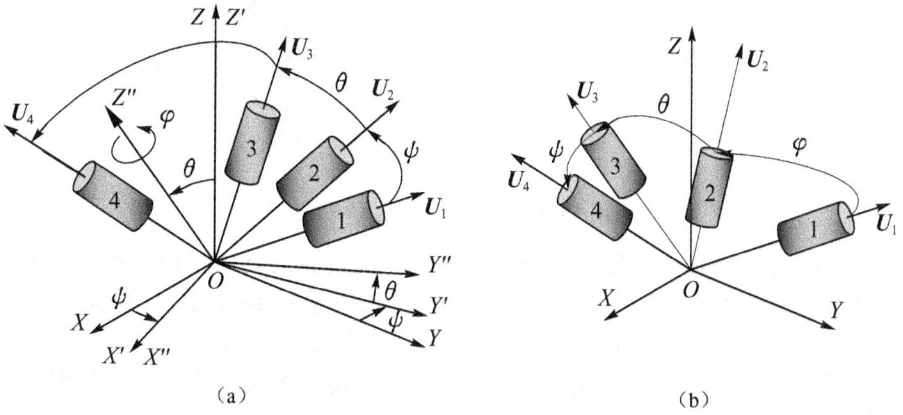

图 13.15 刚体的欧拉角表示

若让所有的转动都是相对于固定坐标系 $OXYZ$ 进行的，如图 13.15(b)所示，且转动顺序为，先让矢量 $\boldsymbol{U}$ 绕 Z 轴转 φ 角度，再让矢量 $\boldsymbol{U}$ 绕 X 轴转 θ 角度，最后让矢量 $\boldsymbol{U}$ 绕 Z 轴转 ψ 角度。于是，欧拉变换$[E_{\psi,\theta,\varphi}]$为 $[E_{\psi,\theta,\varphi}] = [R_{\psi,Z}][R_{\theta,X}][R_{\varphi,Z}]$。

以上两种变换的展开式均为

$$[R_{\psi,\theta,\varphi}] = \begin{bmatrix} \cos\psi\cos\varphi - \sin\psi\cos\theta\sin\varphi & -\cos\psi\sin\varphi - \sin\psi\cos\theta\cos\varphi & \sin\psi\sin\theta & 0 \\ \sin\psi\cos\varphi + \cos\psi\cos\theta\sin\varphi & -\sin\psi\sin\varphi + \cos\psi\cos\theta\cos\varphi & -\cos\psi\sin\theta & 0 \\ \sin\theta\sin\varphi & \sin\theta\cos\varphi & \cos\theta & 0 \\ 0 & 0 & 0 & 1 \end{bmatrix} \tag{13.20}$$

13.4.6 转动关节之间的位移矩阵

在图 13.16 所示的转动关节中，关节 n 的两端有关节 $n-1$ 和 $n+1$；连杆 n 的两端有连杆 $n-1$ 和 $n+1$。从关节 $n-1$ 的轴线 Z_{n-2} 到关节 n 的轴线 Z_{n-1} 之公垂线取为 a_{X-1}，该有向直线取为 X_{n-1} 轴，Y_{n-1} 与 Z_{n-1} 的交点取为坐标系 $X_{n-1}Y_{n-1}Z_{n-1}$ 的原点 O_{n-1}。从关节 n 的轴线 Z_{n-1} 到关节 $n+1$ 的轴线 Z_n 之公垂线取为 a_{Xn}，该有向直线取为 X_n 轴，Y_n 与 Z_n 的交点取为坐标系 $X_nY_nZ_n$ 的原点 O_n。所有 Y 轴的方向按右手法则确定。X_{n-1} 与 Z_{n-1} 的交点为 O_{n-1}，X_n 与 Z_{n-1} 的交点为 $O_{Z(n-1)}$，O_{n-1} 与 $O_{Z(n-1)}$ 之间的距离用 $d_{Z(n-1)}$ 表示。轴线 Z_{n-1} 与 Z_n 之间的夹角为 θ_{Xn}；轴线 X_{n-1} 与 X_n 之间的夹角为 θ_{Zn-1}。θ_{Xn} 称为一连杆两端关节轴线的相对扭角。

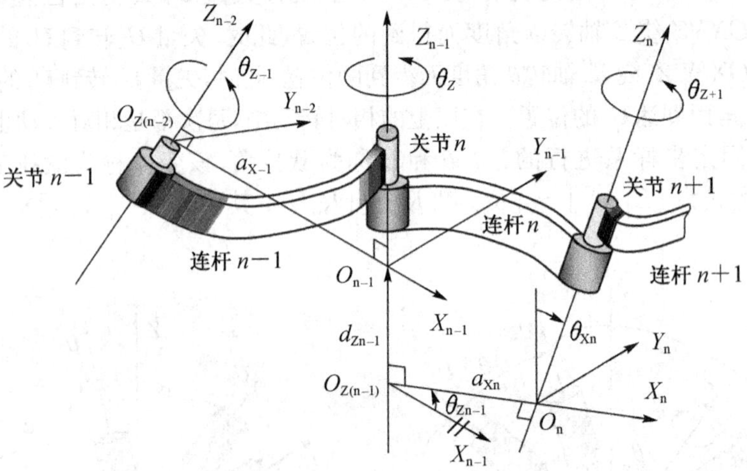

图 13.16 转动关节之间的位移

在各个连杆上建立了坐标系之后，连杆 n 两端的坐标系之间的变换关系可以用坐标系的相对平移和旋转予以表示。先令 $O_{n-1}X_{n-1}Y_{n-1}Z_{n-1}$ 坐标系绕 Z_{n-1} 轴旋转 θ_{Zn-1} 角，用 $[R_{+\theta Zn-1,\ Zn-1}]$ 表示；再沿 Z_{n-1} 轴的正向平移 d_{Zn-1}，用 $\boldsymbol{T}_r[0,\ 0,\ d_{Zn-1},\ 1]^T$ 表示该变换；然后沿 X_n 轴的正向平移连杆长度 a_{Xn}，用 $\boldsymbol{T}_r[a_{Xn},\ 0,\ 0,\ 1]^T$ 表示该变换；最后，绕 X_n 轴旋转 θ_{Xn} 角，用 $[R_{+\theta Xn,\ Xn}]$ 表示，于是，$O_{n-1}X_{n-1}Y_{n-1}Z_{n-1}$ 坐标系与 $O_nX_nY_nZ_n$ 坐标系重合。

下面给出以上变换的矩阵表达式。由于后一次变换都是相对于动坐标系进行的，所以，在运算中变换算子应该右乘。于是，连杆 n 右端的坐标系 $O_nX_nY_nZ_n$ 在左端的坐标系 $O_{n-1}X_{n-1}Y_{n-1}Z_{n-1}$ 中的齐次变换矩阵 $\boldsymbol{T}_n$ 为

$$\boldsymbol{T}_n = [R_{+\theta Zn-1,\ Zn-1}]\boldsymbol{T}_r[0,\ 0,\ d_{Zn-1},\ 1]^T\boldsymbol{T}_r[a_{Xn},\ 0,\ 0,\ 1]^T[R_{+\theta Xn,\ Xn}] =$$

$$\begin{bmatrix} \cos\theta_{Zn-1} & -\sin\theta_{Zn-1} & 0 & 0 \\ \sin\theta_{Zn-1} & \cos\theta_{Zn-1} & 0 & 0 \\ 0 & 0 & 1 & 0 \\ 0 & 0 & 0 & 1 \end{bmatrix} \begin{bmatrix} 1 & 0 & 0 & a_n \\ 0 & 1 & 0 & 0 \\ 0 & 0 & 1 & d_{Zn-1} \\ 0 & 0 & 0 & 1 \end{bmatrix} \begin{bmatrix} 1 & 0 & 0 & 0 \\ 0 & \cos\theta_{Xn} & -\sin\theta_{Xn} & 0 \\ 0 & \sin\theta_{Xn} & \cos\theta_{Xn} & 0 \\ 0 & 0 & 0 & 1 \end{bmatrix} =$$

$$\begin{bmatrix} \cos\theta_{Zn-1} & -\sin\theta_{Zn-1}\cos\theta_{Xn} & \sin\theta_{Zn-1}\sin\theta_{Xn} & a_{Xn}\cos\theta_{Zn-1} \\ \sin\theta_{Zn-1} & \cos\theta_{Zn-1}\cos\theta_{Xn} & -\cos\theta_{Zn-1}\sin\theta_{Xn} & a_{Xn}\sin\theta_{Zn-1} \\ 0 & \sin\theta_{Xn} & \cos\theta_{Xn} & d_{Zn-1} \\ 0 & 0 & 0 & 1 \end{bmatrix} \tag{13.21}$$

为了设计、制造与控制的简化，也为了确保末端操作器的位移精度在工作范围内的一致性，实际应用的工业机器人的结构中，θ_{Xn} 等于 0° 或 90°。有的工业机器人的结构中，或者 $d_{Zn-1}=0$，或者 $a_{Xn}=0$。

13.5　工业机器人的正向运动学

工业机器人的正向运动学是指已知各关节的类型、相邻关节之间的尺寸和相邻关节相对运动量的大小时，如何确定工业机器人末端操作器在固定坐标系中的位姿。设工业机器人中的一个连杆一端关节上的坐标系相对于另一端关节上的坐标系的位姿由齐次变换矩阵 $\boldsymbol{T}_i$ 表示，设 $\boldsymbol{T}_1$ 表示第一个连杆一端动关节上的坐标系相对于另一端固定关节上的坐标系的位姿；设第二个连杆的一端与第一个连杆形成动关节，另一端与下一个连杆形成动关节，齐次变换矩阵用 $\boldsymbol{T}_2$ 表示，则第二个连杆相对于固定关节上的坐标系的位姿 $\boldsymbol{W}_2=\boldsymbol{T}_1\boldsymbol{T}_2$。依次类推，若有六个连杆，则第六个连杆相对于固定关节上的坐标系的位姿 $\boldsymbol{W}_6$ 为

$$\boldsymbol{W}_6=\boldsymbol{T}_1\boldsymbol{T}_2\boldsymbol{T}_3\boldsymbol{T}_4\boldsymbol{T}_5\boldsymbol{T}_6 \tag{13.22}$$

式(13.22)称为机器人的运动学方程，W_6 的表现形式可以用以下的(4×4)矩阵予以表示

$$\boldsymbol{W}_6(4\times4)=\begin{bmatrix} N_x & M_x & Q_x & P_x \\ N_y & M_y & Q_y & P_y \\ N_z & M_z & Q_z & P_z \\ 0 & 0 & 0 & 1 \end{bmatrix} \tag{13.23}$$

式(13.23)右端的前三列前三行表示末端操作器的姿态，第四列前三行表示末端操作器的位置。

13.5.1　平面关节型机器人的正向运动方程

如图 13.17(a)所示为由一个肩关节、一个肘关节和一个腕关节组成的平面关节型的机器人简图，它的三个关节的轴线 Z_0、Z_1 和 Z_2 是平行的，它的结构参数如表 13.1 所示。

表 13.1　平面关节型的机器人的结构参数

连杆序号 n	关于 Z_n 轴的转角 θ_i	杆间距离 d_{Zn-1}	连杆的长度 a_{Xn}	杆间扭角 θ_{Xn}
1	$\theta_{Z0}=\theta_1$（逆时针为正）	0	$a_{X1}=a_1=$ (100 mm)	$\theta_{X1}=0$
2	$\theta_{Z1}=\theta_2$（逆时针为正）	0	$a_{X2}=a_2=$ (100 mm)	$\theta_{X2}=0$
3	$\theta_{Z2}=\theta_3$（逆时针为正）	0	$a_{X3}=a_3=$ (100 mm)	$\theta_{X3}=0$

如图 13.17(a)所示的平面关节型机器人的运动分析简图如图 13.17(b)所示。该平面关节型机器人的运动学方程为

$$\boldsymbol{W}_3=\boldsymbol{T}_1\boldsymbol{T}_2\boldsymbol{T}_3$$

其中

$$\boldsymbol{T}_3=[R_{\theta_3,Z_2}]\boldsymbol{T}_r[a_{X3},\ 0,\ 0,\ 1]^{T}$$

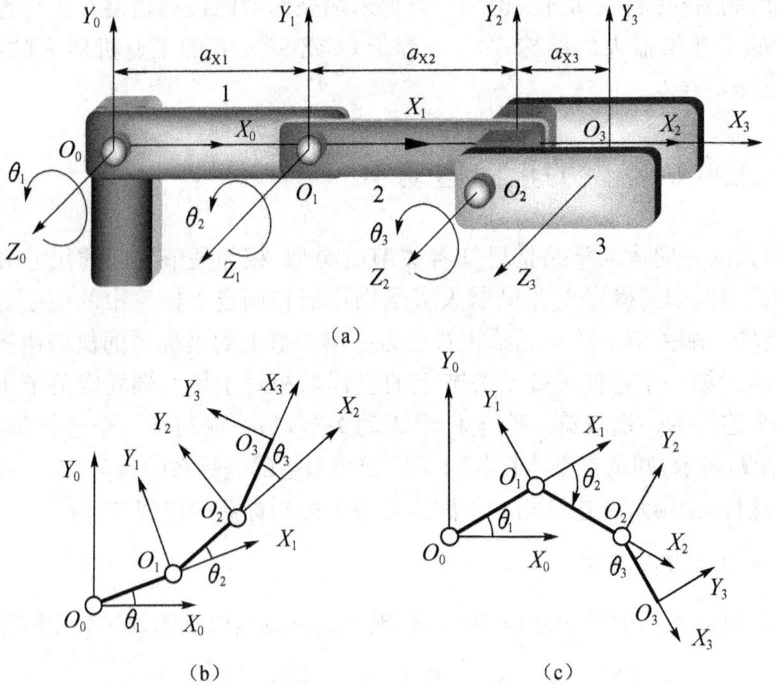

图 13.17　平面关节型的机器人

$$\boldsymbol{T}_2=[R_{\theta_2, Z_1}]\boldsymbol{T}_r[a_{X2}, 0, 0, 1]^T$$

$$\boldsymbol{T}_1=[R_{\theta_1, Z_0}]\boldsymbol{T}_r[a_{X1}, 0, 0, 1]^T$$

$$\text{即 } \boldsymbol{T}_3=\begin{bmatrix}\cos\theta_3 & -\sin\theta_3 & 0 & 0\\ \sin\theta_3 & \cos\theta_3 & 0 & 0\\ 0 & 0 & 1 & 0\\ 0 & 0 & 0 & 1\end{bmatrix}\begin{bmatrix}1 & 0 & 0 & a_3\\ 0 & 1 & 0 & 0\\ 0 & 0 & 1 & 0\\ 0 & 0 & 0 & 1\end{bmatrix}=\begin{bmatrix}\cos\theta_3 & -\sin\theta_3 & 0 & a_3\cos\theta_3\\ \sin\theta_3 & \cos\theta_3 & 0 & a_3\sin\theta_3\\ 0 & 0 & 1 & 0\\ 0 & 0 & 0 & 1\end{bmatrix} \tag{13.24}$$

$$\boldsymbol{T}_2=\begin{bmatrix}\cos\theta_2 & -\sin\theta_2 & 0 & 0\\ \sin\theta_2 & \cos\theta_2 & 0 & 0\\ 0 & 0 & 1 & 0\\ 0 & 0 & 0 & 1\end{bmatrix}\begin{bmatrix}1 & 0 & 0 & a_2\\ 0 & 1 & 0 & 0\\ 0 & 0 & 1 & 0\\ 0 & 0 & 0 & 1\end{bmatrix}=\begin{bmatrix}\cos\theta_2 & -\sin\theta_2 & 0 & a_2\cos\theta_2\\ \sin\theta_2 & \cos\theta_2 & 0 & a_2\sin\theta_2\\ 0 & 0 & 1 & 0\\ 0 & 0 & 0 & 1\end{bmatrix} \tag{13.25}$$

$$\boldsymbol{T}_1=\begin{bmatrix}\cos\theta_1 & -\sin\theta_1 & 0 & 0\\ \sin\theta_1 & \cos\theta_1 & 0 & 0\\ 0 & 0 & 1 & 0\\ 0 & 0 & 0 & 1\end{bmatrix}\begin{bmatrix}1 & 0 & 0 & a_1\\ 0 & 1 & 0 & 0\\ 0 & 0 & 1 & 0\\ 0 & 0 & 0 & 1\end{bmatrix}=\begin{bmatrix}\cos\theta_1 & -\sin\theta_1 & 0 & a_1\cos\theta_1\\ \sin\theta_1 & \cos\theta_1 & 0 & a_1\sin\theta_1\\ 0 & 0 & 1 & 0\\ 0 & 0 & 0 & 1\end{bmatrix} \tag{13.26}$$

因此，$\boldsymbol{W}_3$为

$$\boldsymbol{W}_3 = \begin{bmatrix} \cos(\theta_1+\theta_2+\theta_3) & -\sin(\theta_1+\theta_2+\theta_3) & 0 & a_3\cos(\theta_1+\theta_2+\theta_3)+a_2\cos(\theta_1+\theta_2)+a_1\cos\theta_1 \\ \sin(\theta_1+\theta_2+\theta_3) & \cos(\theta_1+\theta_2+\theta_3) & 0 & a_3\sin(\theta_1+\theta_2+\theta_3)+a_2\sin(\theta_1+\theta_2)+a_1\sin\theta_1 \\ 0 & 0 & 1 & 0 \\ 0 & 0 & 0 & 1 \end{bmatrix} \tag{13.27}$$

$\boldsymbol{W}_3$表示手部坐标系 $O_3X_3Y_3Z_3$ 在固定坐标系 $O_0X_0Y_0Z_0$ 中的位姿，若令 $\boldsymbol{W}_3$ 为

$$\boldsymbol{W}_3 = \begin{bmatrix} N_X & M_X & Q_X & P_X \\ N_Y & M_Y & Q_Y & P_Y \\ N_Z & M_Z & Q_Z & P_Z \\ 0 & 0 & 0 & 1 \end{bmatrix} \tag{13.27'}$$

于是，手部的位置列阵 $\boldsymbol{P}_3 = [P_X, P_Y, P_Z, 1]^T$ 为

$$\boldsymbol{P}_3 = \begin{bmatrix} P_X \\ P_Y \\ P_Z \\ 1 \end{bmatrix} = \begin{bmatrix} a_3\cos(\theta_1+\theta_2+\theta_3)+a_2\cos(\theta_1+\theta_2)+a_1\cos\theta_1 \\ a_3\sin(\theta_1+\theta_2+\theta_3)+a_2\sin(\theta_1+\theta_2)+a_1\sin\theta_1 \\ 0 \\ 1 \end{bmatrix} \tag{13.28}$$

表示手部姿态的列阵 $\boldsymbol{N}_3 = [N_X, N_Y, N_Z, 1]^T$，$\boldsymbol{M}_3 = [M_X, M_Y, M_Z, 1]^T$ 和 $\boldsymbol{Q}_3 = [Q_X, Q_Y, Q_Z, 1]^T$ 分别为

$$\boldsymbol{N}_3 = \begin{bmatrix} N_X \\ N_Y \\ N_Z \\ 0 \end{bmatrix} = \begin{bmatrix} \cos(\theta_1+\theta_2+\theta_3) \\ \sin(\theta_1+\theta_2+\theta_3) \\ 0 \\ 0 \end{bmatrix}$$

$$\boldsymbol{M}_3 = \begin{bmatrix} M_X \\ M_Y \\ M_Z \\ 0 \end{bmatrix} = \begin{bmatrix} -\sin(\theta_1+\theta_2+\theta_3) \\ \cos(\theta_1+\theta_2+\theta_3) \\ 0 \\ 0 \end{bmatrix}$$

$$\boldsymbol{Q}_3 = \begin{bmatrix} Q_X \\ Q_Y \\ Q_Z \\ 0 \end{bmatrix} = \begin{bmatrix} 0 \\ 0 \\ 1 \\ 0 \end{bmatrix}$$

若转角 $\theta_1 = 30°$，$\theta_2 = -60°$ 和 $\theta_3 = -30°$，如图 13.17(c)所示，则该平面关节型机器人的手部坐标系 $O_3X_3Y_3Z_3$ 在固定坐标系 $O_0X_0Y_0Z_0$ 中的位姿 $\boldsymbol{W}_3$ 为

$$\boldsymbol{W}_3 = \begin{bmatrix} 0.5 & 0.866 & 0 & 183.2 \\ -0.866 & 0.5 & 0 & -17.32 \\ 0 & 0 & 1 & 0 \\ 0 & 0 & 0 & 1 \end{bmatrix}$$

13.5.2 斯坦福机器人的正向运动方程

图 13.18 所示为斯坦福机器人的结构简图，针对图示的坐标系，其参数关系如表 13.2 所示。

表 13.2 斯坦福机器人的结构参数

杆件编号	关节关于 Z_i 轴的转角	关节关于 X_i 轴的扭转角 θ_{Xn}	杆件长度 a_{Xn} mm
1	$\theta_{Z0}=\theta_1=(90^\circ)$	-90°	0
2	$\theta_{Z1}=\theta_2=(90^\circ)$	90°	$d_2=100$
3	$\theta_{Z2}=\theta_3=0^\circ$	0°	$d_3=300$
4	$\theta_{Z3}=\theta_4=(90^\circ)$	-90°	0
5	$\theta_{Z4}=\theta_5=(90^\circ)$	90°	0
6	$\theta_{Z5}=\theta_6=(90^\circ)$	0°	$H=50$

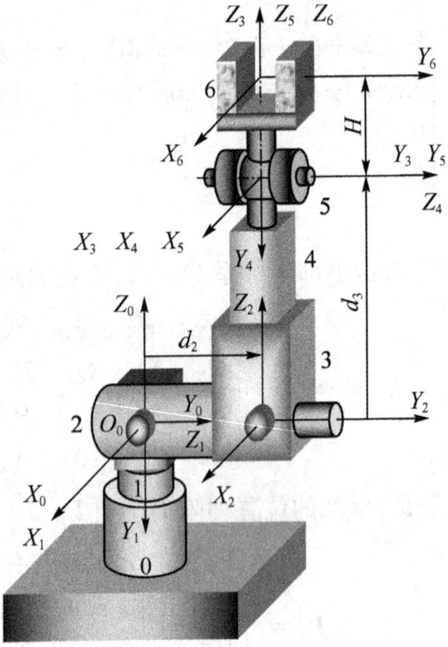

图 13.18 斯坦福机器人

下面求末端操作器的位姿。

1）坐标系 $X_1Y_1Z_1$ 相对于固定坐标系 $X_0Y_0Z_0$ 的位姿

首先，将坐标系 $X_0Y_0Z_0$ 绕 X_0 轴转动 $\theta_{X1}=-90^\circ$ 得坐标系 $X_1Y_1Z_1$，然后，绕 Z_0 轴转动 θ_{Z0}。该变换矩阵 $\boldsymbol{T}_1=[R_{\theta Z_0,Z_0}][R_{\theta X_1,X_0}]$ 为

$$\boldsymbol{T}_1=[R_{\theta Z_0,Z_0}][R_{\theta X_1,X_0}]=$$

$$\begin{bmatrix}\cos\theta_1 & -\sin\theta_1 & 0 & 0\\ \sin\theta_1 & \cos\theta_1 & 0 & 0\\ 0 & 0 & 1 & 0\\ 0 & 0 & 0 & 1\end{bmatrix}\begin{bmatrix}1 & 0 & 0 & 0\\ 0 & \cos(-90^\circ) & -\sin(-90^\circ) & 0\\ 0 & \sin(-90^\circ) & \cos(-90^\circ) & 0\\ 0 & 0 & 0 & 1\end{bmatrix}=$$

$$\begin{bmatrix}\cos\theta_1 & 0 & -\sin\theta_1 & 0\\ \sin\theta_1 & 0 & \cos\theta_1 & 0\\ 0 & -1 & 0 & 0\\ 0 & 0 & 0 & 1\end{bmatrix} \tag{13.29}$$

2）坐标系 $X_2Y_2Z_2$ 相对于 $X_1Y_1Z_1$ 的位姿

首先，将坐标系 $X_1Y_1Z_1$ 绕 X_1 轴转动 $\theta_{X2}=+90^\circ$ 得坐标系 $X_2Y_2Z_2$，然后，沿 Z_1 轴的正向移动 d_2，最后，绕 Z_1 轴转动 θ_{Z1}。

该变换矩阵 $\boldsymbol{T}_2=[R_{\theta Z_1,Z_1}]\boldsymbol{T}_r[0,\ 0,\ d_2,\ 1]^{\mathrm{T}}[R_{\theta X_2,X_1}]$ 为

$$\boldsymbol{T}_2=[R_{\theta Z_1,Z_1}]\boldsymbol{T}_r[0,\ 0,\ d_2,\ 1]^{\mathrm{T}}[R_{\theta Z_2,X_1}]=$$

$$\begin{bmatrix}\cos\theta_2 & -\sin\theta_2 & 0 & 0\\ \sin\theta_2 & \cos\theta_2 & 0 & 0\\ 0 & 0 & 1 & 0\\ 0 & 0 & 0 & 1\end{bmatrix}\begin{bmatrix}1 & 0 & 0 & 0\\ 0 & 1 & 0 & 0\\ 0 & 0 & 1 & d_2\\ 0 & 0 & 0 & 1\end{bmatrix}\begin{bmatrix}1 & 0 & 0 & 0\\ 0 & \cos 90^\circ & -\sin 90^\circ & 0\\ 0 & \sin 90^\circ & \cos 90^\circ & 0\\ 0 & 0 & 0 & 1\end{bmatrix}=$$

$$\begin{bmatrix} \cos\theta_2 & 0 & \sin\theta_2 & 0 \\ \sin\theta_2 & 0 & -\cos\theta_2 & 0 \\ 0 & 1 & 0 & d_2 \\ 0 & 0 & 0 & 1 \end{bmatrix} \tag{13.30}$$

3）坐标系 $X_3Y_3Z_3$ 相对于 $X_2Y_2Z_2$ 的位姿

坐标系 $X_3Y_3Z_3$ 相对于 $X_2Y_2Z_2$ 具有移动关节，该变换矩阵 $\boldsymbol{T}_3 = \boldsymbol{T}_r[0, 0, d_3, 1]^T$ 为

$$\boldsymbol{T}_3 = \begin{bmatrix} 1 & 0 & 0 & 0 \\ 0 & 1 & 0 & 0 \\ 0 & 0 & 1 & d_3 \\ 0 & 0 & 0 & 1 \end{bmatrix} \tag{13.31}$$

4）手腕坐标系相对于 $X_3Y_3Z_3$ 的位姿

手腕关节具有三个自由度，坐标系 $X_3Y_3Z_3$、$X_4Y_4Z_4$ 和 $X_5Y_5Z_5$ 的原点 O_3、O_4 和 O_5 重合，手部绕 Z_3、Z_4、和 Z_5 轴的转角分别 θ_4、θ_5 和 θ_6。

(1) 坐标系 $X_4Y_4Z_4$ 相对于 $X_3Y_3Z_3$ 的变换矩阵

首先，将坐标系 $X_3Y_3Z_3$ 绕 X_3 轴转动 $\theta_{X4} = -90°$ 得坐标系 $X_4Y_4Z_4$，然后，绕 Z_3 轴转动 θ_{Z3}。坐标系 $X_4Y_4Z_4$ 相对于 $X_3Y_3Z_3$ 的变换矩阵 $\boldsymbol{T}_4 = [R_{\theta Z_3, Z_3}][R_{\theta X_4, X_3}]$ 为

$$\boldsymbol{T}_4 = [R_{\theta Z_3, Z_3}][R_{\theta X_4, X_3}] =$$

$$\begin{bmatrix} \cos\theta_4 & -\sin\theta_4 & 0 & 0 \\ \sin\theta_4 & \cos\theta_4 & 0 & 0 \\ 0 & 0 & 1 & 0 \\ 0 & 0 & 0 & 1 \end{bmatrix} \begin{bmatrix} 1 & 0 & 0 & 0 \\ 0 & \cos(-90°) & -\sin(-90°) & 0 \\ 0 & \sin(-90°) & \cos(-90°) & 0 \\ 0 & 0 & 0 & 1 \end{bmatrix} =$$

$$\begin{bmatrix} \cos\theta_4 & 0 & -\sin\theta_4 & 0 \\ \sin\theta_4 & 0 & \cos\theta_4 & 0 \\ 0 & -1 & 0 & 0 \\ 0 & 0 & 0 & 1 \end{bmatrix} \tag{13.32}$$

(2) 坐标系 $X_5Y_5Z_5$ 相对于 $X_4Y_4Z_4$ 的变换矩阵

首先，将坐标系 $X_4Y_4Z_4$ 绕 X_4 轴转动 $\theta_{X5} = +90°$ 得坐标系 $X_5Y_5Z_5$，然后，绕 Z_4 轴转动 θ_{Z4}。坐标系 $X_5Y_5Z_5$ 相对于 $X_4Y_4Z_4$ 的变换矩阵 $\boldsymbol{T}_5 = [R_{\theta Z_4, Z_4}][R_{\theta X_5, X_4}]$ 为

$$\boldsymbol{T}_5 = [R_{\theta Z_4, Z_4}][R_{\theta X_5, X_4}] = \begin{bmatrix} \cos\theta_5 & -\sin\theta_5 & 0 & 0 \\ \sin\theta_5 & \cos\theta_5 & 0 & 0 \\ 0 & 0 & 1 & 0 \\ 0 & 0 & 0 & 1 \end{bmatrix} \begin{bmatrix} 1 & 0 & 0 & 0 \\ 0 & \cos 90° & -\sin 90° & 0 \\ 0 & \sin 90° & \cos 90° & 0 \\ 0 & 0 & 0 & 1 \end{bmatrix} =$$

$$\begin{bmatrix} \cos\theta_5 & 0 & \sin\theta_5 & 0 \\ \sin\theta_5 & 0 & -\cos\theta_5 & 0 \\ 0 & 1 & 0 & 0 \\ 0 & 0 & 0 & 1 \end{bmatrix} \tag{13.33}$$

(3) 坐标系 $X_6Y_6Z_6$ 相对于 $X_5Y_5Z_5$ 的变换矩阵

坐标系 $X_6Y_6Z_6$ 相对于 $X_5Y_5Z_5$ 先在 Z_5 的方向上位移 H，该位移矩阵为 $\boldsymbol{T}_r[0,\ 0,\ H,\ 1]^T$，然后，绕 Z_5 轴转动 θ_{Z5}。该变换矩阵 $\boldsymbol{T}_6=[R_{\theta Z_5,\ Z_5}]\boldsymbol{T}_r[0,\ 0,\ H,\ 1]^T$ 为

$$\boldsymbol{T}_6=[R_{\theta Z_5,\ Z_5}]\boldsymbol{T}_r[0,\ 0,\ H,\ 1]^T=\begin{bmatrix}\cos\theta_6 & -\sin\theta_6 & 0 & 0\\ \sin\theta_6 & \cos\theta_6 & 0 & 0\\ 0 & 0 & 1 & 0\\ 0 & 0 & 0 & 1\end{bmatrix}\begin{bmatrix}1 & 0 & 0 & 0\\ 0 & 1 & 0 & 0\\ 0 & 0 & 1 & H\\ 0 & 0 & 0 & 1\end{bmatrix}=$$

$$\begin{bmatrix}\cos\theta_6 & -\sin\theta_6 & 0 & 0\\ \sin\theta_6 & \cos\theta_6 & 0 & 0\\ 0 & 0 & 1 & H\\ 0 & 0 & 0 & 1\end{bmatrix}\tag{13.34}$$

一旦知道了 $\boldsymbol{T}_1\sim\boldsymbol{T}_6$，则任意杆件之间的变换矩阵可以使用以上公式求解出来。下面依次给出$[{}^5\boldsymbol{T}_6]$、非相邻杆件之间的变换矩阵$[{}^4\boldsymbol{T}_6]$、$[{}^3\boldsymbol{T}_6]$、$[{}^2\boldsymbol{T}_6]$和$[{}^1\boldsymbol{T}_6]$的矩阵乘积形式分别为 $[{}^5\boldsymbol{T}_6]=\boldsymbol{T}_6$，$[{}^4\boldsymbol{T}_6]=\boldsymbol{T}_5\boldsymbol{T}_6$，$[{}^3\boldsymbol{T}_6]=\boldsymbol{T}_4\boldsymbol{T}_5\boldsymbol{T}_6$，$[{}^2\boldsymbol{T}_6]=\boldsymbol{T}_3\boldsymbol{T}_4\boldsymbol{T}_5\boldsymbol{T}_6$ 和$[{}^1\boldsymbol{T}_6]=\boldsymbol{T}_2\boldsymbol{T}_3\boldsymbol{T}_4\boldsymbol{T}_5\boldsymbol{T}_6$。首先，给出杆件 6 相对于 4 的位姿矩阵 $[{}^4\boldsymbol{T}_6]=\boldsymbol{T}_5\boldsymbol{T}_6$ 为

$$[{}^4\boldsymbol{T}_6]=\boldsymbol{T}_5\boldsymbol{T}_6=\begin{bmatrix}\cos\theta_5 & 0 & \sin\theta_5 & 0\\ \sin\theta_5 & 0 & -\cos\theta_5 & 0\\ 0 & 1 & 0 & 0\\ 0 & 0 & 0 & 1\end{bmatrix}\begin{bmatrix}\cos\theta_6 & -\sin\theta_6 & 0 & 0\\ \sin\theta_6 & \cos\theta_6 & 0 & 0\\ 0 & 0 & 1 & H\\ 0 & 0 & 0 & 1\end{bmatrix}=$$

$$\begin{bmatrix}\cos\theta_5\cos\theta_6 & -\cos\theta_5\sin\theta_6 & \sin\theta_5 & H\sin\theta_5\\ \sin\theta_5\cos\theta_6 & -\sin\theta_5\sin\theta_6 & -\cos\theta_5 & -H\cos\theta_5\\ \sin\theta_6 & \cos\theta_6 & 0 & 0\\ 0 & 0 & 0 & 1\end{bmatrix}\tag{13.35}$$

其次，给出杆件 6 相对于 3 的位姿矩阵 $[{}^3\boldsymbol{T}_6]=\boldsymbol{T}_4\boldsymbol{T}_5\boldsymbol{T}_6$ 以及杆件 6 相对于 2 的位姿矩阵 $[{}^2\boldsymbol{T}_6]=\boldsymbol{T}_3\boldsymbol{T}_4\boldsymbol{T}_5\boldsymbol{T}_6$ 分别为

$$[{}^3\boldsymbol{T}_6]=\boldsymbol{T}_4\boldsymbol{T}_5\boldsymbol{T}_6=$$

$$\begin{bmatrix}\cos\theta_4 & 0 & -\sin\theta_4 & 0\\ \sin\theta_4 & 0 & \cos\theta_4 & 0\\ 0 & -1 & 0 & 0\\ 0 & 0 & 0 & 1\end{bmatrix}\begin{bmatrix}\cos\theta_5\cos\theta_6 & -\cos\theta_5\sin\theta_6 & \sin\theta_5 & H\sin\theta_5\\ \sin\theta_5\cos\theta_6 & \sin\theta_5\sin\theta_6 & -\cos\theta_5 & -H\cos\theta_5\\ \sin\theta_6 & \cos\theta_6 & 0 & 0\\ 0 & 0 & 0 & 1\end{bmatrix}=$$

$$\begin{bmatrix}C_4C_5C_6-S_4S_6 & -C_4C_5S_6-S_4C_6 & C_4S_5 & H\cos\theta_4\sin\theta_5\\ S_4C_5C_6+C_4S_6 & -S_4C_5S_6+C_4C_6 & S_4C_5 & H\sin\theta_4\sin\theta_5\\ -S_5C_6 & S_5S_6 & C_5 & H\cos\theta_5\\ 0 & 0 & 0 & 1\end{bmatrix}\tag{13.36}$$

$$[{}^2\boldsymbol{T}_6]=\boldsymbol{T}_3\boldsymbol{T}_4\boldsymbol{T}_5\boldsymbol{T}_6=$$

$$\begin{bmatrix}1&0&0&0\\0&1&0&0\\0&0&1&d_3\\0&0&0&1\end{bmatrix}\begin{bmatrix}C_4C_5C_6-S_4S_6 & -C_4C_5S_6-S_4C_6 & C_4S_5 & H\cos\theta_4\sin\theta_5\\ S_4C_5C_6+C_4S_6 & -S_4C_5S_6+C_4C_6 & S_4S_5 & H\sin\theta_4\sin\theta_5\\ -S_5C_6 & S_5S_6 & C_5 & H\cos\theta_5\\ 0&0&0&1\end{bmatrix}=$$

$$\begin{bmatrix}C_4C_5C_6-S_4S_6 & -C_4C_5S_6-S_4C_6 & C_4S_5 & H\cos\theta_4\sin\theta_5\\ S_4C_5C_6+C_4S_6 & -S_4C_5S_6+C_4C_6 & S_4C_5 & H\sin\theta_4\sin\theta_5\\ -S_5C_6 & S_5S_6 & C_5 & H\cos\theta_5+d_3\\ 0&0&0&1\end{bmatrix} \tag{13.37}$$

最后，给出杆件 6 相对于 1 的位姿矩阵$[{}^1\boldsymbol{T}_6]$为

$$[{}^1\boldsymbol{T}_6]=\boldsymbol{T}_2\boldsymbol{T}_3\boldsymbol{T}_4\boldsymbol{T}_5\boldsymbol{T}_6=$$

$$\begin{bmatrix}\cos\theta_2&0&\sin\theta_2&0\\ \sin\theta_2&0&-\cos\theta_2&0\\0&1&0&d_2\\0&0&0&1\end{bmatrix}\begin{bmatrix}C_4C_5C_6-S_4S_6 & -C_4C_5S_6-S_4C_6 & C_4S_5 & H\cos\theta_4\sin\theta_5\\ S_4C_5C_6+C_4S_6 & -S_4C_5S_6+C_4C_6 & S_4S_5 & H\sin\theta_4\sin\theta_5\\ -S_5C_6 & S_5C_6 & C_5 & H\cos\theta_5+d_3\\ 0&0&0&1\end{bmatrix}=$$

$$\begin{bmatrix}C_2(C_4C_5C_6-S_4S_6)-S_2S_5C_6 & -C_2(C_4C_5S_6+S_4C_6)+S_2S_5S_6 & C_2C_4S_5+S_2C_5 & HC_2C_4S_5+S_2(HC_5+d_3)\\ S_2(C_4C_5C_6-S_4S_6)+C_2S_5C_6 & -S_2(C_4C_5S_6+S_4C_6)-C_2S_5S_6 & S_2C_4S_5-C_2C_5 & HS_2C_4S_5-C_2(HC_5+d_3)\\ S_4C_5C_6+C_4S_6 & -S_4C_5S_6+C_4C_6 & S_4S_5 & HS_4S_5+d_2\\ 0&0&0&1\end{bmatrix} \tag{13.38}$$

于是，手部坐标系 $X_6Y_6Z_6$ 相对于固定坐标系 $X_0Y_0Z_0$ 的变换矩阵$[{}^0\boldsymbol{T}_6]$为

$$[{}^0\boldsymbol{T}_6]=\boldsymbol{T}_1\boldsymbol{T}_2\boldsymbol{T}_3\boldsymbol{T}_4\boldsymbol{T}_5\boldsymbol{T}_6 \tag{13.39}$$

若给定各个关节关于 Z_i轴的转角 θ_i，d_2、d_3 和 H 的大小，如表 13.2 所示，设$[{}^0\boldsymbol{T}_6]$的矩阵元素如下

$$[{}^0\boldsymbol{T}_6]=\begin{bmatrix}N_X&M_X&Q_X&P_X\\N_Y&M_Y&Q_Y&P_Y\\N_Z&M_Z&Q_Z&P_Z\\0&0&0&1\end{bmatrix}=\boldsymbol{T}_1\boldsymbol{T}_2\boldsymbol{T}_3\boldsymbol{T}_4\boldsymbol{T}_5\boldsymbol{T}_6 \tag{13.40}$$

式(13.40)中各个元素的表达式分别为

$$N_X=C_1[C_2(C_4C_5C_6-S_4S_6)-C_6S_2S_5]-(C_5C_6S_4+C_4S_6)S_1$$

$$N_Y=[C_2(C_4C_5C_6-S_4S_6)-C_6S_2S_5]S_1+C_1(C_5C_6S_4+C_4S_6)$$

$$N_Z=-(C_4C_5C_6-S_4S_6)S_2-C_2C_6S_5$$

$$M_X=C_1[-C_2(C_4C_5S_6+C_6S_4)+S_2S_5S_6]-(-C_5S_4S_6+C_4C_6)S_1$$

$$M_Y=S_1[-C_2(C_4C_5S_6+C_6S_4)+S_2S_5S_6]+C_1(-C_5S_4S_6+C_4C_6)$$

$$M_Z = (C_4C_5S_6 + C_6S_4)S_2 + C_2S_5S_6$$

$$Q_X = C_1(C_2C_4S_5 + C_5S_2) - S_1S_4S_5$$

$$Q_Y = (C_2C_4S_5 + C_5S_2)S_1 + C_1S_4S_5$$

$$Q_Z = -C_4S_2S_5 + C_2C_5$$

$$P_X = C_1d_3S_2 - d_2S_1 + H(C_1C_2C_4S_5 - C_1C_5S_2 - S_1S_4S_5)$$

$$P_Y = S_1d_3S_2 + C_1d_2 + H(S_1C_2C_4S_5 - C_5S_1S_2 + C_1S_4S_5)$$

$$P_Z = C_2d_3 - H(C_4S_2S_5 + C_2C_5)$$

以上诸式中，$C_i = \cos\theta_i$，$S_i = \sin\theta_i$，$i = 1 \sim 6$。则$[{}^0\boldsymbol{T}_6]$的运算结果为

$$[{}^0\boldsymbol{T}_6] = \begin{bmatrix} 0 & 0 & -1 & -150 \\ 0 & 1 & 0 & 300 \\ 1 & 0 & 0 & 0 \\ 0 & 0 & 0 & 1 \end{bmatrix}$$

13.6 工业机器人的逆向运动学

工业机器人的逆向运动学是指已知被操作对象的初始位姿与终止位姿时，如何确定工业机器人各关节的相对运动量的大小以及末端操作器的相对位姿。根据被操作对象的初始位姿与终止位姿，确定工业机器人各关节的相对运动量的大小是对工业机器人进行运动控制的基础。

本节以图 13.18 所示的斯坦福机器人为例，说明工业机器人的逆向运动学的求解方法。

斯坦福机器人手部坐标系 $X_6Y_6Z_6$ 相对于固定坐标系 $X_0Y_0Z_0$ 的变换矩阵$[{}^0\boldsymbol{T}_6]$如式(13.39)所示，即$[{}^0\boldsymbol{T}_6] = \boldsymbol{T}_1\boldsymbol{T}_2\boldsymbol{T}_3\boldsymbol{T}_4\boldsymbol{T}_5\boldsymbol{T}_6$，$[{}^0\boldsymbol{T}_6]$的矩阵形式如式(13.40)所示。设给定了所有的结构参数并已知手部坐标系 $X_6Y_6Z_6$ 相对于固定坐标系 $X_0Y_0Z_0$ 的位姿(式(13.40))，令 $H = 0$。下面求各个关节的相对运动量的大小。

1) 求坐标系 $X_1Y_1Z_1$ 相对于 $X_0Y_0Z_0$ 的转角 θ_1

用 $\boldsymbol{T}_1^{-1}$ 左乘式(13.40)，得 $\boldsymbol{T}_1^{-1}[{}^0\boldsymbol{T}_6] = \boldsymbol{T}_1^{-1}\boldsymbol{T}_1\boldsymbol{T}_2\boldsymbol{T}_3\boldsymbol{T}_4\boldsymbol{T}_5\boldsymbol{T}_6 = \boldsymbol{T}_2\boldsymbol{T}_3\boldsymbol{T}_4\boldsymbol{T}_5\boldsymbol{T}_6$，其中 $\boldsymbol{T}_1^{-1}$ 由式(13.29)以及式(13.15)与(13.16)的变换关系得到，于是 $\boldsymbol{T}_1^{-1}$ 和 $\boldsymbol{T}_1^{-1}[{}^0\boldsymbol{T}_6]$分别为

$$\boldsymbol{T}_1^{-1} = \begin{bmatrix} \cos\theta_1 & \sin\theta_1 & 0 & 0 \\ 0 & 0 & -1 & 0 \\ -\sin\theta_1 & \cos\theta_1 & 0 & 0 \\ 0 & 0 & 0 & 1 \end{bmatrix} \tag{13.41}$$

$$\boldsymbol{T}_1^{-1}[{}^0\boldsymbol{T}_6] = \begin{bmatrix} \cos\theta_1 & \sin\theta_1 & 0 & 0 \\ 0 & 0 & -1 & 0 \\ -\sin\theta_1 & \cos\theta_1 & 0 & 0 \\ 0 & 0 & 0 & 1 \end{bmatrix} \begin{bmatrix} N_X & M_X & Q_X & P_X \\ N_Y & M_Y & Q_Y & P_Y \\ N_Z & M_Z & Q_Z & P_Z \\ 0 & 0 & 0 & 1 \end{bmatrix} = \boldsymbol{T}_2\boldsymbol{T}_3\boldsymbol{T}_4\boldsymbol{T}_5\boldsymbol{T}_6 \tag{13.42}$$

式(13.42)右端 $\boldsymbol{T}_2\boldsymbol{T}_3\boldsymbol{T}_4\boldsymbol{T}_5\boldsymbol{T}_6$ 的展开矩阵如式(13.38)所示，只要令式(13.38)中的 $H=0$ 即可；下面展开式(13.42)中间两个矩阵的乘积，得 $\boldsymbol{T}_1^{-1}[{}^0\boldsymbol{T}_6]$ 为

$$\boldsymbol{T}_1^{-1}[{}^0\boldsymbol{T}_6]=$$

$$\begin{bmatrix} N_X\cos\theta_1+N_Y\sin\theta_1 & M_X\cos\theta_1+M_Y\sin\theta_1 & Q_X\cos\theta_1+Q_Y\sin\theta_1 & P_X\cos\theta_1+P_Y\sin\theta_1 \\ -N_Z & -M_Z & -Q_Z & -P_Z \\ -N_X\sin\theta_1+N_Y\cos\theta_1 & -M_X\sin\theta_1+M_Y\cos\theta_1 & -Q_X\sin\theta_1+Q_Y\cos\theta_1 & -P_X\sin\theta_1+P_Y\cos\theta_1 \\ 0 & 0 & 0 & 1 \end{bmatrix}=$$

$$\begin{bmatrix} C_2(C_4C_5C_6-S_4S_6)-S_2S_5C_6 & -C_2(C_4C_5S_6+S_4C_6)+S_2S_5S_6 & C_2C_4S_5+S_2C_5 & S_2d_3 \\ S_2(C_4C_5C_6-S_4S_6)+C_2S_5C_6 & -S_2(C_4C_5S_6+C_4C_6)-C_2S_5S_6 & S_2C_4S_5+C_2C_5 & -C_2d_3 \\ S_4C_5C_6+C_4S_6 & -S_4S_5S_6+C_4C_6 & S_4S_5 & d_2 \\ 0 & 0 & 0 & 1 \end{bmatrix} \tag{13.43}$$

令式(13.43)两端矩阵的第三行第四列的对应元素相等，得含有 θ_1 的三角方程为

$$-P_X\sin\theta_1+P_Y\cos\theta_1=d_2 \tag{13.44}$$

由于

$$\sin\theta_1=\frac{2\tan(0.5\theta_1)}{1+\tan^2(0.5\theta_1)}=\frac{2x}{1+x^2},\ \cos\theta_1=\frac{1-\tan^2(0.5\theta_1)}{1+\tan^2(0.5\theta_1)}=\frac{1-x^2}{1+x^2}$$

所以，式(13.44)简化成代数方程为

$$(d_2+P_Y)x^2+2P_Xx+d_2-P_Y=0$$

中间变量 x 与 θ_1 的解为

$$\theta_1=2\arctan2(x)=2\arctan2\left[\frac{-P_X\pm\sqrt{P_X^2-(d_2+P_Y)(d_2-P_Y)}}{d_2+P_Y}\right] \tag{13.45}$$

式(13.45)中的 arctan2 是一种双变量反正切函数，它可以根据分子、分母的正负号确定 θ_1 的象限，从而使 θ_1 可以得到 1～4 象限的真实解；“±”号中的“+”号对应于右肩的位姿，“−”号对应于左肩的位姿。

2) 求坐标系 $X_2Y_2Z_2$ 相对于 $X_1Y_1Z_1$ 的转角 θ_2

令式(13.43)两个矩阵的第一行第四列的对应元素相等，第二行第四列的对应元素相等，得含有 θ_2 的三角方程为

$$P_X\cos\theta_1+P_Y\sin\theta_1=d_3\sin\theta_2 \tag{13.46}$$

$$-P_Z=-d_3\cos\theta_2 \tag{13.47}$$

式(13.46)除以式(13.47)得 θ_2 为

$$\theta_2=\arctan2\left[\frac{-P_Y\cos\theta_1+P_Y\sin\theta_1}{P_Z}\right] \tag{13.48}$$

3) 求坐标系 $X_3Y_3Z_3$ 相对于 $X_2Y_2Z_2$ 的位移 d_3

将式(13.46)两端乘以 $\sin\theta_2$，式(13.47)两端乘以 $\cos\theta_2$，然后相加得 d_3 为

$$d_3 = (P_X\cos\theta_1 + P_Y\sin\theta_1)\sin\theta_2 + P_Z\cos\theta_2 \tag{13.49}$$

4) 求坐标系 $X_4Y_4Z_4$ 相对于 $X_3Y_3Z_3$ 的转角 θ_4

由于 $[{}^3\boldsymbol{T}_6] = \boldsymbol{T}_4\boldsymbol{T}_5\boldsymbol{T}_6$，$\boldsymbol{T}_4^{-1}[{}^3\boldsymbol{T}_6] = \boldsymbol{T}_4^{-1}\boldsymbol{T}_4\boldsymbol{T}_5\boldsymbol{T}_6 = \boldsymbol{T}_5\boldsymbol{T}_6 = [{}^4\boldsymbol{T}_6] = \boldsymbol{T}_4^{-1}\boldsymbol{T}_3^{-1}\boldsymbol{T}_2^{-1}\boldsymbol{T}_1^{-1}[{}^0\boldsymbol{T}_6]$，所以，由式(13.32)、(13.31)、(13.30)以及式(13.15)与(13.16)的变换关系，首先求出 $\boldsymbol{T}_4$、$\boldsymbol{T}_3$ 和 $\boldsymbol{T}_2$ 的逆矩阵 $\boldsymbol{T}_4^{-1}$、$\boldsymbol{T}_3^{-1}$ 和 $\boldsymbol{T}_2^{-1}$ 分别为

$$\boldsymbol{T}_4^{-1} = \begin{bmatrix} \cos\theta_4 & \sin\theta_4 & 0 & 0 \\ 0 & 0 & -1 & 0 \\ -\sin\theta_4 & \cos\theta_4 & 0 & 0 \\ 0 & 0 & 0 & 1 \end{bmatrix} \tag{13.50}$$

$$\boldsymbol{T}_3^{-1} = \begin{bmatrix} 1 & 0 & 0 & 0 \\ 0 & 1 & 0 & 0 \\ 0 & 0 & 1 & -d \\ 0 & 0 & 0 & 1 \end{bmatrix} \tag{13.51}$$

$$\boldsymbol{T}_2^{-1} = \begin{bmatrix} \cos\theta_2 & \sin\theta_2 & 0 & 0 \\ 0 & 0 & 1 & -d_2 \\ \sin\theta_2 & -\cos\theta_2 & 0 & 0 \\ 0 & 0 & 0 & 1 \end{bmatrix} \tag{13.52}$$

为此，$[{}^4\boldsymbol{T}_6] = \boldsymbol{T}_4^{-1}\boldsymbol{T}_3^{-1}\boldsymbol{T}_2^{-1}\boldsymbol{T}_1^{-1}[{}^0\boldsymbol{T}_6]$ 的表达式为

$$[{}^4\boldsymbol{T}_6] = \boldsymbol{T}_4^{-1}\boldsymbol{T}_3^{-1}\boldsymbol{T}_2^{-1}\boldsymbol{T}_1^{-1}[{}^0\boldsymbol{T}_6] = \begin{bmatrix} \cos\theta_4 & \sin\theta_4 & 0 & 0 \\ 0 & 0 & -1 & 0 \\ -\sin\theta_4 & \cos\theta_4 & 0 & 0 \\ 0 & 0 & 0 & 1 \end{bmatrix} \begin{bmatrix} 1 & 0 & 0 & 0 \\ 0 & 1 & 0 & 0 \\ 0 & 0 & 1 & -d_2 \\ 0 & 0 & 0 & 1 \end{bmatrix}$$

$$\begin{bmatrix} \cos\theta_2 & \sin\theta_2 & 0 & 0 \\ 0 & 0 & 1 & -d_2 \\ \sin\theta_2 & -\cos\theta_2 & 0 & 0 \\ 0 & 0 & 0 & 1 \end{bmatrix} \begin{bmatrix} \cos\theta_1 & \sin\theta_1 & 0 & 0 \\ 0 & 0 & -1 & 0 \\ -\sin\theta_1 & \cos\theta_1 & 0 & 0 \\ 0 & 0 & 0 & 1 \end{bmatrix} \begin{bmatrix} N_X & M_X & Q_X & P_X \\ N_Y & M_Y & Q_Y & P_Y \\ N_Z & M_Z & Q_Z & P_Z \\ 0 & 0 & 0 & 1 \end{bmatrix} =$$

$$\begin{bmatrix} C_4C_2(N_XC_1 + N_YS_1) - C_4N_2S_2 + S_4(-N_XS_1 + N_YC_1) \\ -S_2(N_XC_1 + N_YS_1) - N_ZC_2 \\ S_4C_2(N_XC_1 + N_YS_1) - S_4N_2S_2 + C_4(-N_XS_1 + N_YC_1) \\ 0 \end{bmatrix}$$

$$\begin{matrix} C_4C_2(M_XC_1 + M_YS_1) - C_4M_ZS_2 + S_4(-M_XS_1 + M_YC_1) \\ -S_2(M_XC_1 + M_YS_1) - M_ZC_2 \\ S_4C_2(M_XC_1 + M_YS_1) - S_4M_ZS_2 + C_4(-M_XS_1 + M_YC_1) \\ 0 \end{matrix}$$

$$
\begin{array}{l}
C_4C_2(Q_XC_1+Q_YS_1)-C_4Q_ZS_2+S_4(-Q_XS_1+Q_YC_1) \\
-S_2(Q_XC_1+Q_YS_1)-Q_ZC_2 \\
S_4C_2(Q_XC_1+Q_YS_1)-S_4Q_ZS_2+C_4(-QS_1+Q_YC_1) \\
0
\end{array}
$$

$$
\left.\begin{array}{l}
C_4C_2(P_XC_1+P_YS_1)-C_4P_ZS_2+S_4(-P_XS_1+P_YC_1-d_2) \\
-S_2(P_XC_1+P_YS_1)-P_ZS_2+d_3 \\
S_4C_2(P_XC_1+P_YS_1)-S_4P_ZS_2+C_4(-P_XS_1+P_YC_1-d_2) \\
1
\end{array}\right] \tag{13.53}
$$

令式(13.53)与式(13.35)的第三行第三列的矩阵元素对应相等，得关于转角 θ_4 的三角方程为

$$
S_4C_2(Q_XC_1+Q_YS_1)-S_4Q_ZS_2+C_4(-Q_XS_1+Q_YC_1)=0
$$

即

$$
\sin\theta_4\cos\theta_2(Q_X\cos\theta_1+Q_Y\sin\theta_1)-\sin\theta_4Q_Z\sin\theta_2+\cos\theta_4(-Q_X\sin\theta_1+Q_Y\cos\theta_1)=0 \tag{13.54}
$$

由式(13.54)得 θ_4 为

$$
\theta_4=\text{arctan2}\left[\frac{Q_X\sin\theta_1-Q_Y\cos\theta_1}{\cos\theta_2(Q_X\cos\theta_1+Q_Y\sin\theta_1)-Q_Z\sin\theta_2}\right] \tag{13.55}
$$

5) 求坐标系 $X_5Y_5Z_5$ 相对于 $X_4Y_4Z_4$ 的转角 θ_5

令式(13.53)与(13.35)的第一行第三列的矩阵元素对应相等，第二行第三列的矩阵元素对应相等，得关于转角 θ_5 的三角方程为

$$
C_4C_2(Q_XC_1+Q_YS_1)-C_4Q_ZS_2+S_4(-Q_XS_1+Q_YC_1)=S_5 \tag{13.56}
$$

$$
-S_2(Q_XC_1+Q_YS_1)-Q_ZC_2=-C_5 \tag{13.57}
$$

由式(13.56)、式(13.57)得 θ_5 为

$$
\theta_5=\text{arcatn2}\left[\frac{C_4C_2(Q_XC_1+Q_YS_1)-C_4Q_ZS_2+S_4(-Q_XS_1+Q_YC_1)}{S_2(Q_XC_1+Q_YS_1)+Q_ZC_2}\right] \tag{13.58}
$$

6) 求坐标系 $X_6Y_6Z_6$ 相对于 $X_5Y_5Z_5$ 的转角 θ_6

由式(13.33)以及式(13.15)与(13.16)的变换关系得 $\boldsymbol{T}_5$ 的逆矩阵 $\boldsymbol{T}_5^{-1}$ 为

$$
\boldsymbol{T}_5^{-1}=\begin{bmatrix}
\cos\theta_5 & \sin\theta_5 & 0 & 0 \\
0 & 0 & 1 & 0 \\
\sin\theta_5 & -\cos\theta_5 & 0 & 0 \\
0 & 0 & 0 & 1
\end{bmatrix} \tag{13.59}
$$

由于 $\boldsymbol{T}_5\boldsymbol{T}_6=[{}^4\boldsymbol{T}_6]=\boldsymbol{T}_4^{-1}\boldsymbol{T}_3^{-1}\boldsymbol{T}_2^{-1}\boldsymbol{T}_1^{-1}[{}^0\boldsymbol{T}_6]$，$\boldsymbol{T}_5^{-1}\boldsymbol{T}_5\boldsymbol{T}_6=\boldsymbol{T}_6=[{}^5\boldsymbol{T}_6]=\boldsymbol{T}_5^{-1}\boldsymbol{T}_4^{-1}\boldsymbol{T}_3^{-1}\boldsymbol{T}_2^{-1}\boldsymbol{T}_1^{-1}[{}^0\boldsymbol{T}_6]$，所以，$\boldsymbol{T}_5^{-1}\boldsymbol{T}_4^{-1}\boldsymbol{T}_3^{-1}\boldsymbol{T}_2^{-1}\boldsymbol{T}_1^{-1}[{}^0\boldsymbol{T}_6]$ 的表达式为

$$
\boldsymbol{T}_6=[{}^5\boldsymbol{T}_6]=\boldsymbol{T}_5^{-1}\boldsymbol{T}_4^{-1}\boldsymbol{T}_3^{-1}\boldsymbol{T}_2^{-1}\boldsymbol{T}_1^{-1}[{}^0\boldsymbol{T}_6]=
$$

$$
\begin{bmatrix} \cos\theta_5 & \sin\theta_5 & 0 & 0 \\ 0 & 0 & 1 & 0 \\ \sin\theta_5 & -\cos\theta_5 & 0 & 0 \\ 0 & 0 & 0 & 1 \end{bmatrix}
\begin{bmatrix} \cos\theta_4 & \sin\theta_4 & 0 & 0 \\ 0 & 0 & -1 & 0 \\ -\sin\theta_4 & \cos\theta_4 & 0 & 0 \\ 0 & 0 & 0 & 1 \end{bmatrix}
\begin{bmatrix} 1 & 0 & 0 & 0 \\ 0 & 1 & 0 & 0 \\ 0 & 0 & 1 & -d_3 \\ 0 & 0 & 0 & 1 \end{bmatrix}
$$

$$
\begin{bmatrix} \cos\theta_2 & \sin\theta_2 & 0 & 0 \\ 0 & 0 & 1 & -d_2 \\ \sin\theta_2 & -\cos\theta_2 & 0 & 0 \\ 0 & 0 & 0 & 1 \end{bmatrix}
\begin{bmatrix} \cos\theta_1 & \sin\theta_1 & 0 & 0 \\ 0 & 0 & -1 & 0 \\ -\sin\theta_1 & \cos\theta_1 & 0 & 0 \\ 0 & 0 & 0 & 1 \end{bmatrix}
\begin{bmatrix} N_X & M_X & Q_X & P_X \\ N_Y & M_Y & Q_Y & P_Y \\ N_Z & M_Z & Q_Z & P_Z \\ 0 & 0 & 0 & 1 \end{bmatrix} =
$$

$$
\begin{bmatrix} \cos\theta_5 & \sin\theta_5 & 0 & 0 \\ 0 & 0 & 1 & 0 \\ \sin\theta_5 & -\cos\theta_5 & 0 & 0 \\ 0 & 0 & 0 & 1 \end{bmatrix}
\begin{bmatrix} A_{11} & A_{12} & A_{13} & B_{14} \\ A_{21} & A_{22} & A_{23} & B_{24} \\ A_{31} & A_{32} & A_{33} & B_{34} \\ 0 & 0 & 0 & 1 \end{bmatrix} =
$$

$$
\begin{bmatrix} \cos\theta_5 A_{11} + \sin\theta_5 A_{21} & \cos\theta_5 A_{12} + \sin\theta_5 A_{22} & \cos\theta_5 A_{13} + \sin\theta_5 A_{23} & \cos\theta_5 B_{14} + \sin\theta_5 B_{24} \\ A_{31} & A_{32} & A_{33} & B_{34} \\ \sin\theta_5 A_{11} - \cos\theta_5 A_{21} & \sin\theta_5 A_{12} - \cos\theta_5 A_{22} & \sin\theta_5 A_{13} - \cos\theta_5 A_{23} & \sin\theta_5 B_{14} - \cos\theta_5 B_{24} \\ 0 & 0 & 0 & 1 \end{bmatrix} \tag{13.60}
$$

式(13.60)中的 A_{ij} 与 B_{i4} 组成的矩阵就是 $\boldsymbol{T}_4^{-1}\boldsymbol{T}_3^{-1}\boldsymbol{T}_2^{-1}\boldsymbol{T}_1^{-1}[{}^0\boldsymbol{T}_6]$ 的连乘积矩阵。

令式(13.60)与(13.34)的第一行第二列的矩阵元素对应相等，第二行第二列的矩阵元素对应相等，得关于转角 θ_6 的三角方程为

$$
\cos\theta_5 A_{12} + \sin\theta_5 A_{22} = -\sin\theta_6 \tag{13.61}
$$

$$
A_{32} = \cos\theta_6 \tag{13.62}
$$

由式(13.61)与(13.62)得 θ_6 为

$$
\theta_6 = \arctan 2\left[\frac{-\cos\theta_5 A_{12} - \cos\theta_5 A_{22}}{A_{32}}\right] \tag{13.63}
$$

至此，各个关节的运动参数 θ_1、θ_2、d_3、θ_4、θ_5、θ_6 已全部求出。从以上的求解过程可以看出，这种求解方法就是将一个未知数从方程的右端移到左端，使其与其他未知数分离开来，从而解出这个未知数。重复这一过程，解出所有的未知数。值得注意的是，若目标物体不在机器人的操作范围之内，则解可能不存在。由以上求解公式可以看出，关节的相对位移不一定惟一，可能出现多解。在多解的情况下，一定有一个解是相对较优的，或者是路径最短，或者可以避开其他障碍物。当然，还有其他的相对位移求解方法，本书不再介绍，请阅文献[11—16]。

习　题

13-1　在题 13-1 图的坐标系中，动坐标系 $oxyz$ 与固定坐标系 $OXYZ$ 初始时重合，动

坐标系相对于固定坐标系作以下变换，先绕 Z 轴转动 $+90°$，再绕 Y 轴转动 $+90°$，最后相对于固定坐标系移动 $\boldsymbol{T}_r[4, -3, +7, 1]^T$。试求：

(1) 动坐标系相对于固定坐标的位姿 $[R_{(Z, Y, T_r)}]$。

(2) 动坐标系相对于固定坐标系先移动 $\boldsymbol{T}_r[4, -3, +7, 1]^T$，再绕动坐标系的 y 轴转动 $+90°$，最后相对于动坐标系的 z 轴转动 $+90°$，试求动坐标系相对于固定坐标的位姿 $[R_{(Z, Y, T_r)}]$。

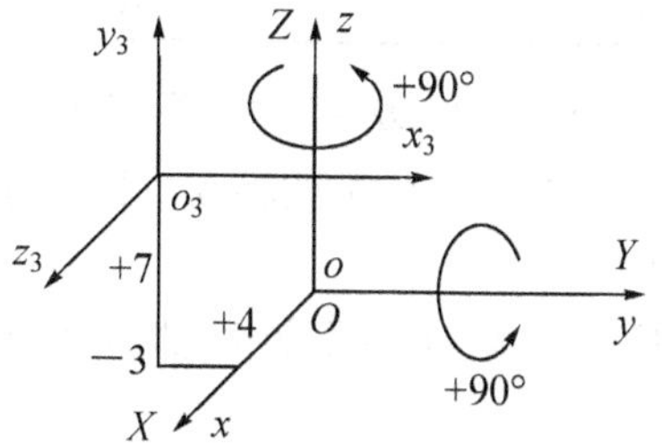

题 13-1 图

13-2　在题 13-2 图的坐标系 $OXYZ$ 中放置一个立方体，在立方体上设置坐标系 $oxyz$，其上的特征点 A_1，A_2，A_3，A_4，A_5，A_6，A_7 和 A_8 组成的矩阵 $\boldsymbol{W}_{xyz}(4\times 8)$ 如下，坐标系 $oxyz$ 的原点 o 在坐标系 $OXYZ$ 中的坐标为(0, 2, 0,)。若让立方体绕 Z 轴转过 $90°$，用 $[R_{+90°, Z}]$ 表示该转动；再绕 Y 轴转过 $90°$，用 $[R_{+90°, Y}]$ 表示该转动；最后沿 X 轴方向平移 4，用 $\boldsymbol{T}_r[4, 0, 0, 1]^T$ 表示该移动。求以上变换后立方体的位姿 $\boldsymbol{T}[xyz \rightarrow XYZ] = \boldsymbol{T}_r[4, 0, 0, 1]^T[R_{+90°, Y}][R_{+90°, Z}]W_{XYZ}(4\times 8)$。

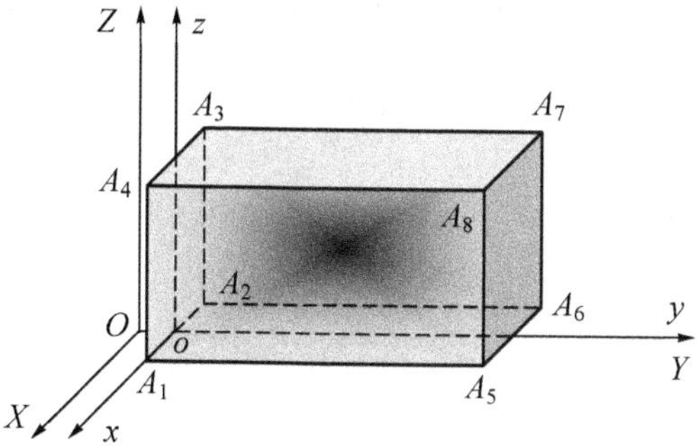

$$\boldsymbol{W}_{XYZ}(4\times 8)=\begin{bmatrix}2 & -2 & -2 & 2 & 2 & -2 & -2 & 2\\ 2 & 2 & 2 & 2 & 12 & 12 & 12 & 12\\ 0 & 0 & 6 & 6 & 0 & 0 & 6 & 6\\ 0 & 0 & 0 & 0 & 0 & 0 & 0 & 0\end{bmatrix}$$

题 13-2 图

13-3　题 13-3 图为由三个平行轴关节和一个垂直轴关节组成的关节型机器人简图，它的结构参数如表 13-1 所示。求该关节型机器人的运动学方程为 $W_3 = \boldsymbol{T}_1\boldsymbol{T}_2\boldsymbol{T}_3\boldsymbol{T}_4$。

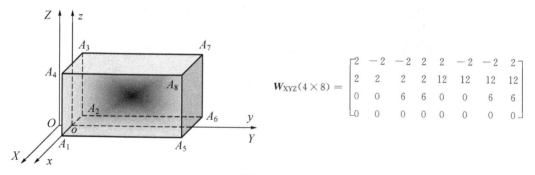

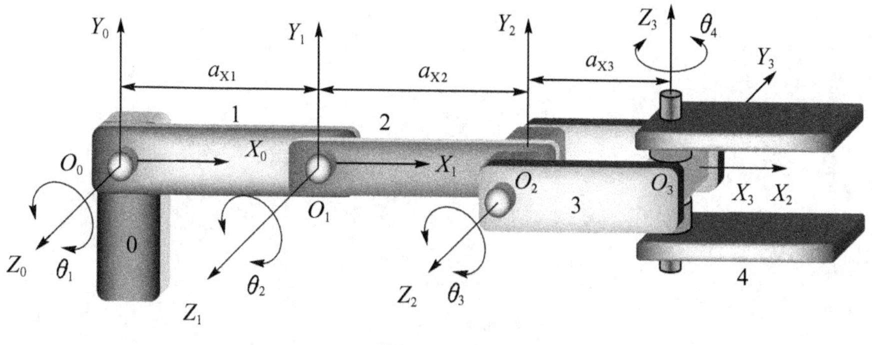

题 13-3 图

表 13-1 结构参数

连杆序号 n	关于 Z_n 轴的转角	两连杆之间的距离 d_{Zn-1}	连杆的长度 a_{Xn}	连杆的扭角 θ_{Xn}
1	$\theta_{Z0}=\theta_1=30°$	0	$a_{X1}=a_1=100$ mm	$\theta_{X1}=0°$
2	$\theta_{Z1}=\theta_2=-60°$	0	$a_{X2}=a_2=100$ mm	$\theta_{X2}=0°$
3	$\theta_{Z2}=\theta_3=-30°$	0	$a_{X3}=a_3=100$ mm	$\theta_{X3}=-90°$
4	$\theta_{Z3}=\theta_4=45°$	0	$a_{X3}=a_4=0$ mm	$\theta_{X4}=0°$

13-4 在题 13-4 图所示的坐标系 $OXYZ$ 中，手臂相对于机身拥有一个转动自由度，手腕相对于手臂有两个自由度，即关于 x，z 轴的转动。已知手腕上的坐标系 $oxyz$ 相对于机身坐标系 $OXYZ$ 的位姿矩阵 $\boldsymbol{SW}$ 已知。

试求(1) 若手臂相对于机身坐标系 $OXYZ$ 的 Z 轴转动 $-90°$，则坐标系 $oxyz$ 转到坐标系 $o_1x_1y_1z_1$ 的矩阵 $\boldsymbol{SW}_1$。

(2) 若手臂相对于机身坐标系 $OXYZ$ 的 Z 轴转动 $+90°$，手腕上的坐标系 $oxyz$ 相对于手臂上的 z 轴转动 $+90°$，关于 x 轴转动 $+90°$，则坐标系 $oxyz$ 转到坐标系 $o_2x_2y_2z_2$ 的矩阵 $\boldsymbol{SW}_2$。

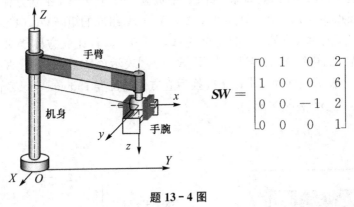

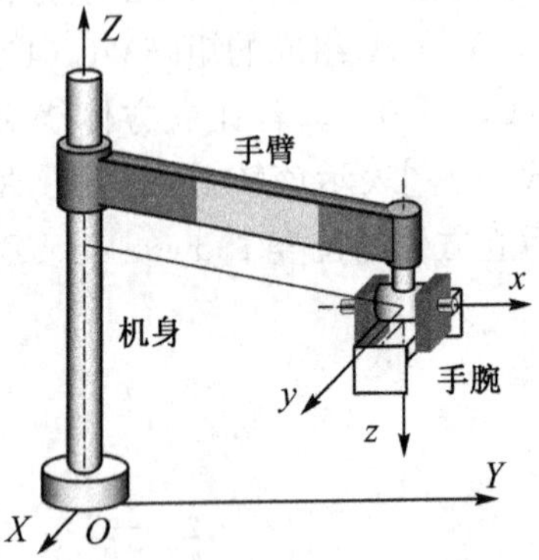

$$\boldsymbol{SW}=\begin{bmatrix}0 & 1 & 0 & 2\\ 1 & 0 & 0 & 6\\ 0 & 0 & -1 & 2\\ 0 & 0 & 0 & 1\end{bmatrix}$$

题 13-4 图

参 考 文 献

[1] 郑文伟，吴克坚．机械原理(第七版)．北京：高等教育出版社，1997
[2] 申永胜．机械原理．北京：清华大学出版社，1999
[3] 王知行，刘廷荣．机械原理．北京：高等教育出版社，2000
[4] 华大年．机械原理．北京：高等教育出版社，1994
[5] 孙桓，陈作模．机械原理(第六版)．北京：高等教育出版社，2001
[6] 孟宪源，姜琪．机构构型与应用．北京：机械工业出版社，2004
[7] 石永刚，徐振华．凸轮机构设计．上海：上海科学技术出版社，1995
[8] R. L. 诺顿(Robert L. Norton)．机械设计．北京：机械工业出版社，2003
[9] 孔建益译；陆锡年校．机械原理——分析、综合与优化．北京：机械工业出版社，2003
[10] CH. Suh and CW. Radcliffe. Kinematics and Mechanisms Design. New York: John Wiley, 1978
[11] Mark E. Rosheim. Robot Evolution. New York: John Wiley & Sons, 1994
[12] Ye Zhonghe, Lan Zhaohui, M. R. Smith. Mechanisms and Machine Theory. Peking: Higher Education Press, 2001
[13] 吴振标，熊友伦．工业机器人．武汉：华中科技大学出版社，2002
[14] 熊友伦，丁汉，刘恩沧．机器人学．北京：机械工业出版社，2001
[15] 张铁，谢存禧．机器人学．广州：华南理工大学出版社，2001
[16] 徐卫良，钱瑞明译．机器人操作的数学导论．北京：机械工业出版社，1998
[17] 许林成，彭国勋．包装机械．长沙：湖南大学出版社，1989
[18] 曲继方．活齿传动理论．北京：机械工业出版社，1993
[19] 阮忠唐．机械无级变速器设计与选用指南．北京：化学工业出版社，1999
[20] 于云满，张敏，张义选．精密间歇机构．北京：机械工业出版社，1999
[21] 江旭昌．大变位齿轮．北京：中国建材工业出版社，2001
[22] 董学朱．摆线齿锥齿轮及准双曲面齿轮设计和制造．北京：机械工业出版社，2003
[23] 王洪欣，李木，刘秉忠．机械设计工程学．徐州：中国矿业大学出版社，2004
[24] 王洪欣．机械原理．南京：东南大学出版社，2005
[25] 王洪欣．机械原理课程上机与设计．南京：东南大学出版社，2005
[26] 李庆杨，王能超，易大义．数值方法．武汉：华中理工大学出版社，1988
[27] 张恩广．筛分破碎及脱水设备．北京：煤炭工业出版社，1991
[28] 王洪欣，张元山．一种实用的齿轮连杆组合传动机构的综合及铰链反力的求解法[J]．贵阳：现代机械，1993，(4)：24～26
[29] 王洪欣，张元山，张雪梅．辊式破碎机变轴距恒速比传动机构的设计计算[J]．洛阳：矿山机械，1996，(1)：28～31
[30] 王洪欣，张元山．变轴距恒速比传动机构的改进设计[J]．洛阳：矿山机械，1997，(11)：

58～59
[31] 王洪欣，王新宇．动态轴距恒速比传动机构的研究[J]．上海：传动技术，1998，(2)：40～41
[32] 王洪欣，张爱淑，唐大放，张元山．菱形金属网编织机能耗机理的研究[J]．洛阳：矿山机械．1994．(4)：32～34
[33] 王洪欣，段嗣福，张爱淑，常荣生，付咸阳，邱成国．二分之奇数转主轴的缓冲定位装置与实验研究[J]．洛阳：矿山机械，1994，(6)：57～58
[34] 王洪欣．曲柄齿条机构的运动分析与综合[J]．郑州：机械传动，1996，20 (1)：42～45
[35] 王洪欣，张雪梅，陈海英，弯家立．按许用压力角设计曲柄摇杆机构的非迭代方法[J]．天津：机械设计，1998，15(1)：4～6
[36] 王洪欣，张元山．正多边形轨迹机构及特性研究[J]．天津：机械设计，1995，12(1)：10～11
[37] 王洪欣，段雄．行星轮点轨迹的图形特征与应用研究[J]．成都：机械，2005，32(7)：24～25
[38] WANG Hongxin，LI Aijun DUAN Xiong，and YAO Xingang. Visualized Study and Teaching of Mechanism Theory and Characteristics PROCEEDINGS 7th CHINA-JAPAN JOING CONFERENCE ON GRAPHICS EDUCATION. 24～27 July，2005，Xian，China
[39] 王洪欣．螺旋副钢球行星传动机构的运动学与受力分析[J]．郑州：机械传动，1998，22(1)：9～12
[40] 王洪欣，高谦，付顺玲．斜楔机构的受力分析和设计[J]．上海：机械制造，1999，(3)：19～20
[41] 王洪欣，刘翠娟，闫海锋．行星轮皮带间歇传动机构的运动学与设计研究[J]．成都：机械 1999，26(1)：30～33
[42] 王洪欣，张雪梅，仪馨．一种同轴式凸轮链条步进机构的运动分析与综合[J]．郑州：机械传动，1996，20 (4)20～23
[43] 王洪欣．两导杆机构串联的近似等速比传动机构[J]．天津：机械设计，1996，13(4)：14～15
[44] 王洪欣，杨修德，余小燕．一种近似等速比传动的串联导杆机构综合[J]．上海：机械设计与研究，1999，(3)：30～31
[45] 王洪欣，杨修德等．一种近似等速比传动的平面六杆机构的设计原理[J]．郑州：机械传动，1999，23(3)：21～22
[46] 姚新港，王洪欣．小型石材刨削机的设计[J]．机械设计，2002，19(11)：59～60
[47] 王洪欣，张雪梅，张元山．双侧近似停歇的行星式齿轮连杆组合机构[J]．成都：机械，1995，22(4)：25～26
[48] 王洪欣，李爱军．一类组合机构在极限位置作直到三阶停歇的设计原理[J]．天津：机械设计，2004，21(7)：34～35
[49] 王洪欣，张雪梅．一类从动件在两极限位置无冲击效应的机构设计原理[J]．郑州：机械传动，1997，21(3)：1～4

[50] 王洪欣，段雄，李爱军. 曲柄齿条摆杆双极位三阶停歇七杆机构的设计[J]. 上海：机械设计与研究，2005，21(4)16～18，26
[51] 王洪欣，段雄. 曲柄齿条滑块极位三阶停歇的七杆机构设计[J]. 郑州：机械传动，2006，30(1)：21～22
[52] 王洪欣. 一种摆杆极位五阶停歇机构的设计[J]. 天津：机械设计，2006，23(2)：34～35
[53] 王洪欣，聂如春，弯家立，王合文. 一种平面十杆曲柄滑块机构传动特性的研究[J]. 天津：机械设计，1998，15 (5)：28～29
[54] 王洪欣，常荣生. 钢丝扁螺旋成型原理[J]. 天津：机械设计，1995，12(1)：19～20
[55] WANG Hongxin[1], Dai Ning[2] Graphics Characteristics Study and Teaching on Mechanism. 12th international conference on geometry and graphics. 2006 ISGG，6—10 AUGUST ，SALVADOR，BRAZIL
[56] 姚新港，王洪欣. 平口钳的设计与三维动画[J]. 成都：机械，2002，29(6)：48～49
[57] 周有强，崔学良，董志峰. 机械无级变速器发展概述[J]. 郑州：机械传动，2005，29(1)：65～68
[58] 曲秀全，陆念力，车仁炜. 超越离合器概述[J]. 郑州：机械传动，2005，29(1)：69～72
[59] Honda R&D Co. Ltd. Shigeru Kanehara. 金属 *V* -带推块型 CTV 的研究(Ⅰ)-传递转矩和带轮推力间关系[J]. 上海：传动技术，2000，(1)：28～37
[60] Guo Yichao，He Weilian，Huang Hongcheng. 金属带式无级变速器的力学分析模型[J]. 上海：传动技术，2001，(3)：28～47
[61] Nskltd. H. Machida，H. Itoth T. Imanishi，H. Tanaka. 半环无级变速箱的设计原理[J]. 上海：传动技术，1998，(4)：36～40
[62] Qian Lixin，Lu Junyi，Wu Rongren，Wang Xiixuan. 定速比牵引传动一高速传动的新选择[J]. 上海：传动技术，1998，(3)：21～25
[63] 杨锐. 液粘传动性能研究[J]. 上海：传动技术，2004，(3)：32～35
[64] G Mantriota. 一种功率分流的无级变速装置的理论和实验研究(一)[J]. 上海：传动技术，2002，(1)：46～47
[65] G Mantriota. 高效率的功率分流无级变速器[J]. 上海：传动技术，2003，(1)：18～25
[66] ф. л. 李特文. 齿轮啮合原理(第七版). 上海：上海科学技术出版社，1984

(2) $\left.\begin{array}{ll} M_{e1} = M_d + M_r\omega_3/\omega_1 = 5 + 20 \times R\cos(\delta - \varphi)/S_{23} & 3\pi/4 \le \varphi \le 5\pi/4 \\ M_{e1} = M_d & 0 \le \varphi 3\pi/4,\ 5\pi/4 \le \varphi \le 2\pi \end{array}\right\}$；

(3) $\triangle W_{max}=23.562$ Nm；(4) $\delta=8.5918\times^{10^{-4}}$。

11 机械的平衡

题 11-1：(1) $m_{f1}=561.6$ kg，$m_{f2}=321$ kg；(2) $m_{f1}=117$ kg。

题 11-2：$d_B=d_C=16.036$ mm。

题 11-3：$m_{f1}=15.12$ kg，在 BA 的延长线上；$m_{f3}=51.578$ kg，在 CD 的延长线上。

题 11-4：$m_{\Sigma I}=m_{\Sigma II}=1.621$ kg，关于 x 轴的方位角 $\varphi_{\Sigma I}=60°$，$\varphi_{\Sigma II}=240°$。

题 11-5：$m_A=94.545$ kg，$m_B=65.455$ kg。

题 11-6：$P_\Sigma=2\,530$ N。

题 11-7：$m_{\Sigma I}=7.05$ kg，$\varphi_{\Sigma I}=263.197°$；$m_{\Sigma II}=14.07$ kg，$\varphi_{\Sigma II}=18.654°$

13 工业机器人机构学

题 13-1：$[R_{(Z,Y,T_r)}]=[R_{(T_r,y,z)}]=\begin{bmatrix}1&0&0&4\\0&1&0&-3\\0&0&1&7\\0&0&0&1\end{bmatrix}\begin{bmatrix}0&0&1&0\\0&1&0&0\\-1&0&0&0\\0&0&0&1\end{bmatrix}\begin{bmatrix}0&-1&0&0\\1&0&0&0\\0&0&1&0\\0&0&0&1\end{bmatrix}=$

$\begin{bmatrix}0&0&1&4\\1&0&0&-3\\0&1&0&7\\0&0&0&1\end{bmatrix}$。

题 13-2：$T[xyz\rightarrow XYZ]=\begin{bmatrix}4&4&10&10&4&4&10&10\\2&-2&-2&2&2&-2&-2&2\\2&2&2&2&12&12&12&12\\0&0&0&0&0&0&0&0\end{bmatrix}$。

题 13-3：

$W_4=T_1T_2T_3T_4=W_3[R_{(-0.5\pi,X_3)}][R_{(\theta_4,Z_3)}]=\begin{bmatrix}0.353&-0.353&0.866&183.2\\-0.612&0.612&0.5&-17.32\\-0.707&-0.707&0&0\\0&0&0&1\end{bmatrix}$

。

题 13-4：$SW_1=[R_{-90,Z}]SW=\begin{bmatrix}1&0&0&6\\0&-1&0&-2\\0&0&-1&2\\0&0&0&1\end{bmatrix}$，$SW_2=\begin{bmatrix}0&0&-1&-6\\1&0&0&2\\0&-1&0&2\\0&0&0&1\end{bmatrix}$。

题 8 - 6：$\varepsilon_\gamma = \varepsilon_\alpha + \varepsilon_\beta = 1.9139 + 0.8845 = 2.788$。

题 8 - 7：$\alpha' = 20.741°$，$a' = 204.982$ mm，$d_1 = 92$ mm，$d_{a1} = 105.164$ mm，$d_{f1} = 96.800$ mm，$h = 8.982$ mm。

题 8 - 8：$d_1 = 126$ mm，$h_{a1} = 6$ mm，$h_{f1} = 7.2$ mm，$h_1 = 13.2$ mm，$\delta_1 = 18.7117°$，$d_{a1} = 137.366$ mm，$d_{f1} = 112.361$ mm，$R = 196.380$ mm，$\theta_{a1} = 1.750°$，$\theta_{f1} = 2.0997°$，$\delta_{a1} = 20.8144°$，$\delta_{f1} = 16.612°$。

题 8 - 9：(1) $m_{t2} = m_{a1} = m = 8$ mm，(2) $p_{a1} = m_{a1}\pi = 8\pi = 25.133$ mm，(3) $L = z_1 p_{a1} = 25.133$ mm，(4) $q = d_1/m = 80/8 = 10$，(5) $a = 8(10+42)/2 = 208$ mm，(6) $\lambda_1 = 5.711°$。

题 8 - 10：(1) $d_1 = 90$ mm，$d_2 = 185$ mm；$d_{b1} = 84.572$ mm，$d_{b2} = 173.843$ mm；$d_{a1} = 100$ mm，$d_{a2} = 195$ mm；$d_{f1} = 77.5$ mm，$d_{f2} = 172.5$ mm；标准中心距为 $a = m(Z_1 + Z_2)/2 = 5(18+37)/2 = 137.5$ mm。(2) $\varepsilon_\alpha = 1.614$。单、双齿啮合区如下图所示。

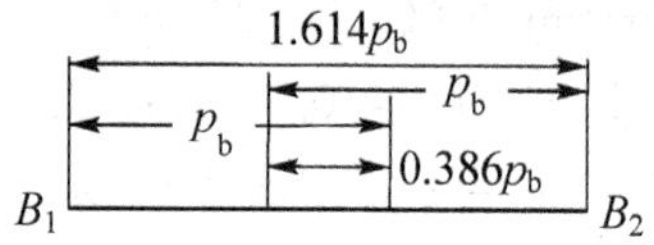

单齿啮合区为中间的 0.386p_b
单齿啮合区为中间的 0.614p_b

题 8 - 11：(1) $\overline{PA} = \overline{Pa}\cos\alpha = (s/2)\cos\alpha$，$\bar{s}_c = \overline{AA'} = 2\,\overline{PA}\cos\alpha = s\cos^2\alpha$；

(2) $h_c = h_a - \overline{Pb} = h_a - \overline{PA}\sin\alpha = h_a - (s/2)\cos\alpha\sin\alpha$，$h_c = h_a - (s/4)\sin(2\alpha)$。

9 齿轮系及其设计

题 9 - 1：$i_{1H} = -1/21$。

题 9 - 2：$n_{H2} = 93.426$ r/min。

题 9 - 3：$i_{1H} = -8.525$。

题 9 - 4：$270.21 \leqslant n_4 \leqslant 288.08$ r/min。

题 9 - 5：$n_H = 38.230$ r/min。

题 9 - 6：$i_{1H} = -4.4$；$i_{15} = -1.664$。

10 机械的运转及其速度波动的调节

题 10 - 1：(1) $j_e(\varphi_1) = J_1 + m_2\left(\frac{V_{xC2}}{\omega_1}\right)^2 + m_2\left(\frac{V_{yC2}}{\omega_1}\right)^2 + J_{C2}\left(\frac{\omega_2}{\omega_1}\right)^2 + m_3\left(\frac{V_3}{\omega_1}\right)^2$；(2) $\varphi_2 = \arctan 2[(a\sin\varphi_1 - e)/(-\sqrt{b^2 - (a\sin\varphi_1 - e)^2})]$，$M_{er1} = F_r V_3/\omega_1 = -a(\sin\varphi_1 - \cos\varphi_1\tan\varphi_2)F_r$；(3) $M_{d1} = 901.7$ Nm；(4) $\triangle W_{max} = 3056.3796$ Nm；(5) $\delta = 0.119$。

题 10 - 2：$J_F = 16.616$ kgm^2。

题 10 - 3：$J_F = 2.259$ kgm^2。

题 10 - 4：(1) $J_{e1} = J_{e1i}(\varphi_1) = J_1 + J_2\left(\frac{Z_1}{Z_2}\right)^2 + m_3\left(\frac{b_2 Z_1}{Z_2}\right)^2 + m_4\left(\frac{b_2 Z_1}{Z_2}\right)^2\sin^2\left(\frac{Z_1\varphi_1}{Z_2}\right)$，(2) $M_{d1} = \frac{F_r b_2 Z_1}{\pi Z_2}$，(3) $M_{e1} = \frac{F_r b_2 Z_1}{\pi Z_2} - \frac{F_r b_2 Z_1}{Z_2}\sin(\varphi_1 Z_1/Z_2)$，$0 \le \varphi_1 \le \pi Z_2/Z_1$；$M_{e1} = \frac{F_r b_2 Z_1}{\pi Z_2}$，$\pi Z_2/Z_1 \varphi_1 2\pi Z_2/Z_1$，(4) $\Delta W_{max} = F_r b_2$，(5) $\delta = 0.9853$，(6) $\delta_F = 0.0866$。

题 10 - 5：$J_{e1} = 0.3401$ kgm^2，$M_{er1} = 62.5$ Nm。

题 10 - 6：(1) $J_{e1P} = 1.2987$ kgm^2；

题 5-4：$a=13.25$ mm，$b=53.75$ mm。

题 5-5：$a=24$ mm，$b=49.5$ mm

题 5-6：$l_{AB}=79$ mm，$l_{BC}=1115$ mm

题 5-7：$a=15.497$ mm，$b=64.522$ mm，$e=-6.594$ mm。

6 凸轮机构及其设计

题 6-1：(1) $r_0=139.5$ mm，(2) $\alpha=21°$；(3) $S=93$ mm；(4) $h=134$ mm；(5) $F_r=82$ N；(6) 有利。

题 6-2：(1) $S=b\cdot sin[9\delta/(4\pi)]$(mm)，$dS/d\delta=9b/(4\pi)cos[9\delta/(4\pi)]$，$x=(r_0+S)\sin\delta+(\mathrm{d}S/\mathrm{d}\delta)\cos\delta$，$y=(r_0+S)\cos\delta-(\mathrm{d}S/\mathrm{d}\delta)\sin\delta$；(2) $\alpha=0$；(3) $H=91$ mm；(4) $b=108.144$ mm。

题 6-3：(1) $\alpha=31°$；(2) $\alpha=28°$；(3) $k_A=2bL_3\sin\varphi$，$k_B=2L_3(d+b\cos\varphi)$，$k_C=(R_1+R_2)^2-L_3^2-d^2-b^2-2bd\cos\varphi$，$\psi=2\arctan 2[(k_A+\sqrt{k_A^2+k_B^2-k_C^2})/(k_B-k_C)]$。

题 6-4：$S_T=0.04/(2\pi)[3\delta-\sin(3\delta)]\ m$，$S_0=0.058\,m$，$\mathrm{d}S_T/\mathrm{d}\delta=0.12[1-\cos(3\delta)]/(2\pi)$，$x_T=(S_0+S_T)\sin\delta+e\cos\delta$，$y_T=(S_0+S_T)\cos\delta-e\sin\delta$；$x'=x-r_g\cos\theta$，$y'=y-r_g\sin\theta$。

题 6-5：$b+r_b\cos(\delta_S-\beta_0-\theta)+[r_b(\delta+\beta_0+\theta)+r_g]\cos(\delta_S-\beta_0-\theta+\pi/2)=L_3\cos\psi$

$a+r_b\sin(\delta_S-\beta_0-\theta)+[r_b(\delta+\beta_0+\theta)+r_g]\sin(\delta_S-\beta_0-\theta+\pi/2)=L_3\sin\psi$。

题 6-6：$S_0=r_b\delta_b=r_b$，$\delta_b=1$，$S=r_b\delta$

题 6-7：当从动件 2 处于回程时，机构的位移方程为 $(R_1-R_2)e^{i\varphi}+R_2e^{i(\varphi+0.5\pi)}+S_2e^{i\psi}+0.5(R_1+R_2)e^{i(\psi+1.5\pi)}=Le^{i\theta}$，令 $k_A=(R_1-R_2)\cos\varphi-L\cos\theta$，$k_B=-(R_1-R_2)\sin\varphi+L\sin\theta$，$k_C=0.5(R_1-R_2)$，得 $\psi=2\arctan 2[(k_A+\sqrt{k_A^2+k_B^2-k_C^2})/(k_B+k_C)]$。其余阶段的运动方程从略。

题 6-8：(1) $\alpha=0°$；(2) $\psi_b=25°$；(3) $k_A=-b\cos\varphi-L_3$，$k_B=b\sin\varphi$，$\psi=2\arctan 2[(-k_A-\sqrt{k_A^2+k_B^2-R_1^2})/(-k_B+R_1)]$。

题 6-9：(1) $\alpha=7°$，$\alpha=4.3°$；(2) $r_0=12.522$ mm；(3) $\delta_1=66.5°$；(4) $h=30.8$ mm。

题 6-10：(1) $r_0=12.929$ mm，(2) $h=14.3$ mm；(3) $\alpha_C=0°$，$\alpha_D=0°$；(4) $\delta_{CD}=83.4°$；(5) $\theta=\arctan 2[\sqrt{(R+r_g)^2-(e-AO\cos\delta)^2}/(e-AO\cos\delta)]$，$S=AO\sin\delta+(R+r_g)\sin\theta-S_0$；$\omega_2=-AO\omega_1\sin\delta/[(R+r_g)\sin\theta]$，$V_3=AO\omega_1\cos\delta+\omega_2(R+r_g)\cos\theta$；$\alpha_2=[-AO\omega_1^2\cos\delta-\omega_2^2(R+r_g)\cos\theta]/[(R+r_g)\sin\theta]$，

$a_3=-AO\omega_1^2\sin\delta+\alpha_2(R+r_g)\cos\theta-\omega_2^2(R+r_g)\sin\theta$。

8 齿轮机构及其设计

题 8-1：$z_1=25$，$d_1=150$ mm，$d_{b1}=140.954$ mm，$s=e=9.425$ mm，$s_{b1}=10.957$ mm。

题 8-2：$z_1=18$，$z_2=24$，$a=84$ mm，$d_1=72$ mm，$d_{a1}=80$ mm，$d_{f1}=62$ mm，$d_{b1}=67.658$ mm，$s_{b1}=6.913$ mm。

题 8-3：$W_3=30.530$ mm，$s_{1c}=6.260$ mm，$\triangle s_{1c}=s_{1c}-s_1=-0.023$ mm。

题 8-4：$\varepsilon_\alpha=1.606$。

题 8-5：$\alpha'=21.165°$。

题 3 - 4：从动件 5 的位移 S_5、速度 V_5 与加速度 a_5 曲线如图 3 - 4(b)所示。

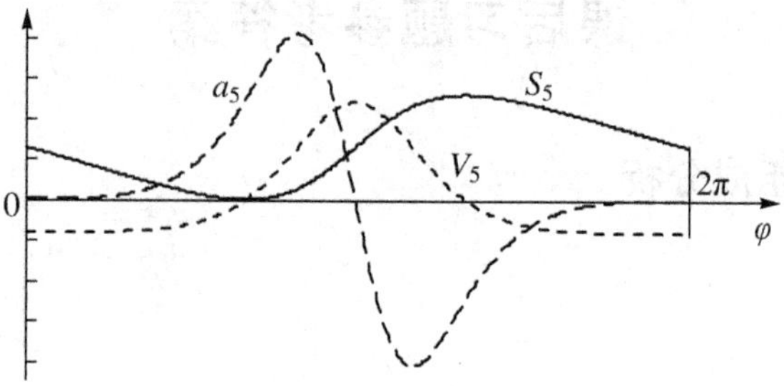

题图 3 - 4

题 3 - 5：移动从动件 5 的位移 S_5、速度 V_5 与加速度 a_5 曲线如图 3 - 5(b)所示。

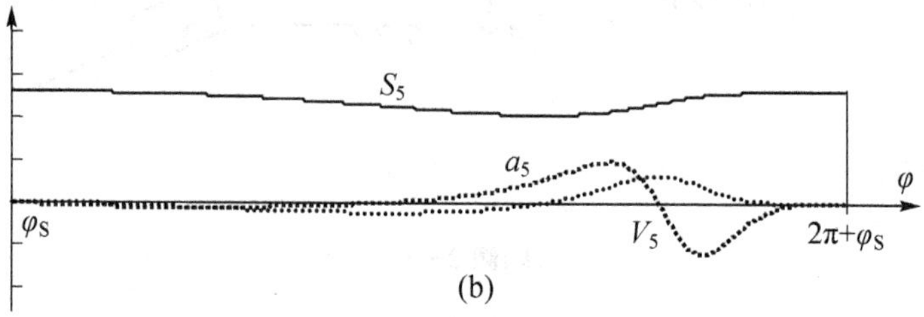

题图 3 - 5

4 平面机构的力分析

题 4 - 1：$F_{12}=F_{61}=2\ 398$ N，$F_{2C}=2\ 535$ N，$F_{3C}=F_{63}=13\ 637$ N，$F_{C4}=12\ 797$ N，$F_{45}=11\ 865$ N，$F_{65}=1\ 090$ N，$M_1=308$ Nm。

题 4 - 2：(1) $Q_0=14\ 019$ N；(2) $Q=10\ 070$ N；(3) $\eta=Q/Q_0=0.718$。

题 4 - 3：$M_d=75.33$ Nm。

题 4 - 4：当 F_{31} 在 O_{12} 左侧时，F_{31} 的力矩使偏心圆夹紧而不是被推出。

题 4 - 5：(1) 不计惯性力时 $M_d=-402.5$ Nm；(2) 计入惯性力时 $M_d=418.6$ Nm。

题 4 - 6：(1) 不计惯性力时，$M_b=35.512, 20.503, -20.503, -31.412$ Nm；(2) 计入惯性力时 $M_b=55.422, 40.412, -40.412, -8.774$ Nm。

题 4 - 7：(1) $F_{23}=1\ 000$ N，$F_{41}=880$ N，$F_{43}=497$ N；(2) $\alpha=4.3°$。

题 4 - 8：$OA_{max}=35$ mm。

题 4 - 9：$\delta=\arctan 2[a\sin\varphi/(a\cos\varphi-d)]$，$S_2=\sqrt{(a\sin\varphi)^2+(a\cos\varphi-d)^2}$，$M_{d1}=M_{r3}a\cos(\delta-\varphi)/S_2$。

题 4 - 10：$F_{12}=28\ 175$ N。

题 4 - 11：$F_{12}=98\ 374$ N，$F_{45}=20\ 757$ N。

题 4 - 12：$F_4/F_2=19.352$。

5 平面连杆机构及其设计

题 5 - 1：$AB+e\leqslant BC$，$AB\leqslant BC$。

题 5 - 2：(1) $a=15$ mm；(2) $a=45$ mm；(3) $15<a<45$ mm；$55<a<115$ mm。

题 5 - 3：(1) $H=51.9$ mm；(2) $\gamma_{min}=47°$；(3) B_1C_1，B_2C_2。

课后习题参考答案

2 平面机构的组成分析

题 2－1：

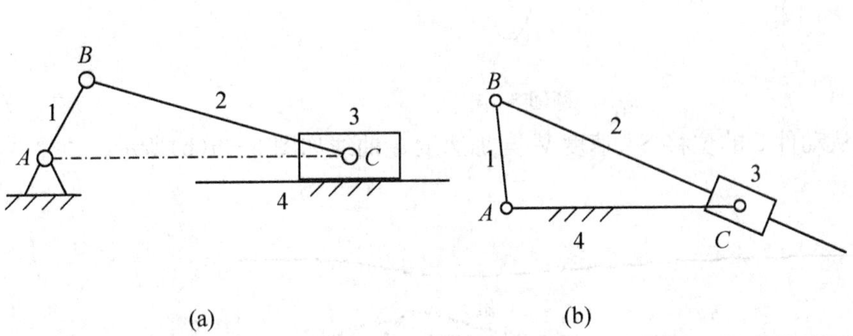

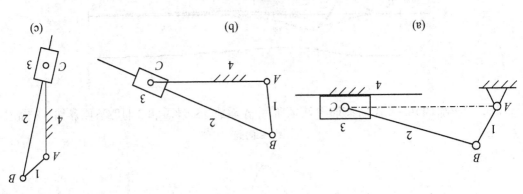

题图 2－1

题 2－2：$F_{2-2}=3n-(2P_L+P_H)=3\times9-(2\times13+0)=1$。

题 2－3：$F_{2-3}=3n-(2P_L+P_H)=3\times5-(2\times7+0)=1$。

题 2－4：$F_{2-4}=3n-(2P_L+P_H)=3\times6-(2\times8+1)=1$。

题 2－5：$F_{2-5}=3n-(2P_L+P_H)=3\times6-(2\times8+1)=1$。

题 2－6：$F_{2-6}=3n-(2P_L+P_H)=3\times4-(2\times5+1)=1$。

题 2－7：$F_{2-7}=3n-(2P_L+P_H)=3\times9-(2\times13+0)=1$。

题 2－8：$F_{2-8}=3n-(2P_L+P_H)=3\times6-(2\times8+1)=1$。

题 2－9：$F_{2-9}=3n-(2P_L+P_H)=3\times9-(2\times13+0)=1$。

题 2－10：$F_{2-10}=3n-(2P_L+P_H)=3\times5-(2\times7+0)=1$。

题 2－11：$F_{2-11}=3n-(2P_L+P_H)=3\times10-(2\times14+1)=1$。

3 平面机构的运动分析

题 3－1：$V_3=-0.225$ m/s，$a_3=-4.8$ m/s^2，$V_D=0.121$ m/s，$a_D=5.392$ m/s^2。

题 3－2：$V_5=0.983$ m/s。

题 3－3：刨头 5 的位移 S_5、速度 V_5 与加速度 a_5 曲线如图 3－3(b)所示。

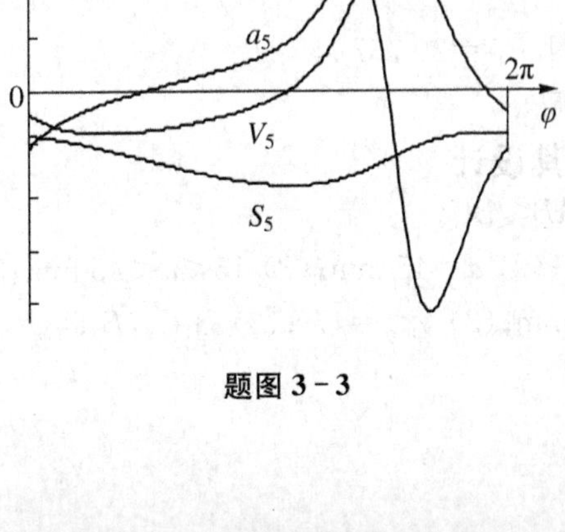

题图 3－3